农业物联网技术与大田作物应用

马新明　时　雷　台海江 等　编著

科学出版社
北　京

内 容 简 介

农业物联网技术是计算机技术、电子信息技术、网络技术、通信技术、人工智能技术等交叉应用在农业领域的前沿技术，是智慧农业发展的重要技术支撑，是我国农业现代化、绿色高效可持续发展的重要技术方向。

本书系统总结了编著者在农业物联网技术研究及其在小麦、玉米等大田作物中的应用成果，着重介绍了农业物联网的基本原理、关键技术的实现过程和生产应用方法，力争为读者提供农业物联网技术及其大田作物应用过程的全面知识。本书包含8章内容，首先对国内外农业物联网现状进行了概述，然后，系统介绍了农业物联网传感及传输的技术和方法、农业物联网大田信息采集系统、农业物联网数据管理系统、基于物联网的环境数据异常检测系统、基于物联网图像处理的作物生长监测系统，最后，介绍了农业物联网的发展趋势和前景展望。

本书是一部农业物联网技术研究与大田作物信息化生产有机结合的专著，可作为智慧农业、农业工程与信息技术、计算机科学与技术及与之相关学科的科技人员、教育工作者、农技推广人员、农业管理人员及研究生、本科生等的参考读物。

图书在版编目（CIP）数据

农业物联网技术与大田作物应用/马新明等编著. —北京：科学出版社，2022.8

ISBN 978-7-03-072478-6

Ⅰ. ①农… Ⅱ. ①马… Ⅲ. ①物联网–应用–农业–作物–大田栽培 Ⅳ. ①S31

中国版本图书馆 CIP 数据核字（2022）第 101116 号

责任编辑：李秀伟 / 责任校对：宁辉彩

责任印制：吴兆东 / 封面设计：无极书装

科学出版社 出版

北京东黄城根北街 16 号

邮政编码：100717

http://www.sciencep.com

北京建宏印刷有限公司 印刷

科学出版社发行　各地新华书店经销

*

2022 年 8 月第 一 版　开本：B5 (720×1000)

2024 年 1 月第二次印刷　印张：22 1/2

字数：454 000

定价：220.00 元

(如有印装质量问题，我社负责调换)

作者简介

马新明，男，1962年12月生，河南省许昌市人，河南农业大学二级教授、博士，博士生导师。先后荣获国家新世纪百千万人才工程人选、河南省科技创新杰出人才、河南省优秀专家、河南省杰出专业技术人才、河南省高层次（B类）人才等荣誉称号，享受国务院政府特殊津贴。现任中国耕作制度研究会副理事长、中国农学会计算机农业应用分会常务委员、河南省信息化专家咨询委员会委员、河南省小麦产业技术体系岗位专家。主持完成国家自然科学基金面上项目2项、国家863计划、国家“十二五”科技支撑计划项目、国家“十三五”重点研发计划课题、河南省重大科技专项等项目或课题20余项；作为第一完成人获得河南省科技进步奖一等奖1项、二等奖2项，参与获得河南省科技进步奖二等奖6项；发表学术论文160余篇，出版学术著作（教材）10部。

时雷，女，1979年2月生，河南省遂平县人，河南农业大学教授、博士，硕士生导师。现为中国人工智能学会会员。主持完成国家自然科学基金青年基金1项，主持和参加国家科技支撑计划、河南省重大科技专项、河南省科技攻关等项目20余项；发表学术论文40余篇。

台海江，男，1981年9月生，河北省邯郸市人，博士，曾于意大利墨西拿大学（University of Messina）从事博士后研究工作，现任河南农业大学讲师。先后参与国家863计划、北京市自然科学基金、国家科技重大专项、国家“十二五”科技支撑计划等项目的研发工作；发表学术论文20余篇，获得国家专利22项。

郑光，男，1980年2月生，河南省西平县人，硕士，河南农业大学副教授。先后主持和参与完成国家“十二五”科技支撑计划项目、河南省重大科技专项、河南省科技成果转化项目、河南省高等学校重点科研项目等的研发工作；发表学术论文20余篇，获得国家专利5项，软件著作权7项。

席磊，男，1972年1月生，河南省新乡市人，河南农业大学教授、硕士，硕士生导师。河南省高层次（C类）人才、河南省教学名师。现任中国仿真学会农业建模与仿真专业委员会副主任委员、河南省信息化专家咨询委员会委员、河南省计算机学会常务理事。先后主持和参与国家 863 计划项目、国家“十二五”科技支撑计划项目、河南省重大科技专项、河南省高校杰出科研人才创新工程基金、河南省科技攻关等科研项目 15 项；获河南省科技进步奖一等奖 1 项、二等奖 2 项；发表学术论文 40 余篇，获软件著作权 10 项，编著教材（著作）5 部。

尹飞，男，1983 年 6 月生，山西省万荣县人，博士，河南农业大学特聘教授、硕士生导师。先后主持国家“十三五”重点研发计划项目 1 项，主持河南省厅级科研项目 2 项，参与国家科技支撑计划与全国高等院校计算机基础教育研究会项目各 1 项；在 *IET Computer Vision* 等国际会议以及刊物发表学术论文 12 篇，主编中英文专著各 1 部。

前　言

“物联网”（internet of things），就是物物相连的互联网，指的是将各种信息传感设备，如射频识别（RFID）装置、红外感应器、全球定位系统、激光扫描器等各种装置与互联网结合起来，进行信息交换和通信，从而实现智能化识别、定位、跟踪、监控和管理。物联网技术以“全面感知、可靠传输、智能处理”为特点，是新一代信息技术的重要组成部分，近年来在工业、农业、交通、医疗、安全、经济等各个领域及行业得到了广泛的应用，发挥了极大的影响力和效力。

大田粮食作物生产稳定发展是国家粮食安全的重要保障。2021 年，我国水稻、玉米、小麦三大粮食作物单产分别达到 474kg/亩①、419kg/亩和 387kg/亩，显著高于世界平均水平，取得了以世界 9%的耕地养活了全球 20%的人口的伟大成就，粮食总产实现“十八连丰”，连续七年保持在 6.5 亿 t 以上。但是，我们还应清醒地看到，我国粮食安全还较为脆弱，存在着生产成本高、农业资源有限和利用效率低、生态环境压力大等实际问题，因此，如何充分发挥物联网传感技术的“探头”角色，实时搜集大田作物从种子到粮食全过程的农田土壤信息、农田病虫害信息、农田环境信息和作物长势信息，随之进行有针对性的管理决策，已成为提高我国大田粮食作物竞争力，实现我国农业生产低耗高效、绿色健康高质量发展的重要方向。

本书是编著者团队在大田作物物联网系统构建、数据存储、数据挖掘、图像处理、信息系统研发及推广应用等方面十余年研究工作的总结，先后得到了国家自然科学基金、国家 863 计划、国家科技支撑计划和河南省科技创新杰出人才基金等项目的支持，通过对研究成果的梳理和总结，为农业物联网技术在大田作物中应用发展提供参考。全书共分 8 章，第一章由马新明、郑光执笔，重点介绍农业物联网的产生与发展、概念与作用、关键技术与应用；第二章由台海江执笔，重点介绍基于电学、光学、热传导等原理的农业信息传感技术；第三章由台海江执笔，重点介绍农业信息传输技术；第四章由时雷执笔，重点介绍大田作物物联网信息采集系统；第五章由时雷、马新明、台海江执笔，重点介绍大田作物物联网数据管理系统；第六章由时雷执笔，重点介绍基于物联网的环境数据异常检测系统；第七章由时雷、席磊、尹飞执笔，重点介绍基于物联网图像处理的作物生

①1 亩≈666.67m^2。

长监测系统；第八章由郑光、马新明执笔，重点介绍农业物联网发展趋势和前景展望。全书由马新明设计，由马新明和时雷统稿、定稿。

本书编著过程中坚持科学性、前沿性和实用性原则，是农业物联网技术理论与具体应用的一部系统性专著，可作为研究生参考书，也可供高等院校相关专业师生和从事物联网技术开发及应用的技术人员参考。

本书编著过程中，作者参阅了大量相关文献，所指导的部分研究生参加了相关研究工作，他们完成的学位论文为本书提供了良好素材，在此表示感谢。由于农业物联网技术发展迅速，研究也会不断完善，加之编著者水平和能力有限，不足之处，恳请广大读者、专家批评指正。

编著者

2022 年 1 月 17 日

目　　录

第一章　物联网概述

第一节　物联网的概念与发展

物联网是继计算机、互联网与移动通信网之后的世界信息产业的第四次技术革命，已成为各国构建经济社会发展新模式和重塑国家长期竞争力的先导领域，受到了全社会极大的关注。本章系统地介绍了物联网的概念、产生与发展过程，阐明了物联网的体系架构与关键技术，提出了物联网的应用领域及相关案例，阐述了物联网技术在大田作物中的应用与发展，以期为现代农业的发展提供技术支撑。

一、物联网基本概念

物联网（internet of things，IoT），顾名思义就是物物相连的互联网。物联网的核心和基础仍然是互联网，我们可以把物联网看作是在互联网基础上通过对终端类型的延伸和扩展形成的新一代复合型网络。相比传统以计算机为主体的互联网，物联网将其用户端（客户端）延伸和扩展到了任何物品与物品之间，使得通过网络互联能够进行信息交换和通信的对象变成了万事万物，即实现了泛互联。

物联网的概念，早在 1999 年就被提出，当时被称为传感网，其定义是：通过射频识别（RFID）装置、红外感应器、全球定位系统、激光扫描器等信息传感设备，按约定的协议，把任何物品与互联网相连接，以实现物品的智能化识别、定位、跟踪、监控和管理。物联网利用感知设备获取无处不在的现实世界的信息，实现物与物、物与人之间的信息交流，支持智能的信息化应用，实现信息基础设施与物理基础设施的全面融合，最终形成统一的智能基础设施。

国际电信联盟（ITU）发布的 ITU 互联网报告，对物联网做了如下定义：通过二维码识读设备、射频识别（RFID）装置、红外感应器、全球定位系统和激光扫描器等信息传感设备，按约定的协议，把任何物品与互联网相连接，进行信息交换和通信，以实现智能化识别、定位、跟踪、监控和管理的一种网络，其概念图如图 1-1 所示。

根据国际电信联盟（ITU）的定义，物联网主要解决物品与物品（thing to thing，T2T）、人与物品（human to thing，H2T）、人与人（human to human，H2H）之间的互相联结。但是与传统互联网不同的是，H2T 是指人利用通用装置与物品之间的联结，从而使得物品联结更加简化；而 H2H 是指人之间不依赖于计算机而进

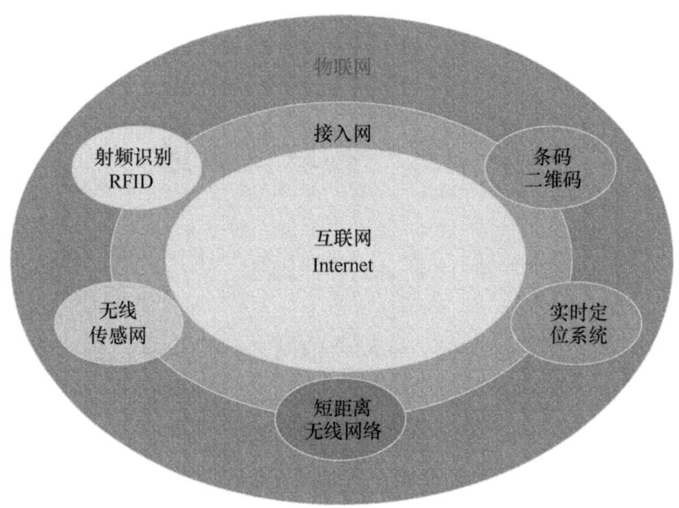

图 1-1 物联网的概念图

行的互联。因为互联网并没有考虑到对于任何物品联结的问题，故我们使用物联网来解决这个传统意义上的问题。当前，许多学者在讨论物联网时，经常还会引入一个 M2M 的概念，可以解释为人到人（man to man）、人到机器（man to machine）、机器到机器（machine to machine）。从本质上讲，人与机器、机器与机器的交互，大部分是为了实现人与人之间的信息交互。

通过对上述概念的归纳总结，我们可以得出：物联网是指通过各种信息传感设备，实时采集任何需要监控、连接、互动的物体或过程等各种需要的信息，与互联网结合而形成的一个巨大网络。其目的是实现物与物、物与人，所有的物品与网络的连接，方便识别、管理和控制。

物联网是一个基于互联网、传统电信网等信息承载体，让所有能够被独立寻址的普通物理对象实现互联互通的网络，是互联网的应用拓展，具有智能、先进、互联的三个重要特征。国际电信联盟曾描绘“物联网”时代的图景：当司机出现操作失误时汽车会自动报警；公文包会“提醒”主人忘带了什么东西；衣服会“告诉”洗衣机对颜色设置和水温的要求等。物联网通过智能感知、识别技术与普适计算等通信感知技术，实现了物理空间与数字空间的无缝连接，也因此被称为继计算机、互联网与移动通信网之后世界信息产业发展的第四次技术革命。

二、物联网概念的产生与发展

（一）物联网概念的产生

无论是物联网还是传感网，都不是最近才出现的新兴概念。传感器网络的构想最早由美国军方提出，起源于 1978 年美国国防部高级研究计划局资助卡耐基梅隆大学（Carnegie Mellon University）进行分布式传感器网络研究项目。

1995 年比尔・盖茨在《未来之路》一书中也曾提及物联网，只是当时受限于无线网络、硬件及传感设备的发展，并未引起重视。

1995 年夏天，在美国卡耐基梅隆大学的校园里有一个自动售货机，如图 1-2 所示，出售可乐且价格比市场上的便宜一半。所以，很多学生都去那个机器上买可乐。但是学生们经常发现，人跑过去，可乐已经售完，白跑一趟。于是有几个聪明的学生想了一个办法，他们在自动售货机里装了一串光电管，用来计数，看还剩下多少罐可乐。然后把自动售货机与互联网对接。这样，学生们去自动售货机前，可以先在网上查看一下还剩下多少罐可乐，免得白跑一趟。后来美国有线电视网（CNN）专程来学校，实地拍摄了一段新闻。当时还没有物联网（internet of things）这个概念。大家最初的想法很简单，就是把传感器（sensor）连到互联网上，提高数据的输入速度，扩大数据的来源。这是对物联网的初次接触。

图 1-2 美国卡耐基梅隆大学的可乐自动售货机

明确的物联网概念提出于 1999 年，来源于“internet of things”一词，由美国麻省理工学院（MIT）自动识别（Auto-ID）中心的 Kevin Ashton 教授首先提出，其定义很简单，即把所有物品通过射频识别和条码等信息传感设备与互联网连接起来，实现智能化识别和管理。也就是说，物联网是指各类传感器和现有的互联网相互衔接的一个新技术。

早期的物联网是依托射频识别（RFID）技术的物流网络，随着技术和应用的发展，物联网的内涵已经发生了较大变化。

2005 年 11 月 17 日，在突尼斯举行的信息社会世界峰会（WSIS）上，国际电信联盟（ITU）发布《ITU 互联网报告 2005：物联网》，提出了“物联网”的概念。物联网的定义和范围已经发生了变化，覆盖范围有了较大的拓展，不再只是指基于 RFID 技术的物联网。报告中指出，无所不在的“物联网”通信时代即将来临，世界上所有的物体从轮胎到牙刷、从房屋到纸巾都可以通过因特网主动进行信息交换。射频识别（RFID）技术、传感器技术、纳米技术、智能嵌入技术将得到更加广泛的应用。

过去，人们一直是将物理基础设施和 IT 基础设施分开：一方面是机场、公路、建筑物，而另一方面是数据中心、计算机、宽带等。而在物联网时代，钢筋混凝土、电缆将与芯片、宽带融合为统一的基础设施，实现人类社会与物理系统的整合。在此意义上，基础设施更像是一块新的地球工地，世界的运转就在它上面进行，并达到“智慧”状态，从而提高资源利用率和生产力水平，实现人与自然和谐统一。

（二）物联网的发展

根据美国研究机构福里斯特研究公司（Forrester Research）预测，物联网所带来的产业价值将比互联网大 30 倍，将成为下一个万亿美元级别的信息产业业务。“物联网”概念的问世，打破了人类之前的思维方式，是当今世界经济和科技发展的战略制高点之一。

1. 国外物联网发展

2003 年，美国《技术评论》中提出传感网络技术将是未来改变人们生活的十大技术之首。

2004 年，日本总务省（MIC）提出 u-Japan 计划，该计划力求实现人与人、物与物、人与物之间的连接，希望将日本建设成一个随时、随地、任何物体、任何人均可连接的泛在网络社会，实现从有线到无线、从网络到终端，包括认证、数据交换在内的无缝链接泛在网络环境，100%的日本国民可以利用高速或超高速网络。

2006 年，韩国确立了 u-Korea 计划，该计划旨在建立无所不在的社会（ubiquitous society），在民众的生活环境里建设智能型网络［如 IPv6（互联网协议第 6 版）、BCN（Business Collaboration Network，商业协同网络）、USN（Ubiquitous Sensor Network，无所不在的网络）］和各种新型应用设施（如 DMB、Telematics、RFID），让民众可以随时随地享有科技智慧服务。2009 年韩国通信委员会出台了《物联网基础设施构建基本规划》，将物联网确定为新增长动力，提出到 2012 年实现“通过构建世界最先进的物联网基础设施，打造未来广播通信融合领域超一流信息通信技术强国”的目标。

2008 年后，为了促进科技发展，寻找经济新的增长点，各国政府开始重视下一代的技术规划，将目光放在了物联网上。

2009 年欧盟委员会发表了欧盟物联网行动计划，描绘了物联网技术的应用前景，提出欧盟政府要加强对物联网的管理，进而引领世界物联网的发展。

2009 年 1 月 28 日，奥巴马就任美国总统后，与美国工商业领袖举行了一次“圆桌会议”，作为仅有的两名代表之一，IBM 首席执行官彭明盛首次提出“智慧地球”这一概念，建议新政府投资新一代的智慧型基础设施。当年，美国将新能源和物联网列为振兴经济的两大重点。

2009 年 2 月 24 日，IBM 论坛 2009 上，IBM 大中华区首席执行官钱大群公布了名为“智慧地球”的最新策略。此概念一经提出，即得到美国各界的高度关注，甚至有分析认为 IBM 公司的这一构想极有可能上升至美国的国家战略，并在世界范围内引起轰动。今天，“智慧地球”战略被美国人认为与当年的“信息高速公路”有许多相似之处，同样被他们认为是振兴经济、确立竞争优势的关键战略。该战略能否掀起如当年互联网革命一样的科技和经济浪潮，不仅为美国所关注，更为世界所关注。

2020 年，全球物联网的连接数首次超过非物联网连接数，这意味着物联网发展达到了一个新的历史时刻，但基于物联网的应用开发和各类创新还并未达到非常丰富的程度，还具备较大的发展空间。

2. 国内物联网发展

中国在物联网领域的起步很早，早在 1999 年，中国科学院上海微系统与信息技术研究所就拨款 40 万元进行传感网产品的研发，研发出的产品 2003 年开始在“动态北仑”等项目中得到应用，是物联网在中国的早期发展。

2004 年年初，全球产品电子代码管理中心授权中国物品编码中心为国内代表机构，负责在中国推广 EPC（产品电子代码）与物联网技术。4 月，在北京建立了第一个 EPC 与物联网概念演示中心。

2005 年，国家烟草专卖局的卷烟生产经营决策管理系统实现用 RFID 出库扫描，商业企业到货扫描。许多制造业也开始在自动化物流系统中尝试应用 RFID 技术。

2006 年 2 月 7 日，《国家中长期科学和技术发展规划纲要（2006—2020 年）》中确定的“新一代宽带移动无线通信网”重大专项中将传感网列入重点研究领域。

2008 年 11 月，在北京大学举行的第二届中国移动政务研讨会“知识社会与创新 2.0”提出移动技术、物联网技术的发展代表着新一代信息技术的形成，并带动了经济社会形态、创新形态的变革，推动了面向知识社会的以用户体验为核心的下一代创新（创新 2.0）形态的形成，创新与发展更加关注用户、注重以人为本。而创新 2.0 形态的形成又进一步推动新一代信息技术的健康发展。

2009 年下半年，物联网概念开始在中国盛行。尤其是自 2009 年 8 月 7 日，温家宝总理在无锡调研时，对微纳传感器研发中心予以高度关注，提出了把“感知中国”中心设在无锡、辐射全国的想法，从此开启了物联网从技术研发到产业应用的发展大幕。物联网、传感网等概念引起业内外的广泛关注，相关讨论此起彼伏，把我国物联网领域的研究和应用开发推向了高潮，无锡市率先建立了“感知中国”研究中心，中国科学院、运营商、多所大学在无锡建立了物联网研究院，江南大学还建立了全国首家实体物联网工厂学院。自温家宝总理提出“感知中国”以来，物联网被正式列为国家五大新兴战略性产业之一，写入政府工作报告，物联网在中国受到了全社会极大的关注，其受关注程度是美国、欧盟及其他各国不可比拟的。

2009 年 9 月 11 日，“传感器网络标准工作组成立大会暨‘感知中国’高峰论坛”在北京举行，会议提出传感网发展相关政策。

截至 2010 年，国家发展和改革委员会、工业和信息化部等部委会同有关部门，在新一代信息技术方面开展研究，以形成支持新一代信息技术的一些新政策措施，从而推动我国经济的发展。北京、上海、广东、浙江等省（直辖市）已初步展开智能交通、智能电网、智能安防、智能物流等物联网的典型应用。2010 年世界博览会，上海在世界博览会展馆和浦东机场布置的防入侵传感网，可以说是当前国际上规模最大的物联网应用系统。

物联网作为一个新经济增长点的战略新兴产业，具有良好的市场效益，《2014—2018 年中国物联网行业应用领域市场需求与投资预测分析报告》数据表明，2010 年物联网在安防、交通、电力和物流领域的市场规模分别为 600 亿元、300 亿元、280 亿元和 150 亿元。2011 年中国物联网产业市场规模达到 2600 多亿元。

从智能安防到智能电网，从二维码普及到“智慧城市”落地，物联网正四处开花，悄然影响着人们的生活。伴随着技术的进步和相关配套的完善，在未来几年，技术与标准国产化、运营与管理体系化、产业草根化已成为我国物联网发展的三大趋势。

事实上，我国从 21 世纪初开始启动，2006 年起全力推行的信息化战略就已经体现了智慧地球或物联网的精髓，上述两个概念本质上就是将信息化技术应用到各行各业，只不过在表述上更强调互联和智能管理而已。在科研上，基于近十年传感器网络领域相关研究，我国在技术上基本保持与国际同步。在产业上，不仅在无锡建立了中国的传感信息中心，各地也纷纷启动物联网产业项目。当前，物联网的概念已经是一个“中国制造”的概念，它的覆盖范围与时俱进，已经超越了 1999 年 Ashton 教授和 2005 年 ITU 报告所指的范围，物联网已被贴上“中国式”标签。

3. 物联网技术发展前景

物联网将是下一个推动世界高速发展的“重要生产力”。业内专家认为，物联网一方面可以提高经济效益，大大节约成本；另一方面可以为全球经济的复苏提供技术动力。美国、欧盟等都在投入巨资深入研究探索物联网。我国也正在高度关注、重视物联网的研究，工业和信息化部会同有关部门，在新一代信息技术方面正在开展研究，以形成支持新一代信息技术发展的政策措施。此外，物联网普及应用以后，用于动物、植物和机器、物品的传感器与电子标签及配套的接口装置的数量将大大超过手机的数量。物联网的推广将会成为推进经济发展的又一个驱动器，为产业开拓了又一个潜力无穷的发展机会。当前，全球物联网仍保持高速增长，根据全球移动通信系统协会（GSMA）发布的 *The Mobile Economy 2020* 报告显示，2019 年全球物联网总连接数达到 120 亿，预计到 2025 年，全球物联网总连接数将达到 246 亿。我国物联网连接数全球占比高达 30%。根据 2021 年 9 月世界物联网大会上的数据，2020 年年末，我国物联网的连接数已达到 45.3 亿个，预计 2025 年能够超过 80 亿个。

三、物联网的基本特点

与传统的互联网相比，物联网有其鲜明的特征。

（一）全面感知

利用 RFID、传感器、二维码，及其他各种感知设备随时随地地采集各种动态对象，全面感知世界。物联网上部署了海量的多种类型传感器，每个传感器都是一个信息源，不同类别的传感器所捕获的信息内容和信息格式不同。传感器获得的数据具有实时性，按一定的频率周期性地采集环境信息，不断更新数据。

（二）可靠传输

利用以太网、无线网、移动网将感知的信息进行实时地传送。物联网是一种建立在互联网上的泛在网络。物联网技术的重要基础和核心仍旧是互联网，通过各种有线和无线网络与互联网融合，将物体的信息实时准确地传递出去。在物联网上的传感器定时采集的信息需要通过网络传输，由于其数量极其庞大，形成了海量信息，在传输过程中，为了保障数据的正确性和及时性，必须适应各种异构网络和协议。

（三）智能控制

对物体实现智能化的控制和管理，真正达到了人与物的沟通。物联网不仅提供了传感器的连接，其本身也具有智能处理的能力，能够对物体实施智能控制。物联网将传感器与智能处理相结合，利用云计算、模式识别等各种智能技术，扩充其应用领域。从传感器获得的海量信息中分析、加工和处理出有意义的数据，以适应不同用户的不同需求，发现新的应用领域和应用模式。

此外，物联网的实质是提供不拘泥于任何场合、任何时间的应用场景与用户的自由互动，它依托云服务平台和互联互通的嵌入式处理软件，弱化技术色彩，强化与用户之间的良性互动，更佳的用户体验、更及时的数据采集和分析建议、更自如的工作和生活，是通往智能生活的物理支撑。

第二节　物联网体系架构及关键技术

一、物联网体系架构

物联网的价值在于让物体也拥有了“智慧”，从而实现人与物、物与物之间的沟通，物联网的特征在于感知、互联和智能的叠加。因此，物联网由三个部分组成：感知部分，即以二维码、RFID、传感器为主，实现对“物”的识别；传输网络，即通过现有的互联网、广电网络、通信网络等实现数据的传输；智能处理，即利用云计算、数据挖掘、中间件等技术实现对物品的自动控制与智能管理等。目前在业界物联网体系架构也大致被公认为有这三个层次，底层是用来感知数据的感知层，中间层是数据传输的网络层，最上层则是应用层，如图 1-3 所示。

（一）感知层

物联网在传统网络的基础上，从原有网络用户终端向“下”延伸和扩展，扩大通信的对象范围，即通信不仅局限于人与人之间的通信，还扩展到人与现实世界的各种物体之间的通信。这里的“物”并不是自然物品，而是要满足一定的条件才能够被纳入物联网的范围，如有相应的信息接收器和发送器、数据传输通路、数据处理芯片、操作系统、存储空间等，遵循物联网的通信协议，在物联网中有可被识别的标识。现实世界的物品未必能满足这些要求，这就需要特定的物联网设备的帮助才能满足以上条件，并加入物联网。物联网设备具体来说就是嵌入式系统、传感器、RFID 装置等。物联网感知层解决的就是人类世界和物理世界的数据获取问题，包括各类物理量、标识、音频、视频数据。感知层处于三层架构的最底层，是物联网发展和应用的基础，具有物联网全面感知的核心能力。作为物联网的最基本一层，感知层具有十分重要的作用。

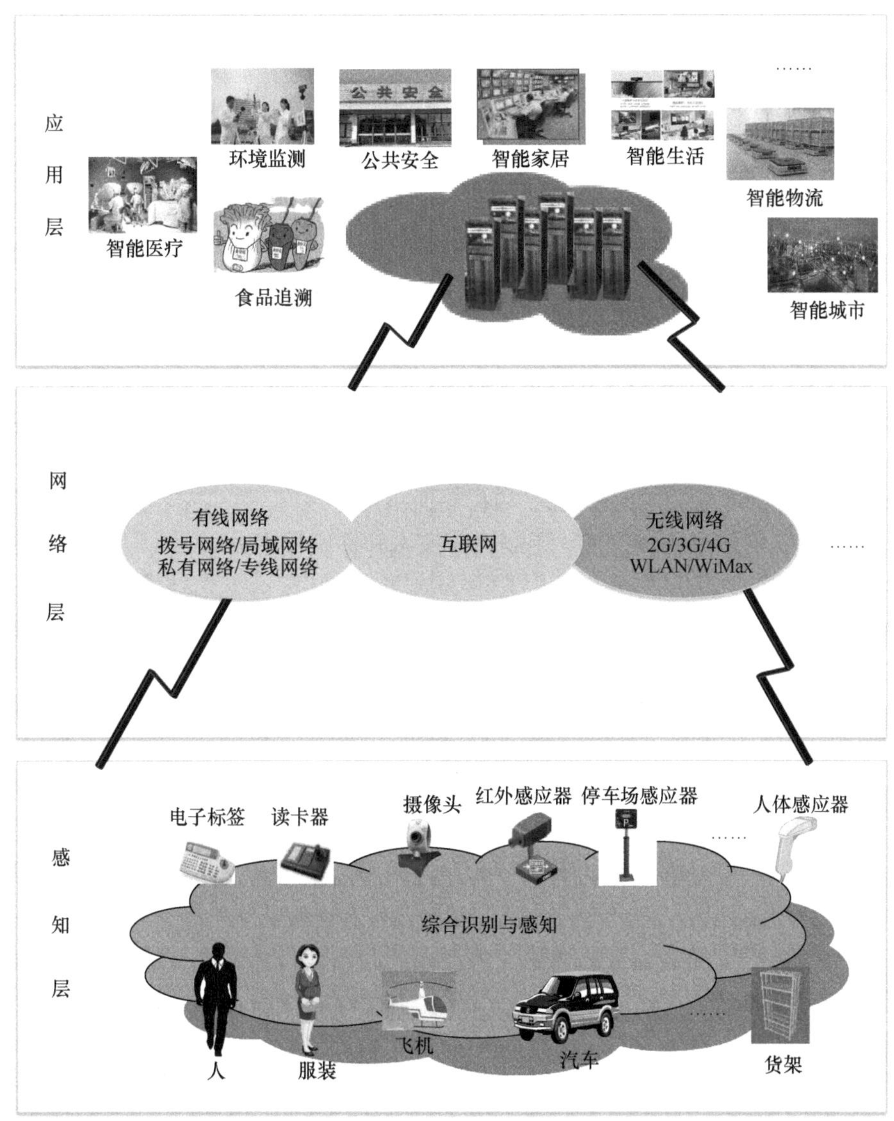

图 1-3 物联网的体系架构（彩图请扫封底二维码）

感知层一般包括数据采集和数据短距离传输两部分，即首先通过传感器、摄像头等设备采集外部物理世界的数据，通过蓝牙、红外、ZigBee、NB-IoT 工业现场总线等短距离有线或无线传输技术进行协同工作或者传递数据到网关设备。感知层所需要的关键技术包括检测技术、中低速无线或有线短距离传输技术等。具体来说，感知层综合了传感器技术、嵌入式计算技术、智能组网技术、无线通信技术、分布式信息处理技术等，能够通过各类集成化的微型传感器的协作，实时监测、感知和采集各种环境或监测对象的信息。通过嵌入式系统对信息进行处理，并通过随机自组织无线通信网络以多跳中继方式将所感知的信息传送到接入层的基站节点和接入网关，最终到达用户终端，从而真正实现“无处不在”的物联网的理念。

（二）网络层

物联网网络层是在现有网络的基础上建立起来的，它与目前主流的移动通信网、国际互联网、企业内部网、各类专网等网络一样，主要承担着数据传输的功能。在物联网中，要求网络层能够把感知层感知到的数据无障碍、高可靠性、高安全性地进行传送，它解决的是感知层所获得的数据在一定范围内，尤其是远距离传输问题。同时，物联网网络层将承担比现有网络更大的数据量和面临更高的服务质量要求，所以现有网络尚不能满足物联网的需求，这就意味着物联网需要对现有网络进行融合和扩展，利用新技术以实现更加广泛和高效的互联功能。由于物联网网络层是建立在 Internet 和移动通信网等现有网络基础上，除具有目前已经比较成熟的如远距离有线、无线通信技术和网络技术外，为实现“物物相连”的需求，物联网网络层将综合使用 IPv6、5G/6G、WiFi 等通信技术，实现有线与无线的结合、宽带与窄带的结合、感知网与通信网的结合。同时，网络层中的感知数据管理与处理技术是实现以数据为中心的物联网的核心技术。感知数据管理与处理技术包括物联网数据的存储、查询、分析、挖掘、理解及基于感知数据决策和行为的技术。

（三）应用层

应用是物联网发展的驱动力和目的。应用层的主要功能是把感知和传输来的信息进行分析和处理，做出正确的控制和决策，实现智能化的管理、应用和服务。物联网应用层解决的是信息处理和人机界面的问题。具体地讲，应用层将网络层传输来的数据通过各类信息系统进行处理，并通过各种设备与人进行交互。物联网应用层可按形态直观地划分为两个子层：一个是应用程序层；另一个是终端设备层。应用程序层进行数据处理，实现跨行业、跨应用、跨系统的信息协同、共享、互通的功能，包括电力、医疗、银行、交通、环保、物流、工业、农业、城市管理、家居生活等，可用于政府、企业、社会组织、家庭、个人等，这正是物联网作为深度信息化网络的重要体现；终端设备层主要是提供人机界面，物联网虽然是“物物相连的网”，但最终还是要以人为本的，需要人的操作与控制，不过这里的人机界面已远远超出现在人与计算机交互的概念，而是泛指与应用程序相连的各种设备与人的反馈。物联网的应用可分为监控型（物流监控、污染监控）、查询型（智能检索、远程抄表）、控制型（智能交通、智能家居、路灯控制）、扫描型（手机钱包、高速公路不停车收费）等。目前，软件开发、智能控制技术发展迅速，应用层技术将会为用户提供丰富多彩的物联网应用。同时，各种行业和家庭应用的开发将会推动物联网的普及，也会给整个物联网产业链带来利润。

在物联网体系架构中，三层的关系可以这样理解：感知层相当于人体的皮肤和五官；网络层相当于人体的神经中枢和大脑；应用层相当于人的社会分工。具体描述如下：感知层是物联网的“皮肤”和“五官”——识别物体、采集信息。感知层包括二维码标签和识读器、RFID 标签和读写器、摄像头、GPS 等，主要作用是识别物体、采集信息，与人体结构中皮肤和五官的作用相似。网络层是物联网的“神经中枢”和“大脑”——信息传递和处理。网络层包括各种私有网络、互联网、有线和无线通信网、网络管理系统、信息处理系统和云计算平台等。网络层将感知层获取的信息进行传递和处理，类似于人体结构中的“神经中枢”和“大脑”。应用层是物联网的“社会分工”——与行业需求结合，实现广泛智能化。应用层是物联网与行业专业技术的深度融合，与行业需求结合，实现行业智能应用，这类似于人的社会分工，最终构成人类社会。

二、物联网关键技术

物联网是各种感知技术的广泛应用，在物联网上部署了海量的多种类型传感器，每一个传感器都是一个独立的信息源，不同类别的传感器获取的信息内容和信息格式不同。与此同时，物联网是一种建立在互联网基础之上的泛在网络，物联网技术的重要基础与核心依然是互联网，通过各种有线和无线网络与互联网融合，将物品的信息实时准确地传递出去。物联网不仅提供了传感器的连接，其本身也具有智能处理的能力，能够对物体实施智能控制。在物联网应用中有 5 项关键技术。

（1）传感器技术：传感器（sensor）是一种检测装置，也是计算机应用中的关键技术。众所周知，目前为止绝大部分计算机处理的都是数字信号。自从计算机出现以来就需要传感器把模拟信号转换成数字信号计算机才能处理。传感器是把非电学物理量（如位移、速度、压力、温度、湿度、流量、声强、光照度等）转换成易于测量、传输、处理的电学量（如电压、电流、电容等）的一种组件，起自动控制作用。在物联网系统中，对各种参量进行信息采集和简单加工处理的设备，被称为物联网传感器。传感器可以独立存在，也可以与其他设备以一体化方式呈现，但无论哪种方式，它都是物联网中的感知和输入部分。在物联网中，传感器及其组成的传感器网络将在数据采集前端发挥重要的作用。分析当前信息与技术的发展状态，物联网时代先进传感器必须具备微型化、智能化、多功能化和网络化等优良特征，要求性价比高、稳定性好、尺寸小、功耗低、接口网络化。为了能够与信息时代信息量激增、要求捕获和处理信息的能力日益增强的技术发展趋势保持一致，对传感器性能指标（包括精确性、可靠性、灵敏性等）的要求越来越严格。与此同时，传感器系统的操作友好性亦被提上了议事日程，因此还要求传感器必须配有标准的输出模式；而传统的大体积弱功能传感器往往很难满足上述要求，所以它们已逐步被各种不同类型的高性能微型传感器取代；高性能微型传感器主要由硅材料构成，具有体积小、重量轻、反应快、灵敏度高及成本低等优点。

（2）RFID 标签技术：RFID 是射频识别（radio frequency identification）的英文缩写，是 20 世纪 90 年代兴起的一种自动识别技术，它利用射频信号通过空间电磁耦合实现无接触信息传递并通过所传递的信息实现物体识别。RFID 技术是融合了无线射频技术和嵌入式技术的综合技术，可以通过无线电信号识别特定目标并读写相关数据，而无须在识别系统与特定目标之间建立机械或者光学接触。从概念上来讲，RFID 类似于条码扫描，对于条码技术而言，它是将已编码的条形码附着于目标物并使用专用的扫描读写器利用光信号将信息由条形磁传送到扫描读写器；而 RFID 则使用专用的 RFID 读写器及专门的可附着于目标物的 RFID 标签，利用频率信号将信息由 RFID 标签传送至 RFID 读写器。RFID 是一种能够让物品“开口说话”的技术，也是物联网感知层的一个关键技术。在对物联网的构想中，RFID 标签中存储着规范而具有互用性的信息，通过有线或无线的方式把它们自动采集到中央信息系统，实现物品（商品）的识别，进而通过开放式的计算机网络实现信息交换和共享，实现对物品的“透明”管理。在物联网时代，人们在超市购买物品时，随手拿起一块猪肉，用手机轻轻一扫 RFID 标签，随即报出该猪肉出自哪头猪，生前吃过哪些饲料、喝过哪儿的水；同时将生产、物流的全过程追溯得一清二楚，如果你想了解，即刻可以查看这块肉包装过程的视频。最后当你推着一辆装满物品的购物车，从结账通道一推而过，设在出口处的读写器就会自动扫描购物车里商品的 RFID 信息，自动结算出购物款，不再需要营业员拿着商品一件件地扫描，整个过程不到 30s。

（3）嵌入式系统技术：是集计算机软硬件、传感器技术、集成电路技术、电子应用技术为一体的复杂技术。在研发早期，嵌入式系统还是以单片机的形式存在，后续随着嵌入式技术日益成熟，嵌入式系统越来越完善，适用的场景也越来越广阔。经过几十年的演变，以嵌入式系统为特征的智能终端产品随处可见；小到人们身边的手机，大到航天航空的卫星系统，嵌入式系统正在改变着人们的生活，推动着工业生产及国防工业的发展。嵌入式技术最初的发展目标便是服务“物联”，如将微型计算机嵌入物理对象中，实现对象的自动化控制。如果把物联网用人体做一个简单比喻，传感器相当于人的眼睛、鼻子、皮肤等感官，网络就是神经系统用来传递信息，嵌入式系统则是人的大脑，在接收到信息后进行分类处理。这个例子很形象地描述了传感器、嵌入式系统在物联网中的位置与作用。正是嵌入式系统技术的存在，才让物品变得更加智能，物品与物品之间的连接也更加紧密。

（4）无线通信技术：物联网时代数据传输骨干网络为新一代信息传输网络，其为有线网络。但在一个智慧家庭、智慧城市等布满成千上万个感知设备的区域，不可能每个感知终端都挂着一个线缆“尾巴”。想象一下，每台手机都带着一条线缆会给手机用户带来多大的不便及限制。因此，感知终端设备与新一代信息传输骨干网络之间的数据传输需要使用无线数据传输网络。ZigBee 是一种短距离、低功耗的无线传输技术，是一种介于无线标记技术和蓝牙之间的技术，它是 IEEE 802.15.4 协议的代名词。ZigBee 的名字来源于蜂群使用的赖以生存和发展的通信方式，即蜜蜂靠飞翔和“嗡嗡”（Zig）地抖动翅膀与同伴传递新发现的食物源的位置、距离和方向等信息，也就是说蜜蜂依靠这样的方式构成了群体中的通信网络。ZigBee 采用分组交换和跳频技术，并且可使用 3 个频段，分别是 2.4GHz 的公共通用频段、欧洲的 868MHz 频段和美国的 915MHz 频段。ZigBee 主要应用在短距离范围并且数据传输速率不高的各种电子设备之间。与蓝牙相比，ZigBee 更简单、速率更慢、功率及费用也更低。同时，由于 ZigBee 技术的低速率和通信范围较小的特点，也决定了 ZigBee 技术只适合于承载数据流量较小的业务。ZigBee 技术由于具有成本低、组网灵活等特点，可以嵌入各种设备，在物联网中发挥了重要作用。其目标市场主要有 PC 外设（鼠标、键盘、游戏操控杆）、消费类电子设备（电视机、CD、VCD、DVD 等设备上的遥控装置）、家庭内智能控制（照明、煤气计量控制及报警等）、玩具（电子宠物）、医护（监视器和传感器）、工控（监视器、传感器和自动控制设备）等非常广阔的领域。基于蜂窝的窄带物联网（narrow band internet of things，NB-IoT）是物联网领域中一个新兴的技术，也是当前物联网无线通信领域中的一个重要分支。NB-IoT 技术主要用于支持移动设备在广域网中的蜂窝数据连接，只消耗大约 180kHz 的带宽，可直接部署于 GSM 网络、UMTS 网络或 LTE 网络，具有覆盖广、连接多、速率低、成本低、功耗低、架构优等特点，是一种可在全球范围内广泛应用的新兴技术。当前，移动通信正在从人和人的连接，向人与物及物与物的连接迈进，万物互联是必然趋势。相比蓝牙、ZigBee 等短距离通信技术，移动蜂窝网络具备广覆盖、可移动及大连接数等特性，能够带来更加丰富的应用场景，理应成为物联网的主要连接技术，这对于整个移动通信产业来说是一个巨大的机会。

（5）平台服务技术：物联网的运行，离不开各种基于计算机的服务平台技术，主要包括以下两种：① M2M 平台，该平台属于一种中间平台，主要负责对终端进行管理与监控，并为相关应用系统提供数据信息转发等服务，在该平台的帮助下，还能够对终端加以控制，使其能够科学使用网络，并通过对终端流量进行监控，提供方便的终端远程维护操作工具；②云服务平台，该平台以云计算技术为基础，主要负责为各种不同的物联网应用提供统一的服务交付平台，并且在云计算技术的帮助下，还能够为物联网提供海量的计算和存储资源，确保物联网信息数据格式一致，促使整个物联网连接交付过程更加简单，同时还能够利用云计算技术实现数据分布式存储及并行处理，其数据处理框架以本地计算方式处理大部分数据，因此不需要进行远程数据传输处理。在物联网不断应用发展过程中，自身产生的数据信息势必会越来越多，对于这些信息的处理，采用传统硬件架构服务器，已经无法满足数据处理要求，需要应用到云计算服务平台，以显著提高物联网数据处理的效率，增强物联网整体性能。在物联网未来发展过程中，随着云计算服务平台的应用越来越深入，两者融合越来越紧密，物联网数据采集端将会越来越多样化，数据采集量会越来越大，数据处理效率也会越来越高，如此可有效提升整体物联网的性能。

第三节 物联网的应用

一、物联网应用领域

信息时代，物联网无处不在，用途广泛，遍及智能楼宇、智能家居、路灯监控、智能医院、智慧能源、智能交通、水质监测、智能消防、物流管理、政府工作、公共安全、资产管理、军械管理、环境监测、工业监测、矿井安全管理、食品药品管理、票证管理、老人护理、个人健康等诸多领域，如图 1-4 所示。

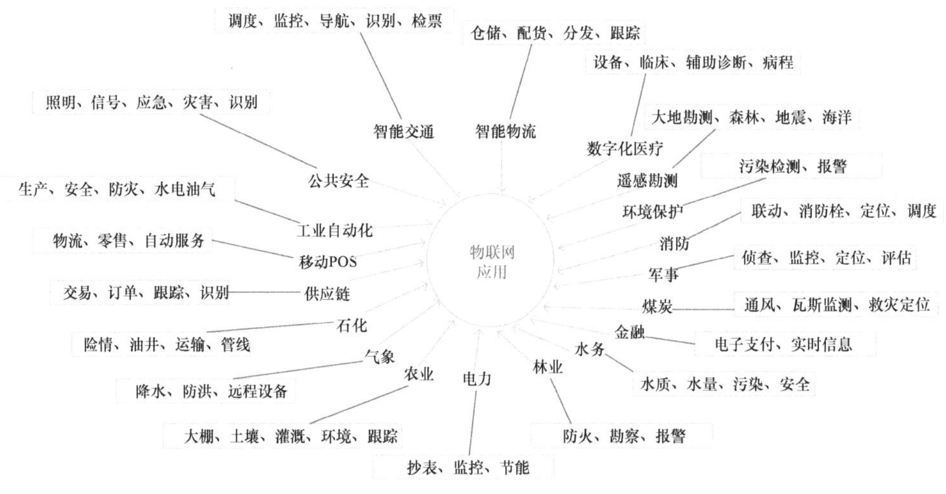

图 1-4 物联网应用领域

物联网的应用领域主要有以下 8 个方面。

（1）城市运行管理：在城市网格化管理中，利用智能终端、通信基站、显示屏等设备，深化城市部件监控，优化数据流程，提高对现场信息的采集、处理和监督，将信息化城市管理部件接入物联网，对城市管理的兴趣点进行统一标示，可以进一步明确网格化的权属责任，加强对城市管理部件状态的实时监控，降低信息化城市管理中对人工巡查的依赖程度，提高问题发现和处置的效率，进而提升网格化管理水平。此外，应用物联网可以对城市水、电、热力、燃气等重点设施和地下管线实施监控，提高城市生命线的管理水平和加强事故的预防预测，降低事故的发生概率和烈度，提高事故的处置效率。通过视频监控、传感器、通信系统、GPS 定位导航系统等手段掌握各类作业车辆、人员的状况，对日常环卫作业、扫雪铲冰、垃圾渣土消纳进行有效监控。通过统一的射频识别和数据库系统，建立户外广告牌匾、城市家具、棚亭阁、城市地井的管理体系，以方便进行相关规划管理、信息查询和行政监管。

（2）生态环境：通过智能感知并传输信息，在大气和土壤治理、森林和水资源保护、气候变化和自然灾害应对中，物联网可以发挥巨大的作用，帮助改善生存环境。利用物联网技术，可以形成对污染排放源的监测、预警、控制的闭环管理。利用传感器加强对空气质量、城市噪声监测，在公共场所进行现场信息公示，并利用移动通信系统加强与监督检查部门的联动。加强水库河流、居民楼二次供水的水质检测网络体系建设，形成实时监控。加强森林绿化带、湿地等自然资源的传感系统建设，并结合地理空间数据库，及时掌控绿化资源情况。利用传感器技术、通信技术等手段，完善对热力能源、楼宇温度等系统的监测、控制和管理。通过完善智能感知系统，合理调配和使用水利、电力、天然气、燃煤、石油等资源。

（3）公共安全：通过传感技术，物联网可以监测环境的不稳定性，根据情况及时发出预警，协助撤离，从而降低天灾对人类生命财产的威胁。将物联网技术嵌入城市智能管理系统，加强对重点地区、重点部位的视频监测监控及预警，增强网络传输和数据分析能力，实现公共安全事件监控；利用电子标签、视频监控、红外感应等手段，加强对危险物品、垃圾、可燃物、有毒气体、医疗废物、疾病预防等的全流程过程监测和控制；利用公共显示屏幕、感应器等设备，增强对建筑工地、矿山开采、水灾火警等现场的信息采集、分析和处理；加强监察执法管理的现场信息监测，提高行政效能；通过智能司法管理系统，实现对矫正对象的监控、管理、定位、矫正，帮助各地各级司法机构降低刑罚成本、提高刑罚效率。

（4）城市交通：应用物联网技术，可以节约能源、提高效率、减少交通事故的损失。道路交通状况的实时监控可以减少拥堵，提高社会车辆运行效率；道路自动收费系统可以提升车辆通行效率；智能停车系统可以节约时间和能源，并降低污染排放；实时的车辆跟踪系统能够帮助救助部门迅速准确地发现并抵达交通事故现场，及时处理事故清理现场，在黄金时间内救助伤员，将交通事故的损失降到最低。通过监控摄像头、传感器、通信系统、导航系统等手段掌握交通状况，进行流量预测分析，完善交通引导与信息提示，缓解交通拥堵等事件的发生，并快速响应突发状况；利用车辆传感器、移动通信技术、导航系统、集群通信系统等增强对城市公交车辆的身份识别，以及运营信息的感知能力，降低运营成本、降低安全风险，提高管理效率。增强对交通“一卡通”数据的分析与监测，优化公共交通服务；对出租车辆加强实时定位、车况等信息监测，丰富和完善出租车信息推送服务；通过传感器增强对桥梁道路健康状况、交通流、环境灾害、安全事故等全寿命监测评估；完善停车位智能感知，加强引导与信息显示，基本形成全市停车诱导服务平台；建设和完善城市交通综合计费系统。针对全市的交通企业、从业人员和运行车辆，统一配发电子标签，加强对身份的自动识别，提高管理水平。

（5）农业生产：物联网技术可以广泛应用于对农作物生长环境的监测控制、动物健康的监测、动物屠宰的监测。通过统一的射频识别和数据库系统，建立主要农副产品、食品、药品的追溯管理体系，以方便进行相关信息查询和行政监管。通过传感技术实现智能监测，可以及时感知土壤成分、水分、肥料的变化情况，动态跟踪植物的生长过程，为实时调整耕作方式提供科学依据。在食品加工各个环节，通过物联网可以实时跟踪动植物产品生长、加工、销售过程，检测产品质量和安全。

（6）医疗卫生：物联网技术可用于医疗监管、药品监管、医疗电子档案管理、血浆的采集监控等。为患者监护、远程医疗、残障人员救助提供支撑，为弱势人群提供及时温暖的关怀，是物联网备受关注的先导应用领域之一，在发达国家得到了前所未有的重视，并在隐私保护的立法基础上，予以推广应用。此外，在公共卫生突发事件管理、家庭远程控制、远程医疗、安全监控等方面，物联网也可以发挥重要的作用，从而提高政府部门的管理水平和人民生活质量。以 RFID 为代表的自动识别技术可以帮助医院实现对患者不间断的监控、会诊和共享医疗记录，以及对医疗器械的追踪等，而物联网将这种服务扩展至全世界范围。RFID 技术与医院信息系统（HIS）及药品物流系统的融合，是医疗信息化的必然趋势。

（7）数字家庭：如果简单地将家庭里的消费电子产品连接起来，那么只是使用一个多功能遥控器控制所有终端，仅仅实现了电视与计算机、手机的连接，这不是发展数字家庭产业的初衷。只有在连接家庭设备的同时，通过物联网与外部的服务连接起来，才能真正实现服务与设备互动。通过物联网，就可以在办公室指挥家庭电器的操作运行，在下班回家的途中，家里的饭菜已经煮熟，洗澡的热水已经烧好，个性化电视节目将会准点播放；家庭设施能够自动报修；冰箱里的食物能够自动补货。

（8）现代物流管理：随着物流运营水平的不断升级发展，物流系统智能化、信息化水平不断提升，为物联网技术提供了一个绝佳的应用环境。通过在物流商品中植入传感芯片（节点），供应链上的购买、生产制造、包装、装卸、堆栈、运输、配送、分销、出售、服务每一个环节都能无误地被感知和掌握。这些感知信息与后台的 GIS/GPS 数据库无缝结合，成为强大的物流信息网络，能够有效解决当前物流行业面临的人员紧张、物流信息传递慢等问题，满足日益增长的物流需求。

二、物联网应用案例

物联网把新一代 IT 技术充分运用在各行各业之中，具体地说，就是把传感器嵌入和装备到电网、铁路、桥梁、隧道、公路、建筑、供水系统、大坝、油气管道等各种物体中，然后将物联网与现有的互联网整合起来，实现人类社会与物理系统的整合，在这个整合的网络当中，存在能力超级强大的中心计算机群，能够对整合网络内的人员、机器、设备和基础设施实施实时的管理和控制，在此基础上，人类可以以更加精细和动态的方式管理生产和生活，达到“智慧”状态，提高资源利用率和生产力水平，改善人与自然间的关系。下文将简述几个具体的物联网应用案例。

1. 物联网传感器在上海浦东国际机场防入侵系统中得到应用

上海浦东国际机场作为中国最繁忙的机场之一，飞行区周界长期单纯依靠物理围栏和人工巡逻，缺乏有效的技术防卫手段。2008 年上海机场集团与中国科学院上海微系统与信息技术研究所联合打造了基于物联网技术的周界防入侵系统，给机场周界防入侵带来革命性的技术创新。系统建设总长 27.1km，共铺设了 3 万多个传感节点，可以有效防止人员的翻越、偷渡、恐怖袭击等攻击性入侵。系统抗干扰能力强，虚警率、漏警率极低，系统应用以来，已成功协助安检部门抓捕了多名非法入侵人员，可满足全天候全天时的监控要求。

2. ZigBee 路灯控制系统点亮济南国际园博园

ZigBee 无线路灯照明节能环保技术的应用是济南国际园博园中的一大亮点。园区所有灯盏都装备有通信节点设备，通过 ZigBee 协议进行自组网通信，配合传感器可以实现依据人流量及周边环境自动控制开关及亮度，路灯出现故障可及时报警。园区所有的功能性照明都采用了基于 ZigBee 技术的无线路灯控制系统，在有效改善园区照明环境的同时，明显降低了能耗，减少了人力维护成本，成为园区的一大亮点。

3. 首家高铁物联网技术应用中心在苏州投用

我国首家高铁物联网技术应用中心 2010 年 6 月 18 日在苏州科技城投用，该中心将为高铁物联网产业发展提供科技支撑。高铁物联网作为物联网产业中投资规模最大、市场前景最好的产业之一，正在改变人类的生产和生活方式。通过高铁物联网，以往购票、检票的单调方式，将在这里升级为人性化、多样化的新体验。刷卡购票、手机购票、电话购票等新技术的集成使用，让旅客可以摆脱拥挤的车站购票；与地铁类似的检票方式，则可实现持有不同票据旅客的快速通行。此外，为应对中国巨大的铁路客运量，该中心研发了目前世界上最大的票务系统，每年可处理 30 亿人次，而全球在用系统的最大极限是 5 亿人次。

4. 国家电网首座 220kV 智能变电站建立传感测控网络

2010 年 12 月 30 日，国家电网公司首座 220kV 智能变电站——西泾变电站在江苏无锡竣工投运。该站在国内率先实现了物联网技术与高压强电控制技术的全面融合。西泾变电站利用物联网技术，建立传感测控网络，将传统意义上的变电设备“活化”，实现自我感知、判别和决策，从而完成自动控制。完全达到了智能变电站建设的前期预想，设计和建设水平全国领先。

5. 首家手机物联网落户广州

将移动终端与电子商务相结合，让消费者可以与商家进行便捷的互动交流，随时随地体验品牌品质，传播分享信息，实现互联网向物联网的从容过渡，缔造出一种全新的零接触、高透明、无风险的市场模式。手机物联网购物其实就是闪购。广州闪购通过手机扫描条形码、二维码等方式，可以实现购物、比价、鉴别产品等功能。这种智能手机和电子商务的结合，是“手机物联网”的其中一项重要功能。有分析表示，在不久的将来，手机物联网占物联网的比例将过半。

6. 北京大兴精准农业示范区

从 2006 年 9 月起，北京市大兴区开始超前示范推广精准农业，16 项获得国家专利的信息化技术已经应用在 2000 亩农田上，全程监控瓜果菜花生长过程。大兴精准农业示范区将大量的传感器节点构成监控网络，通过各种传感器采集信息，以帮助农民及时发现问题，并且准确地确定发生问题的位置，这样农业就逐渐地从以人力为中心、依赖于孤立机械的生产模式转向以信息和软件为中心的生产模式，从而大量使用各种自动化、智能化、远程控制的生产设备。

7. 物联网助力食品溯源

从 2003 年开始，中国已开始将先进的 RFID 技术运用于现代化的动物养殖加工企业，开发出了 RFID 实时生产监控管理系统。该系统能够实时监控生产的全过程，自动、实时、准确地采集主要生产工序与卫生检验、检疫等关键环节的有关数据，较好地满足质量监管要求，过去市场上常出现的肉质问题得到了妥善的解决。此外，政府监管部门可以通过该系统有效地监控产品质量安全，及时追踪、追溯问题产品的源头及流向，规范肉类食品企业的生产操作过程，从而有效地提高肉类食品的质量安全。

8. ofo 小黄车推动 NB-IoT 首次大规模商用编辑

2017 年 7 月 13 日，ofo 小黄车与中国电信集团有限公司、华为技术有限公司共同宣布，三家联合研发的 NB-IoT（narrow band internet of things，窄带物联网）“物联网智能锁”全面启动商用。在此次三方合作中，ofo 负责智能锁设备开发、中国电信负责提供 NB-IoT 的商用网络、华为负责芯片方面的服务。此前 ofo 已经开始使用这款物联网智能锁，而此次将启动全面的商用。 三家联手打造的支持 NB-IoT 技术的智能锁系统具备三大特点：首先是覆盖范围更广，NB-IoT 信号穿墙性远远超过现有的网络，即使用户深处地下停车场，也能利用 NB-IoT 技术顺利开关锁，同时可通过数据传输实现“随机密码”；其次是可以连接更多设备，NB-IoT 技术比传统移动通信网络连接能力高出 100 倍以上，也就是说，同一基站可以连接更多的 ofo 物联网智能锁设备，避免掉线情况；最后是更低功耗，NB-IoT 设备的待机时间在现有电池无须充电的情况下可使用 2～3 年，并改变了此前用户边骑车边发电的状况。

第四节　农业物联网的发展与应用

农业是物联网技术重点应用的领域之一，也是物联网技术应用需求迫切、技术难度大、集成性强等特征最明显的应用领域。物联网与现代农业领域和大田作物种植领域应用紧密结合，形成了农业物联网及大田作物相关应用。作为“互联网＋”农业的一个重要发展方向，农业物联网技术是计算机技术、微电子技术、互联网技术、移动通信技术、传感器技术、物联网技术等最新信息技术在农业生产、经营、管理和服务全产业链中的高度集成和具体应用，是实现传统农业向现代农业转变的助推器和加速器，是农业信息化、智能化的必要条件。

一、农业物联网的定义

目前，不同领域的研究者从不同侧重点出发提出了农业物联网的定义。

余欣荣（2013）从狭义和广义两方面给出了农业物联网的定义：狭义的农业

物联网，或从技术角度看农业物联网是指应用射频识别、传感、网络通信等技术，对农业生产经营过程涉及的内外部信号进行感知，并与互联网连接，实现农业信息的智能识别和农业生产的高效管理。 而广义的农业物联网，或从管理角度看是指在农业大系统中，通过射频识别、传感器网络、信息采集器等各类信息感知设备与技术系统，根据协议授权，任何人、任何物，在任何时间、任何地点，实施信息互联互通，以实现智能化生产、生活和管理的社会综合体，是农业大系统中人、机、物一体化的互联网络。

李瑾等（2015）从技术和管理角度给出了定义，认为农业物联网是指通过农业信息感知设备，采集农业系统中动植物生命体、环境要素、生产工具等物理部件和各种虚拟“物件”的相关信息，按照约定的协议进行信息交换，实现对农业生产对象和过程的智能化识别、定位、跟踪、监控和管理的一种网络。

李道亮（2012a）从农业物联网感知、传输、处理的层次结构方面给出了详细的定义，认为农业物联网是指综合运用各类传感器、RFID 装置、视觉采集终端等感知和识别设备，广泛采集畜禽养殖、水产养殖、大田种植、设施园艺、农产品物流等不同行业的农业现场信息；按照约定数据传输和格式转换方法，集成无线传感器网络、电信网和互联网等信息传输通道，实现多尺度农业信息的可靠传输；最后将获取的海量农业信息进行融合、处理，并通过智能化操作终端实现农业的自动化生产、最优化控制、智能化管理、电子化交易，进而实现农业集约、高产、优质、高效、生态和安全的目标。

尽管不同研究者视角各异，也没有一个公认的统一的农业物联网定义，农业物联网的内涵与外延也在不断发展完善，但从农业全生育期、全产业链、全关联因素方面考虑，运用系统论的观点对农业“全要素、全过程、全系统”的全面感知、可靠传输、智能处理和自动反馈控制是农业物联网具备的基本特征。

二、农业物联网的发展现状

当前，以欧美为代表的西方发达地区和国家凭借起步优势，在农业信息网络建设、农业信息技术开发、农业信息资源利用等农业物联网应用方面发展迅速，全方位推进农业网络信息化的步伐，已在农业资源环境、精准作业、生产管理、流通交易等环节实现全面感知、数据自动获取和实时数据共享，取得了丰富的物联网农业应用经验。与之相比，我国当前农业物联网的应用研究仍处于初级阶段，但很多科研院所和高等院校等已经开展了相关研究，并在大田种植、设施园艺、畜禽养殖、农产品安全溯源、农机作业调度、病虫害监测预警等领域的农业物联网研究中取得了重要进展。具体到农业物联网技术相关应用领域可以看出，大田农业物联网技术与设施农业物联网技术等农业生产环境监控物联网目前发展较为成熟，其应用部署分为单机应用和远程监控模式；动植物生命信息监控物联网中植物生命信息监控及农产品信息感知物联网研究与应用方面主要集中在数据获取与单机处理方面，系统完整的网络化应用还不多见；动植物生命信息监控物联网中动物生命信息监控物联网及农产品质量安全追溯物联网的研究与应用最为成熟，特别是在 RFID 应用方面，但也存在单个生产环节应用较好、全产业链物联网监控应用有待进一步加强的问题。智能农机物联网的研究与应用更多地集中在几个单向技术的突破方面，综合各项技术的智能农机监控系统正在逐步推广应用。

1. 农业物联网在大田种植领域的研究进展

大田种植生产环境是一个复杂系统，具有许多不确定性和未知性，信息处理和分析难度较大，农业物联网研究主要集中在农田资源管理、大田农情监测和精准农业作业等应用过程。Biggs 和 Srivastava（2005）基于无线传感器网络，开发了农业和土地检测系统，实现对农田信息的监测。Yunseop 等（2008）通过研究无线传感器网络、差分全球定位等关键技术，设计的精密变量灌溉系统可远程监测农田现场数据，同时定点监测 6 个田间土壤参数，并可实时控制灌溉设备，以无线方式发送到基站开展科学决策和精确控制。Hwang 等（2010）设计了一种农田生产环境信息监测系统，将环境和土壤传感器等采集的环境参数、土壤信息、位置信息和图像信息等通过无线传感器网络传输到远端服务器，经过数据存储和分析决策后将结果提供给生产者，有助于提高农业生产的管理水平及作物的产量与质量。吴秋明等（2012）设计了一种为棉花灌溉决策与管理提供支持的微灌系统，并在新疆库尔勒棉花智能化膜下滴灌示范区的实际应用中取得了良好的效果和用户体验。夏于等（2013）设计了一种基于物联网的小麦苗情远程诊断管理系统，通过对远程监控节点动态数据的采集计算并进一步对小麦的生理生态特性、作物气象灾害等指标分析融合，对小麦生长生产过程和主要气象灾害进行精确监测、快速准确诊断，并以文字、视频、图片和数据表格等多种方式输出综合分析结果和生产管理调优方案。余国雄等（2016）为实现荔枝园环境的实时远程监控和精准管理，基于农业物联网设计的荔枝园信息获取与智能灌溉专家决策系统，实现了计算作物需水量、预报灌溉时间、灌溉最佳定量决策、根据灌溉制度决策等功能，将决策结果反馈到控制终端模块进行智能监控。

2. 农业物联网在设施园艺领域的研究进展

设施园艺的物联网研究较多，主要是结合园艺品种在温室内利用无线传感器调控温度、湿度、光照、通风、二氧化碳补给，进行营养液供给等数据采集和智能控制等，突出体现将环境信息与智能系统全面结合。Mayer 和 Taylor（2003）通过无线传感器网络（WSN）传输温湿度等传感器所采集的相关参数信息，实时追踪草莓栽培园温室内的环境信息和草莓生长状况，同时还可根据空气和土壤信息反馈，实现温室的自动浇水、温度调节等智能控制。孙忠富等（2006）基于 GPRS 和 Web 技术研发的远程数据采集和发布系统，能够通过 RS485 总线与环境传感器连接，并与 PC 监控计算机构成设施温室现场监控体系。Park 和 Park（2011）构建了一个基于无线传感器网络的温室环境自动监测系统，由传感器节点采集数据并传输到服务器，数据经过存储和处理后计算出叶片露点，进而通过现场装置自动调节有效防止结露现象在作物叶片表面引发的疾病感染。王秀等（2012）设计出基于物联网的智能温室大棚控制系统，黎贞发等（2013）研发的日光温室冬春季低温气象灾害监测预警及智能化加温技术体系等众多成果，提高了设施农业园区的管理效率、管理水平及应对低温灾害的能力。

3. 农业物联网在畜禽养殖领域的研究进展

畜禽养殖物联网研究主要包括自动供料、自动管理、自动数据传输和自动报警等系统研究及牲畜标识、数据传输等关键技术分析，并重点应用在对畜禽健康饲养的生理指标进行检测。Nagl 等（2003）利用体温传感器、呼吸传感器、电子地带、环境温度传感器和 GPS 传感器等为家养牲畜设计开发了一个远程健康监控系统。Mayer 和 Taylor（2003）通过在每个动物身上安装一个无线传感器，设计了一种用于无线检测动物所处位置和各种健康信息的智能化动物管理系统。Parsons 等（2005）通过给羊安装电子标签，实时跟踪羊群运动和饲养数据，提高了羊群管理效率。白红武等（2006）研发的蛋鸡健康养殖网络化管理信息系统通过对蛋鸡的品种、饲料、环境进行科学管理，从养殖的各环节上控制了重大疫病的发生，实现了蛋鸡养殖产前、产中和产后的全程智能化管理。Bishop 等（2007）设计了基于无线传感器网络的虚拟栅栏系统，通过对耕牛自动放牧的研究与测试分析，明显提高耕牛放牧的智能化管理效率。尹令等（2010）为了能自动准确地识别奶牛是否发情或生病，提出了在奶牛颈部安装无线传感器节点，监测奶牛的体温、呼吸频率和运动加速度等参数，建立的动物行为监测系统能准确区分奶牛静止、慢走等行为特征，从而可以长时间监测奶牛的健康状态。朱伟兴等（2012）采用 ZigBee 技术将猪场所有猪舍各保育床内的传感器及周边设备组成无线网络系统，并将 ARM-LINUX 嵌入式服务器作为现场控制中心，基于物联网技术开发了保育猪舍环境可视化精准调控系统，实现了保育猪舍环境的远程实时监测和精准化、自动化调控。

4. 农业物联网在农产品安全溯源领域的研究进展

在农产品安全溯源领域，农业物联网研究主要体现在传感器、RFID、二维码等感知层，无线局域网、GPS、无线通信等传输层及农产品生产管理、流通销售等全产业环节应用层面研究。美国农业部启动构建家畜追溯体系，要求生产加工者、零售者做好相关信息记录，让消费者知晓家畜的出生、养殖、屠宰及加工等信息。欧盟要求从 2004 年起，所有市场销售的食品都要进行跟踪与追溯，并于 2006 年年初实施了《欧盟食品及饲料安全管理法规》，突出强调了从农场到餐桌的全过程可溯源。Spiessl 等（2005）运用 RFID 技术改进和优化了猪肉的可追溯系统。葛文杰和赵春江（2014）分析了我国农业物联网发展的主要问题，从研究重点、发展布局、推进路径、应用模式和可持续发展机制等方面，提出了我国农业物联网应用发展的对策。黄庆等（2013）分析了应用于农资产品溯源服务的物联网相关技术及网络体系架构，构建了由农资溯源防伪、农资调度和农资知识服务三个子系统组成的农资溯源服务系统。汪懋华（2014）指出，物联网就是要为居民餐桌上的食物提供产地环境、产后储存、加工、物流运输、营销供应链管理与品质安全的可追溯系统。

5. 智能农机物联网领域的研究进展

近年来随着土地流转的进行，农机作业范围不断扩大，农机作业信息滞后、时效性差、缺乏有效的监管手段，机收的组织者和参与者对信息快捷、准确、详细的要求难以满足等问题逐渐突显。如何通过技术手段有效地进行农机作业远程监控与调度，提高工作效率和作业质量尤其是保障农机夜间作业质量和农机装备的智能化水平，是农机物联网发展的迫切需求之一。农机物联网主要研究方向包括农机作业导航自动驾驶技术、农机具远程监控与调度、农机作业质量监控等方面。李洪等（2008）将精确算法应用于农机调度问题的求解过程中，以取得全局最优解，为农机作业提供一种切实有效的调度手段，设计并实现了一种基于 GPS、GPRS 和 GIS 技术的农机监控调度系统。在农业机械作业监控与联合收获机自动测产等方面，国家农业信息化工程技术研究中心研发了基于 GNSS（global navigation satellite system）、GIS 和 GPRS 等技术的农业作业机械远程监控指挥调度系统，有效地避免了农机盲目调度，极大地优化了农机资源的调配。胡静涛等（2015）分析了农业机械自动导航技术的研究现状及存在的问题，并对未来农机导航技术的发展进行了展望，指出采用卫星导航技术，开展农机地头自动转向控制、障碍物探测及主动避障、多机协同导航等高级导航技术研究，以及引入先进的物联网技术，是现代农机自动导航技术发展的主要趋势。Backman 等（2015）针对传统的路径生成方法——Dubins 路径没有考虑最大转向速率问题，提出了曲率和速率连续的平滑路径生成算法，该算法平均计算时间为 0.36s，适合实时和模拟方式使用。English 等（2015）通过一对前置的立体相机获取图像的颜色、纹理和三维结构描述符信息，利用支持向量机回归分析算法，估计作物行的位置，开发了基于机器视觉的农业机器人自动导航系统。2013 年农业部在粮食主产区启动了农业物联网区域试验工程，利用无线传感、定位导航与地理信息技术开发了农机作业质量监控终端与调度指挥系统，实现了农机资源管理、田间作业质量监控和跨区调度指挥。

6. 农产品质量安全追溯物联网领域的研究进展

农产品信息感知技术主要包括农产品颜色、大小、形状和缺陷损伤等外观信息及农产品成熟度、糖度、酸度、硬度、农药残留等内在品质信息。在农产品质量安全与追溯方面，农业物联网的应用主要集中在农产品仓储及农产品物流配送等环节，通过电子数据交换技术、条形码技术和 RFID 电子标签等实现物品的自动识别和出入库，利用无线传感器网络对仓储车间及物流配送车辆进行实时监控，从而实现主要农产品来源可追溯、去向可追踪的目标。杨信廷等（2008）以蔬菜初级产品为研究对象，从信息技术的角度构建了一个以实现质量追溯为目的的蔬菜安全生产管理及质量追溯系统。孙通等（2009）概述了近红外光谱分析技术在水果、鱼类、畜肉类、牛奶、谷物及奶酪、酒精发酵在线品质检测/监控应用中的研究进展，指出了近红外光谱分析技术尚存在的问题，并对今后的近红外光谱分析技术作了展望。Costa 等（2013）阐述了 RFID 技术在农产品质量安全与追溯方面的发展现状，分析了 RFID 技术面临的机遇和挑战，指出了其未来研究的方向。刘寿春等（2013）研究了检测冷却猪肉物流环节主要腐败菌和病原菌的数量变化，设计了基于统计过程控制的均值-极差控制图，为监控猪肉冷链物流过程或操作工序的微生物污染提供科学的管理和控制方法。Kumari 等（2015）讨论了 RFID 标签的相关知识，包括标签的类型、数据传输频率范围和标准等，并对农产品管理中各种 RFID 的构建和阻碍其广泛应用的障碍进行了分析。Badia-Melis 等（2015）对各种最新的射频识别技术进行了总结，包括能够促进面粉销售的创新性应用、通过同位素分析或者 DNA 序列分析了解食品的真实性应用，同时阐述了食品追溯领域的一些先进概念，包括集成了当前的技术规则，实现机构、环境记录器及产品三者之间互联互通的物联网系统通用框架，以及能够获取产品温度、剩余保质期信息的智能追溯系统等。

三、农业物联网大田作物应用

农业物联网在大田作物种植领域中，主要被用于收集包括空气温湿度、土壤温湿度、氮浓度、风速风向、太阳辐射、降水量、图形图像和气压等信息并将这些信息传递到中央控制设备供农业生产者决策和参考，从而确保大田作物生长环境稳定，减少农药化肥使用量，达到节约环保和产品质量提升的绿色、健康、高效发展的目的。此外，农业物联网还将被广泛应用于农产品质量安全保障和农业生产环境的改善，直接与农业可持续发展和人民群众健康相关。综合来说，农业物联网大田作物应用包括全面感知、可靠传输、智能处理，三者按照一定的规则有机地结合起来，形成一个能够发挥作用的综合整体。

目前我国已经发展了多项大田种植类农业物联网应用模式，囊括水稻、小麦、玉米、棉花、果树、菌类等作物种类，研发形成的一系列应用技术包括农田信息快速获取技术、田间变量施肥技术、精准灌溉技术、精准管理远程诊断技术、作物生长监控与产量预测技术、智能装备技术等，形成的应用模式包括智能灌溉、土壤墒情监测、病虫害防控等单领域物联网系统，也包括涵盖育苗、种植、采收、仓储等全过程的复合物联网系统。通过应用这些农业物联网模式，可以实现对气象、水、土壤、作物长势等的自动感知、监测、预警、分析，实现智能育秧、精量播种、精量施肥、精准灌溉、精量喷药、精准作业、精准病虫害防治，从而有效降低成本，大幅提高收益。

参考文献

白红武, 滕光辉, 马亮, 等. 2006. 蛋鸡健康养殖网络化管理信息系统[J]. 农业工程学报, 22(10): 171-173.

陈晓栋, 原向阳, 郭平毅, 等. 2015. 农业物联网研究进展与前景展望[J]. 中国农业科技导报, 17(2): 8-16.

葛文杰, 赵春江. 2014. 农业物联网研究与应用现状及发展对策研究[J]. 农业机械学报, 45(7): 222-230, 277.

胡静涛, 高雷, 白晓平, 等. 2015. 农业机械自动导航技术研究进展[J]. 农业工程学报, 31(10): 1-10.

黄庆, 崔超远, 乌云. 2013. 应用于农资产品溯源服务系统的物联网技术分析[J]. 计算机系统应用, 22(1): 44-47.

黎贞发, 王铁, 宫志宏, 等. 2013. 基于物联网的日光温室低温灾害监测预警技术及应用[J]. 农业工程学报, 29(4): 229-236.

李道亮. 2012a. 农业物联网导论[M]. 北京: 科学出版社.

李道亮. 2012b. 物联网与智慧农业[J]. 农业工程, 2(1): 1-7.

李洪, 姚光强, 陈立平. 2008. 基于 GPS、GPRS 和 GIS 的农机监控调度系统[J]. 农业工程学报, 24(增刊 2): 119-122.

李瑾, 冯献, 郭美荣. 2018. 农业物联网理论、模式与政策研究[M]. 北京: 中国农业科学技术出版社.

李瑾, 郭美荣, 高亮亮. 2015. 农业物联网技术应用及创新发展策略[J]. 农业工程学报, 31(增刊 2): 200-209.

林建海, 陆开. 2012. 基于物联网的浦东机场飞行区围界防入侵系统应用[J]. 华东科技, (7): 69-70.

刘寿春, 赵春江, 杨信廷, 等. 2013. 冷链物流过程猪肉微生物污染与控制图设计[J]. 农业工程学报, 29(7): 254-260.

聂鹏程, 张慧, 耿洪良, 等. 2021. 农业物联网技术现状与发展趋势[J]. 浙江大学学报: 农业与生命科学版, 47(2): 135-146.

孙通, 徐惠荣, 应义斌. 2009. 近红外光谱分析技术在农产品/食品品质在线无损检测中的应用研究进展[J]. 光谱学与光谱分析, 29(1): 122-126.

孙忠富, 曹洪太, 李洪亮, 等. 2006. 基于 GPRS 和 WEB 的温室环境信息采集系统的实现[J]. 农业工程学报, 22(6): 131-134.

汪懋华. 2014. 2020 年农业物联网将成熟应用[N]. 华商报, 2014-11-07.

王秀, 马伟, 周建军, 等. 2012. 温室智能装备系列之四十三——面向物联网的保护地气肥增施无线控制系统[J]. 农业工程技术, 12: 22-23.

吴秋明, 缴锡云, 潘渝, 等. 2012. 基于物联网的干旱区智能化微灌系统[J]. 农业工程学报, 28(1): 118-122.

夏于, 孙忠富, 杜克明, 等. 2013. 基于物联网的小麦苗情诊断管理系统设计与实现[J]. 农业工程学报, 29(5): 117-124.

许世卫. 2013. 我国农业物联网发展现状及对策[J]. 中国科学院院刊, 28(6): 686-692.

闫雪, 王成, 罗斌. 2021. 农业 4.0 时代的农业物联网技术应用及创新发展趋势[J]. 农业工程技术, 6(4): 11-16.

杨信廷, 钱建平, 孙传恒, 等. 2008. 蔬菜安全生产管理及质量追溯系统设计与实现[J]. 农业工程学报, 24(3): 162-166.

尹令, 刘财兴, 洪添胜, 等. 2010. 基于无线传感器网络的奶牛行为特征监测系统设计[J]. 农业工程学报, 26(3): 203-208.

余国雄, 王卫星, 谢家兴, 等. 2016. 基于物联网的荔枝园信息获取与智能灌溉专家决策系统[J]. 农业工程学报, 32(20): 44-152.

余欣荣. 2013. 关于发展农业物联网的几点认识[J]. 中国科学院院刊, 28(6): 679-685.

朱伟兴, 戴陈云, 黄鹏. 2012. 基于物联网的保育猪舍环境监控系统[J]. 农业工程学报, 28(11): 177-182.

Backman J, Piirainen P, Oksanen T. 2015. Smooth turning path generation for agricultural vehicles in headlands[J]. Biosystems Engineering, 139: 76-86.

Badia-melis R, Mishra P, Ruiz-garcía L. 2015. Food traceability: New trends and recent advances. A review[J]. Food Control, 57: 393-401.

Biggs P, Srivastava L. 2005. ITU Internet Reports 2005: The Internet of Things [R]. Geverna: International Telecommunication Union.

Bishop H G, Swain D, Anderson D M, et al. 2007. Virtual fencing applications: Implementing and testing an automated cattle control system[J]. Comp Elect Agric, 56(1): 14-22.

Costa C, Antonucci F, Pallottino F, et al. 2013. A review on agri-food supply chain traceability by means of RFID technology[J]. Food and Bioprocess Technology, 6(2): 353-366.

Diekinson D L, Bailey D V. 2002. Meat traceability: Are U. S. consumers willing to pay for it [J]. J Agric Resour Econ, (27): 348-364.

English A, Ross P, Ball D, et al. 2015. Learning crop models for vision-based guidance of agricultural robots//2015 IEEE/RSJ International Conference on Intelligent Robots and Systems (IROS) [C]. 1158-1163.

Golan E, Krissoff B, Calvin L, et al. 2004 . Traceability in the USA food supply: Economic theory and industry studies [R]. USA: Agricultural Economic Report.

Hwang J, Shin C, Yoe H. 2010. Study on an agricultural environment monitoring server system using wireless sensor networks [J]. Sensors, 10(12): 11189-11211.

Kumari L, Narsaiah K, Grewal M K, et al. 2015. Application of RFID in agri-food sector[J]. Trends in Food Science & Technology, 43(2): 144-161.

Massimo B, Maurizio B, Roberto M, et al. 2004 . MECA approach to product traceability in the food industry [J]. Food Control, 17(9): 1-9.

Mayer K, Taylor K. 2003. TinyDB by remote//2003 World Conference on Integrated Design and Process Technology[C]. Austin, Tex.

Mousavi A, Sarhadi M, Lenk A, et al. 2002. Tracing and traceability in the meat processing industry: A solution [J]. British Food J, 104(1): 7-19.

Nagl L, Schmitz R, Warren S, et al. 2003. Wearable sensor system for wireless state-of-health detemination in cattle//Proceedings of the 25th Annual International Conference of the IEEE Engineering in Medicine and Biology Society[C]. Mexico Cancun.

Park D H, Park J W. 2011. Wireless sensor network-based greenhouse environment monitoring and automatic control system for dew condensation prevention [J]. Sensors, 11(4): 3640-3651.

Parsons J, Kimberling C, Parsons G, et al. 2005. Colomdo sheep id project: Using RFID or tracking sheep[J]. J Anim Sci, (83): 119-120.

Spiessl M E, Wendl G, Zaehner M, et al. 2005. Electronic identification (RFID technology) for improvement of traceability of pigs and meat[J]. Prec Livestock Farm, (50): 339-345.

Yunseop K, Evans R G, Iversen W M. 2008. Remote sensing and control of an irrigation system using a distributed wireless sensor network[J]. IEEE Transac Instrument Measure, 57(7): 1379-1387.

第二章　农业信息传感技术

传感技术是指从自然信源高精度、高效率、高可靠性地获取各种形式的信息，并对之进行识别和处理的一门多学科交叉的现代科学与工程技术。在农业领域，农业信息采集是农业信息化的源头，传感技术则是获取信息的关键，是农业物联网的基础。农业信息传感技术采用物理、化学、生物、电子等技术获取农业生产过程中的各种信息，包括养殖水质信息、土壤环境信息、农田气候环境信息、动植物生理信息等，实现农业生产信息的全面感知，为农业生产管理决策提供可靠信息来源及决策支撑。本章以大田种植为对象，分别对农业土壤信息、气象信息和图像信息等传感技术进行阐述，详细介绍了农业信息传感关键技术及其特点。

第一节　农业传感器技术

一、农业物联网与传感器

农业物联网是物联网技术在农业生产、经营、管理和服务中的具体应用，是农业信息化的重要力量。农业物联网的应用不仅提高了劳动生产率和土地利用率，还极大地推进了农业生产劳动方式和管理方法的变革，为农业现代化的发展提供强大支撑。农业物联网利用农业传感器对农业生产环节的多种信息进行感知，获取农田环境信息、农机作业信息、动植物生理信息、养殖水质信息等，分析和处理感知的各种信息，为精细农业提供实时信息和决策支持，实现农业生产的智能化管理。

作为农业物联网源头环节的农业传感器通过对土壤水分、电导率及氮磷钾等养分信息的感知，农田气象环境的温湿度、光照度、降水量及风速风向等信息的感知，养殖水体的溶解氧、电导率、酸碱度、氨氮、浊度、叶绿素等信息的感知，动植物生理信息、农作物长势和产量信息、农机作业信息和农产品物流信息的感知，实现农业生产过程的全面感知，为农业生产自动化控制和智能化决策提供可靠数据。

二、农业传感器的基本原理

根据检测对象的不同，农业传感器的基本原理也各不相同，常见的基本原理有电学与电磁学原理、光学与光辐射原理和热传导原理等。例如，检测土壤含水量、土壤电导率、土壤养分等土壤属性指标采用电学与电磁学原理，检测太阳辐射、光照度、雨量、CO_2 等气象信息采用光学与光辐射原理，测量土壤温度、空气温度及风速风向等信息采用热传导原理。

（1）在大田种植业中，基于电学与电磁学原理的农业传感器主要是利用电流的变化来测量土壤颗粒导电或者积累电荷的能力，当传感器接触或接近土体时，土壤便成为电磁系统的一部分，当地理位置发生变化时，电压或者电流也会相应地瞬时发生变化。

（2）基于光学与光辐射原理的农业传感器主要是利用光电效应将光信号或光辐射转换成可变量的物理效应，并最终转换为电信号。

（3）基于热传导原理的农业传感器主要是利用对温度敏感的元件检测温度变化，并将温度信息转变成电信号。

三、农业传感器的分类

农业传感器是农业物联网的重要组成部分，农业传感器主要用于采集各个农业要素信息，包括水产养殖业中的溶解氧、电导率、酸碱度、氨氮、浊度等信息；大田种植业中的光照、水分、养分和气象等信息；畜牧养殖业中的二氧化碳、氨气、二氧化硫等有害气体信息，以及温湿度等环境信息。

（一）农业水体信息传感器

1. 溶解氧传感器

溶解氧传感器用于检测水中分子态氧的含量，其检测结果是表征水质优劣的重要指标。目前，溶解氧传感器主要基于电化学原理和光学原理。其中，基于光学原理的溶解氧传感器可长期重复使用，是未来溶解氧传感器研究的主要方向。

基于电化学原理的溶解氧传感器主要有 Clark 型溶解氧传感器和原电池型溶解氧传感器。Clark 型溶解氧传感器以铂或金作阴极，银作阳极，KCl 溶液通常作为电解质。当阴阳两极间受到一定外加电压时，溶解氧会透过透氧膜，在阴极上被还原产生的扩散电流与氧浓度成正比，从而测定溶解氧含量。原电池型溶解氧传感器电极的阴极由对氧具有催化还原活性的贵金属（Pt、Au、Ag）构成，阳极由不能够极化的金属（Pb、Cu、Cd）构成，电解质采用 KOH、KCl 或其缓冲溶液。原电池型溶解氧传感器通过氧化还原反应在电极上产生电流，生成 K_2HPO_3 时向外电路输出电子，这时会有电流产生，根据电流的大小就可以求出氧浓度。原电池型溶解氧传感器电极不需要外部提供电压，也不需要添加电解液或维护更换电极膜，测量更加简单、方便，但是阳极的消耗会限制其使用寿命，因此如何延长使用寿命和输出稳定性是比较重要的一个研究方向。图 2-1 为基于电化学原理的溶解氧传感器实物图。

图 2-1　基于电化学原理的溶解氧传感器

基于光学原理的溶解氧传感器主要有分光光度法溶解氧传感器和荧光猝灭原理溶解氧传感器。分光光度法溶解氧传感器根据 I_3 与罗丹明 B 在硫酸介质中反应生成离子缔合物在 360nm 波长处有最大吸收，然后进行溶解氧的测定，结果发现该方法具有操作简单、测量快速、准确度高的优点。荧光猝灭原理溶解氧传感器是基于分子态的氧可以被荧光物质的荧光猝灭的原理而设计的，具有稳定性、可逆性好，以及响应时间短和使用寿命长的特点。待测溶液的溶解氧浓度既可以通过测量荧光的强度来检测，也可以通过测量荧光的寿命来检测。荧光猝灭法中最常见的检测方法是通过测量荧光强度来测量溶解氧的浓度，荧光强度随着溶解氧浓度的增加而降低。虽然这一检测方法已被证实有效，但利用荧光寿命来检测溶解氧的浓度具有更多的优势。通常外界环境会对荧光强度产生干扰，但不会影响荧光的寿命，是因为荧光寿命是荧光物质的本征参量，有很强的抗干扰性，虽然对荧光寿命的检测比荧光强度复杂，溶解氧的检测仍然采用检测荧光寿命来测量。图 2-2 为基于光学原理的溶解氧传感器实物图。

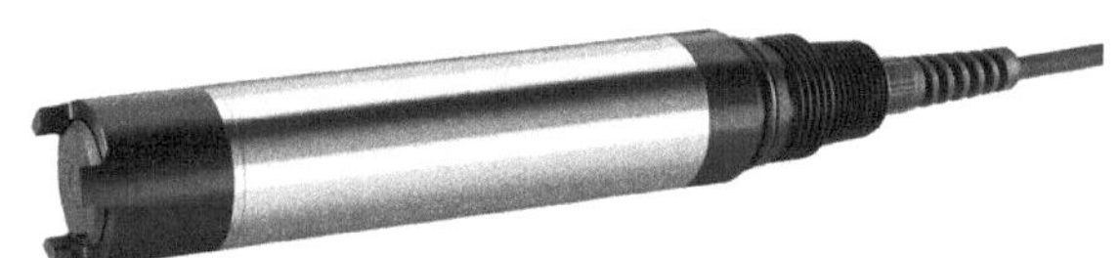

图 2-2　基于光学原理的溶解氧传感器

2. 水体温度传感器

水体温度是水产养殖监测的基本参数，其传感器大致分为电阻式、辐射式、PN 结式、热电式、其他（电容式、频率式、表面波式、超声波式）5 种类型。5 类温度传感器的工作原理各不相同，电阻式温度传感器是根据不同的热电阻材料与温度间的线性关系设计而成的；PN 结式温度传感器以 PN 结的温度特性作为理论基础；热电式利用了热电效，根据两个热电极间的电势与温度之间的函数，对温度进行测量；辐射式温度传感器的原理是不同物体受热辐射，物体表面颜色变化深浅不一；其他温度传感器如石英温度计利用石英振子的振荡频率受温度影响的线性关系，表面波温度传感器由表面波振荡器构成，超声波温度传感器由石英反射波的干涉原理而构成。

3. 水体酸碱度传感器

酸碱度（pH）是指溶液中氢离子浓度，标示了水的最基本性质，对水质的变化、生物繁殖的消长、腐蚀性、水处理效果等均有影响，是评价水质的一个重要参数。目前，酸碱度传感器主要分为光学 pH 传感器、电化学 pH 传感器、质谱 pH 传感器、光化学 pH 传感器 4 类。其中光学 pH 传感器根据其原理不同又可分为荧光 pH 传感器、吸收光谱 pH 传感器、化学发光 pH 传感器 3 种。近年来基于光化学 pH 传感器的多种优点，许多学者对其进行了大量的研究，对光化学 pH 传感器的研究将是重要的研究方向。图 2-3 为电化学 pH 传感器实物图。

图 2-3　电化学 pH 传感器

4. 水体电导率传感器

水体电导率即水的电阻的倒数，通常用其表示水的纯净度。水体电导率传感器可分为电极型、电感型及超声波型。图 2-4 为电极型水体电导率传感器实物图。电极型电导率传感器采用电阻测量法对电导率实现测量；电感型电导率传感器依据电磁感应原理实现检测；超声波型电导率传感器根据超声波在水体中的变化进行检测。目前，随着国内外对新型磁性敏感材料研究的深入，以及集成电路的发展，电感型电导率传感技术获得飞速发展。

图 2-4　电极型水体电导率传感器

5. 水体氨氮传感器

氨氮是水产养殖中重要的理化指标，主要来源于水体生物的粪便、残饵及死亡藻类。水体的氨氮含量是指以游离态氨 NH_3 和铵离子 NH_4^+ 形式存在的化合态氮的总量，是反映水体污染的一个重要指标，游离态的氨氮达到一定浓度时对水生生物有毒害作用，如游离态的氨氮在 0.02mg/L 时即能对某些鱼类造成毒害作用，氨氮升高也是造成水体富营养化的主要环境因素。为促进水产养殖业的精准化发展，加强水体指标的检测日益重要，国内外学者针对水体氨氮含量的检测进行了大量研究，不断研究出新型的氨氮传感器。目前，氨氮传感器主要有金属氧化物半导体（MOS）传感器、固态电解质（SE）传感器和碳纳米管（CNT）气体传感器。图 2-5 为金属氧化物半导体水体氨氮传感器实物图。

图 2-5　水体氨氮传感器

6. 水体浊度传感器

浊度是水的透明程度的量度。浊度是水中不同大小、形状、比重的悬浮物、胶体物质和微生物等杂质对光所产生效应的表达语。浊度是一种光子效应，就是光线透过水层时受到阻碍的程度，表示水层对光线散射和吸收的能力。它不仅与悬浮物的含量有关，而且还与水中杂质的成分和颗粒的大小、形状及表面的反射性能有关。浊度高的水会显得混浊不清，而浊度低的水则显得清澈透明。浊度的高低反映了水中有害物质含量的高低。所以浊度是一个重要的水质参数，检测水的浊度是测量水中各种有害物质并改善水质状况的有效手段。

常见的浊度检测方法有透射光法、散射光法、表面散射光法和透射光-散射光比较法。其中，透射光法易受水中色度的影响，表面散射光法适合浊度较高的情况，透射光-散射光比较法仅在某一特定的范围内有一定的线性相关性，散射光法可分为垂直（90°）散射式、前向散射式和后向散射式，其中，垂直（90°）散射式在接收散射光时受杂散光的影响最小，并且，散射光法符合国际标准ISO7027-2：HJ1075—2019《水质　浊度测定法　浊度计法》的规定，以近红外光作为散射光法的激发光检测浊度时，可以将水样中色度的影响降至最小。图 2-6 为水体浊度传感器实物图。

图 2-6　水体浊度传感器

（二）农业土壤信息传感器

1. 土壤含水量传感器

土壤含水量是保持在土壤孔隙中的水分，其直接影响着作物生长、农田小气候及土壤的机械性能。在农业、水利、气象研究的许多方面，土壤含水量是一个重要的参数。土壤水分传感技术的研究和发展直接关系到精细农业变量灌溉技术的优劣。目前土壤含水量传感器主要采用介电特性法，介电特性法是利用土壤的介电特性进行间接测量，该方法不易受土壤容重、质地的影响，可实现对土壤水分的快速、无损测量，根据其测量原理的不同，又可分为基于电阻原理、基于电容原理、基于时域反射原理、基于频率反射原理和基于驻波原理的土壤含水量传感器。图 2-7 为基于时域反射原理的土壤含水量传感器实物图。

图 2-7　土壤含水量传感器

2. 土壤电导率传感器

电导率是指一种物质传送电流的能力，测量仪器主要有 EM38、Veris3100，它们主要是利用电流通过传感器的发射线圈，进而产生原生动态磁场，从而在大地内诱导产生微弱的电涡流及次生磁场。位于仪器前端的信号接收圈，通过接收原生磁场和次生磁场信息，测量二者之间的相对关系从而测量土壤电导率。图 2-8 为土壤电导率传感器实物图。

图 2-8　土壤电导率传感器

3. 土壤养分传感器

土壤养分测定主要是测定氮、磷、钾 3 种元素，它们是作物生长的必需营养元素。目前，测定土壤养分的传感器主要分为化学分析土壤养分传感器、比色土壤养分传感器、分光光度计土壤养分传感器、离子选择性电极土壤养分传感器、离子敏场效应管土壤养分传感器、近红外光谱分析土壤养分传感器，其各具优缺点。

化学分析土壤养分传感器的工作原理是利用常规化学滴定法，对待测样品进行测定，从而计算出待测成分的含量；比色土壤养分传感器的工作原理是以生成的有色化合物可产生的显色反应为基础，对物质溶液颜色深度进行比较或测量而确定待测样品含量；分光光度计土壤养分传感器的工作原理是利用溶液颜色的透射光强度与显色溶液的浓度成比例，通过测定透射光强度测定待测样品组分含量；离子选择性电极土壤养分传感器是将离子选择性电极、参比电极和待测溶液组成二电极体系（化学电池），根据电池电动势与待测离子活度（浓度）之间服从 Nernst 方程，通过测量电池电动势计算溶液中待测离子的浓度；离子敏场效应管土壤养分传感器的工作原理是通过离子选择膜对溶液中的特定离子产生选择性响应改变栅极电势，控制漏极电流，漏极电流随离子活度（浓度）变化而变化，从而测定待测样品组分含量；近红外光谱分析土壤养分传感器的工作原理是利用田间作物反射光谱分析预测土壤养分含量或利用原始土样反射光谱分析预测土壤养分含量。

（三）农业气象信息传感器

1. 空气温湿度传感器

空气温湿度对动植物的生长有着至关重要的作用，空气温湿度的测量通常采用集成感知器件，诸如 SHT 系列传感器、HMP45 系列传感器。其中，SHT11 是一种具有 I^2C 总线接口全校准数字式单片湿度和温度传感器。该传感器采用高端的 CMOSens 技术，实现了数字式输出、免标定、免调试、免外电路和全方位互换等功能。图 2-9 为空气温湿度传感器实物图。

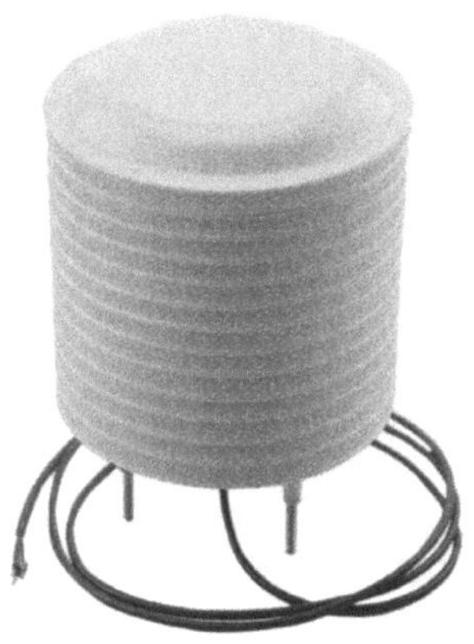

图 2-9　空气温湿度传感器

2. 光照强度传感器

光照强度是植物生长必不可少的条件，严重制约着作物的生长势。光照强度传感器，主要是利用光线照射到敏感材料使电阻效应等发生变化而引起其他变化的原理制作的光电光敏传感器。图 2-10 为光照强度传感器实物图。

图 2-10　光照强度传感器

3. 风速风向传感器

风是作物生长发育的重要生态因子。风速风向传感器属于一种测量气流流速和方向的流量传感器。风速风向传感器主要包括：超声波风速风向传感器、热温差型风速风向传感器、热损失型风速传感器和热脉冲型风速传感器。图 2-11 为风速风向传感器实物图。

图 2-11　风速风向传感器

4. 降雨量传感器

降雨量（以毫米为单位）是指从天空降落到地面上的雨水，未经蒸发、渗透、流失而在水面上积聚的水层深度，可以直观地表示降雨的多少。目前，降雨量传感器主要有人工雨量筒（SDM6 型）、翻斗式雨量计（SL3-1 型）、称重式降水传感器（DSC2 型）、光学雨量传感器 4 种类型。图 2-12 为翻斗式雨量计。

图 2-12　翻斗式雨量计

5. 二氧化碳传感器

CO_2 是植物进行光合作用的重要条件之一，可以提高植物光合作用的强度，并有利于作物的早熟丰产，增加含糖量，改善品质。CO_2 气体传感器主要有红外吸收型、电化学型、热导型、表面声波型和金属氧化物半导体型。图 2-13 为红外吸收型二氧化碳传感器实物图。

图 2-13　二氧化碳传感器

（四）动植物生理信息传感器

1. 植物茎流传感器

植物茎流的概念为在蒸腾作用下植物体内产生的向上升的植物液流，反映了植物生理状态方面的信息。土壤中的液态水进入植物的根系后，通过茎秆的输导向上运送到达冠层，再由气孔蒸腾转化为气态水扩散到大气中去，在这一过程中，茎秆中的液体一直处于流动状态。当茎秆内液流在某一点被加热，则液流携带一部分的热量向上传输，一部分与水体发生热交换，还有一部分则以辐射的形式向周围发散，根据热传输与热平衡理论通过一定的数学计算即可求得茎秆的水流通量，即植物的蒸腾速率。近年来，国内外在测量植株茎秆液流运动以确定作物蒸腾速率方面的研究进展很快。植物蒸腾量的热学测定法大致可分为热脉冲法、热平衡法和热扩散法 3 类。图 2-14 为常见的植物茎流传感器。

图 2-14　植物茎流传感器

2. 植物茎秆直径传感器

植物茎秆直径测量是利用位移传感器，最常用的植物茎秆直径传感器主要是线性位移传感器（LVDT）。它由一个初级线圈、两个次级线圈、铁芯、线圈骨架、外壳等部件组成。LVDT 工作过程中，铁芯的运动不能超出线圈的线性范围，否则将产生非线性值，因此，所有的 LVDT 均有一个线性范围。初级线圈、次级线圈分布在线圈骨架上，线圈内部有一个可自由移动的杆状铁芯。当铁芯处于中间位置时，两个次级线圈产生的感应电动势相等，这样输出电压为零；当铁芯在线圈内部移动并偏离中心位置时，两个线圈产生的感应电动势不等，有电压输出，其输出电压大小正比于位移量的大小。图 2-15 为常见的线性位移传感器。

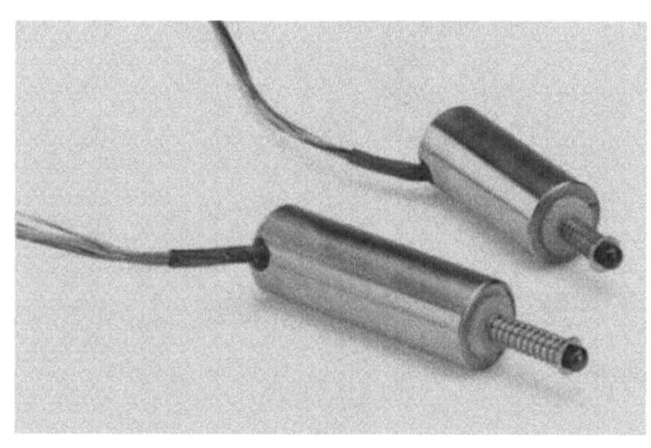

图 2-15　线性位移传感器

3. 叶绿素传感器

测定叶绿素含量的传感器主要有分光光度法叶绿素传感器、活体叶绿素仪叶绿素传感器、极谱法叶绿素传感器、光声光谱法叶绿素传感器。日本 Minolta 公司生产的 SPAD 叶绿素计是一种测量植物叶片叶色值的便携式设备，测量获得的 SPAD 值是相对叶绿素值，叶绿素数量和光谱透过率呈正相关关系。它通过测量叶片在两种波长（650nm 和 940nm）的光谱透过率，来确定叶片当前叶绿素的相对数量。该仪器已广泛用于指导小麦、水稻、棉花等作物管理决策。图 2-16 为 SPAD 叶绿素计实物图。

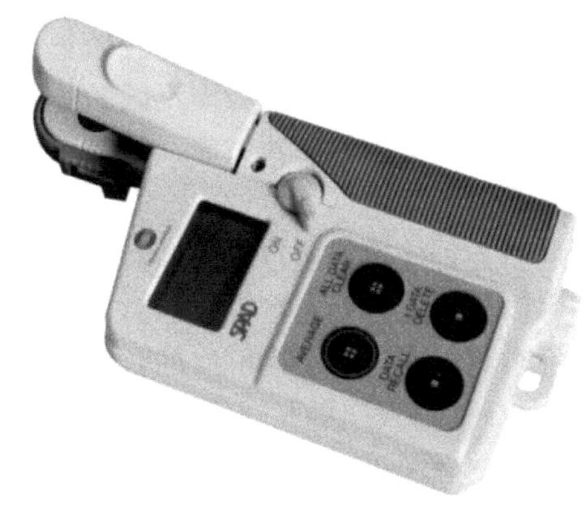

图 2-16　SPAD 叶绿素计

4. 植物叶片厚度传感器

植物叶片厚度的变化与其水分状态有着一定的对应关系。在检测叶片厚度的同时，间接计算出植物体内的水分状况，有利于对植物生长进行及时、精确的灌溉控制。植物叶片厚度通常在 300μm 以下，并且叶片质地柔软。所以，在对叶片厚度进行测量时，传感器的选择就显得非常关键。将叶片的厚度值转为微位移量进行测量，采用互感式电感传感器对叶片的厚度进行信号采集。

四、农业传感器的应用

传感器是把被测量的信息转换为一种易于检测和处理的量（通常是电学量）的独立器件或设备，传感器的核心部分是具有信息形式转换功能的敏感元件。在物联网中传感器的作用尤为突出，是物联网中获得信息的主要设备。物联网依靠传感器感知到每个物体的状态、行为等数据。

在大田种植方面，农作物的各种种植环节甚多，在整个过程中，可以利用各种传感器来收集信息，以便及时采取相应的措施来完成科学种植。例如，美国的科研人员通过埋入土壤中的离子敏传感器来测量土壤的成分，并通过计算机进行数据分析处理，从而科学地确定土壤应施肥的种类和数量。此外，在植物的生长过程中还可以利用形状传感器、颜色传感器、重量传感器等来监测植物的外形、颜色、大小等，用于确定植物的成熟程度，以便适时采摘和收获；可以利用二氧化碳传感器进行植物生长的人工环境的监控，以促进光合作用的进行。例如，塑料大棚蔬菜种植环境的监测等；可以利用超声波传感器、音量和音频传感器等进行灭鼠、灭虫等；可以利用流量传感器及计算机系统自动控制农田水利灌溉。

在设施园艺方面，可采用不同的传感器采集土壤温度、湿度、pH、降水量、空气湿度和气压、光照强度、CO_2 浓度等作物生长参数，为温室精准调控提供科学依据。中国农业大学、中国农业科学院、国家农业信息化工程技术研究中心、浙江大学、华南农业大学和江苏大学等针对我国不同的温室种类研制了适用于我国温室环境的数据采集、无线通信技术解决方案，可以实现温室环境的状态监测和控制。

在畜禽养殖方面，运用各种传感器可以采集畜禽养殖环境及动物的行为特征和健康状况等信息。利用传感器还可以监测畜肉、禽肉、蛋等的鲜度。例如，日本长崎大学研制出一种用来测定畜肉、禽肉鲜度的传感器。它可以高精度地测定出鸡肉、鱼肉、猪肉等食品变质时发出的臭味成分——二甲基胺（DMA）的浓度，利用这种传感器可以准确地掌握肉类的鲜度，防止腐败变质。再如，美国的养鸡场利用鸡蛋检测仪来检测鸡蛋质量的好坏。这种仪器由两个压电传感器和一个监测器组成。检查时，把鸡蛋放在两个传感器之间，其中，一个传感器作为“发话人”，另一个传感器作为“受话人”，它们同时与监测器连接。如果鸡蛋没坏，监测器上就显示出一个共振尖波峰，如果鸡蛋受到沙门氏菌污染而变质，监测器上就出现一高一矮两个波峰，用它来检查鸡蛋既快又准。此外，在科学饲养过程中，还需要测量水状况的温度传感器、溶解氧传感器和水的成分传感器等；监测饲养环境需用温度传感器、湿度传感器和光传感器等；测量饲料的成分需要各种离子传感器；机械化的饲养机器人需用力传感器、触觉传感器、光传感器等。

在水产养殖方面，传感器可以用于水体温度、pH、溶解氧、盐度、浊度、氨氮、化学需氧量（COD）和生化需氧量（BOD）等对水产品生长环境有重大影响的水质及环境参数的实时采集，进而为水质控制提供科学依据。中国农业大学李道亮团队开发的集约化水产养殖智能管理系统可以实现溶解氧、pH、氨氮等水产养殖水质参数的监测和智能调控，并在全国十几个省份开展了应用示范。

在果蔬和粮食储藏方面，温度传感器发挥着巨大的作用，制冷机根据冷库内温度传感器的实时参数值实施自动控制并且保持该温度的相对稳定。储藏库内降低温度，保持湿度，通过气体调节使相对湿度（RH）、O_2 浓度、CO_2 浓度等保持合理比例，控制系统采集储藏库内的温度传感器、湿度传感器、O_2 浓度传感器、CO_2浓度传感器等物理量参数，通过各种仪器仪表适时显示或作为自动控制的参变量参与到自动控制中，保证有一个适宜的储藏保鲜环境，达到最佳的保鲜效果。

在农业气象环境方面，应用的传感器主要有气压传感器、风速传感器、温度传感器、湿度传感器、光传感器等。总之，传感器在农业生产中的应用十分广泛，它可以深入到农业生产的每一个环节中。近年来，随着国内对农业科技投入的持续增大和科技兴农战略的深入发展，传感器在农业方面具有广阔的应用市场。而国内传感器行业所面临的当务之急，就是要降低成本，为农业提供大量廉价适用的传感器，占领农业用传感器的市场，同时，也促进了农业的发展，利国利民。

当前，我国农业专用传感器技术的研究相对还比较滞后，特别是在农业用智能传感器、RFID 等感知设备的研发和制造方面，许多应用项目还主要依赖进口感知设备。目前，中国农业大学、国家农业信息化工程技术研究中心和中国农业科学院等单位已开始进行农用感知设备的研制工作，但大部分产品还停留在实验室阶段，产品在稳定性、可靠性及低功耗等性能参数方面还与国外产品存在不小差距，离产业化推广还有一定的距离。

第二节　基于电学与电磁学原理的农业传感技术

基于电学与电磁学原理的农业传感器主要是利用电流的变化来测量土壤颗粒导电或者积累电荷的能力，当传感器接触或接近土体时，土壤便成为电磁系统的一部分，当地理位置发生变化时，电压或者电流也会相应地瞬时发生变化。目前在大田种植业，这种类型的传感器主要是用于测量土壤含水量、土壤电导率、土壤养分等土壤属性指标。

一、土壤含水量传感技术

土壤水分是土壤的一个重要组成部分，是构成土壤肥力的一个重要因素。它不仅影响土壤的物理特性，也制约着土壤中养分的溶解、转移和微生物的活动。同时，土壤水分也是农作物生长状况与产量的重要影响因素之一，是一切作物赖以生存的基本条件。在精细农业领域，对土壤水分的测量是实施节水灌溉的基础，是实现农业灌溉自动化的关键环节。通过对土壤水分的实时测量可以及时地掌握土壤墒情，对研究农作物的需水规律具有重要的现实意义。因此，研究和了解土壤水分，无论在理论上还是在生产上都有着重要意义。

到目前为止，土壤水分的测量方法已多达几十种，而且仍在不断发展中，各种土壤水分测定方法又有多种分类方式，图 2-17 所示为一种常见的分类。

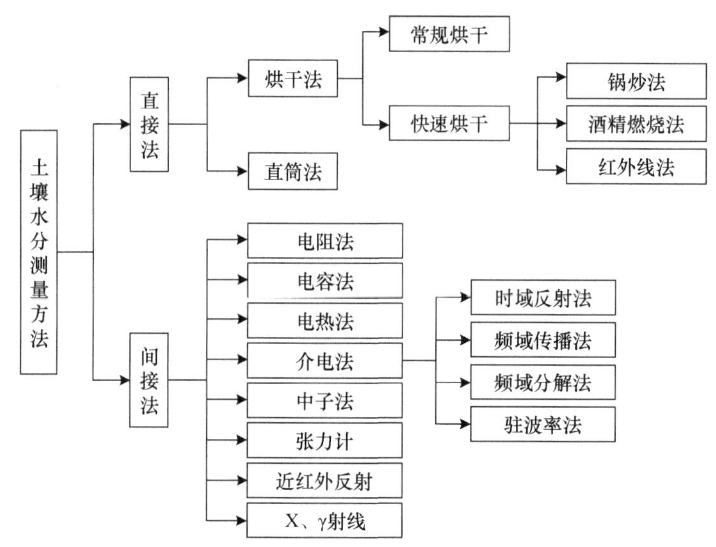

图 2-17 土壤水分常用测量方法

其中，烘干法是测量土壤水分含量的经典方法，也是国际公认的测定土壤水分的标准方法。但烘干法耗时长，并且土样采集会对土壤产生破坏，无法实现长期的定点监测和在线快速测量，目前烘干法多用于其他土壤水分测量方法的校正标准。中子法虽具有测量快速、准确度高等优点，但由于存在辐射问题，并且价格昂贵，目前已被发达国家禁止。电阻法和电容法等传统方法，由于测量范围窄，并且易受土壤质地、盐分、容重等因素的影响，不适宜田间应用。目前研究和应用较多的是介电法，介电法是利用土壤的介电特性进行间接测量，该方法不易受土壤容重、质地的影响，可实现对土壤水分的快速、无损测量，根据其测量原理的不同，又可分为基于电阻原理、基于电容原理、基于时域反射原理、基于频率反射原理和基于驻波原理的测量方法。

（一）基于电阻原理的土壤含水量传感技术

利用土壤的电导特性测量土壤含水量是一种高效、快速、简便、可靠的方法，该方法所用的传感器件价格低、不易腐坏，可定点埋设，与数据自动采集系统连接可以实现遥测，但在埋设探头时易破坏土壤结构，测值存在滞后现象，测定结果易受温度和土壤溶盐的影响，对各种不同质地的土壤测定时要分别进行标定。

基于电阻原理的土壤含水量传感器通常采用探针式结构，其两个电极之间的土壤电阻率是反映土壤含水量的重要参数。土壤含水量不同，各类矿物质的自然溶解度不同，其电阻率也不相同。探针式土壤水分传感器的常见结构如图 2-18 所示，由不锈钢探针组成。使用时将传感器插入土壤中即可测得土壤的含水量。

图 2-18　探针式土壤水分传感器结构

该土壤水分传感器通常与方波信号发生器和检测电路等组成水分检测仪，水分传感器将土壤含水量信息转换成电信号，经检测电路处理后输出。其中，方波信号发生器采用 555 定时器芯片，检测电路由运算放大器及外围器件组成，主要用于对水分传感器的输出信号进行整流、滤波、调节和放大等处理，方波信号发生器和检测电路的电路图如图 2-19 所示。

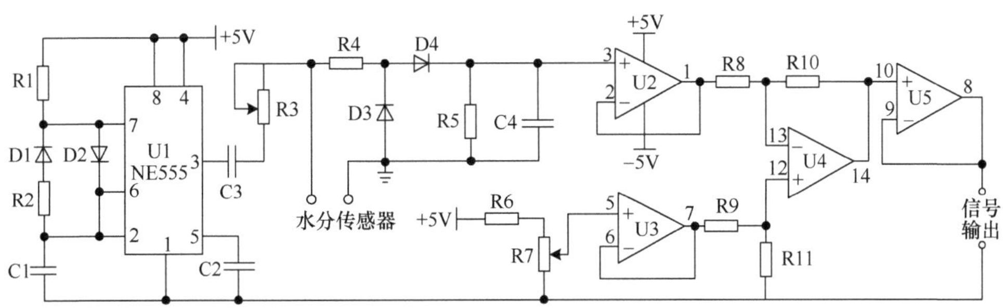

图 2-19　土壤水分传感器测量电路

（二）基于电容原理的土壤含水量传感技术

电容式土壤水分传感器是依据土壤水分与土壤相对介电常数的关系来量测土壤水分的。干土的相对介电常数为 2.5，水的相对介电常数为 80，土壤中水的少量变化会导致土壤相对介电常数的明显变化。Topp 等（1980）给出了测量信号频率在 1MHz～1GHz 时，土壤水分与土壤介电常数的经验关系式，如式（2-1）所示：

$$\theta = -5.3\times10^{-2} + \varepsilon_r \times 2.92\times10^{-2} - \varepsilon_r^2 \times 5.5\times10^{-4} + \varepsilon_r^3 \times 4.3\times10^{-6} \qquad (2\text{-}1)$$

式中，θ 为土壤体积含水量；ε_r 为土壤相对介电常数。式（2-1）建立了在一定量测信号频率范围内土壤水分与土壤相对介电常数的关系。

电容式土壤水分传感器一般具有两根感测电极，将传感器电极插入土壤中，两根电极连同电极之间的土壤形成平行板电容，该电容与土壤相对介电常数的关系如式（2-2）所示：

$$C = \frac{\varepsilon_0 \varepsilon_r S}{d} \qquad (2\text{-}2)$$

式中，C 为两个电极间的电容；ε_0 为真空介电常数；ε_r 为土壤相对介电常数；S 为电容极板正对面积；d 为两个电极间的距离。根据式（2-1），土壤水分的变化会导致土壤相对介电常数的变化；根据式（2-2），土壤相对介电常数的变化导致插入土壤中的传感器电极间的电容变化，通过测量极间电容可以得到土壤水分。

电容式土壤水分传感器的探针电极为两针平行结构，由 2 个长条形印刷电路板（printed circuit board，PCB）构成，并与安装有整个传感器电子电路的主 PCB 进行电气连接且为一体化成型结构，如图 2-20 所示。主 PCB 与探针电极 PCB 均为双层板，但探针电极 PCB 只保留其中一个表面涂有敷铜层，并在敷铜层表面上涂覆有绝缘层，只裸露探针电极 PCB 敷铜层的四周，形成电接触区，以感知待测土壤的水分信息。为使传感器能埋入土壤中进行测量，采用专门的电路板防水胶水对传感器的电子电路区进行灌封处理后，再用橡胶外壳密封，只引出一条带屏蔽的三芯线作为外部接口，三芯线分别与传感器的电源输入端、地线及信号输出线相连。

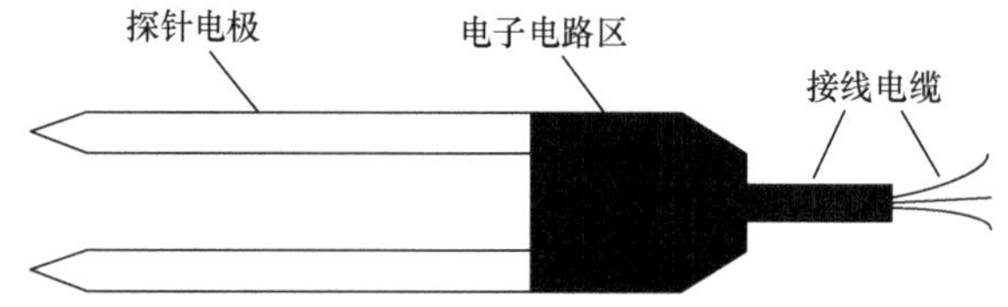

图 2-20　电容式土壤水分传感器外观结构图

传感器的电路原理如图 2-21 所示，电源滤波电路是由电感 L1、电阻 R1 和电容 C1 组成的 RLC 滤波电路，并在电路布局上使其尽量靠近有源晶振的电源输入端，以最大限度减小射频环路电流，避免有源晶振可能引起与谐振频率有关的电流环路辐射；有源晶振 U1 输出的振荡信号经施密特触发器 U2 整形后变成标准的方波信号，作为传感器测量时的激励信号；探针置于待测土壤中感知信号时相当于一个以土壤为介质的电容器，其容量与探针周围的介质及探针本身的寄生电容有关；电阻 R2 相当于信号衰减器，它串联在施密特触发器 U2 的输出端与真有效值检测器 U3 的输入端之间，用来将方波激励信号进行降幅，以使其适应真有效值检测器的输入信号的幅度要求，此外电阻 R2 与探针的等效电容组成一阶 RC 电路，根据激励信号周期性地充放电；真有效值检测器 U3 对探针上的周期性信号进行幅值的真有效值转换，以等效的直流电压形式进行输出。

其中，施密特触发器 U2 的型号为 XC74UL14AA，它是一个单通道、高速低功耗施密特触发器，其典型的传输延迟时间为 2.3ns，可以将 400MHz 范围内的信号整形成方波信号，其工作电压为 2～5V，最大消耗电流为 1μA；真有效值检测器 U3 是型号为 AD8361 的真有效值功率检测器件，工作电压为 2.7～6.5V，工作时只需要消耗 1.1mA 的电流，能将频率在 2.5GHz 范围内、最高幅值为 390mV

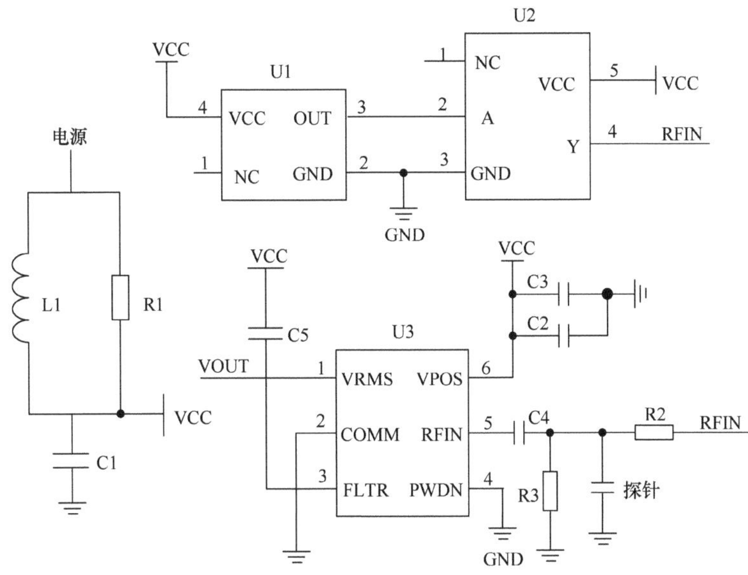

图 2-21　土壤水分传感器电路原理图

的任意波形信号转换成等效的直流电压输出，其输出值为输入波形信号真有效值的 7.5 倍；电容 C2 和电容 C3 是 AD8361 的去耦电容，用于进一步滤除电源的噪声和纹波，为 AD8361 提供一个干净的工作电压；电容 C5 用来降低 AD8361 输出信号的噪声；电阻 R3 和电容 C4 及 AD8361 本身的输入阻抗构成一个高通滤波电路，只允许高于某一频率的信号进入 AD8361 的信号输入端。电容式土壤水分传感器受土壤电导的影响程度与其测量频率有关，频率越高受土壤电导的影响越小，但频率越高趋肤效应越明显，检测电路的设计越困难，综合考虑选取有源晶振的频率为 100MHz。

电容式传感器的优点是结构简单、价格便宜、灵敏度高、零磁滞、真空兼容、过载能力强、动态响应特性好和对高温、辐射、强振等恶劣条件的适应性强等。缺点是输出有非线性，寄生电容和分布电容对灵敏度和测量精度的影响较大，以及连接电路较复杂等。

（三）基于时域反射原理的土壤含水量传感技术

时域反射法是一种介电测量中的高速测量技术，1969 年，它是以 Fellner-Feldegg 等关于许多液体介电特性的研究为基础发展起来的。到了 1975 年，Topp 和 Davis 将其引入土壤含水量测量的研究。根据电磁波在不同介电常数的介质中传播时行进速度会有所改变的物理现象提出了时域反射法（time-domain reflectometry），简称 TDR 法。该类方法测量土壤含水量具有很高的精确度。传感器的简化模型如图 2-22 所示，由信号发生器发射脉冲信号，经过同轴电缆线传输到探针时会出现阻抗不匹配现象，部分信号沿原路返回，余下的信号继续沿探针传输到探针的末端，此时阻抗不匹配现象再次发生。两次反射的信号时间差即信号沿探针传输两次的时间将由检测装置测得。

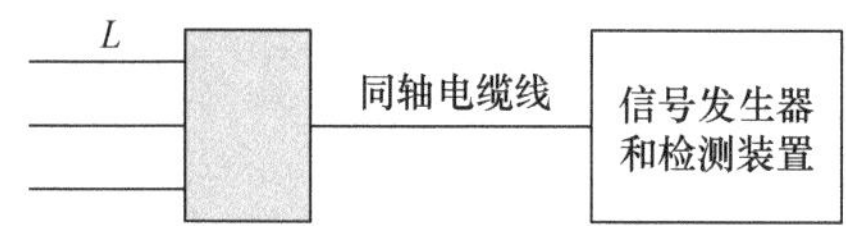

图 2-22 TDR 简化模型

$$\Delta t = \frac{2L}{v} = \frac{2L\sqrt{\varepsilon}}{c} \tag{2-3}$$

$$\theta = a\sqrt{\varepsilon} + b \tag{2-4}$$

$$\theta = \frac{ac\Delta t}{2L} + b \tag{2-5}$$

$$\theta = -5.3\times10^{-2} + 2.92\times10^{-2}\varepsilon - 5.5\times10^{-4}\varepsilon^2 + 4.3\times10^{-6}\varepsilon^3 \tag{2-6}$$

式中，Δt 为两次反射信号的时间差（s）；v 为信号沿探针的传输速度（m/s）；L 为探针的长度（m）；ε 为介电常数；c 为电磁波在真空中的传输速度（m/s）；θ 为土壤容积含水量（m^3/m^3）；a、b 为常数系数。通过式（2-3）、式（2-4）联立，可得到式（2-5），其中，a、b 是由土壤类型决定的常数，查阅相关资料可得其典型值。式（2-6）是著名的 Topp 公式，是 Topp 等（1980）应用统计学的理论首次得到土壤含水量与介电常数之间的关系，至今还被人们广泛应用。同样，联立式（2-3）、式（2-6），也可求得土壤的容积含水量 θ。

目前市场上的 TDR 土壤水分传感器是典型的点式土壤水分测量仪器，体积小、重量轻、单个传感器损坏可更换，运行维护方便。TDR 土壤水分传感器主体是一个含有探针的密封探头，当探针完全插入土壤中时，测量输出信号通过有线电缆输出，可以接遥测终端，也可以接手持式仪表。TDR 产品水分监测示意图如图 2-23 所示。

图 2-23 TDR 产品水分监测示意图

TDR 土壤水分传感器通常与微控制器等组成土壤水分测量系统，如图 2-24 所示。TDR 土壤水分测量系统主要由数据采集与控制单元、信号调理单元、传感器探头、数据存储单元与无线发送单元组成。数据采集与控制单元选用 MSP430 单片机，系统上电后，单片机等待由上位机通过蓝牙模块发送的实时测量、定时测量数据读取、时钟设置等指令。

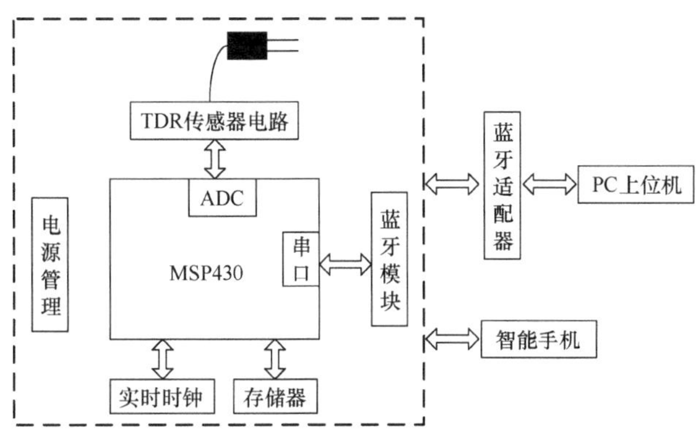

图 2-24 TDR 土壤水分测量系统框图

基于 TDR 方法的土壤水分测试仪能够满足快速测量的实时性要求，可是对于土壤这种复杂的多孔介质对象，虽然土壤水分 θ 的变化能够显著地导致介电常数 ε 的改变，但在传感器探针几何长度受到限制的条件下，由气–固–液三相混合物介电常数 ε 引起的入射–反射时间差 Δt 却仅仅是 10^{-9}s 数量级。若要对如此短的滞后时间进行准确测量，从无线电测量技术的角度来看难度极大（目前世界上掌握超高速延迟线测量技术的只有美国、加拿大、德国等极少数国家），因为从探针末端到信号采集器之间的任何一段电缆或连接器等都可以等效成测量回路中的一段低通滤波器或延迟线。这使得 TDR 土壤水分速测仪不可能测量 10cm 以内的垂直表层平均土壤含水量，而对于某些作物来说，10cm 以内的垂直表层平均土壤含水量又是一个非常重要的控制指标，这是 TDR 土壤水分速测仪的一大缺陷。

（四）基于频域反射原理的土壤含水量传感技术

频域反射法（frequency domain reflectometry，FDR）是通过测量传感器在土壤中因土壤介电常数的变化而引起的频率变化来测量土壤的水分含量，这些变化转变为与土壤含水量对应成三次多项式关系的电压信号。它使用扫描频率来检测共振频率，当土壤含水量不同时其发生共振的频率不同。如果使用固定频率，通过测量其标准波的频率变化来测量土壤含水量则归为电容法。频域反射法工作频率一般为 20～150MHz，由多种电路将介电常数的变化转换为直流电压或其他输出形式，输出的直流电压在广泛的工作范围内与土壤含水量直接相关。

FDR 在探针的几何长度和工作频率的选择上比 TDR 更加自由一些。传感器的简化模型如图 2-25 所示。

图 2-25 FDR 简化模型

测量时，土壤充当电介质，传感器的探针与其一起等效为一个电容，与外接的振荡器可组成一个调谐电路，传感器电容量与两极间被测介质的介电常数成正比关系，土壤中水分增加会使得传感器等效的电容值增大，从而会影响传感器的工作频率（谐振频率）。高频振荡器可发出几十到几百兆赫兹的高频信号，通过高频检测电路可检测出谐振频率。

$$F = \frac{1}{2\pi\sqrt{LC}} \tag{2-7}$$

$$C = k\varepsilon\varepsilon_0 \tag{2-8}$$

$$\varepsilon = \frac{C}{C_0} \tag{2-9}$$

式中，F 为工作频率（Hz）；L 为等效电感（H）；C 为电容（F）；C_0 为介质为空气时的电容（F）；k 为几何常数；ε 为土壤相对介电常数；ε_0 为真空介电常数。当谐振发生时，可知式(2-7)成立，工作频率 F 由高频检测电路得到，联立式(2-7)～式（2-9），可算得土壤的相对介电常数 ε，将之代入式（2-4）或式（2-6）就可求得土壤的容积含水量。

基于FDR原理研发的FDR-100型土壤水分传感器的电路结构如图2-26所示，其外部结构如图2-27所示。传感器的水分探头主要由平行的金属棒组成一个电容，

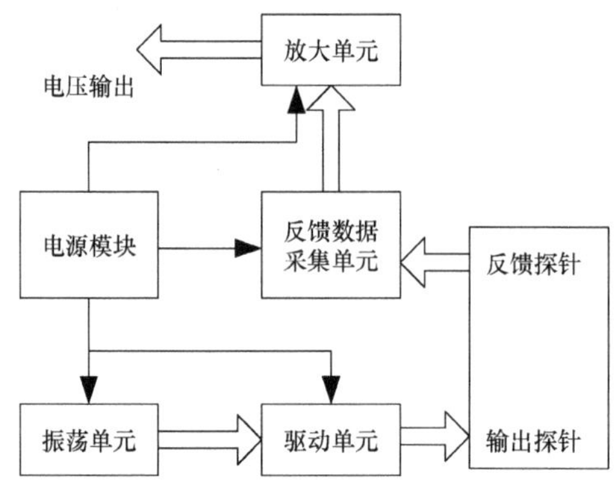

图 2-26 FDR-100 型土壤水分传感器电路结构图

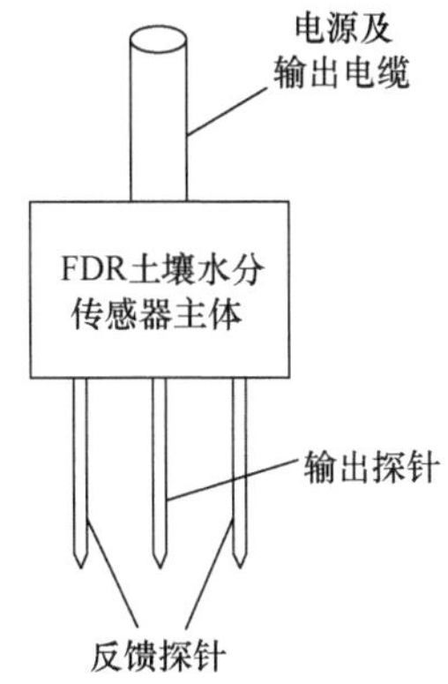

图 2-27　FDR-100 型土壤水分传感器外观结构图

插入土壤中时，电容极板间的土壤充当电介质，采用 100MHz 的晶体振荡器作为信号源，经由驱动单元加到输出探针上，反馈探针得到与土壤湿度情况相关的反馈信号，经由反馈数据采集单元、放大单元，输出与土壤含水量情况相关的电压信号。

（五）基于驻波率原理的土壤含水量传感技术

基于驻波率原理的土壤水分测量方法与 TDR 和 FDR 两种土壤水分速测方法一样，同属于介电法。驻波率法是基于无线电射频技术中的驻波率（standing-wave ratio，SWR）原理的土壤水分测量方法，不再利用高速延迟线测量入射–反射时间差 Δt 和拍频（频差），而是测量它的驻波比，试验表明三态混合物介电常数 Ka 的改变能够引起传输线上驻波比的显著变化。由驻波比原理研制出的仪器在成本上有很大幅度的降低。频域反射法和驻波率法传感器的探头多为探针式，使用方法与针式 TDR 类似。可以埋设在土壤剖面连续测量，也可以与专用测量仪表配合做移动巡回测量。

基于驻波率原理的土壤水分测量装置如图 2-28 所示，它由信号源、传输线和探针三部分构成。其中，信号源为 100MHz 的正弦波，传输线系特征阻抗为 50 Ω 的同轴电缆，探针分布呈同心四针结构。

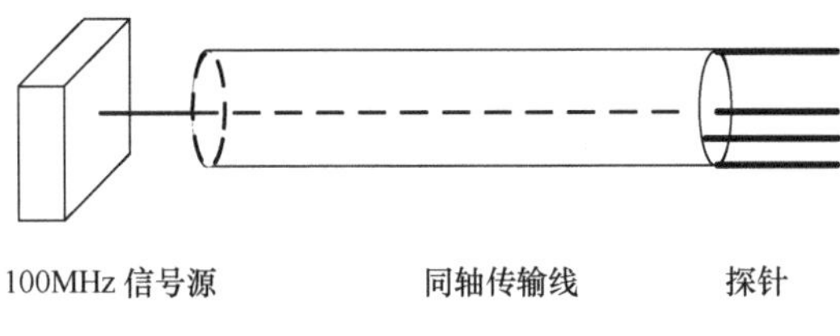

图 2-28　SWR 传感器组成结构图

其基本工作原理是，信号源产生 100MHz 电磁波沿同轴传输线传播，在与探针的连接处由于阻抗不匹配会发生反射，在传输线上产生驻波，传输线两端的电压差随探针阻抗变化而变化，探针的阻抗取决于土壤介质的表现介电常数。

将任意一段均匀传输线分成许多的微分段 dz，对于均匀传输线而言，由于其分布参数是沿线均匀分布的，且由于线元 dz 的长度极短，故可将其看成一个集总参数电路，并用一个 Γ 型网络来等效，如图 2-29 所示。

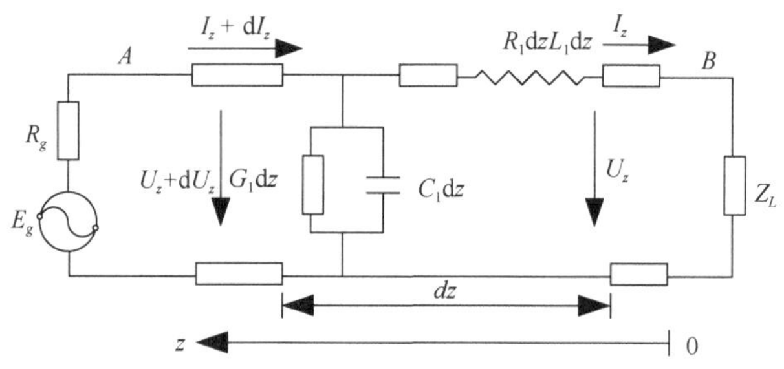

图 2-29　测量装置等效电路

考虑到在高频下同轴电缆的分布电容、电感、电导等参数的影响，在 Z 轴任意点 z 取微元 dz，即可得到该点的电压与电流的微分表达式。

$$\mathrm{d}U_z = I_z Z_l \mathrm{d}_z \tag{2-10}$$

$$\mathrm{d}I_z = U_z Y_l \mathrm{d}_z \tag{2-11}$$

对式（2-10）和式（2-11）做二次微分，可得传输线的电报方程：

$$\frac{\mathrm{d}^2 U_z}{\mathrm{d}z^2} - Z_l Y_l U_z = 0 \tag{2-12}$$

$$\frac{\mathrm{d}^2 I_z}{\mathrm{d}z^2} - Z_l Y_l I_z = 0 \tag{2-13}$$

其瞬时解表达式为

$$u(z,t) = A\cos\omega t + A\rho\cos\omega(t - 2\beta z) \tag{2-14}$$

式中，A 为信号幅值；ρ 为传输线反射系数；β 为相移；ω 为频率；t 为时间；z 为微元 dz 在 Z 轴上的位置。

显然，对于负载值（z=0），电压的峰值为

$$\hat{u}_0 = A(1+\rho) \tag{2-15}$$

当 $z=\dfrac{\lambda}{4}$ 时的电压峰值 $\hat{u}_j$：

$$\hat{u}_j = A(1-\rho) \tag{2-16}$$

式（2-15）和式（2-16）表明当传输线的长度等于波长的 1/4 时，驻波的波峰与波谷恰在同轴电缆的两端。即

$$\hat{u}_j - \hat{u}_0 = 2A\rho = 2A\frac{Z_L - Z_C}{Z_L + Z_C} \tag{2-17}$$

式中，Z_L 为探针的特征阻抗；Z_C 为传输线的特征阻抗；A 的数值取决于振荡器的振幅，故在 A 恒定的情况下传输线两端的电位差正比于反射系数 ρ，而在传输线理论中 ρ 又可用驻波比表示成：

$$\Gamma = \frac{1-\rho}{1+\rho} \tag{2-18}$$

实验表明三态混合物介电常数 ε 的改变能够引起传输线上驻波比的显著变化，故通过测量传输线两端的电压差即可得到土壤的容积含水量。

二、土壤电导率传感技术

土壤电导率（soil electrical conductivity）是指土壤溶液传导电流的能力，是以数字形式表示土壤溶液的导电能力，同时也是间接推测土壤溶液中离子成分总浓度的指标。土壤溶液中各种溶解盐类是以离子状态存在的，它们都具有导电能力。溶解的盐类越多，离子也越多，溶液的导电能力就越大，所以能够根据溶液导电能力的大小，间接地测量土壤溶液中的溶解固体量。在未受污染的土壤溶液中，离子总量（全盐量）通常是指 Ca^{2+}、Mg^{2+}、K^+、Na^+及 SO_4^{2-}、HCO_3^-、CO_3^{2-}、Cl^-等离子的总和，土壤溶液具有相当强的导电能力，这种导电能力即产生于溶液中各种无机离子的存在。离子质量分数大，土壤溶液的导电能力就强，因此土壤电导率就大。

电导率的传统测量方法是实验室分析法，这种方法需要对测量土壤进行取样分析，通过将土壤样品配置成一定土水比的悬溶液，然后测量悬溶液的电导率，再根据配置溶液与饱和溶液之间存在的关系，而获得测量结果。该方法在配置溶液的时候十分烦琐费事，相当地费时，而且会破坏土壤，又由于土壤的时空变异性，测量准确度一般，而且不是原位测量，更不适合用于对土壤的实时监测。

目前基于电学和电磁学原理的电导率测量方法常见的有时域反射法、电磁感应法和电流-电压四端法。

（一）时域反射法

时域反射法简称 TDR 方法，前文已经提到，TDR 方法最开始应用于土壤体积含水率的测量，但是在 1984 年学者 Dalton 提出 TDR 方法同样可以测量土壤

体的电导率，原理是通过观测 TDR 信号源在穿过土壤时的电压幅值衰减来计算土壤体的电导率，通过测量探针的 Z_L 的负载阻抗，可以计算出土壤体的电导率 EC_a，即

$$EC_a = \frac{\varepsilon_0 c}{l}\frac{Z_0}{Z_L} \tag{2-19}$$

式中，ε_0 为真空中的介电常数；c 为真空中电磁波的速度；l 为土壤中探针的长度；Z_0 为探针的阻抗；Z_L 可以利用式（2-20）来表示：

$$Z_L = Z_U\left[2V_0/V_f - 1\right]^{-1} \tag{2-20}$$

式中，Z_U 为传输线的特征阻抗；V_0 为 TDR 输入信号源的幅值；V_f 为最终反射回来以后波形的幅值。

最后将测量的电导率乘以温度系数 f_t，就可以得到土壤体的电导率 EC_a。尽管 TDR 通过原理和实际试验证明可以与其他方法一样测量土壤的电导率，但是由于 TDR 方法实现起来难度大、测量速度慢等缺点，并没有广泛地应用于土壤的电导率测量中。

（二）电磁感应法

电磁感应法测量土壤的电导率是利用物理学中的电磁感应原理，电磁感应传感器紧贴体表，传感器中具有信号发射端，信号发生端线圈内具有交变电流产生的电磁场 H_2，距离土壤地表越深电磁场的强度越弱，电磁场 H_2 在土壤中产生了感应电流，土壤中的感应电流又会产生次生电磁场 H_1，电磁感应传感器中具有电磁场接收端，可以测量电磁场 H_2 和 H_1 的磁场强度，学者 Williams 在 1987 年提出了下面的关系式：

$$EC = 4(H_1/H_2)/2\pi f \mu_0 S^2 \tag{2-21}$$

式中，f 为传感器的工作频率；μ_0 为空间磁场的传导系数；S 为线圈的间距；EC 为大地的电导率。

由式（2-21）可知电导率 EC 与 H_1/H_2 成正比关系，可以通过测量磁场的强度来反映土壤电导率的大小。电磁感应法测量土壤电导率的优点是，所制作出来的传感器不需要探针，可以实现无损、非接触测量，非常适合车载移动测量。电磁感应法的缺点是，所制作出来的传感器体积太大，既不适合携带也不适合点测量。

（三）电流-电压四端法

所谓四端法就是指这种方法制作出来的传感器有 4 个探针，4 个探针排成一排，如图 2-30 所示。其中，外侧两个探针 C_1 和 C_2 用于通过恒定电流，内部两个探针 P_1 和 P_2 用于测量电压，利用欧姆定律，只要测出来探针 P_1 和 P_2 之间的电压，

就可以得到两个探针之间的电阻率，进而可以估算出电导率，这种方法是在 20 世纪末由学者 Schlumberger 和 Wenner 提出来的。

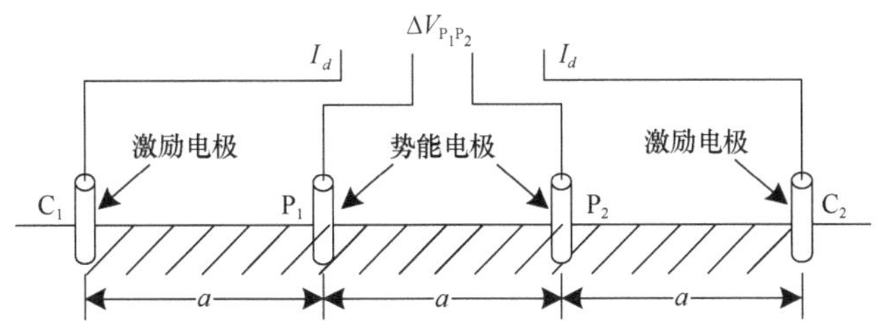

图 2-30　四端法测量土壤电导率原理图

图 2-30 可以表示为

$$EC_a = \frac{\left\{\dfrac{1}{d_{c_1p_1}} - \dfrac{1}{d_{c_1c_2}}\right\} - \left\{\dfrac{1}{d_{p_1c_2}} - \dfrac{1}{d_{p_2c_2}}\right\}}{2\pi} I_d \frac{1}{\Delta V_{P_1P_2}} \tag{2-22}$$

式中，EC_a 为土壤体的电导率；$d_{c_1c_2}$、$d_{c_1p_1}$、$d_{p_1c_2}$、$d_{p_2c_2}$ 为传感器探针之间的间距；I_d 为经过探针 C_1 和 C_2 的电流；$\Delta V_{P_1P_2}$ 为探针 P_1 和 P_2 两电极间电压差。

当 4 个探针被均匀排成一列时，这种排列被称为 Wenner 组态，式（2-22）可以化简为

$$EC_a = \frac{1}{2\pi a} I_d \frac{1}{\Delta V_{P_1P_2}} \tag{2-23}$$

式中，a 为探针间距。

从式（2-23）中可以得出，在 Wenner 组态下土壤的电导率与探针 P_1 和 P_2 两电极间电压差呈线性关系，所以上述方法可以测量土壤的电导率。

四端法的优点是，可以实现电导率的点测量，传感器的体积较小，精度高。缺点是，如果探针与土壤的接触不充分会对测量结果产生影响。

图 2-31 为一种基于电流-电压四端法的便携式土壤电导率实时分析仪的系统框图和传感器示意图。

由图 2-31（a）可以看出，该仪器系统包括电源、主控单元、显示单元、传感器及存储设备。为了记录被测土壤所在的位置，系统还应包括一个接收 GPS 空间定位信号的接口。

图 2-31（b）传感器包含有 4 根探针和 1 根均匀开有若干个孔的绝缘棒，孔的布置是以绝缘棒的一半长度为中心，对称分布，相邻孔的距离为 50mm；外侧的 2 根探针连接在主控单元的电源端，向大地输入恒定电流，中间的 2 根探针连接在

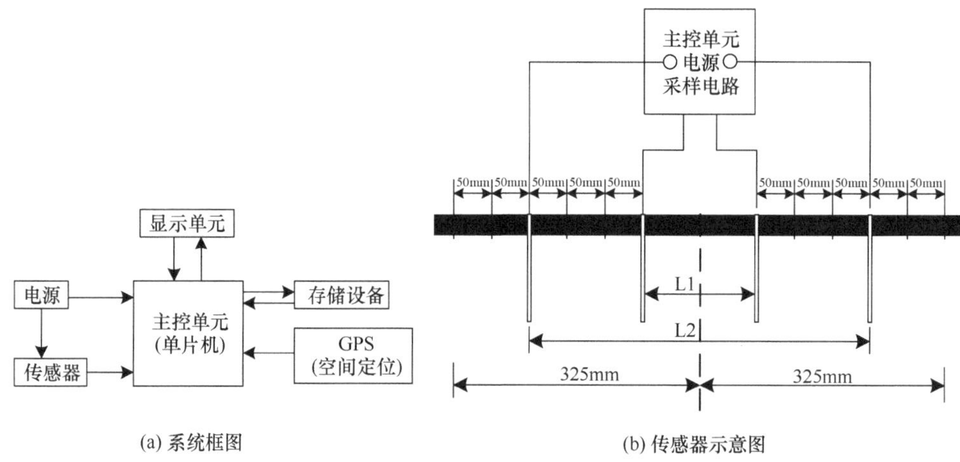

(a) 系统框图

(b) 传感器示意图

图 2-31 便携式土壤电导率实时分析仪

主控单元的采样电路，以采集表征土壤电导率的电压降信号。均匀分布的孔可以使仪器的结构参数可调，通过试验优化结构参数，寻找仪器最佳的工作状态。传感器的结构设计适于各种农田状态（包括设施栽培）的测量，即使当农作物已生长到较高时，也可方便在垄间测量，以监测作物生长期间土壤电导率的变化。

三、土壤养分传感技术

农作物所需的养分，除了叶面的光合作用，主要是由其根系从土壤中吸取，土壤的养分决定了作物能否存活及生长的速度和质量。土壤养分包括土壤有机质及氮、磷、钾等，土壤养分缺乏或过量对作物生长发育而言都是不利的，可使元素之间的拮抗作用增加，并诱发多种病症。土壤养分主要测定的是氮、磷、钾 3 种元素，它们是作物生长的必需营养元素。目前，测定土壤养分的传感器主要分为化学分析土壤养分传感器、比色土壤养分传感器、分光光度计土壤养分传感器、离子选择性电极土壤养分传感器、离子敏场效应管土壤养分传感器和近红外光谱分析土壤养分传感器。根据工作原理的不同，又可分为离子选择性电极测量法、比色分析法和光谱分析法。

（一）离子选择性电极测量法

离子选择性电极测量法所采用的离子敏感器件由离子选择膜（敏感膜）和转换器两部分组成，敏感膜用以识别离子的种类和浓度，转换器则将敏感膜感知的信息转换为电信号。离子敏场效应管在绝缘栅上制作一层敏感膜，不同的敏感膜所检测的离子种类不同，从而具有离子选择性。以 Si_3N_4、SiO_2、Al_2O_3 为材料制成的无机绝缘膜可以测量 H^+、pH；以 AgBr、硅酸铝、硅酸硼为材料制成的固态

敏感膜可以测量 Ag^+、Br^-、Na^+；以聚氯乙烯+活性剂等混合物为材料制成的有机高分子敏感膜可以测量 K^+、Ca^{2+}等。在实际测量时，含有各种离子的溶液与敏感膜直接接触，在待测溶液和敏感膜的交界处将产生一定的界面电位 φ_i，根据能斯特方程，电位 φ_i 的大小与溶液中离子的活度 α_i 有关。在待测溶液中，一般总是有许多离子，其他离子对待测离子的测量会起到干扰作用。考虑到干扰离子的作用，能斯特方程可以表示为

$$\varphi_i = \varphi_0 = \frac{RT}{n_i F}\ln(\alpha_i + \sum{}_j K_{ij}\alpha_j^{n_i/n_j}) \tag{2-24}$$

式中，φ_0 为常数；R 为气体常数［8.314J/(K·mol)］；T 为器件的热力学温度；F 为法拉第常数（9.649×10^4C/mol）；n_i 为溶液中待测离子的价数；n_j 为溶液中干扰离子的价数；α_i 为待测离子的活度；α_j 为干扰离子的活度；K_{ij} 为离子敏场效应管的选择系数。

能斯特方程建立了电位 φ_i 与溶液中离子的活度 α_i 的关系。活度 α_i 表征了溶液中参加化学反应的离子浓度 C_i，$\alpha_i=v_iC_i$。其中，v_i 为离子的活度系数，其值与溶液中参加化学反应的离子浓度 C_i 有关。

一般的离子选择电极其界面电势达到恒值所需要的时间大部分为 10s 至几分钟，但视不同电极及测试浓度而异。由于土壤复杂多变，干扰因子较多，所以测定必须在标准条件下进行。一般离子选择电极的寿命较短，为几个月至一年。

（二）比色分析法

比色分析是利用某种试剂与被测定的元素或离子作用，生成有色的化合物或悬浊液，并根据颜色的深浅或悬浊的程度，用比色的方法来确定其含量。比色分析具有较高的灵敏度与准确度，但对分离有较多的要求，从而导致分析过程时间较长，并且可能导致污染或损失被测元素。

（三）光谱分析法

定性定量的光谱分析依据的原理是：元素的原子可以发射出一种具有其本身特征的光谱，而光谱的强度则与元素浓度有关系。光谱分析具有操作迅速、灵敏度高、结果准确等特点，但光谱分析的试验条件要求较高，需要专门的光谱实验室，一般的实验室难以满足要求。

四、大气压力传感技术

大气压力是指大气中任意高度的单位面积上所承受的大气柱的重量，也是从观测高度到大气上界单位截面积垂直空气柱的重量。大气压力的变化是其他气候

条件形成的关键要素，同时影响着农作物的地域分布。

大气压力的检测通常采用电容式压力传感器，电容式压力传感器是利用待测压力的机械信息转换成电容变化的电学信息原理，检测电学信息后得到压力值。气压作用于传感器的有效膜片上，气压测量即可转换为膜片上的压力测量问题。根据电容器参数的变化，电容式压力传感器分为三种类型：变间距式、变面积式和变介质式。在压力测量中，电容式微传感器通常采用极板距离可变式电容。待测压力施加在传感器的敏感膜片上，膜片的应变转换为电容极板的间距变化，故压力传感器的敏感结构通常采用膜片型的电容结构。

一般变距式电容是由平行板组成，如图 2-32 所示，不考虑极板边缘电场效应时，其电容率 C 为

$$C=\frac{\varepsilon A}{d}=\frac{\varepsilon_0\varepsilon_r A}{d} \tag{2-25}$$

式中，ε 为介质的介电常数；A 为极板的面积；d 为极板间的距离；ε_r 为相对介电常数；ε_0 为真空介电常数（8.85×10^{-12}F/m）。

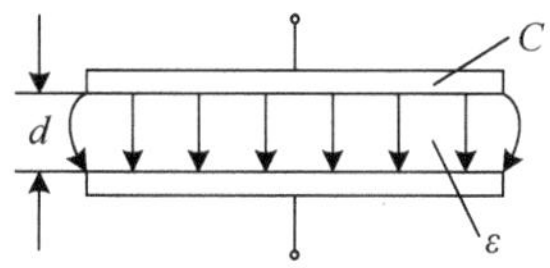

图 2-32　平行板电容器

由式（2-25）可见，平板电容 C 的三个关键参数是 d、A 和 ε。若只改变其中一个参数，其余两个不变，且将该可变参数与待测压力建立某一函数关系，即可将待测的压力信息转换到电容值上。

图 2-33 为 SCP1000 气压传感器，SCP1000 是芬兰 VTI 公司基于 D-MEMS 技术的绝对压力传感器，该传感器能在正常条件下达到亚米级别的分辨率和 1m 的精度，故可适用于许多新的商用场合。

图 2-33　SCP1000 气压传感器

第三节　基于光学与光辐射原理的农业传感技术

基于光学与光辐射原理的农业传感器主要是利用光电效应将光信号或光辐射转换成可变量的物理效应，并最终转换为电信号。目前这种类型的传感器主要是用于测量太阳辐射、光照度、雨量、CO_2等气象信息及采集视频图像信息。

一、太阳辐射传感技术

太阳辐射传感器测量的太阳辐射是到达地面的太阳直接辐射和太阳散射的总和，太阳辐射对地表辐射平衡、地气能量交换和天气气候的形成起着至关重要的作用。太阳辐射与农业生产密切相关，太阳辐射在不同的热量和水分条件下可以形成不同的农业气候类型，从而对农业生产结构和农业生物的地域分布产生影响。

目前对太阳辐射的测量主要有光电型和热电型，太阳辐射传感器大概可分为以下几种。

（一）光电二极管

硅光电二极管是常用的太阳辐射传感器之一，其中 P-N 结光电二极管是最简单的光敏器件，它具有噪声小、线性范围宽和响应速度快等优点，通常被用作辐射计光电探测仪器的探头，用于探测辐射强度。

（二）光电倍增管

光电倍增管是一种基于二次电子发射、电子光学和光电效应等理论的真空光电元器件，与光电二极管相比，光电倍增管具有更高的灵敏度。光电倍增管的工作稳定性通常取决于阳极电流的大小，而非所加的电压，因此光电倍增管需在较低的阳极电流下使用。

（三）硅太阳电池

硅太阳电池的短路电流与辐照度呈线性关系，在日射几 W/m^2 到 1353 W/m^2 之间具有较好的线性特征，能够很好地反映太阳总辐射。硅太阳电池的响应速度较快、灵敏度较高、性价比高，同时光谱响应范围宽，对 0.3～1.1μm 光谱都有比较高的灵敏度。

（四）热电堆

热电堆的主要原理是赛贝尔效应，也称为第一热点效应，热电堆是将两个或两个以上的热电偶串接在一起，其温差电动势是多个热电偶温差电动势的叠加。

热电堆传感器原理如图 2-34 所示。

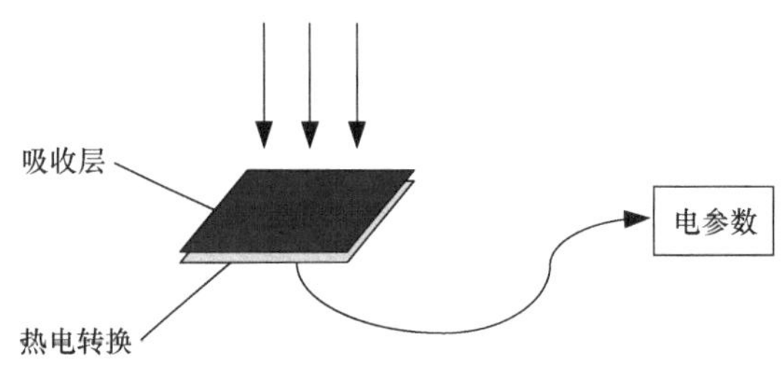

图 2-34 热电堆传感器原理示意图

（五）热电阻

热电阻一般利用传感器表面涂有全吸收的黑色涂层吸收辐射能，并转换为热能而利用温度上升引起的传感器电参数的变化进行测量。使用黑色涂层的原因是黑色涂层对各种波长的辐射能得到基本一致的吸收性能。

我国辐射站使用的辐射传感器都是热电型的。它由感应面和温差电堆两部分组成。辐射传感器与测量仪表构成一套辐射仪器。辐射传感器的感应面是用金属薄片，涂上吸收率很高、光谱响应好的无光黑漆（有的是黑漆和白漆相间的感应面）构成的。

辐射传感器常用的热电偶是用康铜与康铜镀铜材料构成的。当热电偶两端的温度不同时，金属中就产生了温差电动势。为了增大电动势（灵敏度），辐射传感器内部通常采用几十对热电偶串联绕成的温差电堆。绕线型电堆紧贴在黑色感应面下部，它与感应面间应保持绝缘（导热不导电），否则会造成短路。利用辐射传感器对准射源（如太阳），如图 2-35 所示，当感应面吸收辐射能而增热时，感应面下部的温差电堆产生电动势。这种辐射产生的电动势用仪表加以测量，经过换算后就是要测量的辐照度。

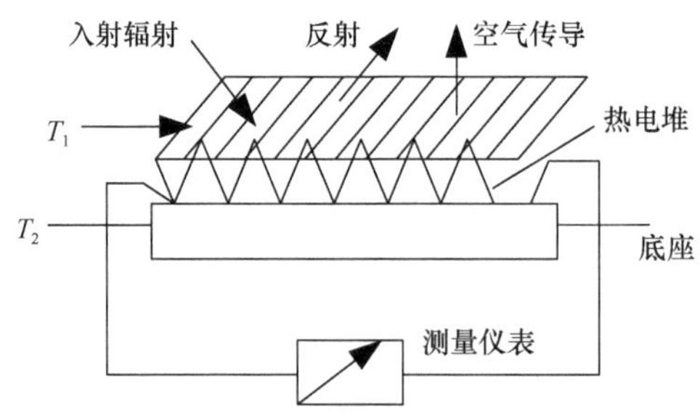

图 2-35 热电型辐射表原理图

当感应面接收到辐射热达到热平衡后，可用式（2-26）表示：

$$E=(1-\varepsilon)E+H_2(T_1-T_2)+L(T_1-T_3)+f(V) \tag{2-26}$$

式中，E 为入射辐射（辐射度）；ε 为感应面吸收率；H_2 为传导到冷端的热传导系数；L 为传导到空气的热传导系数；f（V）为对流损失的热量；T_1 为感应面的温度（热端温度）；T_2 为冷端温度；T_3 为空气温度。公式的右边第一项为反射损失的热量，第二、第三项为传导到冷端与传导到空气损失的热量，第四项为对流损失的热量。

式（2-26）中，省略了感应面长波辐射损失的热量。如果采取感应面加玻璃罩措施，使得罩内风速 V 约等于 0，f（V）约等于 0。

冷端接点是悬于传感器的空腔内，由于缠绕骨架本身是金属的，故可认为空气温度就是冷端接点的温度，即 $T_2=T_3$，同时 H_2、L、ε 对于一台仪器是固定不变的。因此式（2-26）可改写为

$$E=\frac{H_2+L}{\varepsilon}(T_1-T_2)=A(T_1-T_2) \tag{2-27}$$

式中，$A=\dfrac{H_2+L}{\varepsilon}$。

因此辐照度 E 的大小，取决于热端与冷端的温度差（T_1–T_2）。

冷热端温差使 n 对热电偶产生的电动势为

$$V=n\times E_0(T_1-T_2) \tag{2-28}$$

式中，E_0 为热电转换系数（μV/℃）。将式（2-27）中的（T_1–T_2）代入式（2-28）得：

$$V=n\times E_0\left(\frac{\varepsilon}{H_2+L}\right)E=KE \tag{2-29}$$

式中，

$$K=n\times E_0\left(\frac{\varepsilon}{H_2+L}\right) \tag{2-30}$$

式中，K 为辐射传感器的灵敏度，单位为 $\mu V/(W\cdot m^2)$。

式（2-29）表明，辐照度越强，则辐射传感器热电堆的温度差越来越大，输出的电动势就越大，它们的关系基本上是线性的。因此，测量辐射传感器输出电信号的大小，就可以确定辐照度的强弱，这就是热电型辐射传感器的基本原理。

图 2-36 为一种太阳总辐射仪的构成图，其中 TS400-SI 传感器信号处理器是一个超低功耗智能型带 12 位 A/D 转换器和汇编程语言解释程序的信号处理器。对于大多数传感器信号处理方面的应用，它具有快速、经济等优点。系统中电源采用 3V、1.2Ah 的锂电池，经 MAX619、MAX871 变换产生±5V 电压给系统供电。7 位 LCD 显示太阳辐照度、曝辐量和现场环境温度值。与硅太阳电池短路电流成正比的太阳辐射信号经转换为电压信号后通过运放 MAX407 处理送入 A1 通道，

现场的温度信号经温度传感器 AD590 转换为电压信号后送入 A2 通道。由于是单电源工作，输入信号的范围为 0.101 307VDD<V_i<0.494 65VDD（VDD 为工作电压，V_i 为输入信号电压），因此送入 A/D 通道的信号要进行调理。应用程序和校正数据存放在 EEPROM 中，取指令和读写数据通过数据线（I/O）和时钟线（R0）进行，信号体制符合 I^2C 规范。

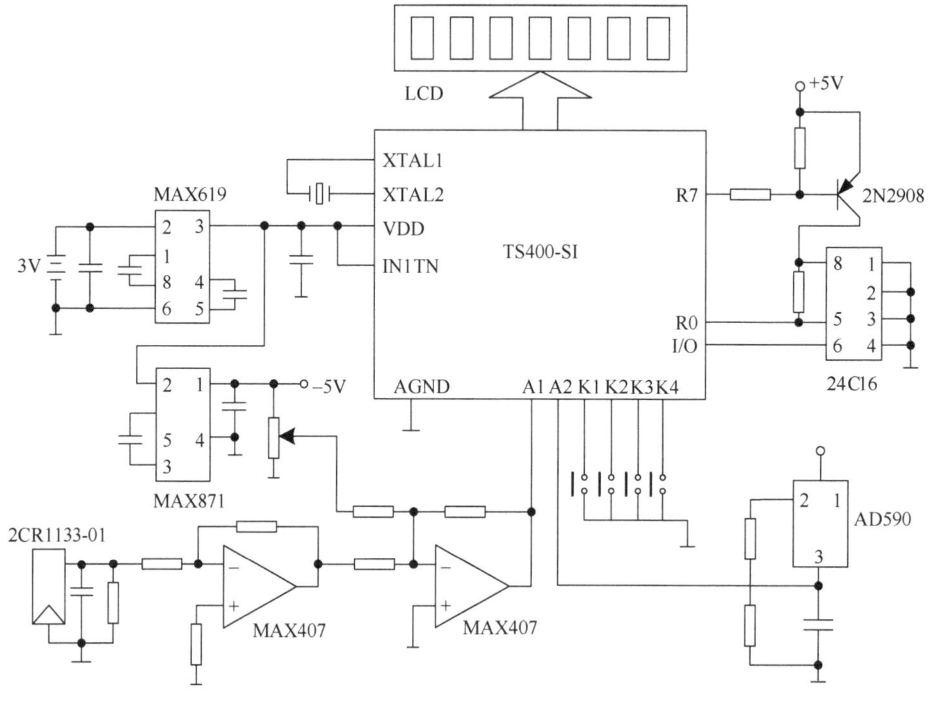

图 2-36　太阳总辐射仪构成图

二、光照度传感技术

光照强度是作物生长必不可少的条件，严重制约着作物的长势。光照度传感器属于光电式传感器，光电传感器是利用光电敏感器件将光信号（光通量、光照度等）转换为电信号（电压、电流）的一种灵敏传感器。通常情况下，光电传感器是由发光体、光电转换电路及光电敏感元器件三个主要部分组成的。光电传感器主要包括光敏电阻、光电池、光敏二极管及光照度传感器集成芯片（如 TI 的 TSL230、TSL260）等，它们各有优缺点，见表 2-1。

其中，光电池具有性能稳定、寿命长、光谱响应范围宽、频率特性好和耐高温等优点，在光照度检测系统中得到了广泛的应用，而目前应用范围最广、最有发展前途的是硅光电池。

表 2-1　各种光电传感器的比较

光电传感器	优点	缺点	应用范围
光敏电阻	灵敏度高、工作电流大、光谱响应范围与所测光强范围宽、无极性、使用方便	响应时间长、频率特性差、强光照线性差、受温度影响大、不宜作为线性测量元件	红外的弱光探测与开关控制
光电池	光电转换效率高、线性范围宽、光谱范围宽、频率特性好、性能稳定	需温度补偿	太阳能电池、光电开关、线性测量
光敏二极管	光谱和频率特性好、灵敏度高、测量线性好	输出电流较小、暗电流对温度变化敏感	光电检测电路、激光通信测量
集成光照芯片	性能稳定、外围电路简单	测量范围小、成本高	测量精度高的场合

图 2-37 为一种光照度测量系统，系统采用光电集成传感器 PO188，内有双敏感接收器，在可见光范围内敏感，输出电流呈线性关系。该系统主要由单片机最小系统模块、PO188 光照度传感器、电压转换模块、显示模块、串口转 USB 模块 PL2303、计算机组成，单片机最小系统采用 STC12C5616AD 双列直插 28 脚封装单片机作为测量的微处理器。

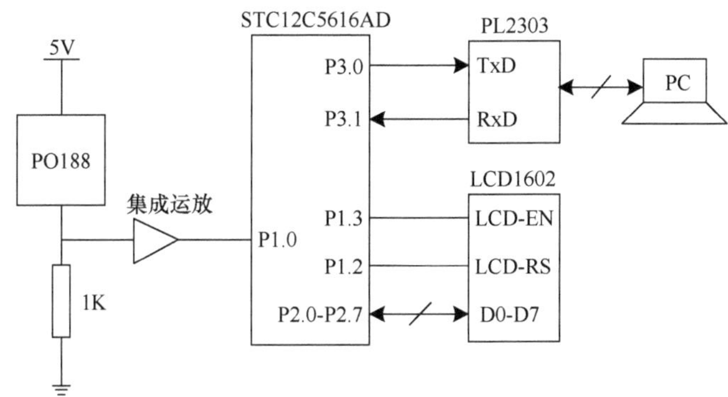

图 2-37　热电型辐射表原理图

STC12C5616AD 单片机是 STC 公司生产的单时钟单片机，指令代码兼容传统 8051。内部集成 MAX810 专用复位电路，有 4 路 PWM、8 路高速 10 位 A/D 转换，特别适合于测量、控制。单片机的作用是将电压做 A/D 转换，将系统测量数据处理、显示，并将测量值上传上位机。电压转换模块是由 PO188 光照度传感器与 1K 电阻串联而成，作用是将传感器的输出电路转换成电压，为减少电源管理的复杂性，采用 5V 电源供电。显示模块由 LCD1602 组成，用于显示测量的数据。LCD1602 一般都有背光源，如果离光电传感器过近，必须采取措施将背光源遮挡住，否则会对测量产生 2～3lx 的固定误差。PL2303 用于下载程序和通信功能。上位机既可以用于系统定标，也可以显示测量数据。照度计既可以与计算机联机测量，也可以单独使用。

三、雨量传感技术

降雨是大田种植水资源的重要来源，农作物体重的 70%～90%是水分，水分是农作物进行光合作用、呼吸作用及吸收土壤养分等生理活动所不可缺少的。为保证农作物的正常生长和发育，必须对水分进行合理控制。由于农作物生长过程中蒸腾作用和代谢活动会消耗大量水分，如果水分不足将导致嫩枝和叶片出现萎蔫现象，影响正常的生长和发育；反之，如果水分供应过量，不仅会引起植株徒长，还会导致作物根部供氧不足、呼吸作用降低、养分吸收困难，造成作物枯萎甚至死亡。因此，对降雨量的检测在大田种植中显得非常重要。

降雨量（以毫米为单位）是指从天空降落到地面上的雨水，未经蒸发、渗透、流失而在水面上积聚的水层深度，可以直观地表示降雨的多少。目前，降雨量传感器主要有人工雨量筒（SDM6 型）、双翻斗雨量计（SL3-1 型）、称重式降水传感器（DSC2 型）、光学雨量传感器 4 种类型，且各有优缺点，如表 2-2 所示。降雨量是影响作物生长的重要因素，开展降雨量传感器研究为实现农业精准化、信息化发展奠定基础。目前，对降雨量传感器的研究主要集中在光学方面。

表 2-2 降雨量传感器比较

降雨量传感器类型	优点	缺点
人工雨量筒（SDM6 型）	成本低，结构简单	操作复杂，误差大，易受干扰，应用范围窄
双翻斗雨量计（SL3-1 型）	设计简单，操作方便	准确度低，应用范围有限
称重式降水传感器（DSC2 型）	灵敏度较高，应用范围广	易受外界影响，成本较高
光学雨量传感器	灵敏度高，响应速度快，抗干扰能力强	价格偏高，需要维护

（一）光学雨量计

光学雨量计对降水的探测主要根据降水颗粒的下降速度和颗粒大小来判定。以雨滴为例，雨滴末速度是通过雨滴尺寸分布计算降雨率的一个重要参量，在重力作用下，水滴的下落速度不断增加，与此同时，空气阻力也随之增加，重力和阻力很快达到平衡，使水滴匀速下降。水滴的下落速度可以通过求解水滴在重力场中的运动方程得到，设外力为重力、浮力和阻力，在静止介质中，运动方程为如下形式：

$$m\frac{\mathrm{d}v}{\mathrm{d}t}=mg\left(1-\frac{\rho}{\rho_w}\right)-F_D \tag{2-31}$$

式中，m 为水滴质量；v 为水滴下落速度（与空气的相对速度）；g 为重力加速度；ρ 和 ρ_w 分别为空气和水的密度；F_D 为阻力。雨滴的下落速度随雨滴尺寸的增加而增加，当雨滴直径超过 2mm 时，雨滴末速度的增加率逐渐减少。雨滴的直径为 0.1mm，其末速度约为 0.72m/s，直径为 5mm 时，末速度达到约 9m/s 的极大值；当雨滴尺寸继续增加时，雨滴将发生破裂，所以雨滴的下落速度范围为 0.72～9m/s。根据测定雨滴的降落速度来确定雨滴的大小，进而计算单位面积内单位时间的降雨量。图 2-38 为光学雨量计。

图 2-38　光学雨量计

（二）翻斗雨量传感器

翻斗雨量传感器由承雨口、翻斗和调节螺钉、干簧管等组成，其结构如图 2-39 所示。上翻斗与汇集漏斗使不同强度的降雨积聚成近似固定强度的量，通过汇集漏斗节流管，使注入计量翻斗的雨水成为一股一股的水流，其流量相当于 6mm·min。承雨口面积为 314cm^2。

承雨口采集到雨水，经漏斗进入上翻斗，上翻斗承积一定水量（小于 0.1mm）时，发生翻转倾倒，经汇集漏斗和节流管注入计量翻斗，把不同强度的自然降雨调节为比较均匀的中等强度降雨。计量翻斗承积到相当于 0.1mm 降雨时，计量翻斗翻倒。计量翻斗每翻倒一次，计数翻斗跟随翻倒一次，通过安装在计数翻斗的磁钢对固定在机架上的干簧管扫描，使干簧接点因磁化而瞬间闭合一次，通过二芯电缆送出一个电路导通信号，传输到数据采集器中的计数器进行计数。

变换电路的原理如图 2-40 所示。翻斗翻转时的开关信号送入采集器中的计数器进行计数，每翻转一次计量 0.1mm 雨量。

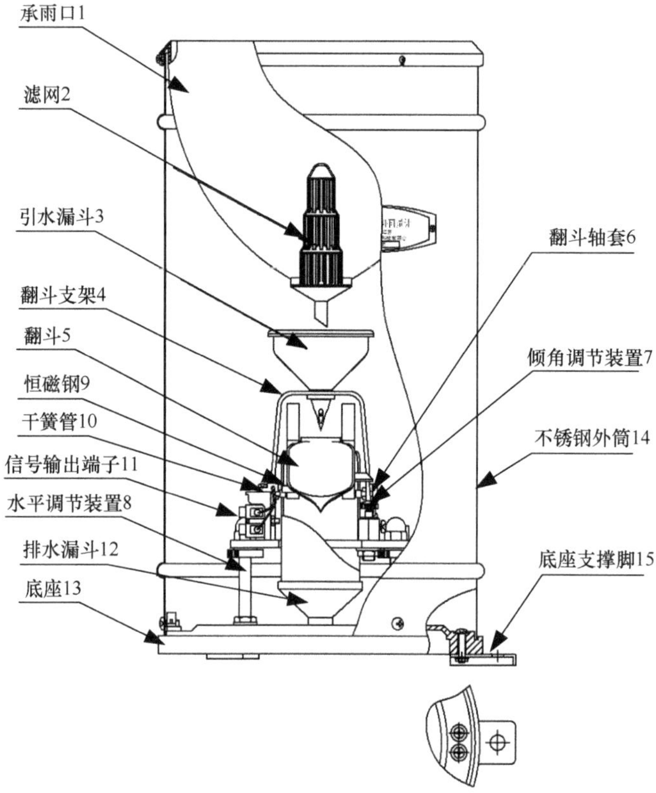

图 2-39　翻斗雨量传感器结构图

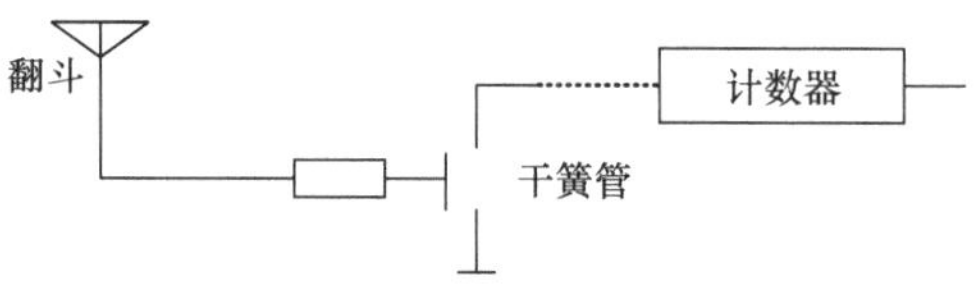

图 2-40　雨量传感器变换电路原理图

四、CO_2 传感技术

在大田种植业中，农作物的生长与 CO_2、O_2 等气体密切相关。CO_2 是绿色植物进行光合作用的原料之一，是影响作物产量的重要因素。因此，农业环境中实时掌握 CO_2 浓度十分必要。

CO_2 浓度的检测方法主要有化学方法和物理方法，其中，化学方法包括滴定法、热催化法、气敏法、电化学法，物理方法有超声波法、气相色谱法及基于光学原理的检测方法。此外，还有将物理方法和化学方法相结合的光声光谱法。

红外吸收型 CO_2 气体传感器是基于气体的吸收光谱随物质的不同而存在差异的原理制成的。不同气体分子化学结构不同，对不同波长的红外辐射的吸收程度就不同，因此，不同波长的红外辐射依次照射到样品物质时，某些波长的辐射能被样品物质选择吸收而变弱，产生红外吸收光谱，故当知道某种物质的红外吸收光谱时，便能从中获得该物质在红外区的吸收峰。

同一种物质不同浓度时，在同一吸收峰位置有不同的吸收强度，吸收强度与浓度成正比关系。因此通过检测气体对光的波长和强度的影响，便可以确定气体的浓度。

根据比尔-朗伯定律，输出光发光强度 I、输入光发光强度 I_0 和气体浓度 c 之间的关系为

$$I = I_0 \exp(-\alpha_m Lc) \tag{2-32}$$

式中，α_m 为摩尔分子吸收系数；c 为待测气体浓度；L 为光和气体的作用长度（传感长度）。对式（2-32）进行变换，得：

$$c = \frac{1}{\alpha_m L} \ln \frac{I_0}{I} \tag{2-33}$$

CO_2 红外传感器具有低价格、小尺寸、高稳定性、高可靠性和高线性，以及较长的使用寿命，容易维护，精确的测量和极快的响应恢复时间等多方面的优势。CO_2 红外传感器的基本框图如图 2-41 所示，传感器的工作过程是红外光源通过 CO_2 气室，CO_2 气体会吸收相同频率的红外光，再通过滤光片照射到热电堆探测器上，转化为电压量，让后续电路处理。

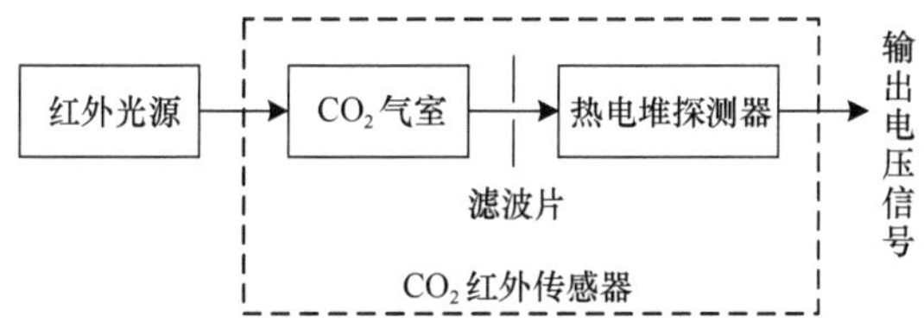

图 2-41 CO_2 红外传感器基本框图

图 2-42 为日本费加罗（FIGARO）公司生产的二氧化碳传感器 TGS4160，该传感器除具有体积小、寿命长、选择性和稳定性好等特点外，同时还具有耐高湿低温的特性，可广泛用于自动通风换气系统或是 CO_2 气体的长期监测等应用场合。

TGS4160 二氧化碳传感器是一种内含热敏电阻的混合式 CO_2 敏感元件。该元件在两个电极之间充有阳离子固体电解质。它的阴极由锂碳酸盐和镀金材料制成，而阳极只是镀金材料。该敏感元件的基衬是用对苯二酯聚乙烯和玻璃纤维加固，然后采用不锈钢网做圆柱形封装。元件的内层采用 100 目双层不锈钢网套在镀镍铜环上，并用高强度树脂黏合剂与基衬固定在一起。其外层顶盖上又罩上了一层

60 目的不锈钢网。为了达到降低干扰气体影响的目的，TGS4160 在内外两层不锈钢网之间还填充有吸附材料（沸石）。传感器的 6 个引脚通过 0.1mm 的箔导线与内部相连。其等效的内部结构如图 2-43 所示。图中，阳极与传感器的第 3 脚 S（+）相连，阴极与传感器的第 4 脚 S（–）相连，Pt 加热器与传感器的第 1、6 脚相连，内部热敏电阻与传感器的第 2、5 脚相连。内部热敏电阻的作用是通过该电阻探测环境温度，以便对该传感器进行温度补偿，从而使校正后的测量值更加准确。

图 2-42　TGS4160 二氧化碳传感器

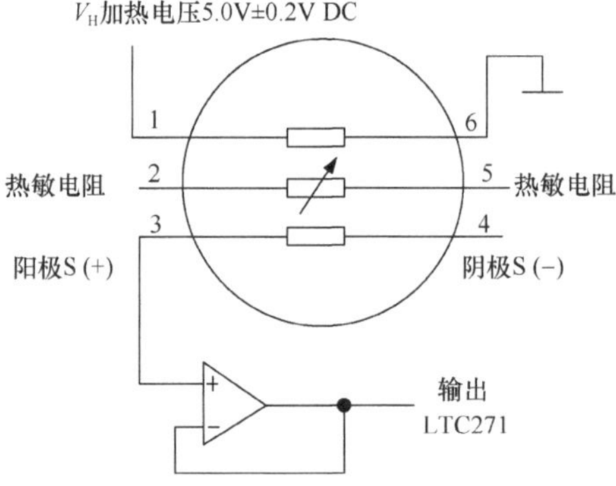

图 2-43　TGS4160 等效内部结构

五、视频图像传感技术

（一）静态图像传感技术

图像传感器的主要任务是获取图像，常见的图像传感器有 CMOS（complementary metal oxide semiconductor，互补型金属氧化物半导体）传感器和 CCD（charged coupled device，电荷耦合器件）传感器。

1. CMOS 传感器的结构及工作原理

如图 2-44 所示为 CMOS 图像传感器的结构功能图，主要包括传感器像素阵、控制电路单元、时序单元、像素阵扫描单元和信号处理单元。

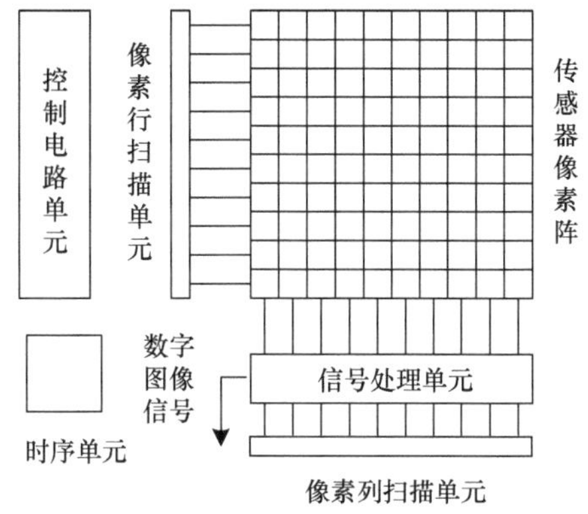

图 2-44　CMOS 传感器结构功能框图

当传感器像素阵列接收到外界光照时，内部感光元件会发生光电效应，对应的像素单元内便会产生一定的电荷。通过水平和垂直移位寄存器可以实现对像素阵水平和垂直方向的扫描，依次读出相应像素中的电信号。信号处理单元能够将扫描得到的信号通过信号处理单元和 A/D 转换器，由模拟信号放大转换成数字图像信号，提高信噪比并对其输出。控制电路单元中包含曝光时间控制、自动增益控制及 γ 校正等控制电路。时序单元的主要功能是使传感器中各部分电路能够按照规定的节拍动作，同时输出一些时序信号。

2. CCD 传感器的结构及工作原理

CCD 图像传感器由光电二极管和控制电路组成，其中光电二极管可以进行光电转换，控制电路用于将电信号进行转换和传输。CCD 传感器的基本单元是 MOS 单元（一种金属氧化物半导体的结构），其基本功能是电荷的产生、存储和转移，其工作原理如图 2-45 所示。CCD 传感器在工作时，在金属栅极上加上偏压，使

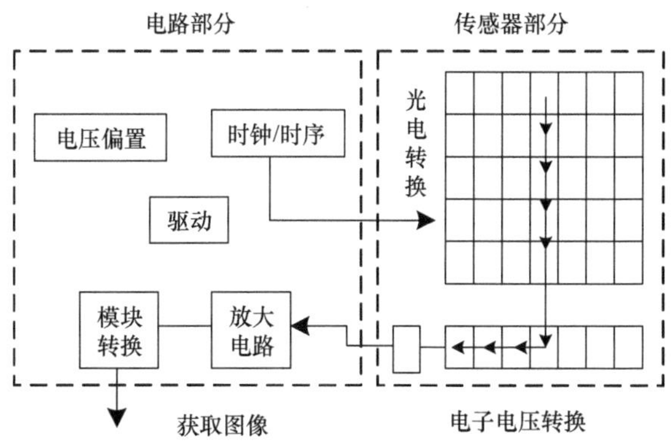

图 2-45　CCD 图像传感器工作原理图

光栅形成一定的势阱，用它们来容纳光电效应产生的电荷，电荷的多少与光强呈线性关系，然后通过控制光栅和转移栅的电平高低，来控制势阱和模拟移位寄存器之间的通断，从而使电荷从光栅势阱中被移动到模拟移位寄存器内进行存储。像素阵列中电荷经过传送，到达阵列底端，经过放大器放大后输出信号。

3. CMOS 和 CCD 传感器的比较

为更好地认识CMOS与CCD图像传感器的区别，表2-3列出了CCD与CMOS图像传感器的性能比较。

表 2-3　CCD 与 CMOS 图像传感器的比较

类别	CCD	CMOS
成本	高	低
集成度	低，需外接芯片	单片，高度集成
功耗	高	低
抗辐射	弱	强
电路结构	复杂	简单
灵敏度	优	良
信噪比	优	良
图像数据突出	逐行扫描	可按 *X-Y* 寻址输出
对红外线的响应	灵敏度低	灵敏度高
分辨率	高	较低
体积	大	小

从表 2-3 可以看出，CCD 作为目前主要的实用化固态图像传感器件，它具有噪声低、动态范围大、响应灵敏度高及分辨率高等优点。但由于 CCD 图像传感器中的定时产生、驱动放大、自动曝光控制、模数转换及信号处理等支持电路很难与像素阵列做在同一芯片上，以 CCD 为基础的图像传感器难以实现单片一体化，因而具有体积大、功耗高等缺点。

而 CMOS 图像传感器作为近几年发展较快的新型图像传感器，由于采用了 CMOS 技术，所以可以将像素阵列与外围电路集成在同一块芯片上。因而在成本、集成度、体积、功耗及电路结构等方面都有着比较大的优势。

（二）视频监控传感技术

1. 网络摄像机

网络摄像机是传统模拟摄像机与计算机网络技术相结合的产品。它集成了先进的摄像技术和网络技术，内置数字视频压缩编码器和嵌入式操作系统。将视频和音频信号压缩编码后转换为基于 TCP/IP 网络协议的标准数据包，通过以太网接口直接接入局域网或互联网。这样系统就实现了网络化，终端用户通过计算机网络即可实现远程监控和对网络摄像机的配置操作。

一般网络监控摄像机由光学镜头、传感器（图像、声音）、模数转换器、音视频处理器（编码器）、控制单元、网络服务器、控制和报警接口、电源系统等部分组成。图 2-46 为网络视频监控摄像机实物。

图 2-46 网络视频监控摄像机

（1）光学镜头：镜头作为网络摄像机的前端部件，是高精度的光学器件，光线通过镜头在传感器上成像。镜头有固定光圈、自动光圈、自动变焦、鱼眼镜头等类型。

（2）传感器：图像传感器有 CMOS 和 CCD 两种类型。作用都是将被摄物体的光信号转化为电信号。CMOS 图像传感器即互补型金属氧化物半导体，主要是由硅和锗这两种元素合成的半导体。通过 CMOS 上带负电和带正电的晶体管的互补效应产生电流后，被处理芯片采集和编码成影像。CMOS 最主要的优势就是低功耗、低成本。CCD 图像传感器是由在单晶硅基片上呈二维排列的光电二极管及其传输电路构成。光电二极管把光转化成电荷，再经转化电路传送和输出。CCD 图像传感器在灵敏度、分辨率、噪声抑制上有一定的优势。

声音传感器：声音传感器也就是通常的麦克风。作用是将监控现场的声音信号转换为电信号输出。

（3）模数转换器：模数转换器功能是将图像或声音等模拟信号转换成数字信号。一般基于 CMOS 的图像传感器模块有直接数字信号输出接口，则无须模数转换器；而基于 CCD 的图像传感器模块大多没有直接数字信号输出接口，则需要模数转换器。

（4）音视频处理器（编码器）：经模数转换后的图像、音频数字信号，按一定的格式标准进行编码压缩。编码压缩是为了将音视频信号数字化，使这些信息可在计算机系统、局域网及互联网上不失真地传输。目前，音视频编码压缩技术有两种：一种是硬件编码压缩，即处理芯片固化了编码压缩算法，用以直接处理音视频数据；另一种是基于 DSP 的软件编码压缩，即在 DSP 上运行编码压缩软件，以处理音视频数据。

（5）控制单元：控制单元是网络摄像机控制核心单元，它主要负责网络摄像机资源控制和运行管理。如果系统采用硬件压缩编码，须有一个独立的控制单元；如果系统是软件编码压缩，DSP 可以起到控制器的功能。

（6）网络服务器：网络服务器提供网络摄像机的网络功能，它采用了 TCP/IP、RTP/RTCP、UDP、HTTP 等相关网络协议。终端用户可以在计算机上用浏览器根据网络摄像机的 IP 地址对网络摄像机进行实时访问，观看视频图像及对摄像机进行参数设置操作。

（7）控制和报警接口：网络摄像机作为监控系统的前端需要提供一些外部控制接口和报警的输入输出接口。例如，控制自身云台的 485 接口；用于侦测到异常情况时，网络摄像机报警信号输入输出接口；可提供与安防系统其他设备协同工作的接口等。

网络摄像机的基本原理是：被摄物的光信号经过镜头照入后由图像传感器转化为模拟电信号，以及声音信号经传感器转化为模拟电信号，模数转换器将模拟电信号转换为数字电信号，经过编码器按一定的编码标准进行编码压缩。再在控制单元的控制下，由网络服务器按一定的网络协议传输到局域网或互联网。网络摄像机还可以接收报警信号及向外发送报警信号，且按要求发出控制信号。

2. 无线视频监控系统

无线视频监控系统主要包括了主处理器部分、视频采集部分、无线视频传输等。对于主处理器部分核心处理器的选择主要有三种方案，第一种方案包括 ISP（image signal processing）部分和视频编码压缩部分，采用两块芯片进行处理的方式。ISP 部分可以采用专用的 ISP 芯片，如艾为电子的 AW6120、AW6121，或者通过 FPGA （field programmable gate array，现场可编程门阵列）进行视频图像处理。对于视频编码压缩可以通过专用集成芯片进行硬件的编码压缩或者采用带有编码压缩模块的数字多媒体处理器。这种方式的运算速度相对来说要快，图像处理能力也比较强，效率更高，但是采用两块主芯片对于硬件来说成本就比较高了。

第二种方案采用数字媒体处理器芯片，该类芯片集成了 ISP 部分与视频编码压缩部分，如海思的 HI3516C、HI3518E 芯片，安霸的 A5S 系列芯片，TI 的 TMS320DM368、TMS320DM388 等。此类芯片能将强大的数字视频处理能力集成到 SOC 片上系统，其内部包含 ARM 内核及用于视频编码的硬件视频协处理器。随着芯片技术、图像处理技术及视频编码技术的发展，数字媒体处理器会向着更强大的功能发展。

第三种方案采用单芯片完成 ISP 和视频编码压缩，利用 FPGA 强大的运算能力来完成，这种方法在设计上有一定的难度，开发成本相对来说也较高。

对于视频采集部分，其核心为图像传感器，图像传感器通过其内部像素阵列感光获取模拟视频信号，经过放大、A/D 转换后输出数字视频信号，即可传递到后端的数字信号处理器做进一步后续处理。目前主要有两种类型的图像传感器，一种是 CCD，以 Sony 和 Sharp 为代表；另一种是 CMOS，CMOS 图像传感器的供应商比较多，高端的如 Sony 和 Panasonic，中端的如 Aptina，中低端的如 Omni Vision。

3. 智能数字视频监控系统

无论是传统的第一代模拟视频监控系统，还是第二、三代经过部分或完全数字化之后的视频监控系统，都具有一些固有的局限性。由于视频监控者生理上的限制，要达到 7 天×24h 全天候可靠监控很困难，一个小小的疏忽就会导致安全隐患，如不能被及时发现，以至于造成人民的生命和财产损失。另外，对安全威胁的响应速度也达不到要求，一般的监控都是在事故发生后通过查看录像的方式来查找事故发生原因，安全威胁的发现和制止往往滞后于事故的发生。随着计算机科学、机器视觉、图像处理、模式识别、人工智能等多学科的发展，智能的数字监控系统应运而生。

智能视频源于计算机视觉（computer vision，CV）学科，而计算机视觉又是人工智能（artificial intelligence，AI）学科的一个分支。智能视频监控是计算机视觉领域一个新兴的应用方向和备受关注的前沿课题，结合了计算机科学、机器视觉、图像处理、模式识别、人工智能等多学科。这些学科所涉及的内容包括：自动地分析和收集视频源中的关键信息，在不需要人为干预情况下，利用计算机视觉和视频分析的方法对摄像机拍录的图像序列进行自动分析，包括运动目标检测、运动目标识别、运动目标跟踪及对监视场景中目标行为的理解与描述，得出对图像内容含义的理解及对客观场景的解释，从而指导和规划行动。其中，运动目标检测、目标识别、目标跟踪属于计算机视觉中的低级和中级处理部分，而行为理解和描述则属于高级处理。运动目标检测、识别与跟踪是视频监控中研究较多的三个问题；而行为理解与描述则是近年来被广泛关注的研究热点。

智能视频监控系统基于各种智能视频监控算法，自动识别不同的物体，发现监控画面中的异常情况，并能够以最快和最佳的方式发出警报和提供有用信息，从而能够有效地协助监控人员处理安全隐患，并最大限度地降低误报和漏报现象。如果把摄像机看作人的眼睛，而智能视频系统或设备则可以看作人的大脑。智能视频技术借助计算机强大的信息处理能力，对视频画面中的海量数据进行高速分析，过滤掉用户不关心的信息，仅为监控者提供关键信息。因此，智能视频监控系统彻底改变了以往完全由工作人员对监控画面进行监视和分析的模式，通过智能视频模块对所监视的画面进行分析，并采用智能算法与用户定义的安全规则进行比较，一旦发现安全威胁就立刻向监控中心报警，从而将替代或部分替代人类监控者，实现 7 天×24h 全天候可靠的视频监控。另外，智能视频监控系统也以数字化、网络化视频监控为基础，其系统结构图如图 2-47 所示。

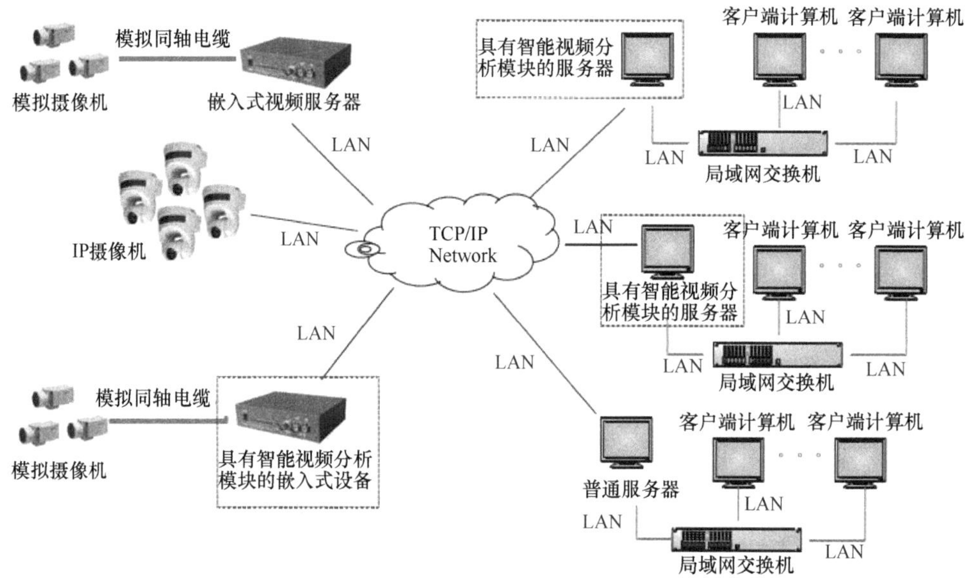

图 2-47　第四代网络数字视频监控系统结构图

从图 2-47 可以看出，智能视频监控系统可以采用多种系统组织形式。

第一种形式，前端采用模拟摄像头和嵌入式视频服务器采集数字视频图像，通过压缩算法将数字图像进行处理，然后将视频流通过网络传输到具有智能视频分析模块的服务器端进行智能算法分析，智能视频分析模块对异常或者安全隐患事件进行监控并报警，并及时通知局域网中的客户。同时，该服务器也可以配备数据库将警报存起来，以便后续分析。

第二种形式，前端直接采用 IP 摄像机进行数字视频图像的采集和压缩，后端的结构与第一种形式一样。

第三种形式，将智能视频分析模块嵌入前端嵌入式设备中，对模拟摄像机采集的图像直接进行数字化和智能算法分析，并将实时图像和警报通过网络传输到一个普通服务器上，该服务器可以配置数据库来记录警报，并及时通知局域网中的客户。在第三种智能视频监控系统的组织形式中，我们称具有智能视频分析模块的嵌入式设备为“传感器”。

第四节　基于热传导原理的农业传感技术

基于热传导原理的农业传感器主要是利用对温度敏感的元件检测温度变化，并将温度信息转变成电信号。在大田种植领域，这种类型的传感器主要是用于测量土壤温度、空气温湿度及风速风向等信息。

一、土壤温度传感技术

土壤的温度是指地表以下土壤中的温度，主要指的是与植物生长发育相关的地表浅层的温度。土壤温度影响着微生物的化学反应，进而影响植物的生长发育和产量，土壤温度尽管受到大气环流的影响，但是主要由太阳辐射及土壤在垂直层面上的热交换决定。土壤温度的测量方法总体上分为两种，第一种是温度计法，就是直接将温度计插入土壤中测量土壤的温度；第二种就是采用温度敏感元件测量，如铂电阻、热敏电阻、热电偶、数字式温度传感器等。

（一）热敏电阻

热敏电阻是一种半导体温度敏感元件，热敏电阻有两种，一种是正温度系数（positive temperature coefficient，PTC）热敏电阻，这种热敏电阻的阻值随着温度的增加而增大；另一种是负温度系数（negative temperature coefficient，NTC）热敏电阻，这种热敏电阻的阻值随着温度的增加而减小。

热敏电阻的优点有灵敏度高，能检测出 10^{-6}℃的变化；体积可做到很小，可测量腔体及生物体内的温度。但热敏电阻也有一个缺点，即阻值变化的线性度不好，给测量阻值带来了困难，增加了检测电路制作的难度；另外，因为测量的精度很高，所以测量的范围相对来说比较小。

（二）热电偶

热电偶是测量温度常用的元件，常常与测量仪器仪表相连接，热电偶可以将温度的变化转化为电动势的变化，仪表可以直接读取热电偶的电压获取温度，一般常用于工业现场温度测量。热电偶的优点有温度响应快，在小范围温度内测量精度高，可以测量超高温。热电偶的缺点有温度变化率比较小，冷接点温度需要测量。

（三）铂电阻

铂电阻也是常用的测温元件，市面上常见的有 PT100 和 PT1000 等，铂电阻的阻值会随着温度的升高而增大，每一个阻值都会对应一个温度值，所以通过测量铂电阻的阻值就能得到测量的温度。铂电阻测量温度的优点有，测量精度很高，线性度非常好；缺点有，铂电阻相比热敏电阻和热电偶对温度的反应稍慢，并且不适合测量超高温；铂电阻传感器按照结构可分为两线制、三线制、四线制。

测量铂电阻的阻值一般采用欧姆定律，即给铂电阻通过微小恒流源，测量铂电阻两端电压，根据欧姆定律计算阻值 R，再结合电阻温度分度表，就能得到温度。由于在实际的使用中铂电阻两端会连接导线制作成一个传感器，导线上也有一定的电阻，所以两线制的铂电阻在高精度温度测量中会存在测量误差。三线制和四线制铂电阻就是为了解决两线制铂电阻测量误差而制作出来的，四线制铂电阻在两端各有两根线，其中的两根线用于测量铂电阻的电压，另外两根线用于测量通过铂电阻的电流，这样就可以去除线缆长度导致的测量误差，但是四线制铂电阻价格相对较高，所以常用三线制铂电阻，三线制铂电阻结构如图 2-48 所示。

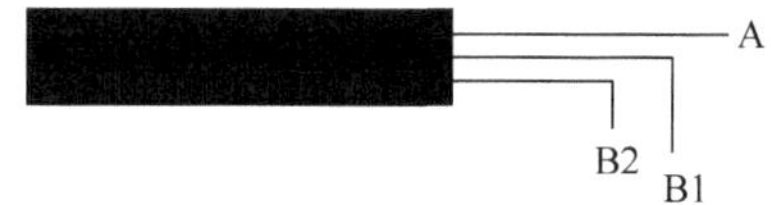

图 2-48　三线制铂电阻结构示意图

从图 2-48 中可以看出，三线制铂电阻使用时首先测量 A 和 B1 之间的电压 U，然后再测量 B1 和 B2 之间的电压 ΔU，所以另外一侧的电压线和电流线的压差也等于 ΔU，所以 PT100 两端的电压就是 $U-2\Delta U$，这样就可以节约一根补偿线。但是如果是在引线较长又要求精度较高的场合，采用四线制铂电阻会取得更好的效果。

（四）数字式温度传感器

数字式温度传感器测量土壤温度比较典型的有，DS18B20，精度为 ±0.5℃；SHT11 系列，精度为±0.3℃；数字式温度传感器的优点在于价格比较低、无须标定，缺点在于精度相对来说较前几种方法低。

二、空气温湿度传感技术

在大田种植业方面，特别是一些经济作物的生产，作物的生长对温湿度的要求极为严格，环境温湿度不当会导致作物生长缓慢，甚至死亡。在气象环境监测中，对空气温湿度的检测是农业调控系统中的重要组成部分。目前，测量空气温湿度常用的传感器有 SHT 系列传感器和 HMP45 系列传感器。

（一）SHT 系列传感器

SHT 系列传感器是瑞士 Sensirion 公司生产的具有 I^2C 总线接口的单片全校准数字式相对温湿度传感器。该传感器采用独特的 CMOSens^{TM} 技术，具有数字式输出、免调试、免标定、免外围电路及全互换的特点。传感器包括一个电容性聚合体湿度敏感元件和一个用能隙材料制成的温度敏感元件，并在同一芯片上与 14 位的 A/D 转换器及串行接口电路实现无缝连接，芯片与外围电路采用两线制连接。

在 SHT 系列传感器中使用较多的是 SHT1X 系列传感器，SHT1X 通过两线串行接口电路与微控制器连接，连接示意图如图 2-49 所示。

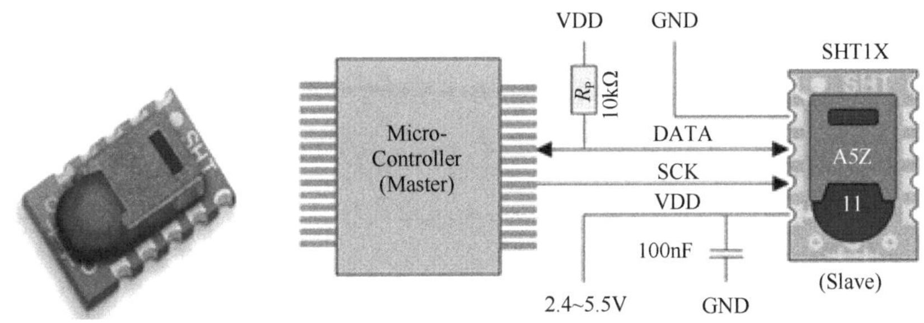

图 2-49 SHT1X 传感器实物图与其应用电路

其中，串行时钟输入线 SCK 用于微控制器与 SHT1X 之间的通信同步，串行数据线 DATA 引脚是三态门结构，用于内部数据的输出和外部数据的输入。DATA 在 SCK 时钟下降沿之后改变状态，并仅在 SCK 时钟上升沿之后有效，所以微控制器可以在 SCK 高电平时读取数据，而当其向 SHT1X 发送数据时则必须保证 DATA 线上的电平状态在 SCK 高电平段稳定；为了避免信号冲突，微控制器仅驱动 DATA 在低电平，在需要输出高电平的时候，微控制器将引脚置为高阻态，由外部的上拉电阻将信号拉至高电平，从而实现高电平输出。

SHT1X 测量过程包括 4 个部分：启动传输、发送测量命令、等待测量完成和读取测量数据。微控制器首先用一组“启动传输”时序来表示数据传输的初始化，其时序图可查阅 SHT1X 的数据资料。

在“启动传输”时序之后，微控制器可以向 SHT1X 发送命令。命令字节包括高 3 位的地址位（目前只支持 000）和低 5 位的命令位。其中，“00000101”表示相对湿度测量，“00000011”表示温度测量。SHT1X 则通过在数据传输的第 8 个 SCK 时钟周期下降沿之后，将 DATA 拉低来表示正确接收到命令，并在第 9 个 SCK 时钟周期的下降沿之后释放 DATA 线（恢复高电平）。

（二）HMP45 系列传感器

HMP45 系列温湿度传感器是芬兰 VAISALA 公司开发的具有 HUMICAP 技术的新一代聚合物薄膜电容传感器。其中，HMP45D 温湿度传感器是将铂电阻温度传感器与湿敏电容湿度传感器制作成为一体的温湿度传感器，如图 2-50 所示。

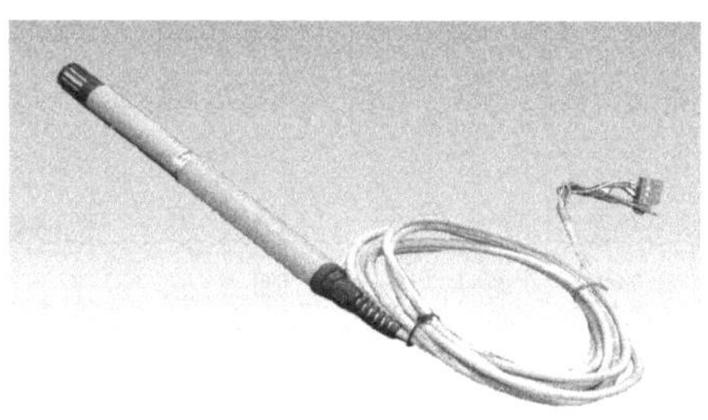

图 2-50　HMP45D 温湿度传感器

HMP45D 温湿度传感器的测温元件是铂电阻传感器 Pt100。由于铂电阻具有阻值随温度变化而改变的特性，所以自动气象站中采集器是利用四线制恒流源供电方式及线性化电路，将传感器电阻值的变化转化为电压值的变化对温度进行测量。铂电阻在 0℃时的电阻值 R_0 是 100Ω，以 0℃作为基点温度，在温度 t 时的电阻值 R_t 为

$$R_t = R_0(1 + \alpha t + \beta t^2) \tag{2-34}$$

式中，α、β 为系数，经标定可以求出其值。由恒流源提供恒定电流 I_0 流经铂电阻 R_t，电压 I_0R_t 通过电压引线传送给测量电路，只要测量电路的输入阻抗足够大，流经引线的电流将非常小，引线的电阻影响可忽略不计。所以，自动气象站温度传感器电缆的长短与阻值大小对测量值的影响可忽略不计。测量电压的电路采用 A/D 转换器方式。

HMP45D 温湿度传感器的测湿元件是 HUMICAP180 高分子薄膜型湿敏电容，湿敏电容是具有感湿特性的电介质，其介电常数随相对湿度的变化而变化，从而完成对湿度的测量。如图 2-51 所示，它由上电极（upper electrode）、湿敏材料即高分子薄膜（thin-film polymer）、下电极（lower electrode）、玻璃衬底（glass substrate）几部分组成。

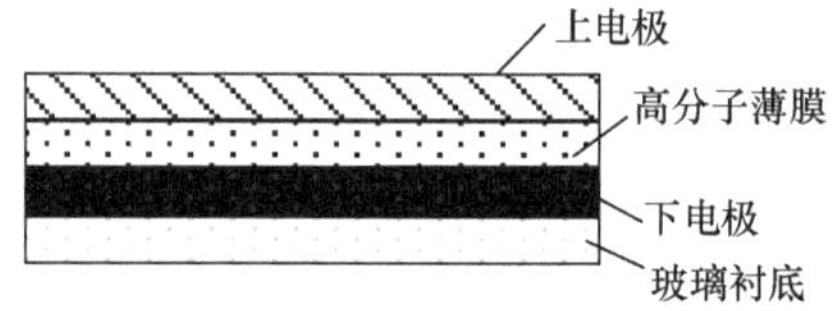

图 2-51　高分子电容湿度传感器结构示意图

三、风速风向传感技术

风是作物生长发育的重要生态因子。风速增加，空气乱流加强，使作物内外各层次之间的温度、湿度得到不断的调节，有效避免某些层次出现过高或过低的温度、湿度，以利于农作物的生长发育；风能降低大气湿度，破坏农作物内水分平衡，使成熟细胞不能扩大到正常的大小，结果导致所有器官组织都小型化、矮化；风能够把农作物的花粉或者种子传播到远处，帮助农作物授粉和繁殖。风能在农业中的应用还有很多，一般将风速风向作为观测风能的两项指标。

风速风向传感器是一种测量气流流速和方向的流量传感器。当前使用的风速风向传感器种类繁多，工作原理各不相同，常见的有基于空气动力学原理和传热学原理。其中，基于传热学原理的风速风向传感器主要有热温差型风速风向传感器、热损失型风速传感器和热脉冲型风速传感器，此外，还有超声波风速风向传感器。

（一）热温差型风速风向传感器

热温差型风速风向传感器的工作原理如图 2-52 所示。加热传感器芯片使其温度高于流体温度，并保持常数温度差 ΔT。传感器表面两个测温点分别位于总片的两个相对边沿中心，两个测温点的温度分别为 T_1 和 T_2，当无风时，传感器芯片表面相对于中心形成对称的温度分布，因此两个测温点的温度相等。当风吹过传感器表面时，由于流体首先接触上游热表面，因此上游位置因对流热传递被带走的热量最多。这样不均匀的冷却作用使得传感器表面出现微小的温度梯度。风向如图 2-52（a）所示，温度 T_1 稍低于温度 T_2，两测温点之间的温度差 $\delta T_{12}=T_2-T_1$，随着测温点之间距离的增大而增大，因此在传感器设计中，两测温点尽可能位于传感器芯片边沿。温度差 δT_{12} 随着风速的增大而增大，因此可以用来测量风速大小。显然，这一方法对风向同样敏感，当风向反向时，δT_{12} 变为负数。

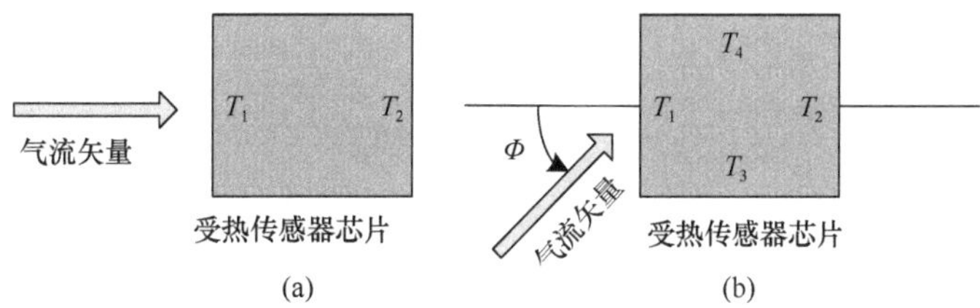

图 2-52　风速计工作原理

（a）一维工作原理；（b）二维工作原理

由于热温差的符号与风向相关，热温差的绝对值与风速相关。利用对称的正方形结构可以实现二维风速风向测量，如图 2-52（b）所示。两个正交方向的热温差分别为 $\delta T_{12}=T_2-T_1$ 和 $\delta T_{34}=T_4-T_3$，根据正交分解，

$$\delta T_{12}=\delta T_0\cos\phi \tag{2-35}$$

$$\delta T_{34}=\delta T_0\sin\phi \tag{2-36}$$

式中，δT_0 为风向方向的热温差，只依赖于风速大小 U。显然，流体引起的温差正比于芯片与环境之间的温度差 ΔT，因此可以写成

$$\delta T_0=\Delta T\times F(U) \tag{2-37}$$

式中，函数 $F(U)$ 与风向无关，根据 King 定律，与 U 的平方根成正比。此外，函数 F 还与流体和传感器的材料特性，以及传感器的几何特性相关。由于硅材料具有高热导率，因此 $\delta T_0/\Delta T$ 量级为 0.01。利用集成热电堆高精度地测量这样的小温差信号，相应的传感器输出电压 V_{12}、V_{34} 表示为

$$V_{12}=\alpha\times\Delta T\times F(U)\times\cos\phi \tag{2-38}$$

$$V_{34}=\alpha\times\Delta T\times F(U)\times\sin\phi \tag{2-39}$$

式中，α 为热电堆的灵敏度（V/K）。由式（2-38）和式（2-39）可以得出风向为

$$\phi=\tan^{-1}(V_{34}/V_{12}) \tag{2-40}$$

定义 $V_0=\left(V_{12}^2+V_{34}^2\right)^{1/2}$，代入式(2-38)和式(2-39)，$V_0$ 大小等于 $\alpha\times\Delta T\times F(U)$，风速大小 U 可以表示为

$$U=F^{-1}(V_0/\alpha\Delta T)=F^{-1}\left[\left(V_{12}^2+V_{34}^2\right)^{1/2}\Big/\alpha\Delta T\right] \tag{2-41}$$

（二）热损失型风速传感器

与传统的热丝风速计工作原理类似，热损失型风速传感器通过测量流体流过时加热体的温度变化从而反映流速。按照边界层理论，对流传热与流速的平方根成正比。实际上由于传感器与周围的对流和热传导，有半经验公式 King 定律：

$$P=\left(A+BU^{1/2}\right)\Delta T \tag{2-42}$$

式中，P 为传感器总的耗散功率；ΔT 为芯片与环境的温差；A 和 B 由传感器的尺寸和流体性质决定。由式（2-42）可以看出，热损失型风速传感器有两种工作方式：恒定功率（CP），测量加热体的温度变化来反映流速；恒定温度差（CTD），通过测量耗散在加热条上的功率来反映流速。

（三）热脉冲型风速传感器

热脉冲型风速传感器由两个距离已知的敏感元件构成，其中，上游端为加热单元，而下游端为敏感测温单元。通过在加热器上施加一个脉冲信号使其在对流流体中传播，测量出热脉冲信号到达下游敏感元件所需要的时间，由此便可以推出流速的大小。由于热脉冲在传播中会受到热扩散和流速的影响，其热脉冲到达下游热敏感元件时会出现热脉冲宽度变大而其幅值绝对值变小的脉冲变形现象。热脉冲型风速传感器处理电路比较复杂，而且输出受流体性质影响很大。

（四）超声波风速风向传感器

根据超声波传感器所测得的时间，计算风速风向。超声波测风原理如图 2-53 所示。

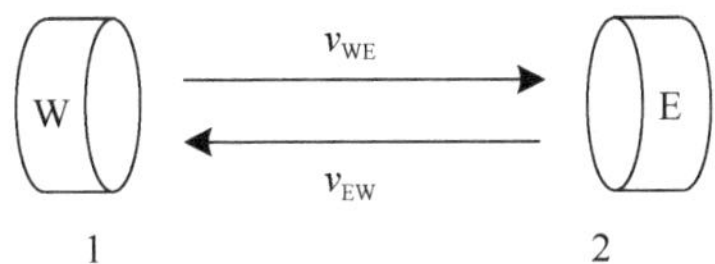

图 2-53　超声波测风原理

假设两个探头之间的距离为 d，超声波从探头 1 到探头 2 所用时间为 t_{WE}，速度为 v_{WE}，从探头 2 到探头 1 所用时间为 t_{EW}，速度为 v_{EW}，风速为 v_W，超声波在无风状态下传播速度为 v_U，由超声波原理图可得：

当实际风向为西风时，风速 v_W 为

$$v_{WE} = v_U + v_W\text{，}\ v_{WE} = d / t_{WE} \tag{2-43}$$

$$v_{EW} = v_U - v_W\text{，}\ v_{EW} = d / t_{EW} \tag{2-44}$$

$$v_W = \frac{d}{2}\left(\frac{1}{t_{WE}} - \frac{1}{t_{EW}}\right)\text{，}\ t_{WE} < t_{EW} \tag{2-45}$$

同理，当实际风向为东向时，风速 v_E 为

$$v_E = \frac{d}{2}\left(\frac{1}{t_{EW}} - \frac{1}{t_{WE}}\right)\text{，}\ t_{WE} > t_{EW} \tag{2-46}$$

由此得出一维风速。

若要得出二维方向上的风速，只需在东西南北四个方向上放上两组超声波模块，可对两个方向上所得风速进行矢量合成，便可得出二维方向上的风速和风向。

假设东西向风速为 v_1，南北向风速为 v_2，总风速为 v，角度为 θ，超声波风

速风向测量原理如图 2-54 所示。

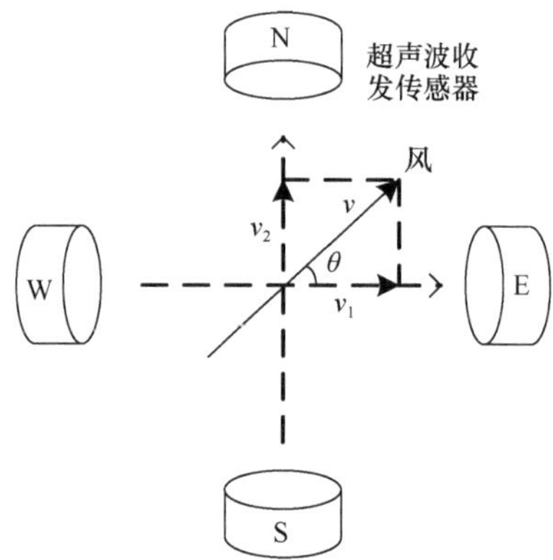

图 2-54　超声波风速风向测量原理

由图 2-54 得：

$$v=\sqrt{v_1^2+v_2^2}=\frac{d}{2}\sqrt{\left(\frac{1}{t_{\mathrm{WE}}}-\frac{1}{t_{\mathrm{EW}}}\right)^2+\left(\frac{1}{t_{\mathrm{SN}}}-\frac{1}{t_{\mathrm{NS}}}\right)^2} \tag{2-47}$$

$$\theta=\begin{cases} 0, t_{\mathrm{SN}}=t_{\mathrm{NS}}, t_{\mathrm{WE}}\leqslant t_{\mathrm{EW}} \\ \pi, t_{\mathrm{SN}}=t_{\mathrm{NS}}, t_{\mathrm{WE}}>t_{\mathrm{EW}} \\ \arctan\dfrac{\left|1/t_{\mathrm{SN}}-1/t_{\mathrm{NS}}\right|}{\left|1/t_{\mathrm{WE}}-1/t_{\mathrm{EW}}\right|}, t_{\mathrm{SN}}>t_{\mathrm{NS}}, t_{\mathrm{WE}}>t_{\mathrm{EW}} \\ \pi/2, t_{\mathrm{SN}}>t_{\mathrm{NS}}, t_{\mathrm{WE}}=t_{\mathrm{EW}} \\ \pi-\arctan\dfrac{\left|1/t_{\mathrm{SN}}-1/t_{\mathrm{NS}}\right|}{\left|1/t_{\mathrm{WE}}-1/t_{\mathrm{EW}}\right|}, t_{\mathrm{SN}}>t_{\mathrm{NS}}, t_{\mathrm{WE}}<t_{\mathrm{EW}} \\ \pi+\arctan\dfrac{\left|1/t_{\mathrm{SN}}-1/t_{\mathrm{NS}}\right|}{\left|1/t_{\mathrm{WE}}-1/t_{\mathrm{EW}}\right|}, t_{\mathrm{SN}}<t_{\mathrm{NS}}, t_{\mathrm{WE}}>t_{\mathrm{EW}} \\ 3\pi/2, t_{\mathrm{SN}}<t_{\mathrm{NS}}, t_{\mathrm{WE}}=t_{\mathrm{EW}} \\ 2\pi-\arctan\dfrac{\left|1/t_{\mathrm{SN}}-1/t_{\mathrm{NS}}\right|}{\left|1/t_{\mathrm{WE}}-1/t_{\mathrm{EW}}\right|}, t_{\mathrm{SN}}<t_{\mathrm{NS}}, t_{\mathrm{WE}}<t_{\mathrm{EW}} \end{cases} \tag{2-48}$$

由此得出二维风速和风向角度。其中，t_{WE}、t_{EW}、t_{NS}、t_{SN} 分别为超声波从西向东、从东向西、从北向南、从南向北传播时所测的时间。

图 2-55 为一种超声波风速风向测量装置，由主控模块发送开始信号，超声波传感器分别有自带的计时器模块。当主控模块发送开始信号时，超声波模块 3 和 4 分别向 1 和 2 发送超声波，此时计时器 1 和计时器 2 开始计时，直到超声波模块收到超声波时计时停止。计时单元将时间传输到数据处理单元，对数据进行处

理，最终得到风速风向数据，最后通过串口传到终端设备。

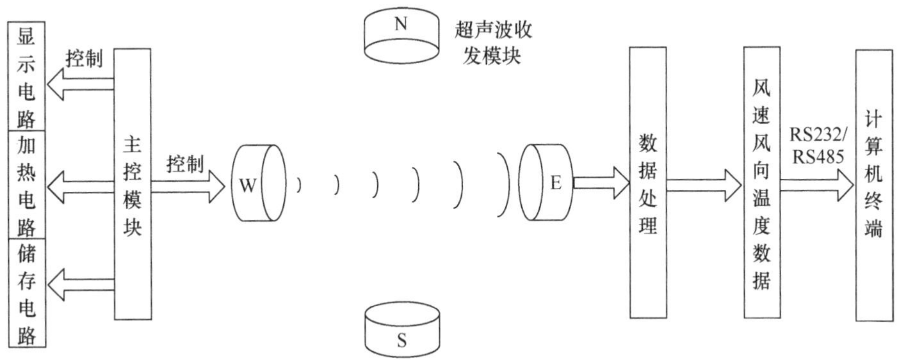

图 2-55 超声波风速风向测量装置框图

参 考 文 献

邓英春，许永辉. 2007. 土壤水分测量方法研究综述[J]. 水文, 27(4): 20-24.

何勇，聂鹏程，刘飞. 2013. 农业物联网与传感仪器研究进展[J]. 农业机械学报, 44(10): 216-226.

姜明梁，方嫦青，马道坤. 2017. 基于 TDR 的土壤水分传感器设计与试验[J]. 农机化研究, 8: 147-153.

李道亮. 2012a. 农业物联网导论[M]. 北京: 科学出版社.

李道亮. 2012b. 物联网与智慧农业[J]. 农业工程, 2(1): 1-7.

李加念，洪添胜，冯瑞珏，等. 2011. 基于真有效值检测的高频电容式土壤水分传感器[J]. 农业工程学报, 27(8): 216-221.

李民赞，王琦，汪懋华. 2004. 一种土壤电导率实时分析仪的试验研究[J]. 农业工程学报, 20(1): 51-55.

李淑敏，李红，周连第. 2009. 土壤电导率的快速测量(EM38)与数据的研究应用[J]. 安徽农业科学, 37(29): 14001-14004, 14015.

吕中虎，张徽，张晓飞. 2014. 基于 STM32 的便携式二氧化碳监测仪设计[J]. 电子设计工程, 22(21): 91-93.

努尔买买提·阿布都拉，买买提江·依米提，玛依拉·阿吉. 2015. 一种电阻式土壤水分检测仪的设计与实现[J]. 工业和信息化教育, 11: 23-24, 37.

史舟，郭燕，金希，等. 2011. 土壤近地传感器研究进展[J]. 土壤学报, 48(6): 1274-1281.

孙蕾，王磊，蔡冰，等. 2014. 土壤水分测定方法简介[J]. 中国西部科技, 13(11): 54-55.

谭家杰，邹常青. 2012. 光照度测量系统设计及实现[J]. 衡阳师范学院学报, 33(6): 25-28.

王吉星，孙永远. 2010. 土壤水分监测传感器的分类与应用[J]. 水利信息化, 4: 37-41.

王云景，赵红旗. 2004. 二氧化碳传感器 TGS4160 的原理及应用[J]. 国外电子元器件, 2: 63-65.

谢红彪，王斌，李文静，等. 2013. 田间土壤湿度的测定方法以及比较[J]. 科技信息, 6: 6-7.

徐宁，余世杰，杜少武. 2000. 新型便携式太阳总辐射仪的研制[J]. 太阳能学报, 21(1): 117-120.

徐晓辉，闰焕娜，苏彦莽，等. 2014. FDR 土壤水分传感器的快速校准与验证[J]. 节水灌溉, 3: 66-68.

杨茂水, 李树贵. 2002. 自动气象站湿度和雨量传感器工作原理[J]. 山东气象, 3(22): 45-47.

袁朝春, 陈翠英, 江永真. 2005. 应用离子敏传感器获取土壤养分信息[J]. 中国农机化, 2: 54-57.

张建华, 吴建寨, 韩书庆, 等. 2017. 农业传感器技术研究进展与性能分析[J]. 农业展望, 1: 38-48.

张尉, 高星星, 方贤才. 2017. 适用于农业环境的便携式激光 CO_2 传感器设计[J]. 中国农机化学报, 38(3): 73-76, 81.

张益, 马友华, 江朝晖, 等. 2014. 土壤水分快速测量传感器研究及应用进展[J]. 中国农学通报 30(5): 170-174.

Fellner-Feldegg H. 1969. The measurement of dielectrics in time domain[J]. J Phys Chem, 73: 616-623.

Topp G C, Davis J L, Annan A P. 1980. Electromagnetic determination of soil water content: Measurements in coaxial transmission lines[J]. Water Resour Res, 16(3): 574-582.

第三章　农业信息传输技术

在农田信息采集中，无线通信技术为农田信息的远程采集、实时处理与控制提供了重要支撑。近几年发展起来的无线传感器网络（wireless sensor network，WSN）综合了传感器技术、嵌入式技术、现代网络及无线通信技术、分布式信息处理技术等，能够通过随机分布的节点采用自组织的方式构成网络，并借助节点中内置的形式多样的传感器测量所在周边环境中的温度、湿度、噪声、光强度、压力、土壤成分等信息，通过短距离的无线低功率通信技术（如WiFi、蓝牙、ZigBee）实现数据的实时传输，具有广阔的应用前景。

第一节　无线传感器网络

一、无线传感器网络概述

随着科学技术的不断发展、传感技术的不断增强、网络技术的不断成熟，无线传感器网络技术应运而生，无线传感器网络是感知、通信和计算三大技术相结合的产物，是一种全新的信息获取和处理技术。无线传感器网络融合了计算机技术、通信技术和传感器技术，它是由覆盖在特定目标区域的大量传感器网络节点组成，这些节点大都是体积小、成本低，同时具有数据感知、数据处理、无线通信的能力，它们共同监控不同地理位置的各种状况（如温度、声音、振动、压力信号等），由于具备无线通信的能力，无线传感器节点之间可以进行信息共享和分工协作，也可以将相关数据传送到网络中的汇聚节点或总节点以进行进一步的处理。

无线传感器网络的应用前景非常广泛，它将会给人们的生活和社会带来极其深远的影响。近些年嵌入式系统的计算存储能力不断增强，通信技术日新月异，使得大数据的传输不再是难题，结合传感技术使得无线传感器网络已经广泛应用于军事、工业、农业等各方面，无线传感器网络已然成为目前信息领域研究与开发的一个热点。

（一）国外研究现状

无线传感器网络的构想最初由美国军方提出，由于其在军事行动中的重要作用及日常生活中的广泛应用前景，世界众多发达国家仍然非常重视无线传感器网络的研发，并一直将这一技术视为重点的研究方向。美国国防部及美国各军事部门长期以来设立了众多无线传感器网络在军事领域中的研究课题，这些课题包括在指挥、控制、通信、计算、情报及监视与侦察（command，control，communication，computing，intelligence，surveillance，and reconnaissance，C4ISR）的基础上所提出的 C4KISR 方案，网型结构的传感器系统（CEC），灵敏传感器通信网络，智能传感器网络，传感器网络组网系统及无人运作自动地面传感器组，等等。美国的 Intel 公司于 21 世纪初也提出了未来基于微型传感网络的新式计算方法的研究计划。美国国家科学基金会在 21 世纪的发展规划中提到了无线传感器网络。美国 Dust Networks 公司和克尔斯博科技有限公司（Crossbow Technologies）等共同研发的“智能尘埃”“Mote”已走出实验室，进入实际的应用测试阶段。此外，欧洲及亚洲国家也已经纷纷投入科研力量对无线传感器网络技术开展研究。

欧盟自 2002 年起启动了名为“传感器网络的能量有效组织和协调”的三年规划，这份规划的内容包括无线传输、分布式数据处理及移动计算等。该项目主要集中研究无线传感器网络的体系结构，通信协议和软件，使无线传感器节点更加“智能化”，具有自组织能力，节点之间能够相互协作。他们指出，传感器网络应具备两层结构，底层由处理传感器和传感网络构成，上层则根据底层所提供的信息，为实际应用提供服务。 国外的一些著名高校，如美国康奈尔大学、加利福尼亚大学洛杉矶分校（UCLA）、加利福尼亚大学伯克利分校（UC Berkeley）、美国麻省理工学院等，也都陆续在无线传感器网络技术上开展了大量的研究工作，取得了不少成果。

IEEE 组织也非常重视无线传感器网络技术，并不断研究这一技术的应用和开发，波士顿大学（Boston University）专门建立了传感网络协会（Sensor Network Consortium），期望能通过这一系列行动推动传感网络技术的开发。除了波士顿大学，该协会还包括 BP、霍尼韦尔（Honeywell）、国际电路系统（Inetco System）、英维思集团（Invensys）、L-3 通信公司（L-3 Communications）、千禧年网（Millennial Net）、无线传感网系统（Sensicast System）及德事隆系统（Textron Systems）。无线传感器网络的广泛应用已经成为当今科技发展的主要方向之一，就如同互联网一样，这一技术一定会大大改变我们的生活方式。

（二）国内研究现状

由于无线传感器网络在众多方面取得了重大成就与突出作用，我国与一些发达国家几乎同时展开了对无线传感器网络技术及相关应用的研究。20 世纪 90 年代末，中国科学院在信息与自动化领域的调查研究报告《知识创新工程试点领域方向研究》一文中，首次正式将无线传感器网络技术列为该领域未来的 5 个重大项目之一，对无线传感器网络的研究开始提上日程。

21 世纪以来，中国国家发展和改革委员会、工业和信息化部等相关单位都在无线传感器网络领域中建立了很多新的研究方向与研究项目。在《国家中长期科学和技术发展规划纲要（2006—2020 年）》一文中，“传感器网络及智能信息处理”被确立为中国未来信息工业与现代化服务业的重点研究方向之一。无线传感器网络技术的巨大价值，使其受到学术界及产业界的广泛关注，因而得到了广大的发展空间，无线传感器网络技术在中国已经进入了飞速发展期。受到这些外部环境的影响，我国众多知名高校也纷纷投入无线传感器网络的研究之中。清华大学、上海交通大学、浙江大学、中国科学技术大学等众多一流名校均投入了大量科研力量到无线传感器网络及与其相关方面的科研中。同时，华为技术有限公司、中兴通讯股份有限公司等众多国内知名企业，也正在陆续开展对无线传感器网络技术的研究。

在农业环境领域，无线传感器网络是由大量传感器协作，实时感知、监测作物环境信息，通过无线通信的方式进行传送，并通过嵌入式系统对信息进行智能处理，从而实现农业环境和作物信息的远程监测和管理。

无线传感器网络已应用于农业生产，江苏大学的相关科研工作者针对农田灌区范围广、实时传输难、数据量大等问题，提出将无线传感器网络应用于节水灌溉控制系统中，利用无线传感器网络传送农作物需水信息，该方案的提出有效地解决了灌溉区信息实时传输的问题。北京市科学技术委员会的计划项目“蔬菜生产智能网络传感器体系研究与应用”，在温室蔬菜生产中引入了无线传感器网络系统。在温室环境里，采用不同的传感器节点对土壤湿度、土壤成分、pH、气压、空气湿度和降水量等参数进行采集，获得农作物生长的最适外部环境条件，为温室的科学精准调控提供有力依据，并实现了温室中传感器节点的标准化、网络化，从而最终达到了作物产量增加、经济效益提升的目的。华南农业大学科研人员针对传统土壤含水率监测中存在的监测区域面积小、采样率低的问题，设计且开发了一套基于 WSN 的土壤含水率监测系统。该系统的开发实现了对监测区域含水率的自动获取和处理，同时也实现了对农田土壤含水率的实时监测。

二、无线传感器网络的体系结构

无线传感器网络通常由传感器节点、基站和处理中心组成。传感器节点除了进行本地信息采集与处理之外，还要协助其他节点完成一些特定任务，如数据转发、构建路由等，基站连接传感器网络与外部网络，负责传感器节点间通信协议的管理及分布节点的监测任务，处理中心作为数据获取的终端。体系结构如图 3-1 所示。

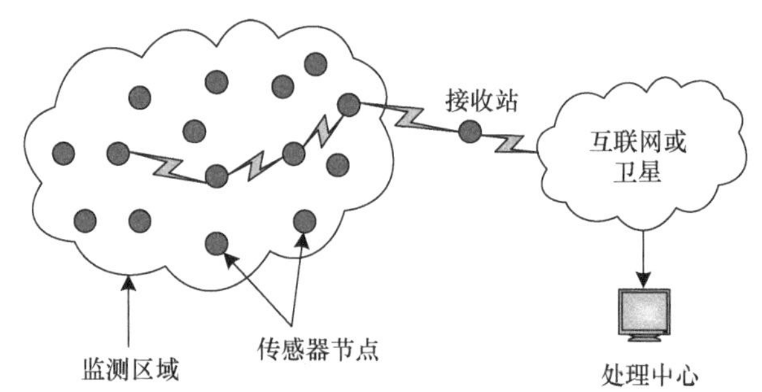

图 3-1　传感器网络的体系结构

大量传感器节点随机部署在监测区域内部或附近，能通过自组织方式构成网络。传感器节点监测的数据沿着其他传感器节点逐跳地进行传输，在传输过程中监测数据可能被多个节点处理，经过多跳后路由到接收站，最后通过互联网或卫星到达处理中心。用户通过处理中心对传感器网络进行配置和管理，发布监测任务及收集监测数据。

传感器节点结构简单，如图 3-2 所示，通常由感知、数据处理、通信和能量供应 4 个模块构成。感知模块由传感器和 A/D 转换功能模块构成，主要任务是采集被监测区域的数据信息并进行模数转换；数据处理模块主要包括中央处理器、存储器及嵌入式系统等基本模块，主要控制节点的具体操作并对传来的数据进行存储和处理；通信模块的核心组成部分是无线通信模块，主要负责与其他节点无线通信、收发数据及控制信息的交换；能量供应模块常由电池供电，负责提供足够的能量以保证传感器节点能正常工作。

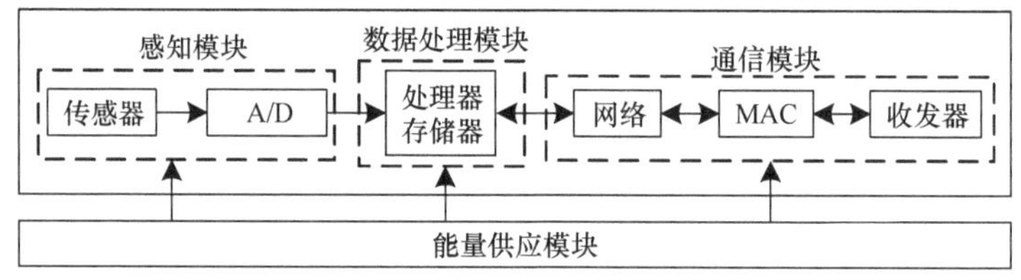

图 3-2　传感器节点结构

三、无线传感器网络的特点

无线传感器网络是信息技术的前沿和交叉领域，集计算机、通信、网络、智能计算、传感器、嵌入式系统、微电子等多个领域于一身。它与现有无线网络的重要区别之一是以能源的高效使用为首要设计目标。它将大量的多种类型传感器节点组成自治的网络，实现对物理世界的动态智能协同感知。但并不能简单地理解为利用无线方式对多个传感器进行组网，或者无线自组织通信网络在信息获取方面的简单推广。无线传感器网络具有一些鲜明的自身特点。

1. 网络规模大

无线传感器网络是布设在监测区域内采集所需信息数据的大规模传感器网络，为了获取精确信息，节点的数量可能达到成千上万。传感器网络的大规模性一方面是指监测区域大，需要分布大量的传感器节点；另一方面是传感器节点部署很密集，在有限的区域也密集部署了大量的传感器节点。

无线传感器网络大规模性具有以下优点：①节点大量分布，能够尽可能地覆盖监测区域，减少监测的遗漏和盲区，提高监测的精确度；②分布式地处理大量的采集信息，可以获取密集的空间抽样信息或针对同一现象的多维信息，提高识别和监测的精确度，降低对单个节点的精确度和可靠性要求；③节点密集布设，存在大量冗余节点，使得系统具有很强的容错性；④通过不同视角获得的信息具有更大的信噪比；⑤节点的密集布设并对其进行合理的休眠调节，是延长网络寿命的重要途径之一。

2. 动态性

无线传感器网络是一个动态的网络，由于传感器节点处于变化的环境中，它的状态也在相应地发生变化，加之无线信道的不稳定，网络拓扑因而也在不停地调整变化，而这些变化都是无人能预测的，这就要求网络系统能够实现动态的系统重构。例如，环境因素或节点本身电能的局限造成有的节点出现故障或损坏，或者无线通信链路的不稳定，节点因工作要求在活动和休眠状态之间切换，无线传感器节点的移动性，以及因工作需要添加节点等任何一种或多种情况的发生，都使网络的拓扑结构随时发生变化。

3. 自组织性

无线传感器网络的建立通常没有固定的基础设施，传感器节点的位置及邻居间的相互关系通常也不能预先精确设定，如通过飞机将传感器随意撒落到面积广阔的原始森林，或是人们无法到达的区域。由于传感器网络的所有节点地位平等，没有预先指定中心，各节点通过分布式算法来相互协调。这就要求传感器节点具有自组织能力，能够自动进行配置和管理，通过网络拓扑控制机制和网络协议自动形成转发监测数据的多跳无线网络系统。传感器网络的自组织性要适应网络中节点个数的动态增加或减少而引起的网络拓扑结构变化。

4. 网络可靠性

传感器节点往往采用随机部署，如通过飞机撒播或者是发射炮弹到指定的区域进行部署，根据工作的需求被布设到不同的监测环境中，或者是人类难以到达的区域，或者是条件严酷的区域，极易受到环境因素的影响，由于这些监测区域环境的限制，网络的维护非常困难甚至不可行，因此要求节点非常坚固，不易损坏，适应各种恶劣环境。

无线传感器通过无线电波进行数据传输，相对于有线网络，存在低带宽的缺陷。同时，信号之间还存在相互干扰，信号自身也在不断地衰减，网络通信的可靠性不容忽视。因此，网络的通信保密性和安全性也十分重要，防止监测数据被盗取或者获取伪造的监测信息。所以，传感器网络的软硬件必须具备鲁棒性和容错性。

5. 以数据为中心

在以往的以互联网为代表的所有网络中，通信的基础是 IP 地址。例如，要访问互联网中的资源，首先要知道存放资源的服务器的 IP 地址，即目前的以互联网为代表的网络是以地址为中心的网络。而无线传感器网络则不同，它是任务型的网络。

由于传感器节点是随机部署的，构成的传感器网络与节点编号之间的关系是完全动态的，表现为节点编号和节点位置没有必然的联系。用户使用传感器网络查询事件时，直接将关心的事件通知给网络，而不是告诉某个确定编号的节点，网络在获取指定事件的信息后汇报给用户。这种以数据本身作为查询或传输线索的思想，更接近自然语言交流的习惯，所以称传感器网络是以数据为中心的网络。

6. 应用相关性

传感器网络用于感知客观物理世界，获取物理世界的信息量。客观物理世界的信息量多种多样，不可穷尽。不同的传感器应用关心不同的物理量。而作为一个完整的计算机系统，要求其组成部分的性能必须是协调和高效的，各个模块实现技术的选择需要根据实际的应用系统要求而进行权衡和取舍。

应用背景对传感器的种类、精度和采样频率提出要求，同时对无线通信使用的频段、传输距离、数据收发速率提出要求；传感器网络的能源技术则对传感器技术和通信技术的能耗做出具体的约束，同时要求处理器本身必须是超低功耗的，并且支持休眠模式；传感器的选取、应用背景要求的采样频率及通信技术的数据收发速率对处理器的处理能力、数据采样速度和精度及通用 I/O 控制端口的数量提出具体要求；处理器的选择则由所有这些技术要求制约。因此，传感器网络系统是与应用相关的。

7. 低功耗、微型化、智能化的传感器节点

相对传统的无线传感器网络而言，当前的无线传感器网络采用了新型的智能

传感器节点，它的低功耗、微型化、多功能等特点使其变得更加智能化。

MEMS（micro-electro mechanical system）传感器是采用微电子和微机械加工技术制造出来的新型传感器。它具有体积小、质量轻、成本低、功耗低、可靠性高、技术附加值高，适于批量化生产、易于集成和实现智能化等特点。集成智能传感器的微型化绝不仅仅是尺寸上的缩微与减少，而是一种具有新机理、新结构、新作用和新功能的高科技微型系统，并在智能程度上与先进科技融合。其微型化主要基于以下发展趋势：尺寸上的缩微和性质上的增强性；各要素的集成化和用途的多样化；功能上的系统化、智能化和结构上的复合性。

由此可见，智能传感器是传统传感器的一次革命，是世界传感器发展的趋势。无线传感器网络系统逐渐采用智能传感器作为节点的感知部分，把计算机技术和现代通信技术融入传感器之中，适应计算机测控系统的发展，满足无线网络对传感器提出的更高、更智能化的要求。

但传感器网络节点在实现各种网络协议和应用系统时，也存在一些限制和约束。

1. 节点的电源能量有限

现阶段的传感器节点供电一般采用纽扣电池的形式。由于节点的个数多、成本要求低、分布区域广，而且部署环境复杂，有些区域甚至人员难以到达，所以传感器通过更换电池的方式来补给能源是不现实的。

传感器节点消耗能量的模块包括传感器模块、处理器模块、无线通信模块，随着集成电路工艺的进步，处理器和传感器模块的功耗逐渐降低，绝大部分的能量消耗主要集中在无线通信模块上。

现阶段解决节点能耗问题主要有两个途径。一是采集环境能源为蓄电池或超级电容充电，来源源不断地为节点和网络供能，目前采用的环境可再生能源包括太阳能、风能、水能和热能。但是节点采集能源的低功耗嵌入式设备如今面临着一系列的挑战，就是能量采集设备必须与传感器节点的大小媲美。在设计无线传感器节点的能量采集电路时必须权衡不同的因素，如能源特性的不同、能源存储管理设备、节点的能量电源管理功能、应用程序等。

二是采用有效的休眠机制和路由算法。通常无线通信模块在空闲状态下会一直侦听无线信道的使用情况，检查是否有数据发送，而在休眠状态则关闭通信模块。因此，需要设计一套休眠机制和无线路由算法，使得节点间的网络通信更高效，减少不必要的转发和接收，使得更多的节点能够不需要通信而进入休眠机制，节省传感器节点的能耗。

2. 节点通信能力有限

无线通信的能量消耗 E 与通信距离 d 的关系符合 $E = k \times d^n$，式中，k 为系数，参数 n 满足关系 $2 < n < 4$。n 的取值与很多因素有关，如传感器节点部署贴近地面时，障碍物多、干扰大，n 的取值就大；天线质量对信号发射质量的影响也很大。通常取 n=3，即假定通信能耗与距离的三次方成正比。

随着通信距离的增加，能耗会急剧增加。在满足通信连通性的前提下，应尽量减少单跳的通信距离。一般而言，传感器节点的通信半径在 100m 以内比较适合。

考虑到传感器节点的能量限制和网络覆盖区域大，传感器网络宜采用多跳路由的传输机制。传感器节点的无线通信带宽有限，通常仅有每秒几百千位的速率。由于节点能量的变化，如容易受到地形、气候、建筑物等地势地貌及风雨雷电等自然环境的影响，无线通信性能可能经常变化，频繁出现通信中断。在这样的通信环境和节点有限的通信能力情况下，如何设计网络通信机制以满足传感网络的通信需求，是传感器网络应用所需要考虑的重点问题。

3. 节点的计算和存储能力有限

无线传感器网络节点一般都是采用微型嵌入式处理器，它要求功耗低、体积小、价格便宜。这些方面的限制必然会导致选用的嵌入式处理器计算能力比较弱，存储空间比较小。为了完成各种任务，传感器节点需要完成监测数据的采集和转换、数据的管理和处理、应答汇聚节点的任务请求和节点控制等多种工作。如何利用有限的计算和存储资源完成诸多协同任务成为传感器网络设计所必须考虑的问题。

随着低功耗电路和系统设计技术的提高，目前已经开发出很多低功耗的微处理器。除了降低处理器的绝对功耗以外，现代处理器还支持模块化供电和动态频率调节功能。利用这些处理器的特性，传感器节点的操作系统可以设计动态能量管理和动态电压调节模块，更有效地利用节点的各种资源。

动态能量管理是当前节点周围没有感兴趣的事件发生时，部分模块处于空闲状态，把这些组件关断或调到更低能耗的休眠状态。动态电压调节是当计算机负载较低时，通过降低微处理器的工作电压和频率来降低处理能力，从而节约微处理器的能耗，很多处理器如 StrongARM 都支持电压频率调节，充分考虑了能源节省问题。

四、无线传感器网络的关键技术

无线传感器网络涉及多学科交叉的研究领域，具有区别于传统网络的固有特征及特殊的应用需求和应用场合，传统的技术、算法不能简单地移植到无线传感器网络上使用，很多关键技术需要进一步发现和研究，相关技术有以下几种。

1. 网络协议研究

对于无线传感器网络，网络协议的研究是很具挑战性的。由于传感器节点的通信能力弱、存储能力有限、能量约束很强及移动性弱，网络协议设计的主要目标是促进负载均衡和减少能量消耗，节点上运行的网络协议不能太复杂，以提高网络生存时间。同时，由于网络中节点通信距离有限，一般在几十米范围内，若要与在通信距离之外的节点通信需要通过中间节点进行路由，如何提高无线传感器网络通信的实时性和有效性，需要进一步研究。网络协议的研究已经成为无线传感器网络研究中的热点，大量的研究为无线传感器网络设计了很多网络协议，这些网络协议大多采用以下方法节省能量：各节点轮流承担数据发送业务，平均消耗网络能量提高网络能量效率，对数据进行融合和协商，减少冗余数据的传送。

2. 网络拓扑控制

传感器节点被放置在被测环境中后，需要高效的自行邻居发现和路由发现，构成网络拓扑。传感器网络的自组织可以通过两种方式实现或者以层次结构的方式进行管理，或者采用对等管理方案。层次结构管理方案涉及簇的自动生成，可以按照固定大小生成簇，或者按照环境和应用的相关属性生成簇。在对等方式管理中，每个传感器节点地位相同，需要研究如何通过局部对等的交互完成全局目标。无线传感器网络的节点可能会因为故障发生、能量耗尽、在区域内移动，退出或添加到网络中运行，这些都会造成无线传感器网络多跳路由链路上增加或减少节点，导致网络拓扑结构发生变化，因此网络应该具有动态拓扑控制功能。

3. 网络安全

无线传感器网络处于真实的物理世界，缺乏专门的服务与维护，因此无线传感器网络的安全受到严峻的挑战。无线传感器网络可能会遇到窃听、消息修改、消息注入、路由欺骗、拒绝服务、恶意代码等安全威胁。另外，在无线传感器网络中，安全的概念也发生了变化，通信安全是其中重要的一部分，隐私保护日渐重要，而授权重要性则降低。

4. 节能研究

在无线传感器网络中，每个传感器节点的生命严重依赖于电池供电时间。由于传感器节点既是数据采集器又是路由器，能量消耗很快，而对于电池供电系统通过更换电池来延长网络寿命不容易实现，因此，为节约能量，各节点有必要采用有关通信和计算的能量保护技术。

5. 定位技术

节点定位是指确定每个传感器节点在无线传感器网络中的相对位置或绝对地理坐标。通过节点定位，可以知道传感器节点的位置信息，从而确定信息来源的准确位置，另外，位置信息可以增强网络安全，可以帮助使用者了解网络的覆盖质量，基于位置的网络协议可以减少能量消耗。目前，节点定位是一种普遍使用的定位方法。但是在无线传感器网络中，由于功耗、成本、体积和应用环境限制等方面的原因，不能为每个节点安装，而且在室内、水下等一些环境中不能直接使用。因此，需要在大部分节点不具备定位功能的前提下设计新型的节点定位机制。

6. 时钟同步

时钟同步是需要协同工作的传感器网络系统的一个关键机制，在基于时间相关的监测任务中，工作节点的时钟需要保持同步，如测量移动车辆速度需要计算不同传感器监测事件的时间差，通过波束阵列确定声源位置节点间时钟同步。不同的节点都有自己的本地时钟，由于晶体振荡器频率存在偏差，各个节点的时间也会逐渐出现偏差。需要设计无线传感器网络时间同步方案来满足传感器网络的要求。

7. 数据融合

在自组织无线传感器网络中由于传感器节点非常多，感知信息具有很大的冗余度，数据融合技术是无线传感器网络提高能量效率和通信效率、减少数据冗余度的有效方式。数据融合通过对节点采集的大量的、重复的、不完整的、不确定的甚至是错误的数据进行信息处理，计算出精确的、可信的、完整的信息。数据融合技术可以提高传感器网络采集数据的整体效率。综合考虑能量效率是无线传感器数据融合技术未来的发展方向。数据融合技术在节省能量、提高信息准确度的同时，牺牲了其他方面的性能作为代价，如数据融合增加了网络的平均延迟，由于丢失了一些数据，降低了网络的鲁棒性。

8. 容错性

当传感器节点受周围环境影响或能量耗尽时而导致失效，在替换传感器可能性不大的情况下，整个网络必须能够在其应用过程中及时屏蔽掉发生故障的传感器。容错过程可以在数据交换中实现，但该过程要消耗能量。因此出现数据交换和能量利用矛盾的冲突，衡量数据交换与功耗的优先权取决于实际应用情况。

第二节　蓝 牙 技 术

一、蓝牙技术简介

蓝牙（Bluetooth）技术是一种适用于短距离无线数据与语音通信的开放性全球规范。它以低成本的近距离无线连接为基础，为固定或移动通信设备之间提供通信链路，使得近距离内各种信息设备能够实现资源共享。

蓝牙技术起源于 1994 年瑞典爱立信公司的移动通信部。1998 年 5 月，爱立信、IBM、英特尔、诺基亚、东芝五大公司组成了蓝牙特殊利益集团 SIG（Special Interesting Group)，他们联合制定了短距离无线通信技术标准，其目的是实现最高数据传输率为 1Mb/s（有效传输率为 721kb/s)、最大传输距离为 10m 的无线通信。该技术就被命名为蓝牙。相传蓝牙是欧洲中世纪丹麦一个国王的绰号，他统一了四分五裂的国家，立下了不朽的功劳。取名为蓝牙，暗示该技术必将统一世界，成为一种全球性的通信标准。

蓝牙技术是一种极其先进的大容量近距离无线数字通信的技术标准，蓝牙的有效范围大约在 10m 半径内，最大可达 100m。其使用的收发器是不必经过申请便可使用 2.4GHz 的 ISM（industry，science and medical，工业、科学和医学）频带，在其上设立 79 个频带为 1MHz 的信道，以每秒切换 1600 次频率的调频扩频技术来实现电波的收发。通过蓝牙技术可以实现便携设备之间的无线连接，允许用户在无电缆连接的情况下，方便快捷地与自身周边的电子设备进行通信，如计算机、打印机、扫描仪、传真机等，使设备网络的移动接入与通信变得简单。

蓝牙规范是由蓝牙 SIG 开发的免费开放的蓝牙技术标准，用于计算机设备和通信设备之间的无线连接。蓝牙规范包括核心协议（core）和应用框架（profile）两部分。核心协议详细说明了蓝牙无线技术的各个组成部分和协议，应用框架用以规定不同的蓝牙设备在各种应用场合所需的协议和运行方式。蓝牙规范在一定程度上是开放的，其他协议可以通过与蓝牙特定的核心协议或面向应用的协议互通而被包容进来。

蓝牙技术具备以下技术特性。

1. 能传送语音和数据

蓝牙技术定义了电路交换与分组交换的数据传输类型，能够同时支持语音与数据信息的传输。目前电话网络的语音通话属于电路交换类型，发话者与受话者之间建立起一条专门的连线；网络上的数据传输则属于分组交换类型，分组交换是将数据切割成具有地址标记的分组数据包后通过多条共享通道发送出去。

2. 使用全球通用的频段

蓝牙技术工作在全球通用的 2.4GHz 频段，即 ISM 频段。ISM 频段是对所有的无线电系统都开放的频段，为了避免与此频段上的其他系统或设备（如无绳电话、微波炉等）互相干扰，蓝牙系统还特别设计了快速确认和调频的方案，以确保链路的稳定性。

3. 低成本、低功耗和低辐射

轻、薄、小是蓝牙技术的基本目标之一。结合蓝牙技术与芯片制造技术，将蓝牙系统结合在单芯片内，与许多电子元件组成蓝牙模块后，以 USB 或是 RS232 接口与现有的设备互相连接，或是内嵌在各种信息设备内部，达到低成本、低功耗、低辐射的目标。

4. 安全性

蓝牙系统的安全性问题一直深受关注，因为蓝牙的移动性和开放性使得安全问题极为重要。与其他无线信号一样，蓝牙信号很容易被截取，因此，蓝牙协议提供了认证和加密，以实现链路级安全。蓝牙系统认证和加密由物理层提供，采用流密码加密技术，适于硬件实现，密钥由高层软件管理。如果用户有更高级别的保密要求，可以使用更高级、更有效的传输层和应用层安全机制。蓝牙的跳频技术保密性和有限的传输范围也使得窃听变得困难。

5. 多用途

蓝牙技术可以应用在多种电子设备上，如移动电话、便携式计算机、数字相机、调制解调器、打印机、局域网、游戏操纵杆等；此外，开门及报警装置、家庭电子记事本或备忘录、遥控电灯、冰箱、微波炉和洗衣机等各种家用电器同样能够安装蓝牙模块而实现组网通信。

6. 网络特性

蓝牙技术是一种点对多点的通信协议。蓝牙组网时最多可以有 256 个蓝牙单元设备连接形成微微网，其中 1 个主节点和 7 个从节点处于工作状态，其他处于空闲模式。多个微微网可以组成散射网。

蓝牙技术系统一般由天线单元、链路控制（硬件）单元、链路管理（软件）单元和蓝牙软件（协议栈）单元 4 个功能单元组成，如图 3-3 所示。

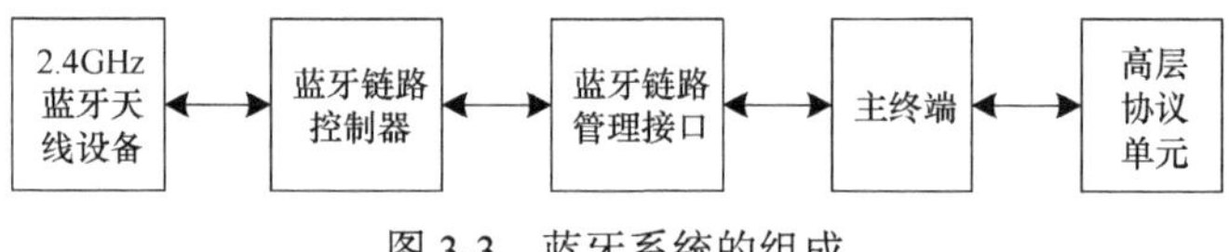

图 3-3　蓝牙系统的组成

1. 天线单元

蓝牙技术的天线部分体积十分小巧、重量轻，属于微带天线。蓝牙空中接口建立在 0dBm（1mW）的基础上，最大可达 20dBm（100mW），遵循 FCC（美国联邦通信委员会）有关电平为 0dBm 的 ISM 频段的标准。

2. 链路控制（硬件）单元

目前蓝牙产品的链路控制（硬件）单元包括 3 个集成器件：连接控制器、基带处理器及音频传输/接收器，此外还使用了 3～5 个单独调谐元件。基带链路控制器负责处理基带协议和其他一些低层常规协议。蓝牙基带协议是电路交换与分组交换的结合，采用时分双工实现全双传输。

3. 链路管理（软件）单元

链路管理（LM）（软件）模块携带了链路的数据设置、鉴权、链路硬件配置和其他一些协议。LM 能够发现其他远端 LM 并通过 LMP（链路管理协议）与之通信。

4. 软件（协议栈）单元

蓝牙技术的规范接口可以直接集成到便携式电脑或者通过 PC 卡或 USB 接口连接，或者直接集成到蜂窝电话中或通过附加设备连接。蓝牙技术系统中的软件（协议栈）是一个独立的操作系统，不与任何操作系统捆绑，其符合已经制定好的蓝牙规范，适用于集中不同商用操作系统（Windows，Unix，Pocket PC 等）的蓝牙技术规范正在完善中。

二、蓝牙协议的体系结构

蓝牙协议规范的目标是允许遵循规范的应用能够进行相互间操作。为了实现互操作，在远程设备上的对应应用程序必须以同一协议栈运行。如图 3-4 所示，整个蓝牙协议栈包括蓝牙指定协议（LMP 和 L2CAP）和非蓝牙指定协议（如对象交换协议 OBEX 和用户数据报协议 UDP）。设计协议和协议栈的主要原则是尽可能利用现有的各种高层协议，保证现有协议与蓝牙技术的融合及各种应用之间的互通性，充分利用兼容蓝牙技术规范的软硬件系统。蓝牙技术规范的开放性保证了设备制造商可自由地选用其专利协议或常用的公共协议，在蓝牙技术规范基础上开发新的应用。

1. 传输层协议

传输层协议负责蓝牙设备间相互确认对方的位置，以及建立和管理蓝牙设备间的物理和逻辑链路。这一部分又进一步分为低层传输协议和高层传输协议两部分。

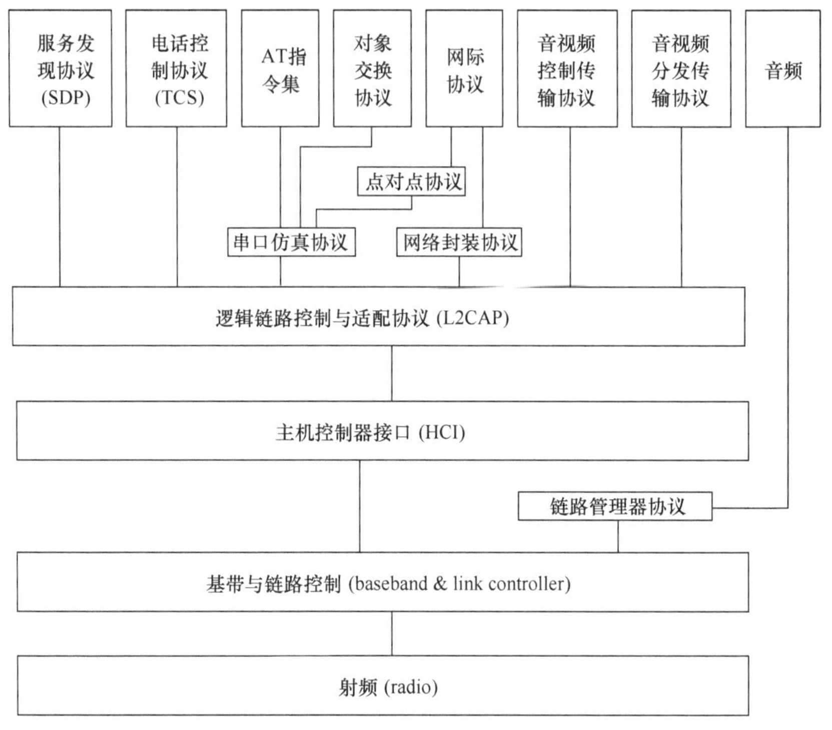

图 3-4　蓝牙协议栈

低层传输协议侧重于语音与数据无线传输的实现，主要包括射频、基带和链路管理协议三部分。其中，射频部分主要包括了一系列用于蓝牙无线电收发设计的规范。基带规范解决的问题包括发送什么样的数据、什么时候发送数据、等待什么数据、什么时候等待数据及使用哪一个载波频率和哪个级别的发射功率等。链路管理协议用于控制蓝牙设备间的链路。

高层传输协议为高层应用程序屏蔽了诸如跳频序列选择等低层传输操作，为实现高层应用程序提供了更加有效和更有利于实现的数据分组格式，主要包括链路控制与适配协议及主机控制器接口。逻辑链路控制与适配协议将基带层的数据分组转换为便于高层应用的数据分组格式，并提供协议复用和服务质量交换等功能。主机控制器接口规范提供了主机与主机控制器之间交换数据和控制信息的指令。

2. 中间层协议

中间层协议为高层应用协议或程序在蓝牙逻辑链路上工作提供了必要的支持，为应用层提供了各种不同的接口标准，这部分协议主要包括逻辑链路控制与适配协议（L2CAP ）、服务发现协议（SDP）、串口仿真协议（RFCOMM）和电话控制协议（TCS）。L2CAP 完成数据拆装、服务质量控制、协议复用和组提取等功能，是其他上层协议实现的基础，因此也是蓝牙协议栈的核心成分。SDP 为上层应用程序提供一种机制来发现网络中可用的服务及其特性。RFCOMM 依据 ETSI 标准 TS07.10 在 L2CAP 上仿真 9 针 RS232 串口的功能。TCS 提供蓝牙设备间串口仿真协议（RFCOMM）、服务发现协议（SDP）、IrDA 互操作协议、网络访问协议及电话控制协议等。

3. 应用层

应用层是指面向具体应用的软件程序和其中所涉及的协议，包括开发驱动各种诸如拨号上网和语音通信等功能的蓝牙应用程序。蓝牙规范只对传输层及部分中间层协议进行了定义，因此虽然在传输层及中间层不同的蓝牙设备必须采用统一符合蓝牙规范的形式，但在应用层则完全由开发人员自主实现。

三、蓝牙技术的特点

（1）全球范围适用：蓝牙工作在 2.4GHz 的 ISM 频段，全球大多数国家 ISM 频段的范围是 2.4～2.4835GHz。使用该频段无须向各国的无线电资源管理部门申请许可证。

（2）可同时传输语音和数据：蓝牙采用电路交换和分组交换技术，支持异步数据信道、三路语音信道及异步数据与同步语音同时传输的信道。蓝牙有两种链路类型：异步无连接（asynchronous connection-less，ACL）链路和同步面向连接（synchronous connection-oriented，SCO）链路。

（3）可建立临时性的对等连接（Ad-Hoc connection）：根据蓝牙设备在网络中的角色，可分为主设备（master）与从设备（slave）。皮网是蓝牙最基本的一种网络形式，最简单的皮网是一个主设备和一个从设备组成的点对点的通信连接。通过时分复用技术，一个蓝牙设备便可以同时与几个不同的皮网保持同步，具体来说，就是该设备按照一定的时间顺序参与不同的皮网，即某一时刻参与某一皮网，而下一时刻参与另外一个皮网。

（4）具有很好的抗干扰能力：工作在 ISM 频段的无线电设备有很多种，如家用微波炉、无线局域网和家用射频（Home RF）等产品。为了很好地避免来自这些设备的干扰，蓝牙采用了跳频（frequency hopping）方式来扩展频谱（spread spectrum），将 2.402～2.48GHz 频段分成 79 个频点，相邻频点间隔 1MHz。蓝牙设备在某个频点发送数据之后，再跳到另一个频点发送，而频点的排列顺序则是伪随机的，每秒钟频率改变 1600 次，每个频率持续 625μs。

（5）蓝牙模块体积很小，便于集成：由于个人移动设备的体积较小，嵌入其内部的蓝牙模块体积就应该更小，如爱立信公司的蓝牙模块 ROK101008 的外形尺寸仅为 32.8mm×16.8mm×2.95mm。

（6）低功耗：蓝牙设备在通信连接（connection）状态下，有 4 种工作模式——激活（active）模式、呼吸（sniff）模式、保持（hold）模式和休眠（park）模式。Active 模式是正常的工作状态，另外 3 种模式是为了节能所规定的低功耗模式。

（7）开放的接口标准：SIG 为了推广蓝牙技术的使用，将蓝牙的技术标准全部公开，全世界范围内的任何单位和个人都可以进行蓝牙产品的开发，只要最终通过 SIG 的蓝牙产品兼容性测试，就可以推向市场。

四、蓝牙关键技术

1. 跳频技术

蓝牙的载频选用全球通用的 2.4GHz ISM 频段，由于 2.4GHz 的频段是对所有无线电系统都开放的频段，因此使用其中的任何一个频段都有可能遇到不可预测的干扰源。采用跳频扩谱技术是避免干扰的一项有效措施。跳频技术是把频带分成若干个跳频信道，在一次连接中，无线电收发器按一定的码序列不断地从一个信道跳到另一个信道，只有收发双方是按这个规律进行通信的，而其他的干扰源不可能按同样的规律进行干扰。跳频的瞬时带宽很窄，但通过扩展频谱技术使这个窄带宽成百倍地扩展成宽频带，使干扰可能产生的影响变得很小。依据各国的具体情况，以 2.4GHz 为中心频率，最多可以得到 79 个 1MHz 带宽的信道。在发射带宽为 1MHz 时，其有效数据传输速率为 721kb/s，并采用低功率时分复用方式发射。对应于单时隙分组，蓝牙的跳频速率为 1600 跳/s；对应于时隙包，跳频速率有所降低；但在建立链路时则提高为 3200 跳/s。使用这样高的跳频速率，蓝牙系统具有足够高的抗干扰能力。它采用以多级蝶形运算为核心的映射方案，与其他方案相比，具有硬件设备简单、性能优越、便于 79/23 频段两种系统的兼容及各种状态的跳频序列使用统一的电路来实现等特点。与其他工作在相同频段的系统相比，蓝牙跳频更快，数据包更短，因此更稳定。

2. 微微网和分散网技术

当两个蓝牙设备成功建立链路后，一个微微网便形成了，两者之间的通信通过无线电波在 79 个信道中随机跳转而完成。蓝牙给每个微微网提供特定的跳转模式，因此它允许大量的微微网同时存在，同一区域内多个微微网的互联形成了分散网。不同的微微网信道有不同的主单元，因而存在不同的跳转模式。在任意一个有效通信范围内，所有设备的地位都是平等的。首先提出通信要求的设备称为主设备（master），被动进行通信的设备称为从设备（slave）。利用时分多址

（TDMA），1 个 master 最多可同时与 7 个 slave 进行通信，并与多个 slave（最多可超过 200 个）保持同步但不通信。1 个 master 和 1 个以上的 slave 构成的网络称为 Bluetooth 的微微网（piconet）。若两个以上的 piconet 之间存在着设备间的通信，则构成了 Bluetooth 的分散网络（scatternet）。基于 TDMA 原理和 Bluetooth 设备的平等性，任一 Bluetooth 设备在 piconet 和 scatternet 中，既可作 master，又可作 slave，还可同时既是 master 又是 slave。因此，在 Bluetooth 中没有基站的概念。另外，所有设备都是可移动的。

3. 安全技术

安全性也是引起关注的关键技术，蓝牙技术的无线传输特性使它非常容易受到攻击，虽然蓝牙系统所采用的跳频技术已经提供了一定的安全保障，但是蓝牙系统仍然需要传输层和应用层的安全管理。在传输层中，蓝牙系统使用认证、加密和密钥管理等功能来进行安全控制。在应用层中，用户可以使用个人标识码（PIN）来进行单双向认证。

4. 纠错技术

蓝牙系统的纠错机制分为前向纠错（FEC）和包重发。为了减少复杂性，使开销和无效重发为最小，蓝牙执行快自动传输请求（ARQ）结构。ARQ 结构分为：停止等待 ARQ、向后 *N* 个 ARQ、重复选择 ARQ 和混合结构。

第三节　WiFi 技术

一、WiFi 技术简介

WiFi 技术是一种可以将个人计算机、手持设备［如掌上电脑（PDA）、手机］等终端以无线方式互相连接的技术。WiFi（wireless fidelity，无线保真）实质上是一种商业认证，具有 WiFi 认证的产品符合 IEEE 802.11b 无线网络规范，它是当前应用最为广泛的 WLAN 标准，采用的波段是 2.4GHz。IEEE 802.11b 无线网络规范是 IEEE 802.11 网络规范的变种，最高带宽为 11 Mbps，在信号较弱或有干扰的情况下，带宽可调整为 5.5Mbps、2Mbps 和 1Mbps，带宽的自动调整，有效地保障了网络的稳定性和可靠性。

WiFi 网络已经成为运用较为广泛的短距离无线网络传输技术，通过 WiFi 网络结构中的几个结构：站点、基本服务单元、分配系统、接入点和关口，能够将个人计算机和手机等能无线接收信号的设备通过无线方式进行连接，可以让人们及时相隔很远也可以互相通信，而且随着网络技术的不断发展，网络传输速度越来越快，也越来越有效率。

WiFi 网络因其传输速度非常快和覆盖范围广的特点被广泛地运用到社会的多个领域中，无论是在办公场所、商场、酒店、机场、休闲会所还是在车站、图书馆、超市、餐馆等人员密集的领域都会使用到 WiFi，随着 WiFi 网络技术的不断发展，很多家庭都可以使用 WiFi 网络。因为 WiFi 网络技术的不断发展，各个领域的人群可以通过无线网络进行远程无阻碍的交流，让社会的各种活动能够有序有效地进行。

二、WiFi 技术的网络结构

无线局域网的组建和有线局域网的组建过程一样，也需要有确定的拓扑结构。WiFi 的无线网络拓扑结构主要有两种，一种是 Infrastructure 拓扑结构，一种是 Ad-Hoc 拓扑结构。

1. Infrastructure 拓扑结构

Infrastructure 拓扑结构主要是通过增加无线接入访问点形成网络全覆盖，实际上是整合了有线和无线局域网网络架构的应用模式，也是应用最广的无线通信模式。每个无线接入点就相当于有线网络中的交换机或集线器，起到信号转发的作用。

图 3-5 就是一个企业的有线网络网，通过添加无线路由器实现无线网络覆盖的模型，从而实现了有线网络和无线网络在 Internet 访问上的整合。

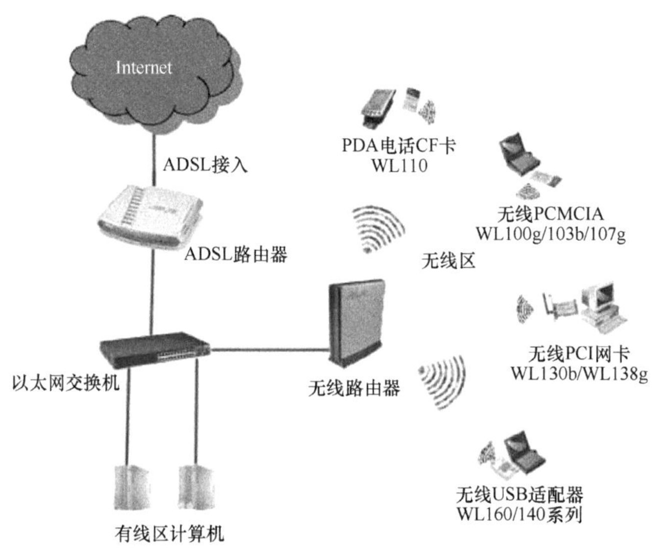

图 3-5　企业有线网络图

2. Ad-Hoc 拓扑结构

Ad-Hoc 就是一种点对点的结构。在无线通信领域，是将各通信终端都安装上无线网卡，其中有一台连接到 Internet，其他设备之间就可无线连接上，来共享带宽，实现了资源共享。此种结构连接比较简单，如图 3-6 所示。

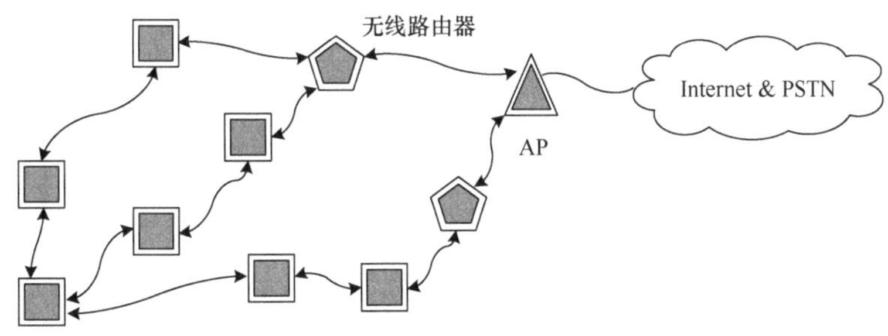

图 3-6　Ad-Hoc 拓扑结构图

三、WiFi 技术的特点

（一）优点

1. 无线电波的覆盖范围广

WiFi 的半径可达100m，适合办公室及单位楼层内部使用。而蓝牙技术只能覆盖10m 内。

2. 速度快，可靠性高

802.11b 无线网络规范是 IEEE 802.11 网络规范的变种，最高带宽为 11Mbps，在信号较弱或有干扰的情况下，带宽可调整为 5.5Mbps、2Mbps 和 1Mbps，带宽的自动调整，有效地保障了网络的稳定性和可靠性。

3. 无须布线

WiFi 最主要的优势在于不需要布线，可以不受布线条件的限制，因此非常适合移动办公用户的需要，具有广阔的市场前景。目前它已经从传统的医疗保健、库存控制和管理服务等特殊行业向更多行业拓展开来，并且开始进入家庭及教育机构等领域。

4. 健康安全

IEEE 802.11 规定的发射功率不可超过 100mW，实际发射功率为 60～70mW，手机的发射功率为 200mW 至 1W 间，手持式对讲机高达 5W，而且无线网络使用方式并非像手机直接接触人体，是绝对安全的。

（二）不足之处

目前使用的 IP 无线网络，存在一些不足之处，如带宽不高、覆盖半径小、切换时间长等，使得其不能很好地支持移动网络电话（VoIP）等实时性要求高的应用；并且无线网络系统对上层业务开发不开放，使得适合 IP 移动环境的业务难以开发。此前定位于家庭用户的 WLAN 产品在很多地方不能满足运营商在网络运营、维护上的要求。

四、WiFi 网络关键技术

WiFi 网络技术因为有着高宽带、广覆盖、密接入、易穿透、高稳定和易兼容六大特点被广泛地运用到人们的日常生活中，维持着社会活动秩序的稳定发展，随着社会的不断发展，人们对 WiFi 网络技术的需求也越来越高，而对 WiFi 网络关键技术的探讨是网络技术研究者急需解决的问题之一，只有详细地了解了 WiFi 网络的关键技术才能够有针对性地提高技术水平，推进 WiFi 网络的发展。

WiFi 网络关键技术的核心是多进多出（MIMO），相比较原先的单天线运行情况不同的是利用多天线传输将串行映射为并行，各天线是自主运行，对接收到的信息进行独立处理，避免信息之间出现紊乱现象，当各天线将信息处理完毕后便用各自的调制方式发送电波，并且各天线都配用各自的解调方式来接收电波，MIMO 技术的运用能够使信息通道在接收到所有信息之后能够快速有效地进行信息的处理，并且通过并行空间信道独立传输信息，大大地提高了信息处理和传输的速率。

WiFi 网络关键技术中的 OFDM（正交频分复用）技术，能够将信道分成多个进行窄频调制和传输正交子信道，并且使每个子信道上的信号频宽小于信道的相关频宽。通过 OFDM 把高速数据流进行串并交换，以此形成传输速率相对较低的若干个并行数据流，然后分别在不同的子信道中传输，OFDM 技术的使用能够提高频谱的利用率，减少各子载波之间的干扰。

WiFi 网络关键技术除了 MIMO 技术和 OFDM 技术之外，还有能够提高系统纠错能力使接收端能够恢复原始信息的前向纠错（FEC）技术，为了避免信息符号在通过多条路径传递中可能出现碰撞导致符号间干扰（ISI）干扰情况的保护间隔（GI）技术，提高所用频谱的宽度，可以最为直接地提高吞吐的 40MHz 绑定技术和能够保证数据传输可靠性的块确认技术。

第四节　ZigBee 技术

一、ZigBee 技术简介

在自然界，当蜜蜂发现花丛时会以 ZigZag 舞蹈的形式向同伴传递食物源信息。ZigBee 一词就源于蜜蜂的这种特殊的通信方式，是一种短程、低速、低成本、低耗电的无线通信技术。

随着无线网络的普及及技术的更新，越来越多的无线数字产品应运而生，用于对声音、视频等信号进行无线传输的协议标准也越来越完善。然而，传感和控制设备在无线网络中对信息和数据的传递却没有一个完善的协议标准。传感和控制设备之间的信息传递对带宽的要求不高，却严格要求设备的反应时间，希望在更短的时间内实现数据互传并且消耗较低的能量、可将设备分布在较大的面积上。现有的许多通信协议都无法更好地实现无线传感器网络中的数据通信，应此要求，ZigBee 以绝对优势解决了传感和控制设备在无线网络中的数据通信问题。

ZigBee 技术可以看作是对 IEEE 802.15.4 标准的创新与发展。作为一种新型无线数据交互协议，IEEE 802.15.4 是 IEEE 提出的低层次个人区域网络标准（network area personal）。该标准主要实现了数据交互的物理层与访问层的规范化定义。物理层标准的主要内容是对无线区域网络的数据信息交互所使用的频率范围及基准速率的规定，访问层标准则是对同频段不同设备的无线信号识别与分享规则的定义。需要指出的是，物理层与访问层的规范定义，并不能保证设备互联、数据交互时的兼容需求，导致了无线通信的兼容困难。而解决这一问题，正是国际 ZigBee 联盟成立的意义所在。从 2001 年 8 月开始，制定和推广基于 IEEE 802.15.4 标准的 ZigBee 标准化协议，成为众多设备厂商的共同任务，为不同品牌设备的互联与数据交互创建了良好的兼容基础。ZigBee 联盟定义了通信的网络层和应用层，为组建无线网络、实现信息的安全传递提供了解决方案，并为通信设备的兼容性提供认证，保障设备的兼容合作。国际知名企业摩托罗拉、飞利浦、Invensys 公司等均是该联盟的主要成员，迄今为止，加入联盟的企业已超过 200 家并且规模日益壮大。国内的一些知名企业也是该联盟的成员。

IEEE 802.15.4 协议规定，ZigBee 通信方式包含 2.4GHz、868MHz 和 915MHz 三个工作频段，不同频段具有不同数目的信道。而且由于频段间隔较大，所以在不同频段进行数据传输时采用不同的传输速率和调制方式。例如，在 2.4GHz 频段，数据以 250kbps 的速率进行传输，而在 868MHz 和 915MHz 频段上数据的传输速率则分别为 20kbps 和 40kbps。在通信速率方面，ZigBee 网络明显低于蓝牙设备。不过在网络规模方面，由于采用 mesh 型网络结构而比蓝牙设备要大得多。

综合来看，ZigBee 设备具备成本低、时延短、功耗低，而可靠性、安全性、网络容量高等优点。在传感控制领域，ZigBee 网络在带宽、成本、功耗等方面又有其他通信协议无法超越的优势。因此，以 ZigBee 作为核心通信协议以实现家电远程控制是可行的并且是网络构建的优选。

二、ZigBee 技术的网络结构

ZigBee 网络拓扑结构如图 3-7 所示有三种，分别是星形、网状和混合状。ZigBee网络以星形拓扑结构来组网，采用这种结构组网能够降低网络设备的成本，并延长系统电池寿命。但星形拓扑结构有其不足之处，网络覆盖面积受到很大的限制，同时信息的传输可靠性无法得到有效保障。此外，星形拓扑结构大多存在于网络的中心，这就导致系统网络节点处容易出现故障，致使网络节点与中心点之间的通信出现不稳定情况。

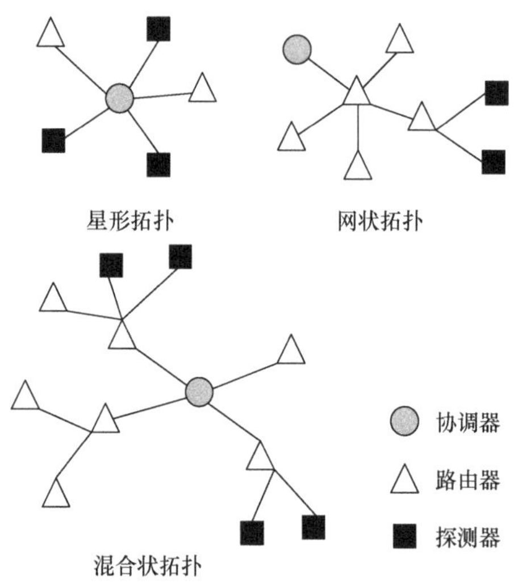

图 3-7　ZigBee 网络拓扑结构

ZigBee 的网状拓扑结构的升级在很大程度上解决了星形拓扑结构的不足之处，实现了大范围、大规模的数据通信，并提高了数据传输的可靠性。但同时这种升级后的网状拓扑结构也使得系统变得更为复杂，电池的使用寿命大大缩短。

结合星形和网状拓扑结构的优点设计了混合状拓扑结构，既能够实现较高可靠性、较广覆盖面积的数据通信又便于对网络进行集中管理，此种结构使得 ZigBee 的网络结构能够实现高效安全灵活的数据传输。

ZigBee 网络的应用节点有两种，一种是能够实现路由功能的全功能设备（FFD）。FFD 在网络中以电力网作为其能源并且不能休眠，需设置在常开状态。

另一种是简化功能设备（RFD），RFD 在使用时可以以电池作为能源也可靠电力网供电，供电方式灵活，但是 RFD 不能提供路由服务。在 ZigBee 网络中能够提供路由功能的设备均是全功能设备，如网络协调器和路由器。

三、ZigBee 技术的特点

ZigBee 技术的主要特点有以下六个方面。

1. 功耗低

ZigBee 设备具有特殊的电源管理模式，网络中的节点工作周期很短，大部分时间处于休眠模式，不必为了维持网络而连续工作，所以 ZigBee 节点功耗很低。普通温度传感器节点 1h 只需要发送一次数据，除非湿度出现急剧变化；照明控制节点一天工作 6～10 次，或者次数更少，所以 ZigBee 设备非常省电。据统计，正常情况下，仅用两节五号电池，ZigBee 设备工作时间可以长达 5 年之久，一般电池的储藏寿命也不过如此，并不是因为 ZigBee 设备不耗电，而是得益于节点特殊的工作模式。这种工作模式避免了频繁更换电池或充电，从而减轻了网络维护的负担。

2. 数据传输可靠

数据传输的不可靠性是无线通信技术固有的通病，如移动电话会出现通话中断和信号不佳等现象。这是因为无线电波在传输的过程中会遭到金属、水或混凝土墙壁等物质的阻隔，以及其他复杂因素如天线设计、功率放大甚至天气状况的影响。ZigBee 联盟充分意识到这一点，所以为了确保数据传输可靠提出了很多规范：采用了可靠性高的短距离无线传输标准 IEEE 802.15.4，结合使用正交相移键控（0-QPSK）和扩展频谱（DSSS）技术，在低信噪比环境下也能保证良好的数据传输；使用带冲突检测的载波监听多路访问（CSMA-CA）技术，节点发送数据前先检测信道是否空闲，避免数据冲突；使用 16 位循环冗余校验（CRC 校验）确保数据传输正确；利用 ZigBee 网络确定数据最佳传输路径，每个数据包发送完毕后都必须等待接收节点的确认信息，保证数据包发送成功。

3. 安全性

为了确保网络通信的安全性，ZigBee 使用了美国国家标准与技术研究院（NIST）推出的高级加密标准 AES-128。AES-128 是全球著名的加密和解密技术，采用分组加密的协议标准，安全性能极高。ZigBee 同时使用了 AES-128 加密和鉴别技术，既能确保 ZigBee 网络之外节点无法识别数据，同时又能对侵入的数据真伪进行识别，保证了网络通信的安全性。ZigBee 联盟使用 AES-128 标准不仅因为它是全球公认可靠的标准，还在于它支持 8 位处理器和免专利费使用。

4. 低速率

ZigBee 射频采用 IEEE 802.15.4 收发标准，工作在 2.4GHz 频率上，理论传输速率可达 250kbps。2.4GHz 波段是一个公用波段，WiFi、Bluetooth 甚至微波炉等都工作在这个频段，为了多种技术合理使用这个波段，就必须降低 ZigBee 传输速率。加之实际运行时，由于等待确认、加密解密和信道冲突检测等因素，实际 ZigBee 数据传输速率一般在 25kbps 左右。ZigBee 技术适用于低速率无线传输领域。

5. 公开兼容性

ZigBee 技术是公开的，很多公司网站都可下载到开发环境，如美国的飞思卡尔和德州仪器、欧洲的意法半导体及日本的瑞萨电子。ZigBee 技术具有兼容性，ZigBee 联盟旨在让所有的 ZigBee 芯片产品都可进行交互，所以在协议和应用层面上都作出了规范，力争实现 ZigBee 技术的兼容。

6. 实现成本低

ZigBee 模块进入市场时的成本大约为 3 美元，随着更多的芯片生产商不断推出新的产品，价格会不断降低，最终目标价格仅为几美分。ZigBee 技术低成本的另外一个原因在于 ZigBee 联盟采用了许多免专利费的技术，如 AES-128 加密、无线自组网按需平面距离向量路由协议（AODV）等。目前美国 TI 公司生产的 ZigBee 芯片体积为 6mm×6mm，且配套的开发协议栈对用户完全开源免费。随着半导体集成技术的发展，ZigBee 芯片的体积将会变得更小，成本也会降得更低。

四、ZigBee 数据传输技术

ZigBee 网络中数据的传输方式是与网络的拓扑结构相关的，不同的网络结构所采用的传输方式也不相同。在 ZigBee 技术中存在三种数据传输模式：第一种是数据从设备传输到协调器；第二种是数据从协调器传输到设备；第三种是数据传输在两个对等的设备之间进行。在星形结构网络中，只有第一种和第二种这两种数据传输模式，因为数据的交换只能够在协调器和设备之间进行；而在树簇型网络结构和网格型网络结构中，由于设备之间可以交换数据，所以它们有三种数据传输模式。

网络是否支持信标传输决定了它的传输类型，信标在网络中用于设备之间的同步、区分和描述超帧结构。任何设备想要在两个信标之间的竞争接入期内进行通信，就必须与其他设备采用时隙免冲突载波检测多路接入机制进行竞争，所有的处理都必须在下一个网络信标到达之前完成。

（1）设备向协调器传输数据。在使用信标的网络中，当设备传输数据给协调器时，它首先要监听网络信标。在监听到信标后，设备就与超帧结构保持同步。

然后在适当的时候，设备采用 CSMA-CA 机制向协调器发送数据帧。协调器成功接收到以后，就可以发送一个可选的应答帧作为应答，整个过程的完成如图 3-8 所示。在非信标的网络中传输数据时，它采用非时隙 CSMA-CA 接入机制向协调器发送数据。协调器接收成功后，也会发送一个可选的应答帧作为应答，整个过程的完成如图 3-9 所示。

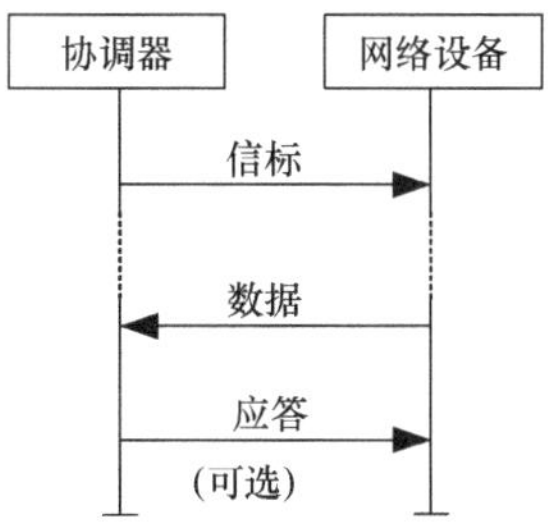

图 3-8　使用信标的通信（设备到协调器）

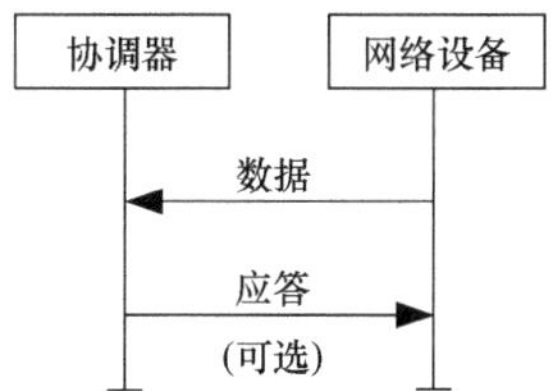

图 3-9　非信标的通信（设备到协调器）

（2）协调器向设备传输数据。在使用信标的网络中，当协调器向其他设备发送数据时，就先发送信标帧以表明有待发送的数据。设备周期性地监听网络信标，当有消息发送时，设备就采用时隙 CSMA-CA 机制传输 MAC 子层数据请求命令。协调器通过发送可选的应答帧给予应答，表示已经接受 MAC 子层请求命令。然后，协调器使用时隙 CSMA-CA 接入机制发送数据帧。在设备成功接收到数据后，又发送应答帧给予确认，整个过程的完成如图 3-10 所示。

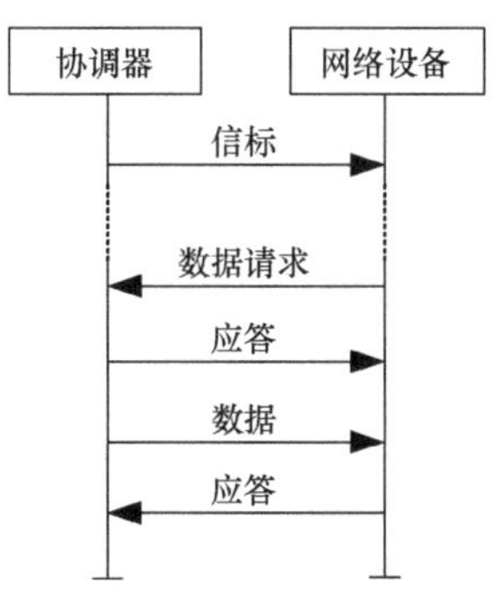

图 3-10　使用信标的通信（协调器到设备）

在非信标的网络中，协调器向设备传输数据时，它要为适当的设备存储数据，用以连接并且发送请求命令。设备使用非时隙 CSMA-CA 接入机制，并以定义的速率发送 MAC 子层请求命令来连接协调器。协调器通过发送应答帧以确认成功接收请求命令。当有待发送的数据时，协调器使用时隙 CSMA-CA 接入机制向设备发送该数据。倘若没有数据需要发送，则协调器就发送一个净载荷长度为零的数据帧以表示没有数据发送。设备接收到数据后，发送应答帧给予确认，整个过程的完成如图 3-11 所示。

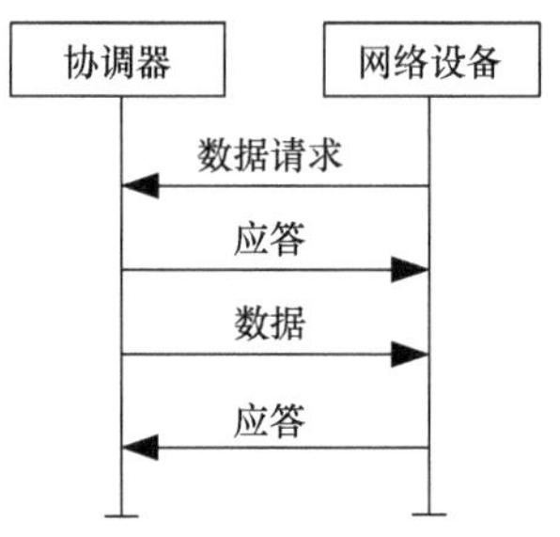

图 3-11　非信标的通信（协调器到设备）

（3）对等设备间数据的传输。在一个对等的 PAN 网络中，每个设备都可以在其射频范围内与其他的对等设备通信。每个设备节点必须一直保持它们的接收器为开启状态或者在同一个时间段内开启它们的接收器，设备就可以发送数据帧而且数据帧会被其他的设备节点接收到。

第五节　窄带物联网技术

一、窄带物联网简介

窄带物联网技术是一种面向长距离、低速率、低功耗、多终端业务的物联网技术，它具有低功耗、低成本、广覆盖、强连接等优势，全面超越其他技术，是一种最适合长距离、多终端物联网业务的通信技术。关于物联网标准的发展历程，国内最早是华为推进的。华为于 2014 年 5 月提出了窄带技术 NBM2M；随后于翌年的 5 月融合 NBOFDMA 形成了 NB-CIOT；紧接着 7 月，NB-LTE 与 NB-CIOT 进一步融合形成 NB-IoT；2016 年 6 月 NB-IoT 标准核心协议的冻结，成为通信行业最大的热点。标准的冻结标志着标准化工作的完成，也预示着窄带物联网技术即将进入规模化商用阶段，物联网产业发展蓄势待发。NB-IoT 的商用也将构建全球最大的蜂窝物联网生态系统。企业通过参与该技术标准的制定，不仅推动了技术发展，引领了产业进步，更重要的是企业自身掌握了行业核心技术，取得了发展主动权。

传统的无线网络对物联网业务未进行专门设计和优化，因此无线传播功耗较大，成本较高，并不适用于大连接、低速率、低功耗、低成本的物联网业务场景。针对物联网的业务特点，NB-IoT 为网络层提供了新的解决方案。

NB-IoT 属于物联网的一种，其端到端系统架构如图 3-12 所示。感知层的 NB-IoT 终端通过 Uu 空口连接到网络层 E-nodeB 基站。NB-IoT 基站负责接入处理、小区管理等相关功能，通过 MI 接口与 IoT 控制器进行连接。IoT 控制器负责与终端非接入层交互的功能，并将 IoT 业务相关数据转发到 IoT 平台进行处理。IoT 平台汇聚各种接入网得到的 IoT 数据，根据不同类型转发至相应的应用层。业务应用是 IoT 数据的最终汇聚点，根据客户的需求进行数据处理等操作。

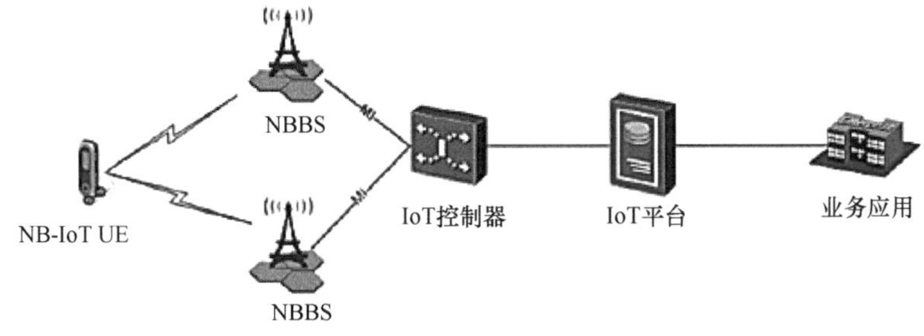

图 3-12　NB-IoT 网络架构

在覆盖方面，NB-IoT 对覆盖广度及深度提出了新的挑战。干扰方面，因频段资源分配等问题，频带资源采用独立（stand-alone）部署。保护带（guard-band）部署和带内（in-band）部署仍存在争议。部署方式方面，由于 NB-IoT 定义了有限的移动性，对于低速率、低频次数据传输，通信网需改造邻区参数等，以提升系统稳定性。

总之，NB-IoT 的出现为物联网提供了新的发展机遇，但对现有的无线通信网络在数据传输的覆盖范围、稳定及管理等方面提出了更高要求。

二、窄带物联网的网络架构

NB-IoT 的网络架构和 4G 网络架构基本一致，但针对 NB-IoT 优化流程，在架构上面也有所增强。图 3-13 描述了 NB-IoT 网络的总体架构。在 NB-IoT 的网络架构中，包括 NB-IoT 终端、E-UTRAN 基站（e-NodeB）、归属用户签约服务器（HSS）、移动性管理实体（MME）、服务网关（SGW）和 PDN 网关（PGW）。计费和策略控制功能（PCRF）在 NB-IoT 架构中并不是必需的。为了支持 MTC、NB-IoT 而引入的网元也不是必需的，包括服务能力开发单元（SCEF）、第三方服务能力服务器（SCS）和第三方应用服务器（AS）。其中，SCEF 也经常被称为能力开放平台。

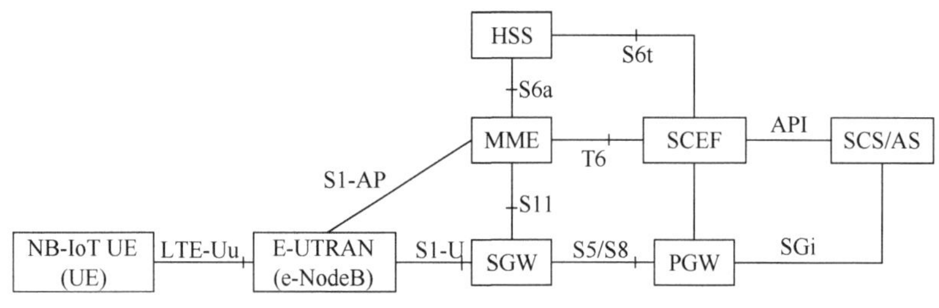

图 3-13 NB-IoT 网络总体架构

在架构上，与传统 4G 相比，NB-IoT 网络主要增加了业务能力开放单元（SCEF）及支持控制面优化方案和非 IP 数据传输，对应地，引入了新的接口：MME 和 SCEF 之间的 T6 接口、HSS 和 SCEF 之间的 S6t 接口。

三、窄带物联网的特点

针对物联网传输的低速率、宽覆盖、大连接、生命周期长等特点，第三代合作伙伴计划（3GPP）组织专门针对物联网发布了窄带物联网标准，即 Rel-13。相对于其他标准，窄带物联网主要有以下几个特点。

（1）覆盖广。对于室内传输，将提供更高的增益，与现有技术相比，在同样的频带条件下，窄带物联网将提供比现有技术高 20dB 的增益，这样可以使得窄带物联网的覆盖范围扩大 100 倍。

（2）支持大连接。在特殊情况下，一个 LTE 小区可以支持数百万个 IoT 设备，核心网络容量的增加主要得益于软件的升级、信号的优化和高容量平台的使用。

（3）低成本设备。通过降低峰值速率、存储需求和设备的复杂性来降低模块的综合成本。

（4）提高电池寿命。在省电模式电池寿命最长可达 10 年，这些特征使得设备可以只在有需要时才连接网络，在其他时间可以处于睡眠或休眠状态，大大节约维护的成本，甚至可以做到终身无须更换电源。这在未来的一些应用场景特别是传感器数量十分巨大时是非常有必要的。

四、窄带物联网的关键技术

1. 网络部署模式

现阶段的 NB-IoT 主要支持 FDD 传输模式，系统带宽为 200kHz，传输宽带为 180kHz，对于运营商来说，NB-IoT 支持三种网络部署模式，即保护带（guard-band）部署、独立（stand-alone）部署、LTE 带内（in-band）部署。保护带部署是将 NB-IoT

网络部署在 LTE 频谱边缘的保护频段，使用较弱的信号强度，可以最大化地利用频谱资源。独立部署是将 NB-IoT 网络部署在传统的 2G 频谱或其他离散频谱，利用现网的空闲频谱或新的频谱，不与现网 LTE 网络形成干扰。带内部署是将 NB-IoT 网络部署在 LTE 带内的一个 PRB 资源，作为 NB-IoT 的工作载波，通常选择在低频段上（如 700MHz、800MHz、900MHz 等）。三种部署模式的设计具有一致性原则，但保护带部署和带内部署需要特别考虑对 LTE 系统的兼容性，如干扰规避、射频指标等。其中保护带部署没有占用频谱资源，不过由于设备具有复杂性，射频指标最严格，系统性能与 LTE 带内部署模式比较类似，所以产业发展进程呈现缓慢的态势，现阶段只有少数个别设备与终端芯片厂商支持，存在部分设备与终端芯片无支持计划的现象。

2. 传输方式

NB-IoT 主要支持下行 OFDMA 接入，频域每个载波包括一个 PRB，子载波的间隔为 15kHz，CP 的长度和别的技术传输要求一样。上行采用 SC-FDMA 接入技术，包含单子载波与多子载波两种传输方式。

单子载波支持 3.75kHz 与 15kHz 的子载波间隔，其中，对 15kHz 子载波间隔，定义了 12 个连续子载波；而对 3.75kHz 子载波间隔则定义了 48 个连续的子载波。多子载波传输方式支持 15kHz 间隔，并定义了 12 个连续子载波，可分为 3 个组合、6 个组合或者 12 个组合。由于功率谱密度比较高，所以相同的 TBS 情况下，3.75kHz 比 15kHz 的覆盖能力更大。NPRACH 必须采用 3.75kHz 的单子载波传输方式，因此现阶段大部分设备在上行主要采用 3.75kHz 的单子载波传输方式。根据终端信号质量可以进行适应性选择，通过 15kHz 单子载波与多子载波方式的引入，下行业务信道传输最小调度单位是 RB，上行则为 RU。

3. 帧结构

NB-IoT Rel-13 仅支持 FDD 帧结构类型，一个 NB-IoT 载波相当于 LTE 系统中的一个 PRB 占用的带宽，下行方向子载波间隔固定为 15kHz，由 12 个连续的子载波组成。当子载波间隔为 15kHz 时，上行和下行都支持 E-Utran 无线帧结构 1（FS1）；当子载波间隔为 3.75kHz 时，上行通道定义了一种新的帧结构，由 5 个时隙（每个时隙 2ms）组成一个 10ms 的无线帧。

4. MIMO 技术

NB-IoT 下行主要支持两种 MIMO 模式，即单天线端口传输及双天线端口发射分集，而上行则仅支持单天线端口一种 MIMO 模式。

5. 半静态链路自适应

NB-IoT 现阶段的目标业务大多都是小分组传输，缺少提供长时间与连续信道质量变化的条件，所以 NB-IoT 并没有设计自适应动态链路，主要通过设计集中覆盖等级，根据终端覆盖等级来选取传输调制编码方式与重复次数，进而实现一种半静态链路自适应模式。主要包括常规覆盖、增强覆盖及极远覆盖三种覆盖等级，相应的链路损耗分别为 144dB、154dB、164dB，结构图如图 3-14 所示。

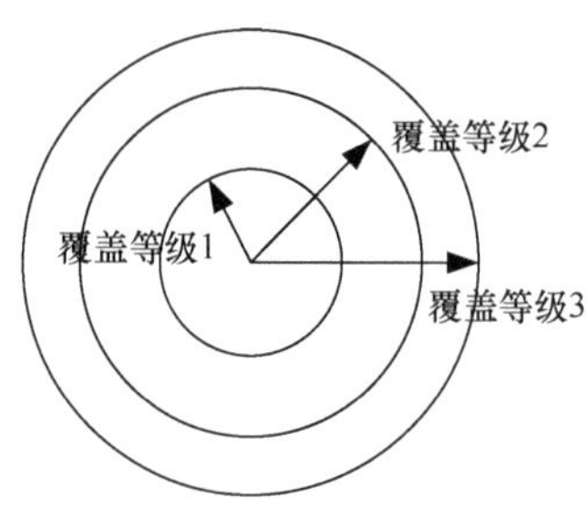

图 3-14　NB-IoT 的三种覆盖等级

6. 数据重传

NB-IoT 所采用的数据重传方式具有时间分集增益效果，通过采用低阶调制方式来提升解调性能与覆盖性能，实现信道的全面重复发送功能。根据 3GPP 规定，所有信道支持的重复传输次数与对应的调制方式如表 3-1 所示。

表 3-1　信道重复传输次数与调制方式

物理信道	重复次数	调制方式
下行 NPBCH 广播信道	64	QPSK
下行 NPDCCH 控制信道	1，2，4，8，16…，2048	QPSK
下行 NPDSCH 共享信道	1，2，4，8，16…，2048	QPSK
上行 NPRACH 接入信道	1，2，4，8，32，64，128	—
上行 NPUSCH 共享信道	1，2，4，8，32，64，128	π/4- QPSK

注：“—”表示无对应的调制方式

7. NB-IoT 覆盖增强技术

NB-IoT 采用符号扩频技术，下行 4 倍符号级与 8 倍 burst 提升 15dB 增益，上行 16 倍提升 12dB 增益。具有更高的编码增益与低移动性，其中上行采用 Turbo 码相比 GSM 的卷积码具有更高的编码增益，采用较低的调制解调方式降低信噪比，获得较高增益。NB-IoT 没有切换支持，一般为静止与低速状态，通过 burst 重复编码获得较高的增益，提高功率谱密度。

参 考 文 献

邓永红. 2005. 详解蓝牙技术[J]. 有线电视技术, 5: 6-11, 110.
符鹤, 周忠华, 彭智朝. 2006. 蓝牙技术的原理及其应用[J]. 微型电脑应用, 22(7): 60-61.
侯海风. 2017. NB-IoT 关键技术及应用前景[J]. 通讯世界, 7: 1-2.
江施雨. 2012. WIFI 技术研究[J]. 黑龙江科技信息, 4: 109.
瞿华香, 赵萍, 陈桂鹏, 等. 2014. 基于无线传感器网络的精准农业研究进展[J]. 中国农学通报, 30(33): 268-272.
李红, 郭大群. 2013. WiFi 技术的优势与发展前景分析[J]. 电脑知识与技术, 9(5): 996-997.
李鹏飞. 2017. 窄带物联网技术要点研究[J]. 通讯世界, 3: 60-61.
李扬. 2010. WiFi 技术原理及应用研究[J]. 科技信息, 2: 241.
刘毅, 孔建坤, 牛海涛, 等. 2016. 窄带物联网技术探讨[J]. 通信技术, 49(12): 1671-1675.
罗辑, 高家利, 秦正. 2006. 蓝牙技术的应用现状及发展趋势[J]. 四川兵工学报, 3: 36-37, 43.
祁家榕, 张昌伟, 郭永安. 2017. 窄带物联网应用浅析[J]. 微型机与应用, 36(13): 10-12.
苏雄生. 2017. NB-IoT 技术与应用展望[J]. 电信快报, 5: 6-8.
孙宇, 王振宇. 2017. WiFi 网络关键技术及应用前景的研究[J]. 中国新通信, 6: 24.
邢宇龙, 胡云. 2017. 窄带物联网部署策略[J]. 信息通信技术, 2: 33-39.
赵娜. 2015. 无线传感器网络研究现状及应用[J]. 电脑与电信, 4: 47-49, 65.

第四章　大田信息采集系统

随着信息化产业在农业生产中应用的逐步深入，对农业环境信息的获取也提出了更高的要求。但是农业具有对象多样、地域广阔、偏僻分散、远离都市社区、通信条件落后等特点，在绝大多数的情况下，农业试验观测现场经常无人值守，导致信息获取非常困难，所以，物联网技术的产生给这些问题的解决带来了曙光。

本章以大田信息采集为对象，提出了农田信息采集中所用到的重点技术，对基于物联网的大田信息采集系统进行了详细设计，最后通过应用对系统进行了验证。

第一节　大田信息采集系统的关键技术与实现

一、ZigBee 网络管理软件设计技术

考虑到程序的开发周期和可读性，RFD 与 FFD 之间的通信采用了专用的开发工具 Jennic 套件，可以方便构建 ZigBee 网络平台，有效降低了开发的难度和成本，同时增加了系统的稳定性。系统代码采用 C 语言开发，C 语言不仅有利于软件代码的可读性，适合于编写规模比较大、结构比较复杂的程序，而且由于其兼备汇编语言的大多数功能，也能满足对硬件功能的调用和控制，大大缩短了开发周期。

因此，编程时多数代码均使用 C 语言。本系统设计中，每个传感器的电压值由 2 个字节构成并按照先低后高排列，这样可以满足数据的测量范围。把采集到的电压值以数据包的形式发送到汇聚节点。实现数据采集传输的具体流程如图 4-1 所示。具体定义的发送、接收数据格式如下。

输入：aa 00 42 00 00 00 00 00 00 00 00 00 00 00 00 f9 53 bb

输出：从第 3 位到倒数第 4 位显示从设备在线情况。

扫描显示：

输入：aa 01 43 00 00 00 00 00 00 00 00 00 00 00 00 06 11 bb

输出：第 7 位为信号强度，第 8～31 位为 AI 数据。

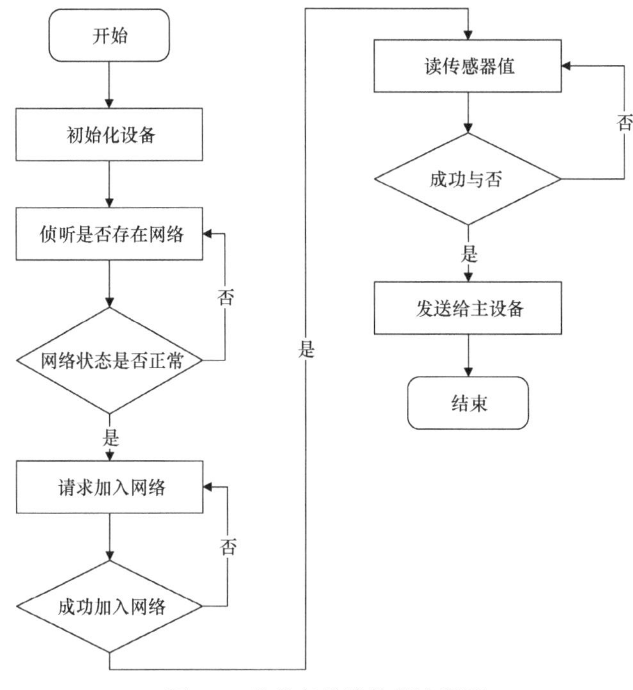

图 4-1　从设备传输数据流程图

每个 ZigBee 主设备可以和 2～4 个从设备进行通信，每个从设备可以最多连接 16 个传感器，完全满足农田信息采集的数据类型要求，从设备将采集到的数据传输给主设备，主设备在汇总了从设备的数据后将其传送给 ARM 板，由 ARM 板将数据转换成二进制格式发送给服务器进行发布。主设备的数据传输流程如图 4-2 所示。

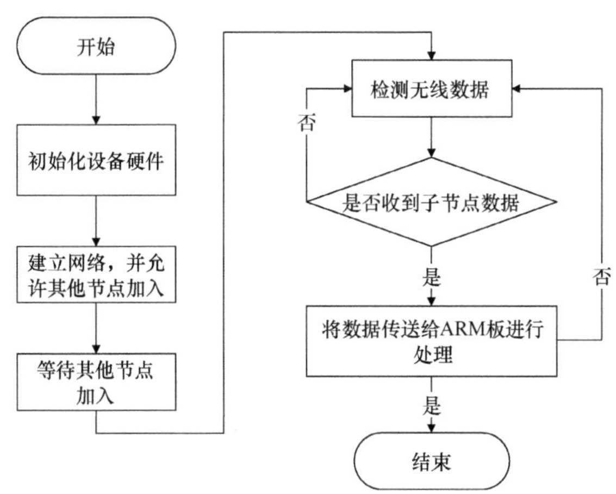

图 4-2　主设备传输数据流程图

二、基于 ZigBee 的农田信息采集系统

本系统采用基于 ZigBee 无线传感器网络节点硬件设计，传感器网络节点使用了 Jennic 的 JN5139 芯片。这种芯片具有功耗低、成本低的优点。它集成了 32 位 RISC（Reduced instruction set computer，精简指令集计算机）处理器、全兼容的 2.4GHz IEEE 802.15.4 无线收发器、96kB RAM、192kB ROM 及各种模拟和数字外部设备。同时采用专用的 Jennic 开发工具，可以快速构建 ZigBee 网络平台，易于集成到产品中，最小化产品开发周期，极大地降低了系统开发的难度和成本，可以使开发者在较短的时间内开发出稳定、专用的应用程序。同时对于大规模产品可提供预装程序服务应用，使用非常方便。如图 4-3 所示，为 JN5139 的系统框图。

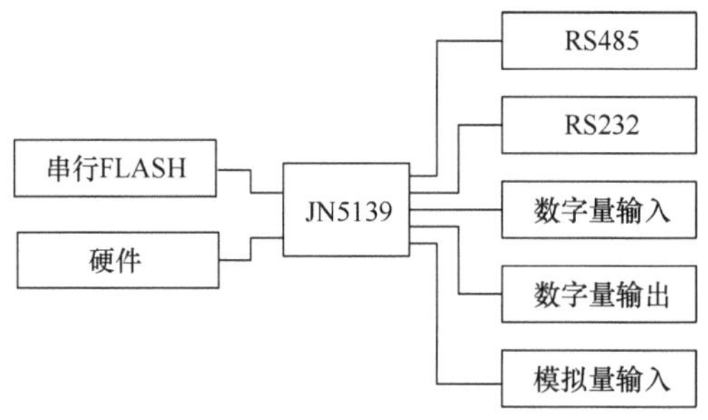

图 4-3 JN5139 系统框图

无线传感器网络采用了星形拓扑结构设计。其中，主节点采用的物理设备为全功能设备（full function device，FFD），称为主设备，起到网络汇聚节点的作用。承担网络协调者的功能，可通过软件设计与网络中任何类型的设备进行通信。从节点采用简化功能设备（reduced function device，RFD），称为从设备，可以与主节点进行通信。基于 ZigBee 的组网技术主要有树形拓扑、星形拓扑和网状拓扑等模式，考虑到系统目前接入的传感器数量较少、监测范围不大，采用了星形拓扑结构组建网络，不仅算法相对简单而且由于 RFD 内部电路比 FFD 简单，只有很少或没有消耗能量的内存，因此也更利于节约能耗。

目前在本系统设计中，每个 ZigBee 传感器网络节点设计成 4～8 个模拟通道，每个模拟通道可以接一个模拟传感器，可以根据实际应用连接不同类型的传感器，也可根据需要设计成更多的通道。每个传感器节点（从节点）把传感器采集到的数据通过 ZigBee 网络定时发送到主设备（汇聚节点）。主设备与传感器节点之间通过 ZigBee 协议进行无线通信，具有组网灵活、可移动性好、安装使用方便的特点。如图 4-4 所示为星形拓扑结构的 ZigBee 传感器网络示意图。

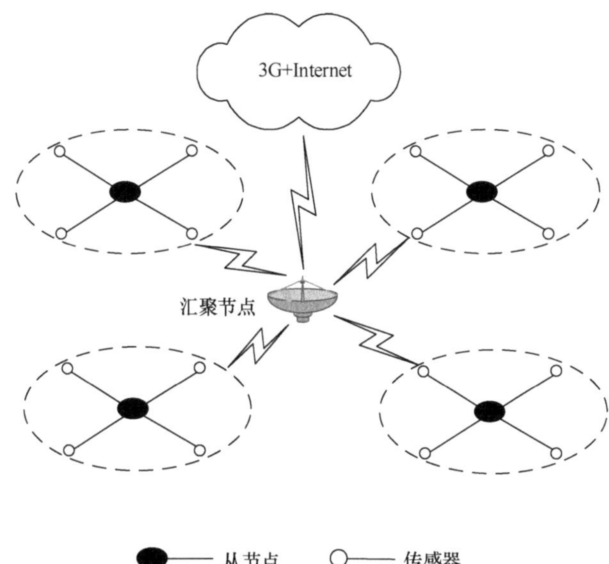

图 4-4　星形拓扑结构的 ZigBee 传感器网络示意图

ZigBee 模块具有 RS232 及 RS485 接口，可用于二次仪表的数据采集。同时可根据用户具体的应用需求与 RS232、RS485、以太网、GPRS 组成系统，并且可以与组态软件通信组成完整的数据采集系统。具体模块功能如下所述。

（1）电源供电范围为 9～36V，具有反接保护功能；

（2）系统耗电低，发送数据时耗电小于 35mA；

（3）输出一路 5V 电源，输出电流 100mA；

（4）具有硬件“看门狗”；

（5）集成 5 路数字量输入，5 路数字量输出，4 路模拟量输入；

（6）具有 RS485 和 RS232 接口；

（7）无线组网，网络中断自动重连。

ZigBee 通过用户采用的串口连接传感器，对传感器数据进行读取，将从节点的数据汇总传送到汇聚节点，以下是 ZigBee 模块的硬件构成。

（1）ZigBee 指示灯。模块提供了三个指示灯，分别为 POW 电源指示灯：灯亮，表示电源工作正常；TX 发送指示灯：闪烁表示正在无线发送数据，网络建立后闪烁；RX 接收指示灯：闪烁表示正在无线接收数据，网络建立且收到主设备数据后闪烁。图 4-5 为指示灯示意图。

（2）数字量输入。ZigBee 模块最多可提供 5 路数字量输入，数字量输入有两种模式：有源和无源。

有源模式：DIP 接 1M，输入电压 VI>1.7V DC：输入信号高电平“1”；输入电压 VI<1.7V DC：输入信号低电平“0”。如图 4-6 所示为数字量输入有源模式电路图。

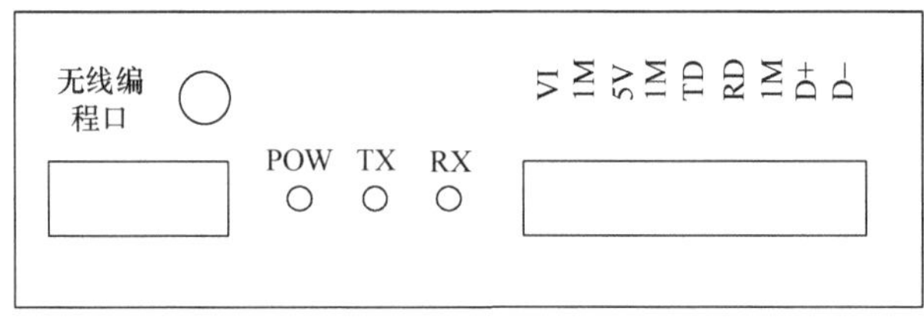

图 4-5 指示灯示意图

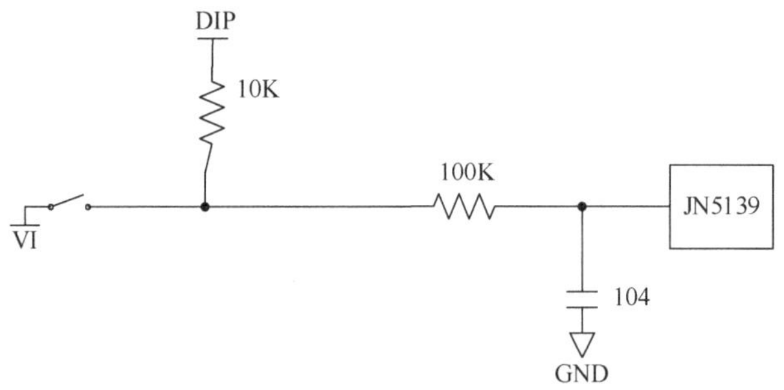

图 4-6 数字量输入有源模式

无源模式：DIP 接 VI，输入信号悬空代表高电平“1”；输入信号接地代表低电平“0”。如图 4-7 所示为数字量输入无源模式电路图。

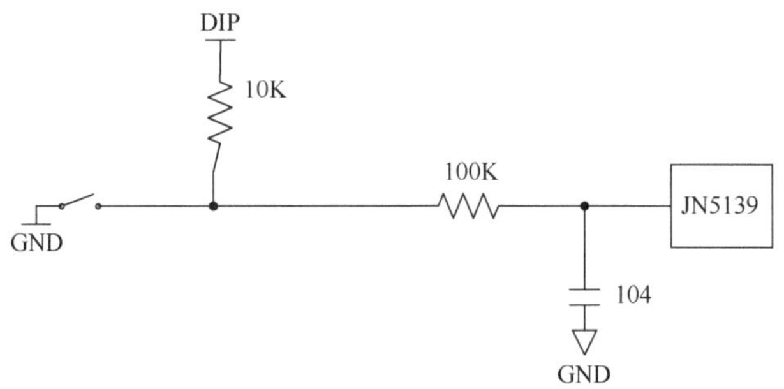

图 4-7 数字量输入无源模式

（3）数字量输出。ZigBee 模块最多可提供 5 路数字量输出。阻性负载最大电流为 0.5A，最大电压 36V，可接感性或者容性负载。如图 4-8 所示为数字量输出电路图。

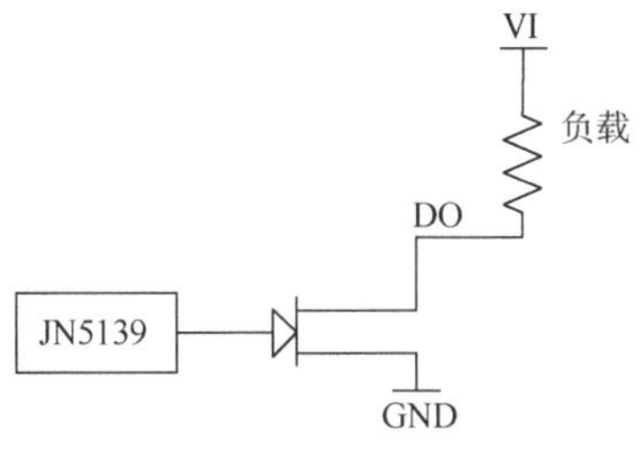

图 4-8　数字量输出

（4）模拟量输入。ZigBee 模块最多可提供 4 路模拟量输入，12bit 精度，4 个通道均可通过接线选择配置为 4～20mA 电流模式或 0～10V 电压模式（用户可以根据实际情况选择合适的采集模式）。模拟量输入为电压模式的接线方式为：模拟量输入的正极接 AIN+，负极 AIN–悬空；而模拟量输入为电流模式的接线方式为：模拟量输入的正极接 AIN+，负极 AIN–接 2M。如图 4-9 所示为模拟量输入电路图。

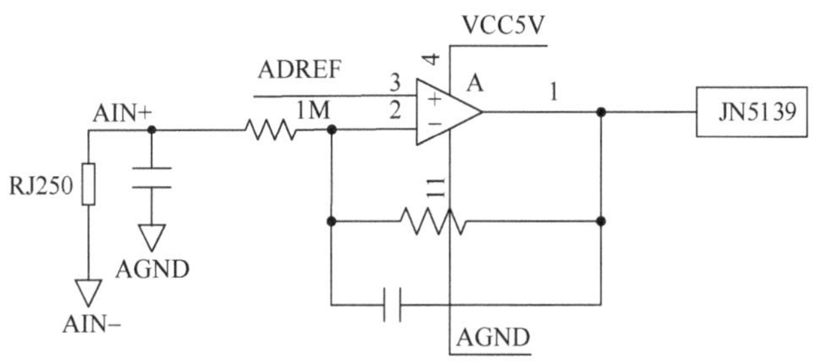

图 4-9　模拟量输入

（5）串行接口。ZigBee 模块提供一个 RS232 接口，可作为 ZigBee 模块的配置口，用 ZigSet 设置软件进行参数设置，也可用于与其他 RS232 设备进行接口通信，通信协议开放了标准的 MODBUS/RTU 协议。RS232 信号输出端子为 Rx、Tx，配置为 RS232 电平。同时提供了一个 RS485 接口，用于与其他 RS485 设备的通信。通信协议开放了标准的 MODBUS/RTU 协议，RS485 信号输出端子为 D+和 D–。

（6）端子排布。根据农田需要采集的数据类型，可以接入空气温度、空气湿度、土壤温度、土壤湿度、土壤养分（N、P、K）、光辐射、CO_2浓度、风速风向、降雨量等用于常规农业环境数据测量的传感器。根据传感器的类型可以将传感器分为电压型与电流型，其接入 ZigBee 模块的方法也不相同，如土壤湿度传感器为 5V 的电压型传感器，有 3 根导线需要连接，一根为电源线接入 5V 的电源端子，一根为信号线接入 ZigBee 模块的 A0+端子，一根为地线接入 ZigBee 模块的 2M 端子。以此类推，不同电压值的传感器接入不同的电源端子，同时信号线按照次序一次接入 ZigBee 模块，不同的是电压型传感器需要接入地线。如图 4-10 所示为 ZigBee 模块的端子排布图。

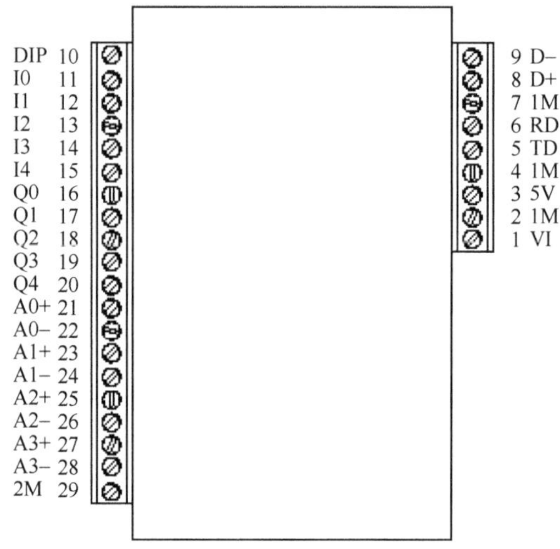

图 4-10 ZigBee 模块的端子排布图

三、断点续传技术

断点续传是指在对文件进行下载或是上传时由于客观原因导致的下载或是上传终止，待故障排除后可以恢复原有的下载或是上传进度继续进行传输的一种技术。由于农田信息采集系统处于户外工作，难免受到自然、人为等因素影响造成系统断电死机等情况，使得已采集到的数据无法发送至服务器，针对这一问题设计断点续传模块使得系统恢复正常运行后，滞后的数据得以正常传送到服务器以确保数据的完整性。模块程序实现的思路为，首先启动数据采集线程，采集 ZigBee 节点各通道传感器的数值，然后将其按一定格式打包成字符串，进行本地存储，并将数据写入核心板 NAND FLASH 下的 cache.txt 文件中，然后数据采集线程退出。数据发送线程运行，从 cache.txt 文件读取一条数据，发送到服务器。如果发送失败，系统会自动重启，发送成功则会继续从 cache.txt 文件中读取下一条数据然后继续发送，当缓存文件中没有数据或者连续发送了 3 条数据时，数据发送系统则会退出（避免网络中断时间太长缓存文件中数据量大时长时间占用 CPU，影响数据采集线程的运行）。如图 4-11 为断点续传模块的流程图。

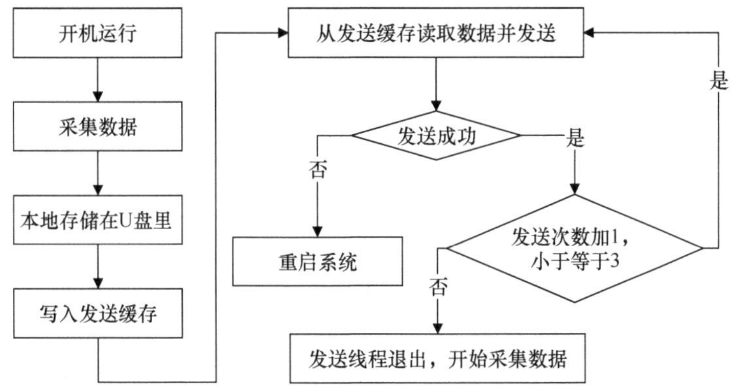

图 4-11　断点续传模块的系统流程图

四、VPN 技术

（一）VPN 技术的概念

VPN（virtual private network，虚拟专用网）是一种在公共数据网络上，为用户提供私有主用网的技术。VPN 技术首先通过加密的通信协议连接到 Internet 上，在位于不同地理位置的两个或多个公司企业内部网之间建立一条专用的通信线路，好比架设了一条专线，但它并不需要真正地去铺设光缆之类的物理线路。按照不同应用环境可分为三大类，说明如下。

Remote Access VPN（具有远程通信访问型的 VPN）：通过服务器与现场路由器或其他网管设备的设置，以以太网为传输渠道，进行数据交换。

Intranet VPN（内联网 VPN）：以 2 个或多个网络终端为节点，建立起来的用以连接多个用户的网络体系。

Extranet VPN（外联网 VPN）：与合作方进行网络互联，相当于彼此之间进行资源共享。

（二）VPN 的实现技术

实现 VPN 需要几项关键技术：隧道技术、加密技术，以及 QoS（quality of service，服务质量）技术等。在此分别对各项关键技术做一下简要的说明。

（1）隧道技术：顾名思义就是在以太网上建立一条独有的通信渠道，其实质是用一种网络层的协议来传输另一种网络层协议的封接技术，而且服务器端和远程控制端口需要使用相同的通信协议，这种协议也称为隧道协议。隧道协议既可以建立在 OSI 第二层的链路层，也可以建立在第三层即网络层，相对而言建立于链路层的协议较为简单、易于加密，适宜于远程控制，链路层的协议通常使用点对点连接（PPP）。

（2）加密技术是通过一定手段将数据的变现形式改变，从而使非授权者得不到数据内容。在 VPN 中可以使用多种不同的加密技术，同时多种加密技术也可以混合使用。可对数据包内容或者数据包头进行加密。

（3）QoS 技术：QoS 是网络管理中使用的一种安全机制、手段，主要用来解决网络延迟、网络阻塞等问题。QoS 服务模型主要有：尽力而为服务模型（1 best-effort service）、综合服务模型（1 integrated service）和区分服务模型（differentiated service）三种模型。VPN 实现要求采用一定的策略进行 QoS 配置，最终目的是确保重要业务量传输中不被延迟或丢弃，使得网络资源得到最大化利用，保证网络的高效运行，为用户提供一个性能良好的网络传输环境。

（三）配置 VPN 服务

VPN 技术在本系统中起到举足轻重的作用，VPN 服务器采用了 Windows Server。需要在现场终端监控设备和用户 PC 机安装设置 VPN 客户端，从而使监控设备和服务器及用户 PC 机连接成 VPN，保证信息安全快速地传送。

1. 安装 VPN 服务

首先，在 Windows Server 操作系统下配置 VPN 服务。Windows Server 操作系统中“路由和远程访问”服务用于实现 VPN 服务功能，各个系统版本都默认安装了此服务，但没有启用，需要手动启动。配置 VPN 服务操作步骤如下所述。

（1）首先在“控制面板”中“管理工具”中打开“路由和远程访问”。

（2）将光标放到红色标志上面点击右键点击配置并启用路由和远程访问。

（3）在“路由和远程访问服务器安装向导”中选择自定义配置，然后点击下一步。

（4）在自定义配置中选择 VPN 选项，点击下一步。

配置向导完成后，就要开始对服务器状态进行查询，这时再次打开“路由和远程访问”窗口。

（5）对 VPN 服务器设置 IP 地址。

单击右键选择“属性”，然后在“属性”对话框选择“IP”选项，然后在“IP 地址指派”一栏中选择“静态地址池”。

然后单击“添加”按钮设置 IP 地址。默认 VPN 服务器的 IP 地址为地址池中第一个 IP 地址。其他 IP 地址则为客户端拨号成功后获得的 IP 地址。

（6）添加 VPN 登录信息。

VPN 服务配置成功后，需要给客户端提供用户信息，同时可以给客户端设置默认的 IP 地址。

在管理工具中的“计算机管理”里添加用户，在打开的窗口中添加用户，添加 Windows 用户的过程较为简单，不需要做太多说明。在此需要指出的是在用户属性窗口中，“拨入”标签中“远程访问权限（拨入或 VPN）”一栏中选中“允许访问”单选框。同时可对 IP 地址进行设置。

一旦设置“分配静态 IP 地址（G）”后，每次客户端拨入 VPN 服务后都会获得上面配置的 IP 地址。如果没有配置静态 IP 地址则会从 IP 地址池中随机选取。在本系统设计中要求现场设备每次拨入都获得固定的 IP 地址，以便管理。

2. 路由器客户端的 VPN 设置

（1）登录路由。在浏览器中输入路由器的默认 IP 地址，系统采用的路由器默认 IP 为 192.168.1.2，即输入：http://192.168.1.2 回车后出现登录框。

（2）VPN 设置。点击左侧备份和载入配置进入页面。点击“浏览”按钮，选择在计算机目录中选择配置文件，点击“打开”按钮点击“载入配置文件”，并在弹出的警告对话框中点击“确定”。

（3）修改 VPN 用户名和密码。

根据安装地点的名称设置用户名与密码，一般用地名汉语拼音作为用户名，密码也为地名汉语拼音。

然后在 Windows Server 客户端新建一个虚拟专用网络连接即可。至此，VPN 的全部设置完成了，通过建立的 VPN 服务器，即可对农田信息采集系统进行远程控制，包括摄像头的设置、ARM 内核程序的更新等设置和系统更新都可以实现。

五、其他关键技术

（一）太阳能板在传感器节点中的应用

早期对传感器网络的供电方式是采取 220V 的交流电通过变压器的转换供电，这样不仅存在一定的高压危险，给系统安装布线也带来不小困难，而且在选取监测地区时也要避开位置较为偏僻、无法提供电源的地区。针对这些问题，现在系统采取了太阳能供电方式供电，不仅节约了能耗，减少了布线成本，同时也为系统的稳定运行提供了有利的条件。如图 4-12 所示为太阳能供电原理图。

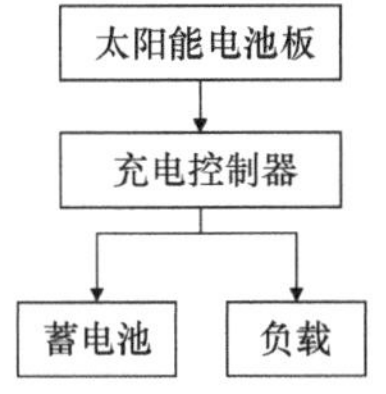

图 4-12　太阳能供电原理

太阳能供电电源分为三个部分：太阳能电池板、太阳能充电控制器和蓄电池。太阳能电池板将太阳辐射能直接转换成直流电，供负载使用或存储于蓄电池内备用。太阳能充电控制器主要用来保护蓄电池，避免源自太阳能电池板的过度充电及负载运行造成的过度放电。蓄电池的作用是给采集控制节点供电，把太阳能电池板直流电存储起来，供负载使用。

白天太阳能电池方阵给蓄电池充电，同时方阵还给受载供电，晚上负载用电全部由蓄电池供给。

本设计的太阳能电池板功率和蓄电池容量是根据实际负载工作时的功耗来确定的。负载为采集控制节点，经测试，各种功耗如下：在数据收发时电流为 20.9～21.5mA，休眠时电流为 3.7～3.9mA，脉冲电磁阀开关时峰值电流为 61mA。根据能量计算简易公式：太阳能电池组件功率=（用电器功率×用电时间）/当地峰值日照时间×耗电系数（1.6～2.0），蓄电池容量=（用电器功率×用电时间）/系统电压×阴雨天数×系统安全系数（1.6×2.0），采集控制节点的供电电压为 12V。假设每天工作 24h，当地峰值日照时间为 5h，计算出太阳能电池组件功率大约为 3.5W，电池容量约为 6.5Ah，即可满足工作需求。因此，太阳能电池板选择峰值功率为 4W，峰值电压为 17V；蓄电池容量为 12V，7.5Ah：太阳能充电控制器选择微处理器控制、PWM 调节、自动温度补偿的控制器。

通过太阳能蓄电池的应用，解决了传感器网络节点的电源供给问题，不仅减少了较为烦琐的电源线布线困难，同时也节约了能源消耗。

（二）时间继电器在系统中的应用

由于当前的农业灾情监测系统大部分安装在位置偏远的农田，若按照以往的通过交流电源供能将受到不少限制，因此现在多采用太阳能蓄电池为系统供电，由于电池电量有限，一旦遇到连续数周的阴雨天气，蓄电池无法得到来自太阳能板采集的热能蓄电，系统就有可能因供电不足造成数据采集不及时，无法实现农田数据的实时监测，为了最大限度地节约耗能，可以在系统的 ARM 板上嵌入一个时间继电器，在系统内核编写入对时间继电器的开启周期，当时间继电器开启时，就对系统电源进行断开，在计时周期末再对系统电源进行闭合。这样系统只在需要进行数据采集时运行，在采集结束数据发送后再关闭，这样就减少了待机时的电量消耗，大大提高了蓄电池的使用时间，为系统在长时间的阴雨天气下工作创造了条件。

1. 时间继电器的概述

继电器（relay），顾名思义，是与电有关的一种控制器件，是当输入量（激励量）的变化达到规定要求时，在电气输出电路中使被控量发生预定的阶跃变化的一种电器。它具有控制系统（又称为输入回路）和被控制系统（又称为输出回路）之间的互动关系。通常应用于自动化的控制电路中，实际上是用小电流去控制大电流运作的一种“自动开关”。故在电路中起着自动调节、安全保护、转换电路等作用。

2. 继电器的触点有三种基本形式

（1）动合型（常开）（H 型）：线圈不通电时两触点是断开的，通电后两个触点就闭合。

（2）动断型（常闭）（D 型）：线圈不通电时两触点是闭合的，通电后两个触点就断开。

这两种类型的继电器可以起到控制电路开闭，也就是对电源进行控制的作用。

（3）转换型（Z 型）：即触点组型。这种触点组共有三个触点，即中间是动触点，上下各一个静触点。线圈不通电时，动触点和其中一个静触点断开和另一个闭合，线圈通电后，动触点就移动，使原来断开的呈闭合状态，原来闭合的呈断开状态，达到转换的目的。这样的触点组称为转换触点。这样的转换型继电器就可以起到转换电路的作用。

3. 时间继电器在本系统中的工作原理

如图 4-13 所示，继电器的 1 点和 9 点为控制公共电源的电压输入，由于是蓄电池供电，在系统中只用到 3 点的蓄电池电源输入，8 点和 18 点构成的回路用来控制系统电源开闭。

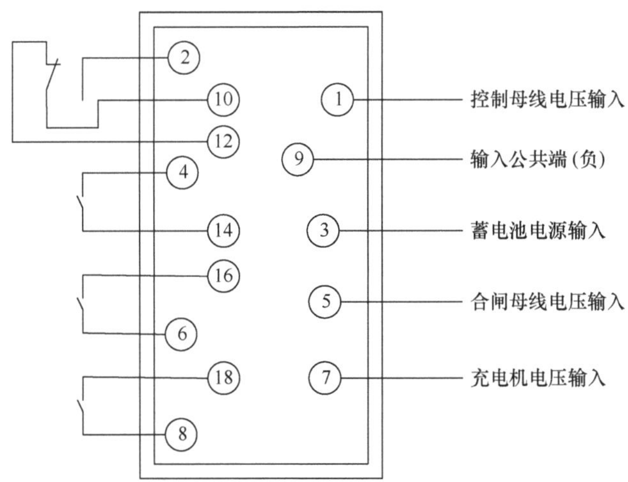

图 4-13　时间继电器原理

如图 4-14 和图 4-15 所示的电路中，R1 和 R2 为继电器的 2 个计时器，S4 始终闭合，当系统通电时，系统内核发出指令，S3 首先闭合，R1 计时器启动，达到系统采集发送时间后，S3 断开，S4 此时连接 2 点断路，系统断电，同时 S2 闭合，R2 计时器启动，达到系统休息时间后 S2 断开，此时 2、7 点通路，系统通电，S3 再次闭合，系统开始下一次循环。

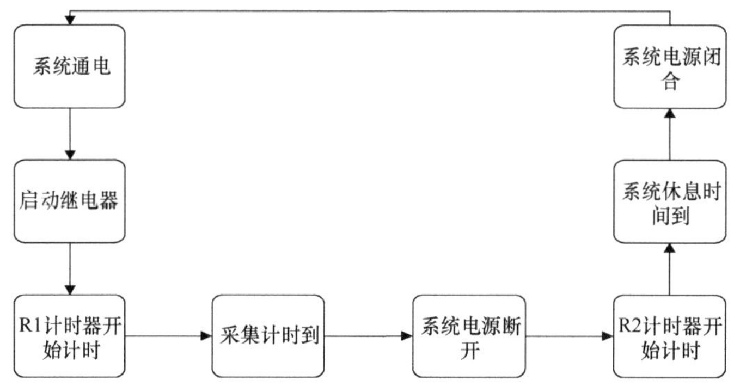

图 4-14　时间继电器原理

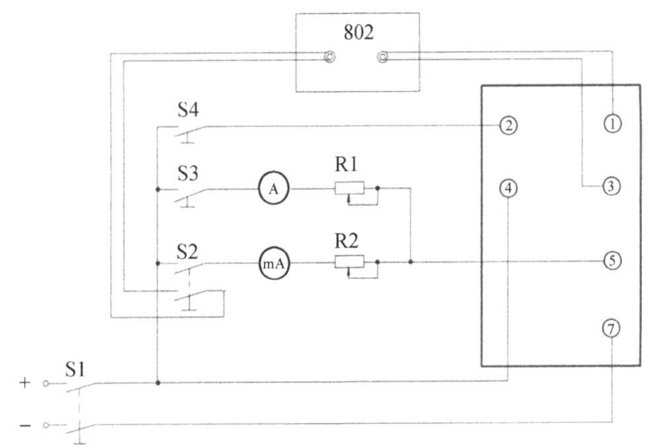

图 4-15　时间继电器电路原理

第二节　系统总体框架设计与实现

一、下位机 ARM+Linux 系统

1. ARM 硬件设计

现场的下位机嵌入式系统核心采用了 ARM +Linux 架构，即采用 ARM 处理器和 Linux 操作系统。ARM 处理器具有体积小、成本低、功耗低、性能高等特点，在控制设备、移动设备中都有广泛的应用。ARM 芯片是 ARM 控制器中最为核心的部分，这部分电路由核心板和扩展板两部分组成，二者通过插接件进行连接。下面分别介绍这两部分结构。

核心板设计为 6 层板，主要包括主控制器、运行程序和缓冲数据所必需的内存 SDRAM、电源及时钟电路、存储程序的 Flash 等 ARM 系统的核心电路。

扩展板上主要实现了控制器与外部设备进行通信的各种接口，集成了 32MB SDRAM 和 64MB NandFlash、4MB NorFlash 的存储模块，带有 3 个串口（1 个调试口、2 个数据口）、2 个 USB2.0 接口、1 个 10/100M 自适配以太网口、多路 GPIO（通用输入/输出）接口及 RTC 时钟和电源供给等辅助电路。其中，USB 接口用作本地数据存储和连接 USB 接口微型摄像头，以太网口主要用于与网络通信模块进行网络数据传输，串口则主要用于连接 ZigBee 汇聚节点（主节点）或用于连接一些传感器。GPIO 接口主要用于输出控制指令，进行对辅助设备的控制操作。图 4-16 为 ARM 控制面板图示。

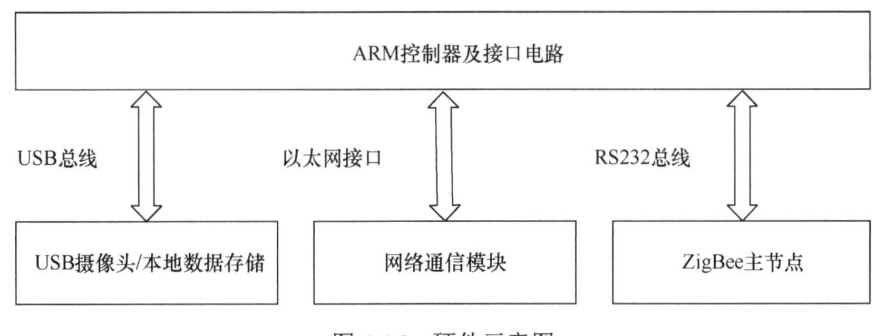

图 4-16　硬件示意图

2. Linux 操作系统

Linux 是一款成熟稳定且遵循 GPL（general public license，通用公共许可证）免费开源的网络操作系统。具有极高的稳定性、安全性、可移植性，任何人都可以获取并修改，开发适合自己的产品。尤为重要的是 Linux 是可以定制的，其系统内核最小大约为 134kB。因此将 Linux 植入嵌入式设备具有众多的优势。

本系统设计采用了 Linux 2.4.7 内核。为减小系统运行空间，对内核进行了裁剪，只保留了串口驱动模块、GPIO 驱动模块、USB 摄像头驱动模块等必要模块，同时在系统上集成了 vsftpd、telnet、BusyBox 等基本的系统网络服务，以方便对系统进行远程登录、文件管理、程序在线更新等操作，总体大小大约在 300kB，可以保证系统稳定运行。

3. Uboot 移植与内核系统的烧写

Uboot 的移植及内核系统的烧写，是实现整个下位机嵌入式信息采集系统的关键，开发人员将写好的代码通过虚拟机的 makefile 重新编译成可移植入嵌入式系统的内核文件 chag-arg，通过硬件烧写入嵌入式内核系统中去，这样就完成了嵌入式内核系统的烧写，嵌入式系统就可以执行程序员编译好的代码的相关指令。

以下为 Uboot 移植具体步骤。

（1）启动片内 ROM 程序；

（2）下载 Uboot；

（3）擦出 Flash；

（4）烧写 Boot.bin 到 Flash；

（5）烧写 Uboot.gz 到 Flash。

以上完成了 Uboot 的移植，然后断电，将 BMS 跳至 1～2，重新启动会进入 Uboot。下面进行内核及文件系统的烧写，步骤如下。

（1）内核及文件系统通过 TFTP 下载到 SDRAM 中，然后拷贝到 Flash 中。

（2）复位系统，然后设置 Uboot 的启动参数如下，此启动方式是通过 TFTP 发送 zImageR 和 ramdisk.gz 到 RAM 中，再启动内核和文件系统。

（3）烧写内核；

（4）烧写文件系统。

方法一：文件系统通过 TFTP 下载到 SDRAM 中，然后烧写到 Flash 中，起始地址为 10100000。

方法二：通过网络下载启动。复位系统，设置 Uboot 启动参数。

以上就是 Uboot 移植和内核及文件系统烧写的全部过程，完成以上步骤后重新启动系统，系统就会自动开始执行内核文件，完成农田信息的采集发送。

二、上位机农业信息管理系统

上位机农业信息管理系统（http：//www.tmcadi.com）为用户提供 Web 数据访问服务，采用 ASP.NET、C#编写，数据库为 Microsoft SQL Server 2005。网站采用基于 MVC（model view controller，模型–视图–控制器）架构设计，保证了程序运行的可靠性，并且便于以后的扩展。在本系统中用户通过指定账号登录网站可以实现查询数据库内实时采集的不同地区的农业检测数据，同时可以在线实现数据有效图表分析、观测作物最新长势图像等一系列功能。

（一）Web 程序设计

Web（world wide web）即全球广域网，也称为万维网。本意是蜘蛛网，顾名思义是由多个网点交织而成的网络，目前在以太网得到了广泛应用，它有超文本、超媒体等传输形式，包括 HTML、XML、Web 脚本、Serv 脚本、.NET、多媒体等相关技术。使用 Web 技术为用户提供数据图像服务，有着以下优势。

（1）用户可以更方便地对网页进行浏览，无论是通过手机还是计算机，都可以随时对网站发布的数据图像进行查询。

（2）Web 技术可以更好地为服务器增加功能，通过对网页的修改即可完成对功能的增减。

（3）方便管理维护，通过网页改变，即可完成数据图像等同步更新。

系统采用了 MVC 模型架构，这种架构可以更好地对 Web 系统进行功能分配。MVC 模式将目标对象分成了 3 层：View 层是用户可以看到的一层，将 ASP.NET 编写出的页面对用户进行开放；Model 层指的是系统的处理端和数据层，有最多的业务处理量；Controller 层则是通过用户的指令调用模型层的数据及模块完成任务，MVC 模式的目的就是将 Model 层和 View 层进行代码分离，使得同一个程序在不同层有着不同的表现形式。MVC 模型结构如图 4-17 所示，图 4-18 为系统网站截图。

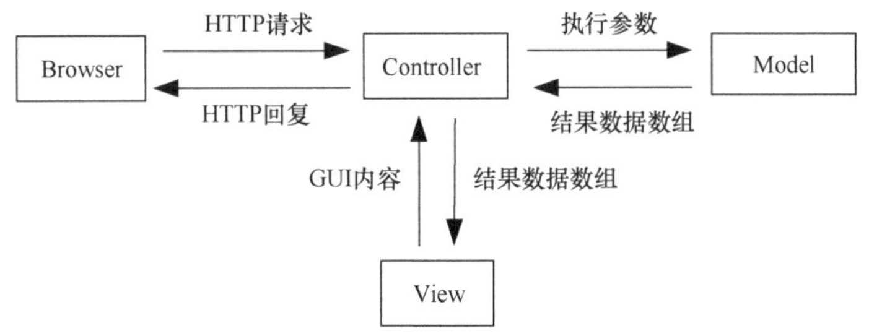

图 4-17　MVC 模型结构示意图

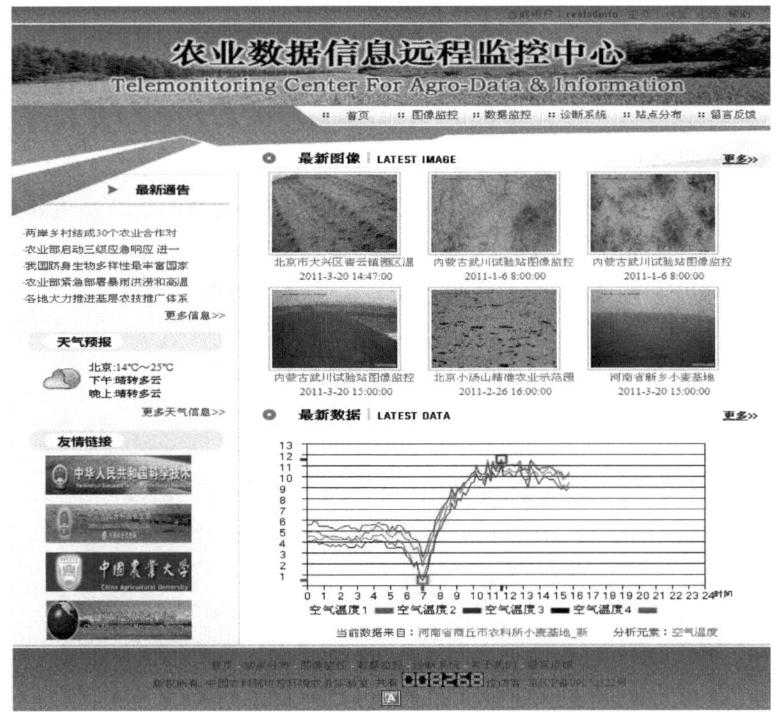

图 4-18　农业信息管理系统网站（彩图请扫封底二维码）

（二）系统功能模块介绍

农业信息管理系统具有数据监控、图像监控、诊断分析、站点分布等前台功能模块，同时具有用户管理和数据库更新的后台维护功能，具体功能如图 4-19 所示。

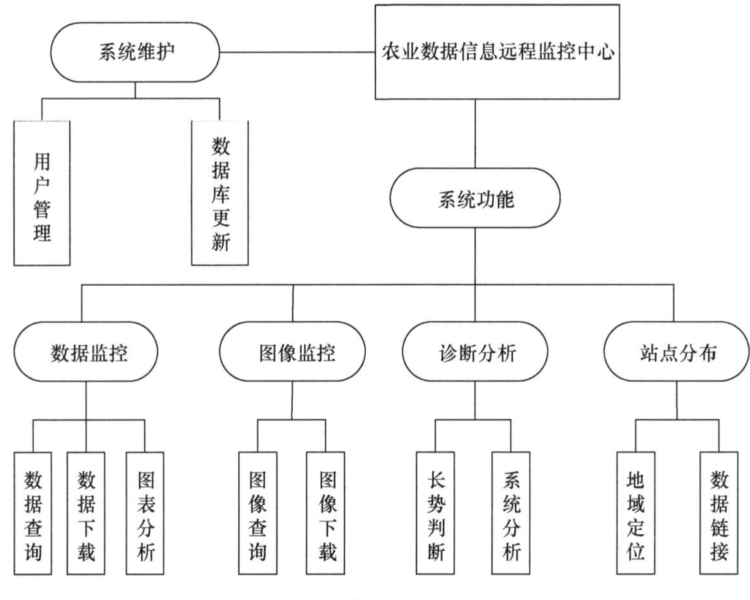

图 4-19　系统功能示意图

1. 数据监控功能模块

此模块可以连接到全国所有安装了农田信息采集系统的最新数据包，也可以查询到历史数据，同时可以对具体数据进行在线分析，下载 Excel 数据包等一系列操作。图 4-20 和图 4-21 为系统数据查询浏览和在线分析界面。

数据浏览　统计分析　墒情数据　墒情分析　对比分析

数据分析　数据浏览

省份：河南省　站点：河南农业大学原阳物联　要素：全部要素

时间：2021/1/15 至 2022/1/15　确认　分析　下载

接收时间	空气温度1/℃	土壤温度1/℃	土壤温度2/℃	土壤温度3/℃	土壤温度4/℃	空气湿度1/%	土壤湿度1/%
2021-10-27 13:50	20.5	11.1	4.5	14.9	14.7	25.7	15.8
2021-10-27 13:40	21.2	11.1	4.5	14.8	14.7	26.3	15.8
2021-10-27 13:30	20.8	10.8	4.5	14.8	14.7	25.9	15.8
2021-10-27 13:20	20.7	10.9	4.5	14.9	14.7	26.6	15.8
2021-10-27 13:10	20.7	10.6	4.5	14.8	14.7	26.6	15.8
2021-10-27 13:00	20.5	10.8	4.5	14.8	14.7	27.9	15.8
2021-10-27 12:50	20.2	10.3	4.5	14.8	14.7	28.7	15.8
2021-10-27 12:40	19.8	10.7	4.3	14.9	14.7	29	15.8
2021-10-27 12:30	19.8	10.6	4.5	14.8	14.7	28.4	15.8
2021-10-27 12:20	20	10.2	4.3	14.8	14.7	28.7	15.8
2021-10-27 12:10	19.9	10.3	4.5	14.8	14.7	27.3	15.8
2021-10-27 12:00	20	10.4	4.3	14.9	14.7	28.2	15.8

截图(Alt + A)

1 2 3 4 5 6 7 8 9 10　显示条目 1 - 12 共 23272条

图 4-20　数据浏览界面

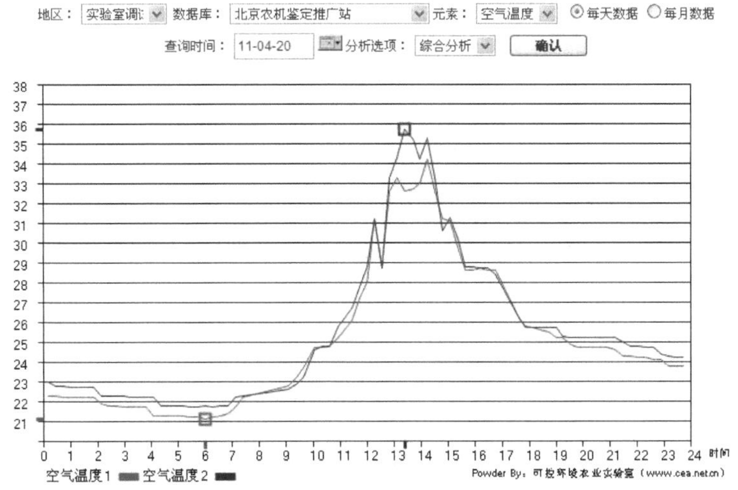

图 4-21　数据分析界面（彩图请扫封底二维码）

2. 图像监控模块

此模块为用户提供了全国所有安装农田信息采集系统的地区的农田图像，用户可以对监测地区的农田作物的图像进行查询浏览，通过拍摄到的作物进行长势情况的判断，实施对作物的浇水、施肥等措施，保证作物的健康生长，预防农业灾害的发生。如图 4-22 所示为图像查询模块界面。

图 4-22　图像查询模块界面（彩图请扫封底二维码）

3. 站点分布模块

系统基于 Google 公司推出的免费的地图服务 Google Maps API，它允许开发人员在没有自己的地图服务器的情况下，将 Google Maps API 通过 Java Script 嵌入所开发的网站中，从而使网站具有地图定位服务的功能。同时为用户提供两种形式的地图：一是传统地图（可以提供一般的街道、地区信息）；二是混合地图，将地图的海拔等地理信息标注出来，方便有此需要的用户查询。

这样就可以把农田信息采集系统的监测站点嵌入系统的地区模块中，用户可以通过点击功能模块，选择自己的地区在地图上显示出来。

第三节　系统的验证

一、数据精度验证

为监测该系统精度是否在可控范围之内，2011 年 10 月 30 日，在安徽省宿州市灵璧县选取 6 个主节点和 24 个从节点进行验证。实验场地处的每个主、从节点都安装上早期系统与当前系统，将两个系统测定的数据进行比对，以业内较为权威的传感器测定的数据作为参考真值以确定精度，测定项目包含空气温度、空气湿度、土壤温度、土壤湿度、太阳辐射值、日降雨量。其中，利用美国 TSI 公司的 HOBO Pro v2 温湿度记录仪测定的空气温度湿度为参考真值；美国 Spectrum 公司的 6310 针式长杆土壤温度计测定的土壤温度为参考真值；美国 Spectrum 公司的 TDR300 土壤水分仪测定的土壤湿度为参考真值；美国 LI-COR 公司的 LI-250A 光照计测定的太阳辐射值为参考真值；美国 MadgeTech 公司的 Rain110 降雨量记录仪测定的日降雨量为参考真值。测定参考真值选取的仪器均为气象级别的高精度测量仪器，具有可信性。精度验证如表 4-1 所示。

表 4-1　系统数据精度验证　（%）

	空气温度	空气湿度	土壤温度	土壤湿度	太阳辐射值	日降雨量
早期精度	63.85	61.33	65.67	67.76	63.44	75.14
当前精度	87.83	85.22	87.17	87.38	88.23	90.17
精度增值	23.98	23.89	21.50	19.62	24.79	15.03

通过对系统所测量的空气温湿度、土壤温湿度、太阳辐射值、日降雨量数据进行的精度验证，得出如下结论：与早期系统相比较，当前系统总体精度都在 85%以上，系统精度提高了 20%左右，与之前相比有了显著的提高，说明当前系统测定的数据具有相当的可信性和准确性，一些数据的误差出现于客观条件下，如土壤湿度受到地势高低影响，雨水分布差别较大；光辐射与测定时间前后有一定的关系，早

晨傍晚辐射较低，中午辐射较大；日降雨量精度较高说明固定区域的降水分布均匀。总体来看，系统测定的数据与权威仪器测定的参考值误差较小，可以进行实际应用。

二、ZigBee 传输距离对数据的影响

为了测试传输距离对 ZigBee 数据的影响，2012 年 12 月 28 日在河北石家庄赵县小麦园区进行实验，设置 1 个主节点和 4 个从节点，每个从节点上安装 4 个同类的传感器，分别是空气温度、空气湿度、土壤温度、土壤湿度。而从节点与主节点的传输距离为 20～800m，20～100m 每 20m 测定一组数据、100～400m 每 50m 测定一组数据、400～800m 每 100m 测定一组数据，通过串口调试助手可以看到丢失数据的数量，表 4-2 为实验数据。

表 4-2　ZigBee 传输距离实验表

节点	1	2	3	4
传感器类型	空气温度	空气湿度	土壤温度	土壤湿度
20m 数据丢失数	0	1	0	1
40m 数据丢失数	1	0	0	0
60m 数据丢失数	0	0	0	0
80m 数据丢失数	0	0	0	0
100m 数据丢失数	0	0	0	0
150m 数据丢失数	0	0	0	1
200m 数据丢失数	1	0	0	1
250m 数据丢失数	1	0	1	1
300m 数据丢失数	1	2	1	1
350m 数据丢失数	2	2	2	3
400m 数据丢失数	3	3	3	3
500m 数据丢失数	3	4	3	3
600m 数据丢失数	4	4	4	3
700m 数据丢失数	4	4	4	4
800m 数据丢失数	4	4	4	4

通过对 ZigBee 从设备的不同距离数据传输完整性的实验，获得如下结论：在 60m 以下和 150～250m 的传输距离下，ZigBee 网络的数据略有丢失；60～150m 的传输距离下，ZigBee 网络的数据完整没有丢失；250～600m 的传输距离下，ZigBee 网络的数据丢失严重；600m 以上的传输距离下，ZigBee 网络的数据完全丢失。由此可见，ZigBee 网络的传输距离以 60～150m 为最佳，在实际的系统安装中应该按照最佳的传输距离进行从设备的安装布点，以达到最佳的数据传输效果。

参 考 文 献

昂志敏, 金海红, 范之国, 等. 2007. 基于 ZigBee 的无线传感器网络节点的设计和通信实现[J]. 现代电子技术, (3): 47-57.

陈冉. 2009. 基于 ARM 与 ZigBee 的风蚀风沙小气候监控系统的研究[D]. 中国农业科学院硕士学位论文.

邓君丽. 2006. 智能施肥灌溉决策系统的设计与实现[D]. 华中师范大学硕士学位论文.

杜克明. 2007. 农业环境无线远程监控系统的研究与实现[D]. 中国农业科学院研究生院硕士学位论文.

高德民, 史东旭, 薛卫, 等. 2021. 基于物联网与低空遥感的农业病虫害监测技术研究[J].东北农业科学, 1: 108-113.

管大海, 张俊, 郑成岩, 等. 2017. 国外气候智慧型农业发展概况与借鉴[J]. 世界农业, (4): 23-28. DOI: 10. 13856/j. cn11-1097/s. 2017. 04. 004.

郭家, 马新明, 郭伟, 等. 2013. 基于 ZigBee 网络的农田信息采集系统的设计[J]. 农机化研究, (11): 65-70.

郭鹏, 马建辉. 2016. 农业温室大棚智能环境监测系统设计[J]. 中国农机化学报, 37(4): 71-73, 90.

韩华锋. 2009. 基于 ZigBee 网络的温室环境远程监控系统设计与应用[J]. 农业工程学报, 25(7): 158-163.

李双喜, 徐识溥, 刘勇, 等. 2018. 基于 4G 无线传感网络的大田土壤环境远程监测系统设计与实现[J]. 上海农业学报, 34(5): 105-110.

李志军, 张文祥, 杜丽, 等. 2021. 基于物联网的智能农业监控系统设计[J]. 内蒙古农业大学学报: 自然科学版, 2: 93-98.

梁居宝. 2011. 基于异构网络融合的农业远程监控系统设计[D]. 中国农业科学院硕士学位论文.

梁居宝, 杜克明, 孙忠富. 2011. 基于 3G 和 VPN 的温室远程监控系统的设计与实现[J]. 中国农学通报, 27(29): 139-144.

刘超. 2015. 基于ZigBee无线传感器网络的温室测控系统设计[D]. 青岛科技大学硕士学位论文.

刘媛媛, 朱路, 高波, 等. 2013. 基于 WSN 的农业环境信息监控系统软件开发[J]. 华东交通大学学报, (4): 59-64.

陆林箭. 2015. 试验温室远程智能监控系统设计与实现[D]. 中国科学技术大学硕士学位论文.

孟志军, 王秀, 赵春江, 等. 2005. 基于嵌入式组件技术的精准农业农田信息采集系统的设计与实现[J]. 农业工程学报, 21(4): 91-96.

聂鹏程, 张慧, 耿洪良, 等. 2020. 农业物联网技术现状与发展趋势[J]. 浙江大学学报: 农业与生命科学版, 2: 135-146.

彭元堃, 杨艳, 杨玮, 等. 2020. 基于物联网技术的智能农业管理系统设计[J]. 现代农业科技, 19: 257-259.

苏世明. 2018. 基于 ZigBee 的智慧农业无线传感器网络的设计[J]. 科技风, (30): 101.

孙玉文. 2010. 基于嵌入式 ZigBee 技术的农田信息服务系统设计[J]. 农业机械学报, 41(5): 148-151.

孙忠富, 曹洪太, 李洪亮, 等. 2006. 基于GPRS 和WEB的温室环境信息采集系统的实现[J]. 农业工程学报, 22(6): 131-134

王久鹏, 尚春阳. 2008. ZigBee 和 GPRS 技术在无线监控系统中的应用[J]. 电讯技术, 28(4):

99-102.

夏于, 孙忠富, 杜克明, 等. 2013. 基于物联网的小麦苗情诊断管理系统设计与实现[J]. 农业工程学报, (5): 117-124.

许洁, 凌佳凯, 诸铭, 等. 2019. 基于物联网数据采集的携带型短路接地线监测系统研究[J]. 数据采集与处理, 6: 1071-1077.

严春晨. 2014. 基于3G的农业试验场智能远程监控系统的设计与开发[D]. 南京理工大学硕士学位论文.

张瑞瑞, 赵春江, 陈立平. 2009. 农田信息采集无线传感器网络节点设计[J]. 农业信息与电气技术, 25(11): 213-218.

张士敏. 2019. 物联网在水稻区域试验信息采集中的应用研究[J]. 农机化研究, 1: 214-217.

赵春江, 吴华瑞, 朱丽. 2013. 基于 ZigBee 的农田无线传感器网络节能路由算法[J]. 高技术通讯, 23(4): 368-373.

赵伟, 孙忠富, 杜克明, 等. 2010. 基于 GPRS 和 WEB 的温室远程自动控制系统设计与实现[J]. 微计算机信息, 26(31): 20-22.

Hsina C, Liu M Y. 2007. Self-monitoring of wireless sensor networks[J]. Computer Networks, 51(10): 2529-2553.

第五章　农业物联网数据存储管理系统

随着物联网技术在农业中的深入应用，越来越多的传感器和数据采集设备被接入农业物联网系统中，这就导致农业物联网系统体积越来越庞大，通常可以有上万个甚至更多个传感器。这些物联网设备按照一定频率昼夜采集的数据量是非常大的，以“河南农业物联网监控中心”为例，数十个监测站点一天采集的图像及视频数据都可以达到“TB”级别，随着时间的累积，数据中心的海量数据对存储系统的要求也越来越高，如何高效存储、管理和利用农业物联网中的海量数据成为研究热点，本章将从数据存储方法与技术、模型设计及管理系统实现三个方面来阐释。

第一节　数据存储方法与技术

一、数据存储的基本概述

数据存储对象包括数据流在加工过程中产生的临时文件或加工过程中需要查找的临时信息。随着计算机技术的发展，自 21 世纪以来，全球数据的总量和交换量增长迅速，信息技术逐渐被应用到人类社会的各行各业中。据 IDC（Internet Data Center，网络数据中心）研究报告，2012 年以来，全球数据总量年增长率维持在 50%左右，至 2020 年已达到 40ZB。如此庞大的数据量给数据的存储、传输及处理能力都带来了严峻的挑战。从数据结构来看，可以将数据划分成两大类。一类是能够用数字或符号等统一数据模型表示的结构化数据，如姓名、年龄、温度、浓度等数据；另一类则是无法用统一数据模型来表示、数据结构不规则的非结构化数据，如各类办公文档、图片及音视频等。

与互联网的发展类似，随着农业物联网的快速发展，越来越多的应用场景对大量的图片、视频及声音等非结构化数据的要求越来越高，如作物长势监测、生物实时监测、遥感病虫害预测，物联网传感器高频率拍摄的照片、农业监控视频等海量的数据和众多异构数据类型为数据的存储和检索管理带来了大量的问题与挑战。为了应对非结构化数据管理所带来的挑战，针对非结构化数据的存储模型大量出现，如文档结构类型数据库、列式数据库、Key-Value 类型的数据库等，它们应用了不同的非结构化数据存储模型。例如，世界互联网巨头谷歌公司在 2005 年前后先后发表了针对海量非结构化数据存储和检索解决方案的三大技术 GFS、BigTable 及 MapReduce，介绍了 Google 搜索引擎在针对海量非结构化数据存储和检索模型及数据分析处理框架的设计，成为非结构化数据存储和检索的标杆和方向。此后，开源社区以此为蓝本，先后开发了 Hadoop 平台和 HBase 数据库，将非结构化数据管理方式推向了一个高潮。然而，由于农业物联网数据来源多样，传感器种类繁杂，各种传感器接入的时间点也不可能都相同；此外，农业物联网需要获取的数据种类繁多，如可能既需要存储大量的数值数据，也需要存储大量的图片、视频等二进制数据，因此，非结构化存储模型在某些方面更适合其存储。

与此同时，关系模型在农业物联网中应用仍具有一种不可替代的作用。自 20 世纪 70 年代提出关系模型的概念之后，关系模型迅速发展。基于关系模型的 DBMS 也迅速成熟并不断应用到各领域的信息技术当中，经过近半个世纪的发展，已经相当成熟与稳定，尤其是在联机事务处理（OLTP）方面，性能优秀。众多的关系数据库产品对事务处理技术的支持，使得当前绝大多数的实时数据应用系统仍采用关系数据模型作为底层数据支撑策略。农业物联网需要将现实世界中海量的对象映射到物联网系统中，以数字化的形式存储，其业务领域广泛，既涉及广泛的联机事务处理，如在精准农业上利用实时监测到的空气中二氧化碳浓度对空气进行调节的机制；也可能涉及大量的离线数据分析（OLAP）业务，如对海量的历史监控数据进行分析，以对未来的决策提供支持等。因此，在农业物联网领域，既需要使用结构化底层存储来支持强一致性需求的业务，又需要非结构化底层存储来支持海量非结构化数据，以进行大数据挖掘和作物预测等相关工作。

二、结构化数据存储

结构化数据一般是指可以用二维表的逻辑结构描述的数据，也被称为“行数据”，通常使用数据库进行存储与管理。数据模型的发展影响着数据库产品的变革，到目前为止，主要有层次模型、网状模型及关系模型。

20 世纪五六十年代，主要通过层次模型和网状模型组织和存储数据，与之相对应的产品分别是层次模型数据库和网状模型数据库。层次模型数据库是最早期的数据库管理系统，典型代表为 1969 年由 IBM 研制的信息管理系统（Information Management System，IMS）数据库。网状模型数据库将结构化数据以记录类型为结点组织成网状结构，并将网状结构分解成若干个二叉树结构进行数据的存储和管理，典型代表为 1969 年美国 CODASYL（数据系统语言会议）研发的数据库任务组（Database Task Group，DBTG）系统。

基于网状模型和层次模型的数据库已经可以很好地解决结构化数据存储和共享等问题，但由于数据抽象程度不高，数据之间的关系不清晰，难以管理。关系模型的出现及关系型数据库的发展较好地解决了数据抽象、数据独立性等问题。

关系模型最早由IBM研究员E. F. Codd博士提出，并从范式理论角度制定了关系模型的标准。由于关系模型理论严谨、简单明了且易于使用，因此，在20世纪70年代后发展迅猛，关系模型及关系型数据库管理系统（RDBMS）得到了广泛的推广和应用。

关系模型是指采用二维表来描述实体与实体间关系的数据模型，关系型数据库就是由若干张二维表及其表间联系构成的。在农业物联网系统中，像传感器采集的气象信息、墒情信息等结构化数据都可以用若干张二维表的形式来表示。关系模型广泛采用E-R图作为数据建模工具，通过结构化查询语言SQL，可以非常方便地对关系型数据库中的数据进行管理。关系型数据库中事务操作必须满足ACID特性的要求，所以，在设计初期，必须根据范式要求设计好表结构，明确表结构中字段的作用，导致系统很难进行后期扩展，这也成为关系型数据库的短板。

三、非结构化数据存储

非结构化数据是数据结构不规则或不完整，没有预定义数据类型的数据。农业物联网技术为智慧农业提供技术支持和数据支撑，同时，农业物联网系统中大量非结构化数据对相关存储技术提出了更高要求。农业物联网数据存储技术，作为计算机信息技术的一部分，伴随着数据存储技术的发展也经历了多个发展阶段，最初为单一关系模型和单个存储节点数据存储模式；随着数据量的增多和分布存储的应用，在关系数据存储系统上出现了分布式集群解决方案；近年来受互联网数据存储技术发展的影响，非结构化数据存储技术在物联网中也得到了应用。

（一）非结构化数据的基本概念及研究进展

由于非结构化数据结构不规则，无法预定义全局的数据模型，导致其不能用关系型数据库中的二维模型来表达。包括常见的办公文档、文本、图像、音视频等。进入21世纪后，Web 2.0技术发展迅速，尤其是电子商务、数字媒体、气象大数据、交通大数据及物联网的深入应用，以文本、图像、音视频为主的非结构化数据信息量急剧增加，其信息量所占的比重越来越大，数据规模与问题规模指数式增长。据IDC报告显示，企业中非结构化数据占数据总量的80%以上，且非结构化数据占比还会持续增加。如何存储、管理、分析、挖掘和利用好非结构化数据资源显得尤为关键。

RDBMS在结构化数据的管理上表现突出，但在处理非结构化数据方面存在着先天的不足，在当今数据非结构化趋势环境下更是面临严峻的挑战。非关系型数据库NoSQL的出现为非结构化数据存储提供了全新的思路。虽然NoSQL数据库的概念最早出现于 1998 年，但是，其真正的发展开始于 2007 年，先后出现了数十种 NoSQL 产品。目前已有的 NoSQL 数据库都是基于不同的应用场景开发的，各有各自的特点，其中，HBase、MongoDB、Redis 最受欢迎。2009 年以后，国内的大企业和团队也陆续进行 NoSQL 的开发，如淘宝自主研发的 Tair 数据库、新浪研发的 MemcacheDB、豆瓣开源发布的 BeansDB 及人人网的 Nucbar 数据库纷纷发布。

NoSQL 是一种非关系型、数据松散、支持动态扩展的新型数据存储系统，使用前并不需要预定义全局数据表结构，主要解决非结构化数据的存储问题，具有海量存储、扩展灵活、高性价比等特点，对 Web 2.0 时代非结构化数据存储具有重要的意义。

（二）非结构化数据存储技术

简单来说，非结构化数据是指不能用二维关系模型描述的数据的统称。它包括文档、图像、视频、声音等。同样地，非结构化存储模型通常是指非关系存储模型，它早在数据库技术发展的初期就已经被提出，如基于层次结构模型、网状结构模型的数据库。然而，在当时的应用规模、技术成熟度都不高的情况下，这些数据存储组织方式都没有被广泛使用。进入 21 世纪以来，随着互联网技术的迅速全球应用，数据规模、问题规模指数增长，各种非结构化数据模型被广泛应用，如 MongoDB、HBase、Redis 等非结构化数据库发展迅猛。

NoSQL 数据库，泛指非关系型的数据库，区别于关系数据库，它们不保证关系数据的 ACID 特性（原子性、一致性、独立性、持久性）。NoSQL 数据库的整体架构一般分为数据持久层、数据分布层、数据模型层。

数据持久层定义了数据的存储形式，主要包括基于内存、基于硬盘、基于内存和硬盘相结合等方式。基于内存方式的存取速度快，但断电后数据丢失，如 Redis 数据库。基于硬盘形式的数据可以持久化存储，但速度上比基于内存的慢，如 MongoDB。基于内存和硬盘相结合的方式，存储速度较快，同时又能持久化存储，如 HBase 和 Cassandra 等。

数据分布层规定了在集群中数据的分布逻辑。主要包括基于 CAP 理论的水平扩展；多数据中心方式，可以保证系统跨数据中心平稳运行；对动态部署的支持，动态管理集群中的服务节点。

数据模型层描述了数据的逻辑形式，与关系数据库相比，NoSQL 主要有以下 4 种模型：Key-Value 模型，这种模型虽然结构简单，但扩展性极强，相关数据库有 Memcached、Redis 等；列式模型，相比 Key-Value 模型，它能描述更复杂的数据，但在扩展性上稍差一些，相关数据库产品有 BigTable、HBase 等；文档模型，它语义丰富，能以树结构表达复杂的数据结构，扩展性强，但基于该模型的数据库性能一般相对弱一些，如 MongoDB 和 CouchDB 等；图模型是一种复杂的数据结构模型，一般应用较少，代表产品是 Neo4j。

HBase 是基于 Hadoop 平台的数据库，它是基于 Google 的 BigTable 模型的开源实现版本。HBase 是一种面向列族存储的非结构化数据库，HBase 表的列族必须在表格创建时预先定义，而每一个列族内可以动态地增加列。一个列族里的所有列成员都将最终存储在同一个 HDFS 文件中，而不同的列族有着各自对应的 HDFS 文件。它对非结构化数据的存储十分方便，在分布式横向扩展上也有着更强的适应性。

MongoDB 是一种基于文档树模型的数据库。它由 10gen 公司设计实现，是一种功能强大的非结构化数据存储系统。其数据格式是类似于 JSON 的 BSON 格式，将所有的数据以键值对的形式组织成属性结构，存储在集合（collection）中，并以命令的形式为用户提供访问接口。它的数据类型丰富，对非结构化数据存储高效，使用方便；具有很强的横向扩展能力，对分布式事务的支持良好。

第二节　农业物联网数据存储模型设计

一、农业物联网数据特点分析

农业物联网数据是融合了农业地域性、季节性、多样性、周期性等自身特征后产生的来源广泛、类型多样、结构复杂、具有潜在价值的数据集合。这也导致农业物联网在应用层面上与其他行业物联网区别比较大。尤其是在农业物联网系统的设计上，需要兼顾农业产前、产中和产后的各个环节。其对系统的动态扩展性要求非常高，对数据存储模型通用性的要求也非常高。随着农业物联网规模的不断扩大，大量的数据采集设备和传感器被接入农业物联网系统中。物联网设备采集的农业相关各环节数据通过网络传输给数据存储中心，通过信息处理技术对农业应用进行决策支持。目前，农业物联网设备采集的数据越来越表现出海量、异构及非结构的趋势。

在处理农业物联网中的海量数据方面，传统的解决方案一般通过纵向增加单个数据中心的存储量来达到扩容的目的，其扩容能力非常有限，并且在数据量特别大的时候会造成性能瓶颈。采用分布式集群存储方案，通过横向扩展可以动态地接入新的存储节点，如 Hadoop 分布式存储平台，其平滑扩容能力非常强大。目前，阿里巴巴已经通过 Hadoop 平台搭建了数千服务器节点的大型分布式存储集群。

在处理农业物联网中的异构数据方面，基于 RDBMS（relational database management system）的存储方案在设计初期需要根据范式要求定义数据关系模型，如果新传感器的接入不能够满足存储系统的要求，就需要定义新的数据结构，更改数据关系模型，非常不利于系统更新与稳定。日趋成熟的 NoSQL 技术支持动态的数据模型，可以应对农业物联网数据采集设备种类繁多、类型繁杂及后期扩展等问题。

在处理农业物联网中的非结构化数据方面，传统“RDBMS+集中式存储”的方案在读写性能、扩展性及备份迁移上远不如“NoSQL+分布式存储”的方案。并且请求非结构化数据所占用的网络带宽也远高于结构化数据。所以，如何构建高效、可靠、易于管理的非结构化数据存储系统也是需要慎重考虑的。

二、数据存储模型总体设计

从农业物联网数据特征出发，结合 Hadoop 平台，在设计农业物联网数据存储模型之前，需要考虑系统的安全可靠、高效读写、数据转换、事务处理、小文件处理、缓存策略、负载均衡、成本及扩容 8 个关键因素。

（一）安全可靠

安全和高效永远是数据存储最为重要的两点。高效的数据访问是数据存储模型的前提，安全可靠则是数据存储模型的必要。在农业物联网海量数据存储需求的背景下，只有保证数据的安全可靠，才能保证线上业务的稳定。传统的数据存储方案一般都是由一台或两到三台服务器组成，这样的设计方案在本节中被称为“单点方案”，如图 5-1 所示。

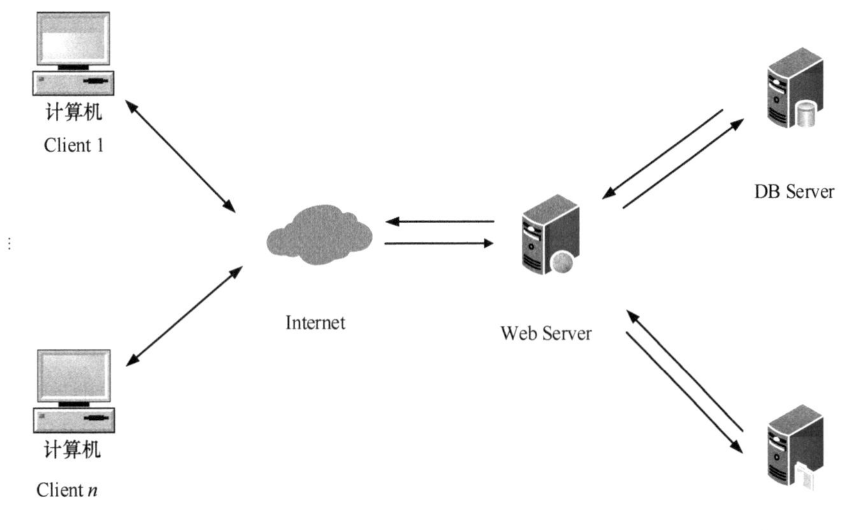

图 5-1　单点方案结构图

使用单点方案，当某一台服务器出现硬件故障、软件故障及网络障碍等问题时，系统就有可能崩溃。解决该问题最常用的方法就是将系统部署到多台服务器集群上。服务器集群方案有两个优点：第一，可以使用集群中的多台机器进行数据冗余备份，从而使得集群中一台机器宕机后不会影响整个系统的正常运行；第二，集群可以利用多台机器进行并行计算来处理一个规模比较庞大的问题，从而获得很高的计算速度。服务器集群方案体系结构如图 5-2 所示。

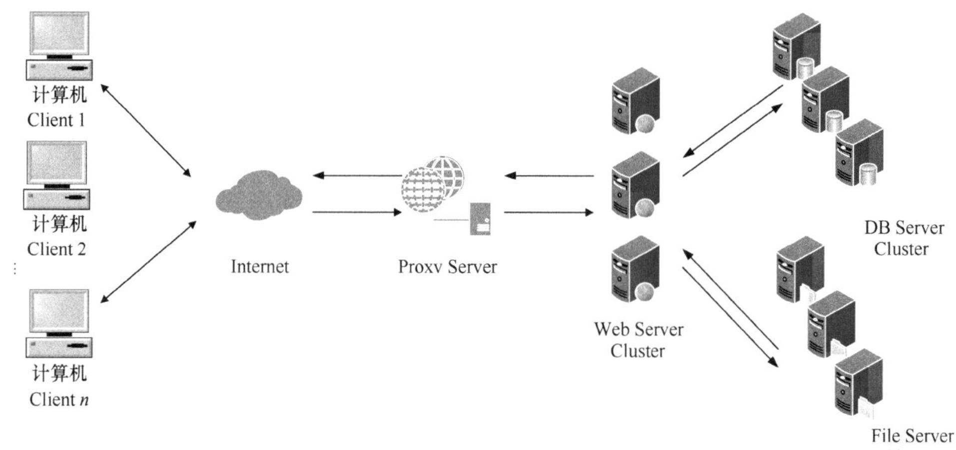

图 5-2　集群方案结构图

Hadoop 中的 HDFS（hadoop distributed file system）由 NameNode 节点负责整个集群的数据备份和分配，数据以“Block”为基本存储单元，默认为 128MB，一个 Block 在默认情况下会备份 3 份，分别存储在 3 台不同的存储服务器上，可以保证数据的安全可靠性。Hadoop 副本备份策略如图 5-3 所示。

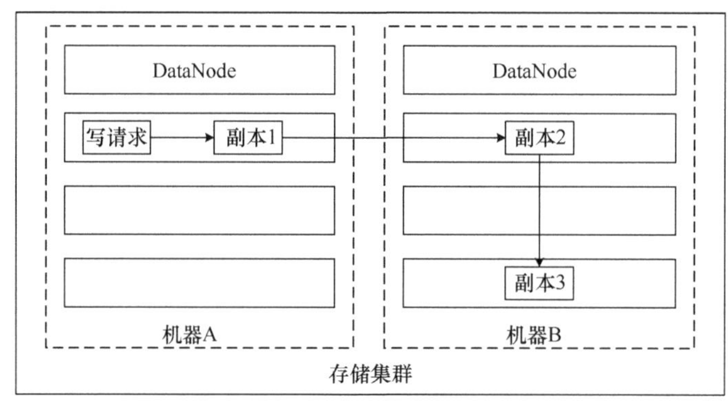

图 5-3　Hadoop 副本备份策略

（二）高效读写

在数据安全可靠的保障下，数据的读写速度是最能够影响到用户体验的因素，所以需要分析数据存储模型读写时的流程。Hadoop 在存储大文件时，由于元数据信息量不多，一般直接将文件元数据信息写到内存中，当用户请求读取大文件时，直接可以根据内存中的元数据信息去读取磁盘中的实际存储位置，但在农业物联网系统中海量图片的存储需求下，小文件元数据数据量会特别大，可以达到几个 GB 甚至几十个 GB，元数据保存在内存中不现实也不科学，所以在本节中采用了 HBase 作为小文件元数据的存储方案，并设计了小文件索引策略，提高数据的读写效率。

（三）数据转换

由于农业物联网数据具有异构性，很难保证数据存储模型在设计初期可以接受所有采集设备传输过来的数据，这就需要数据转换模块的支持。在数据转换模块设计中，需要考虑物联网设备中传输到存储中心的数据类型。从数据特征来看，主要包括设备元数据信息等静态数据及设备采集到的动态数据。在静态数据方面，由于物联网设备元数据信息还没有一个完整的标准体系，不同厂家、不同型号的数据采集设备元数据信息在存储格式上可能不一致，这就需要对设备元数据进行数据转换，通过动态可配置文件的形式传输到云端数据存储中心；在动态数据方面，部分传感器设备采集的数值型数据存储在文本文件中，在读写性能上很难满足海量物联网数据的分析挖掘场景，这就需要对文本文件数据进行数据处理，并将其存储到 HBase 数据库中，为海量数据分析提供可靠的性能保证。

（四）事务处理

由于 HBase、MongoDB、Cassandra 等 NoSQL 数据库很难保证像 RDBMS 的事务 ACID 特性，开发中需要编写复杂的事务处理代码来确保读写操作的事务性，不仅增加了工作量，也使得系统难以测试和维护。NoSQL 数据库不提供强事务性支持的原因在于其分布式特点，批量读写操作访问的数据可能存在于不同的分区服务器上，这就使得事务变成了分布式事务。要保证分布式事务的原子性，就需要不同分区服务器彼此协调，每一次事务处理都需要在分区服务器中依次确认，这种协调是非常耗时的，在协调完成之前，其他事务就不能读取当前事务持有的数据，对数据库的性能有严重影响。为了满足农业物联网系统对事务性的要求及尽量减少业务系统事务处理代码的工作量，在保证 HBase 数据库高性能的前提下，需要设计事务处理模块来完善 HBase 并发读写的事务性。

（五）小文件处理

由于基于 Hadoop 的分布式文件系统将文件分成“块”（Block）来处理，当文件的大小不够一个“Block”的大小时，Hadoop 默认也是单独占用一个“Block”的存储空间。显然这种情况是不符合农业物联网系统海量图片存储的场景，如果将大量的几十 kB 到几百 kB 的物联网图片一张张按照 128MB 的“Block”来存储，会浪费大量的存储空间，所以需要通过小文件处理模块将海量图片进行“打包存储”。将多张图片打包成一个数据块时还需要构建图片与块的索引策略，并重新设计索引存储的方式。前面已经提到过 HDFS 中文件的元数据信息由 Master 主机的 NameNode 节点来维护，采用“打包”策略合并多张图片到一个“Block”时，由于图片的数量特别大，NameNode 节点需要维护的元数据信息会非常大，这样 NameNode 节点的压力会很大。所以，本节将采用 HBase 来存储图片的元数据信息，这样可以有效降低 Master 主机的内存消耗。而视频文件本身比较大，Hadoop 在设计时的初衷就是为了存储和分析大数据，其本身就比较擅长处理大数据集，所以针对农业物联网设备采集的视频文件进行直接“分块”存储策略，视频元数据由 NameNode 节点来存储、管理和维护。

（六）缓存策略

Linux 本身提供了 Cache 的功能，用户在操作文件时，先将文件从磁盘写入文件缓冲区，查看 Linux 操作系统中的内存使用情况可以发现可用的物理内存并不多，但 Cache 占用了很多内存，直到内存不够用或者系统需要释放内存给用户进程时，才会释放 Cache 占用的内存空间。这是 Linux 操作系统为了提升文件 I/O 速度的一种优化方法，在这种情况下，通常只有写文件与第一次读文件时才会有真正的磁盘 I/O，但是这还远远不够，缓存对于一个网站读写速度的重要性是毋庸置疑的，没有缓存，即使效率再高的程序也很难满足高并发请求的需要。

选用 Redis 数据库作为农业物联网数据存储模型的缓存策略主要有以下两个原因：首先，基于内存的 Redis 数据库可以保证数据的高速访问，同时还可以将数据持久化到磁盘中，数据的安全性可以得到保证；其次，Redis 提供了对分布式环境的支持，结合 Hadoop 集群，可以非常方便对缓存节点进行动态添加和删除。

（七）负载均衡

考虑到服务器集群中每一台服务器的硬件配置不一定一样，所以需要合适的负载均衡策略将用户请求压力分载到不同的服务器上，以保证服务器集群可以对外提供高速可靠的服务。在本模型中添加负载均衡主要有两个方面的设定，一方面为了解决高并发请求的问题，通过负载均衡策略将前端用户的请求合理分配给服务器集群中的多台服务器进行处理，尽量减少用户的等待响应时间；另一方面是通过负载均衡策略将一个规模庞大的问题分配给集群中的多个计算节点进行并行处理。

（八）成本及扩容

采用商业存储（如 BAT 公司推出的云存储系统）最大的弊端就是价格昂贵，而且后期扩容的成本也会比较高。以 NetApp 为例，10TB 的云存储空间需要数百万元。目前农业物联网数据量已经达到了 PB 级别，使用商业存储不仅在成本上的花费比较大，而且后期的扩容及数据的管理与维护也需要昂贵的投入，因此在设计农业物联网数据存储模型时，成本是必须考虑的因素。

综合以上因素，自下而上将存储模型分为三层：存储层、服务层及应用层。存储模型总体结构如图 5-4 所示。

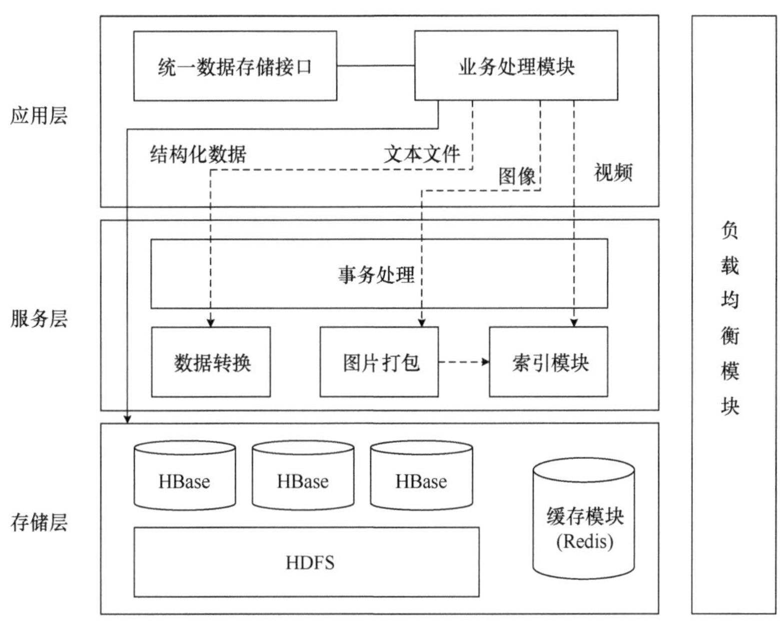

图 5-4　存储模型结构图

存储层是农业物联网数据存储模型的最底层，其主要作用是持久化存储数据。该层包括分布式文件系统 HDFS、面向列的 HBase 数据库及 Redis 缓存模块。HDFS 用来存储农业物联网系统中图片、视频等非结构化数据；HBase 数据库用来存储农业物联网系统中气象、墒情等结构化数据；Redis 数据库用来作为底层存储的缓存服务器。

服务层位于存储层和应用层的中间，作用是为上层的业务处理和下层的数据存储访问提供服务。服务层包括事务处理模块、数据转换模块、图片打包与索引模块。事务处理模块用来优化 HBase 数据库对事务 ACID 特性的支持。数据转换模块的设立包括两个部分，一是对物联网设备元数据信息的转换，由于多源传感器数据格式不一定一致，尤其是随着业务发展新增的传感器，利用数据转换模块将传感器的元数据信息转换成存储模型能够接受的格式，可以有效提高系统的后期扩展性能。二是物联网设备获取到的文本数据转换，由于部分传感器获取到的数据保存在 Excel 表、TXT 等文本文件中，直接对文本文件进行 CRUD 操作效率会很低，通过相应的 Parser 解析将数据以结构化数据的形式写入 HBase 数据库中可以有效提高数据读写效率。图片打包与索引模块用来解决 Hadoop 在处理海量小文件时的不足，在设计数据存储模型时针对农业物联网采集的海量图片采取打包策略，并构建打包后的索引方案，将图片元数据信息写到 HBase 中，所以在查询图片时必须有索引模块的支持。

应用层主要面向农业物联网系统中的各种业务处理并提供统一的数据访问接口。统一数据访问接口为应用层的业务处理模块提供支持，定义统一数据访问接口的优点是在后期业务更改时不用更改统一数据访问接口的定义，减少业务系统在后期更新维护时的工作量。业务处理模块对统一数据访问接口传递过来的指令信息进行判断并确定业务类型。根据农业物联网数据特征将具体业务分为结构化数据读写、文本文件读写、图像读写及视频读写四大类。将应用层单独独立于其他层之上，可以达到业务与服务解耦合的目的，也是为了当后期业务更改比较大时，可以尽量减少服务层更改的工作量。

负载均衡模块的作用在 8 个关键因素部分已经进行了介绍，负载均衡部署在整个农业物联网数据存储模型中。负载均衡模块在应用层的作用是将前端用户的高并发请求分载到多个服务器上；在服务层作用于 MapReduce 实现大文件分割与小文件合并等并行处理场景；在存储层的作用是解决农业物联网数据分配存储节点问题。设计负载均衡模块可以保证服务器集群在处理极端问题时稳定高效地运行。

三、关键模块详细设计

（一）业务处理模块设计

结构化数据、文本文件、图片及视频四大类数据的读写业务需要不同的流程来处理。

首先介绍数据写入业务处理。

业务处理模块首先需要对统一数据访问接口写入的数据进行类型判断。农业物联网系统中的数据类型主要包括气象和墒情等结构化数据、图片、视频及文本文件四大类。其中文本文件又包括 Excel 文件、XML 文件与 TXT 文件等。

当写入数据类型为图片时，采取图片“打包”策略存储。首先把文件写入图片队列，然后判断图片队列大小是否够一个“Block”的大小，如果不够一个“Block”

的大小，等待后续图片写入；如果大于一个“Block”的大小，进行图片合并，建立索引信息并把图片元数据信息写入 HBase 中，图片数据写入 HDFS 和 Redis 缓存服务器中。

当写入数据类型为视频时，判断其大小是否超过一个“Block”的大小，如果小于一个“Block”的大小，直接按照一个“Block”来处理；如果大于一个“Block”的大小，采用 Hadoop 提供的“分块”策略进行处理，并将索引信息直接写入 NameNode 主节点中。视频数据最终写入 HDFS 和 Redis 缓存服务器中。

当写入数据类型为文本文件时，需要服务层数据转换模块中相应的 Parser 解析进行处理，具体处理流程在数据转换模块会进行详细介绍。

当写入数据类型为气象、墒情等结构化数据时，通过结构化数据访问接口（structured data access interface）直接将数据写入 HBase 数据库及 Redis 缓存服务器中。

数据写入业务处理流程图如图 5-5 所示。

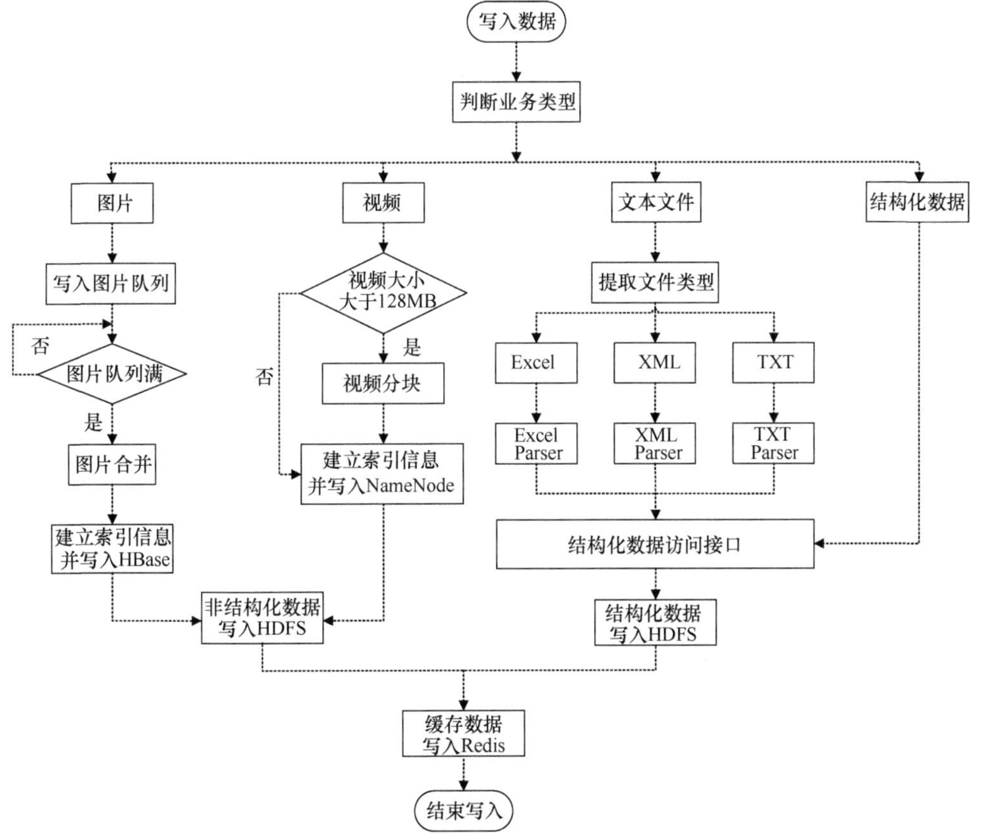

图 5-5　数据写入业务处理流程图

下面介绍数据读取业务处理。

业务处理模块在处理数据读取业务时流程相对较简单，从模型存储层可以看出，农业物联网数据都是存储在 HDFS、HBase 及 Redis 缓存服务器中。其中，Redis 缓存服务器读取效率最高，所以优先访问 Redis 缓存数据库中的数据；若 Redis 数据库中没有数据，再访问 HBase 数据库中的数据；若 HBase 中也没有要读取的数据，则访问 Hadoop 底层 HDFS 中的数据。数据读取业务处理流程图如图 5-6 所示。

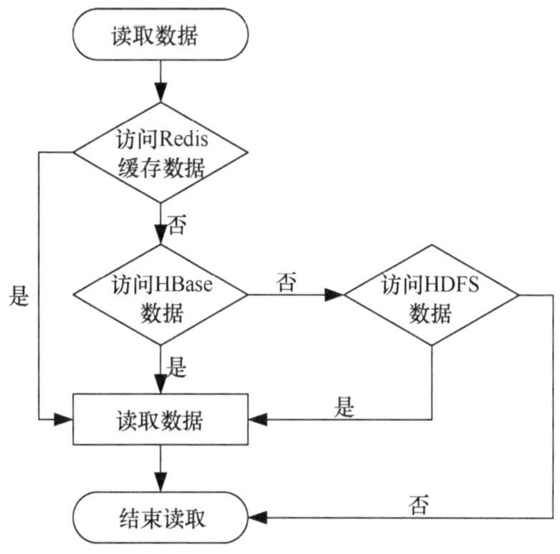

图 5-6　数据读取业务处理流程图

（二）事务处理模块设计

随着物联网系统中数据规模呈指数式增长，传统的关系型数据库在存储容量和性能上都遇到了瓶颈，尤其是在 PB 级别的数据量上。HBase 的诞生，更符合大数据时代的存储需求。它具有海量存储、高效读写、高扩展性等特点，使得目前大量的使用传统数据库存储的应用逐渐向 HBase 等 NoSQL 数据库中迁移。由于 HBase 一般搭建在分布式集群环境下，其在跨行事务及长事务处理的可靠性上受到了制约，只能提供基础级别的弱事务性处理，无法对跨行事务及长事务精准有序地处理，很难保证海量数据分析等复杂业务下的数据一致性，并且给物联网系统的实时性应用要求带来了很大的麻烦。

目前，解决 NoSQL 数据库跨行事务及长事务处理主要有两种方案，一种是分布式有锁方案，如 Google 公司为了解决 BigTable 海量数据的增量更新操作开发的 Percolator 框架；另一种是集中式无锁方案，如为分布式 Key-Value 数据库提供强事务性支持的 Omid 开源框架。

分布式有锁方案通过侵入数据方式在表结构中增加锁协议法，在事务提交初期，首先对表结构中的数据加锁，事务结束后释放锁。采用该方案可以保证事务执行的强 ACID 特性，但很难避免因为某个事务锁阻塞影响其他事务的正常运行，在性能及时效性上会受到影响。

集中式无锁方案在不改变原有数据结构的基础上，通过集中式的事务元数据服务器来保证事务的 ACID 特性，通常采用先提交新版数据再验证的方式，验证失败时回滚旧版本数据。采用该方案在性能上要优于分布式有锁方案，但由于集中式处理事务元数据的特点，首先，大量的内存消耗和通信损耗是其主要弊端，其次，分布式环境下单节点失效是不可避免的，事务元数据服务器的宕机会带来毁灭性的灾难。

通过对比以上两种分布式事务解决方案，在不改变 HBase 底层存储的基础上，采用牺牲部分性能保证整个存储系统可靠性的分布式有锁方案。分布式有锁方案又分为悲观锁和乐观锁两种。

悲观锁是大部分关系型数据库提供的锁机制，认为事务的并发冲突一定会发生，因此，只要是对数据进行 CRUD 操作，都需要先对数据加锁，让该事务独占数据资源，并发中的其他事务无法对加锁的数据进行操作，实现了事务的完全串行化。但是由于悲观锁的弱并发性能，对性能要求较高的 HBase 数据库是致命的，尤其是在高并发的情况下，悲观锁的额外开销是无法承受的。

乐观锁在一定程度上解决了悲观锁的弊端，具有更加宽松的锁机制，认为事务的并发冲突不会频繁发生，无须提前关注冲突，先让事务对数据进行操作，事务结束后发生冲突回滚到之前的状态即可。通过乐观锁机制可以有效降低长事务中加锁的额外开销，可以有效提高系统的整体性能，增加系统的整体吞吐量。所以，在对性能及吞吐量要求较高的 HBase 数据库事务处理中，乐观锁方案是较好的选择。

通过乐观锁来保证 HBase 长事务的 ACID 特性，需要在 HBase 表结构中添加一个 HLock 列，HLock 列是一种结构体，其结构设计如表 5-1 所示。

表 5-1　基于乐观锁的 HLock 结构体

HLock 结构体					
字段名称及含义	Version	当前结构体版本号			
	State	当前事务状态			
		FREE 空闲态	PREWRITTEN 预写入	STOPPED 终止态	COMMITTED 已提交态
	PrewriteTimestamp	数据预写入时间戳			
	CurrentTimestamp	当前时间戳			
	CommitTimestamp	事务完成提交时的时间戳			
	ExpiryTime	锁过期时间（可配置）			
	PrimaryLock	当前事务主锁标志			
	ViceLocks	当前事务副锁标志			
	ColChanges	列修改记录			
	Operation	记录事务的操作类型			
		PUT 写入		REMOVE 删除	

通过 HLock 结构体的设计，可以在不修改 HBase 底层存储结构的前提下通过事务处理模块保证农业物联网系统中对强事务性的要求，事务处理模块配合 HLock 以解决事务 ACID 特性包括读数据和写数据两个流程。

读流程具体如下：

(1)先处理单元读取事务中所需数据的 HLock 列，若其 State 状态值为 FREE，取得并返回数据结果；

（2）若 HLock 列的 State 状态值不为 FREE，查看锁结构体中 ExpiryTime 的值，若 ExpiryTime 值还未过期，则回滚本事务；

(3)若 ExpiryTime 值已经过期，则回滚此 HLock 所属的上一个版本事务数据，清除过期事务所有 HLock 值，然后执行当前事务。

写流程具体如下：

(1)先处理单元读取事务中所需数据的 HLock 列，若其 State 状态值为 FREE，则跳转到步骤（4）中；

（2）若 HLock 列的 State 状态值不为 FREE，查看锁结构体中 ExpiryTime 的值，若 ExpiryTime 值还未过期，则回滚本事务；

(3)若 ExpiryTime 值已经过期，则回滚此 HLock 所属的上一个版本事务数据，清除过期事务所有 HLock 值，然后执行当前事务；

（4）在 ExpiryTime 值未过期的情况下，把写入的数据先存入缓存模块中，等待写入数据库；

（5）在事务提交阶段，若操作数据的 HLock 没有被改变，则把缓存中的待写入数据存储到 HBase 数据库中。

事务处理模块的完整流程如图 5-7 所示。

整个事务提交过程分为两个阶段：Prewrite 阶段与 Change 阶段。事务提交详细流程如下：

（1）在 Prewrite 阶段，事务处理模块随机选择本事务中的一行数据，将其设置为主锁，其余行设置为副锁；

（2）事务处理模块生成 PrewriteTimestamp 及 CurrentTimestamp 两个时间戳；

（3）事务处理模块将所有 PUT 操作的行数据从缓存中写入 HBase，更新其 HLock 的状态为 PREWRITTEN；

（4）事务处理模块将所有 REMOVE 操作的行数据 HLock 的状态更改为 PREWRITTEN，此时不做 DELETE 操作；

（5）在 Change 阶段，事务处理模块先将主锁所在行锁状态改为 COMMITTED 状态；

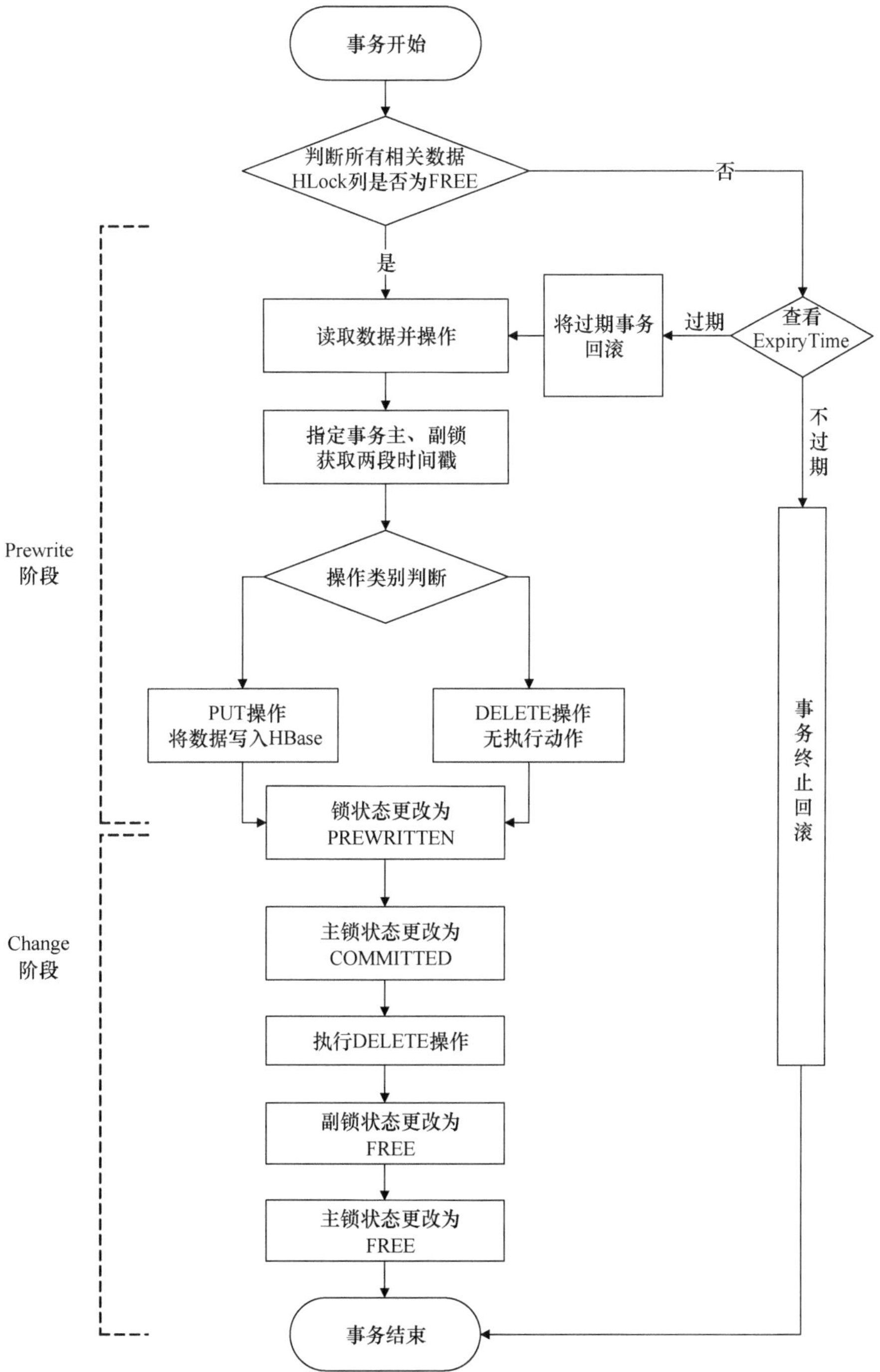

图 5-7　事务处理模块完整流程图

（6）事务处理模块遍历本事务涉及的所有行，如果 Operation 类型为 REMOVE，进行 DELETE 操作，删除 REMOVE 标志行所有版本的数据，不可恢复，因此将 REMOVE 操作放在 COMMITTED 之后；

（7）将所有非主锁所在行状态改为 FREE；

（8）改变主锁 State 状态为 FREE；

（9）完成事务。

在宕机处理上，如图 5-7 流程所示，通过 HLock 的设计，可以保证 HBase 在长事务读写过程中的事务性，为了降低线程阻塞带来的额外开销，事务处理模块并不需要定时主动清理坏死的 HLock，而是将该任务交给新事务去处理。通过可配置 ExpiryTime 属性可以获取旧事务是否为线程阻塞事务。如果 ExpiryTime 超时，新事务会首先检查超时事务的主锁，若主锁状态为 COMMITTED，则说明超时事务已经提交，事务处理模块可以根据超时事务 HLock 列的副锁信息完成整个事务的提交过程；若主锁 State 标志为其他状态，则事务处理模块根据主锁信息完成超时事务的回滚。

在集群时间同步上，由于所有的 TimeStamp 都是由系统机器的本地时间生成，在一个庞大的集群系统中，很难保证所有机器节点时间的一致，这就有可能因为时间混乱造成事务的错误。为了满足事务对时间的高准确性与高统一性要求，在本节设计方案中，采用在 Hadoop 集群中搭建 NTP 服务器的方式为集群提供全局唯一的时间戳服务，以保证各个机器节点的时间一致性。NTP 服务精度在局域网环境下可以达到 0.1ms，在互联网环境下可以达到 50ms 以内，可以有效保证分布式存储的事务性。

在千兆网络、Inter Xeon（R）E5-4603V2 处理器、32G 内存、5TB 硬盘组成 6 节点 Hadoop 2.8 集群环境下，搭建 3 节点 HBase 数据库。分别测试原生 HBase 和加锁 HBase 基本 PUT 操作的性能，基于数据量 1 万、5 万、10 万条数据级别进行测试，测试结果如表 5-2 所示。

表 5-2　PUT 操作测试结果

测试项	1 万	5 万	10 万
原生 HBase	2 209ms	10 385ms	40 683ms
加锁 HBase	2 917ms	11 920ms	44 636ms

柱状图对比如图 5-8 所示。

通过测试可以看出，事务处理模块及乐观 HLock 机制的设计，在增加事务数据量的情况下，加锁 PUT 在执行速度上并没有明显变慢，因此，本节方案在保证 HBase 事务性的特征上是可行的。

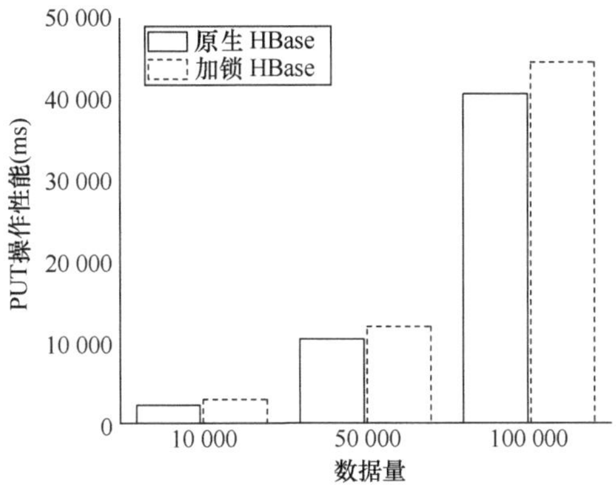

图 5-8　PUT 操作柱状对比图

（三）图片打包索引设计

针对图片合并模块分析了目前 Hadoop 提供的 4 种处理海量小文件的方法，分别是默认 TextInputFormat、CombineFileInputFormat、SequenceFile 及 Harballing。这 4 种处理方法的应用场景不一样，考虑到需要重新设计海量图片的索引信息，选择了更为合适的 SequenceFile 技术。SequenceFile 是序列化后的二进制文件，使用该技术的优点是它记录的是<Key，Value>形式的键值对列表，使用 SequenceFile 技术将多张图片打包成一个“Block”时，Key 可以用来记录图片的名称，Value 可以用来记录图片的内容。并且 SequenceFile 技术支持数据压缩，有利于节省磁盘空间，同时还能减少网络传输的时间。

由于 SequenceFile 中使用 FileName 作为 Key，File contents 作为 Value，每一个文件都可以通过 FileName 映射到 SequenceFile 中，所以针对图片的 FileName 进行了编码设计。将 FileName 分为三个部分：BlockID、FileID 与 offset。图片文件名设计如图 5-9 所示。

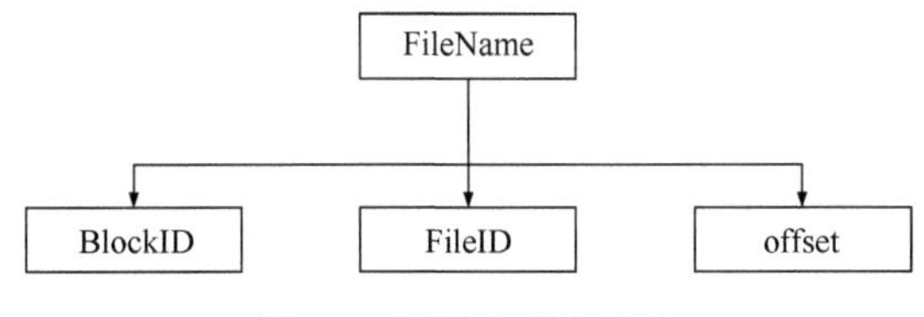

图 5-9　图片文件名设计

BlockID 代表打包后的 SequenceFile 所在的“Block”，也代表着 DataNode 上的一个数据块，NameNode 可以根据 BlockID 信息确定 DataNode 的地址，一个“Block”中可能包含有多个 SequenceFile，每一个 SequenceFile 又包含着多张图片。所以采用 FileID 表示一个“Block”中的哪一个具体的 SequenceFile，使用 offset

表示图片在一个 SequenceFile 中的偏移量。图片打包流程如图 5-10 所示。

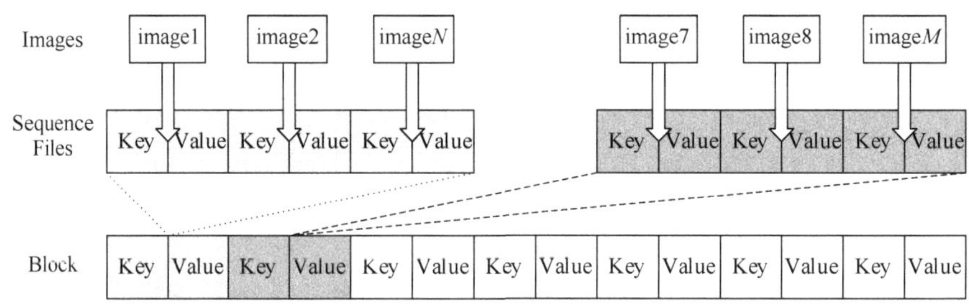

图 5-10　图片打包流程

当客户端通过图片文件名向服务端发起读取请求时，首先通过前端处理解析图片文件名，传给服务端 BlockID、FileID 与 offset 的值；Master 主机可以根据 BlockID 确定到 DataNode 主机中的某个“Block”文件并把 DataNode 地址发送给客户端；根据 FileID 可以确定该“Block”文件中的某个 SequenceFile；根据 offset 偏移量的值可以确定所要读取图片在该 SequenceFile 中的位置；最后客户端通过前端解析内容与 DataNode 地址完成图片的读取。通过文件名获取存储节点数据的流程如图 5-11 所示。

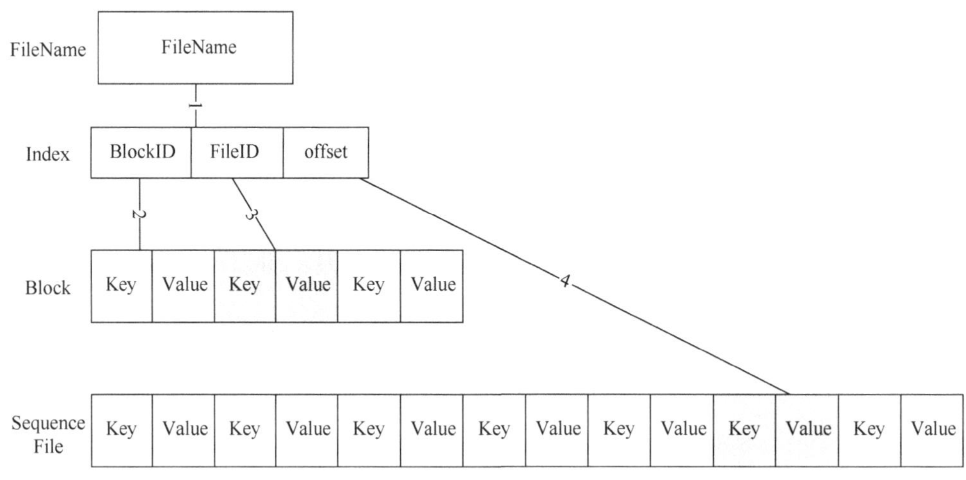

图 5-11　文件名解析流程

这样设计可以有效减少 HBase 数据库中图片元数据的信息，将图片存储信息以编码的方式保存到文件名中，并通过前端文件名解析代码直接实现对 DataNode 节点的数据访问，可以减少一次去 HBase 数据库中读取图片存储信息的过程，通过 offset 偏移量的值可以将磁头直接定位到 SequenceFile 中图片位置开始读取，效率要高于未对文件名编码的普通检索方式。

（四）数据转换模块设计

数据转换模块包括物联网设备元数据信息转换和采集到的文本文件转换两个部分。

1. 元数据信息转换

为了使存储模型支持动态增加数据采集设备的功能，采用 XML 文件的形式存储设备元数据信息。XML 作为可扩展的标记性语言，由于其不需要预定义标签内容，用户可以根据实际业务自行定义，常被用于数据转换场景中。在 XML 解析中，常用的有 DOM 解析和 SAX 解析两种方案。由于 SAX 在解析比较大的 XML 文件时，运行速度和内存消耗都优于 DOM，所以本节采用 SAX 作为解析 XML 文件的工具。解析完成后需要 XML 处理单元将处理后的元数据通过 StructuredDataAccessInterface 接口存储到 HBase 数据库中。基于 XML 的元数据转换流程如图 5-12 所示，转换时序图如图 5-13 所示。

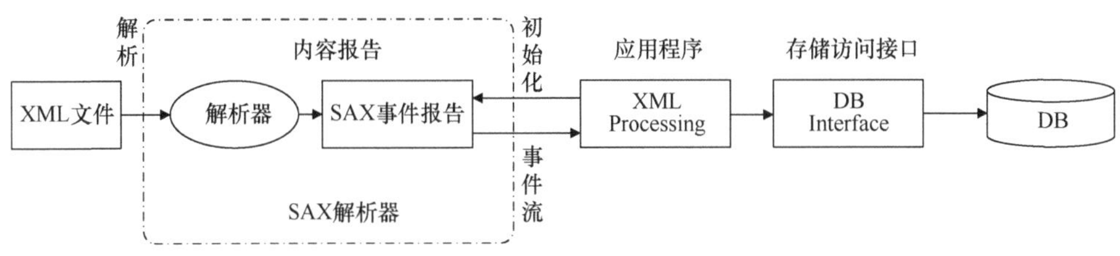

图 5-12　基于 XML 的设备元数据转换流程

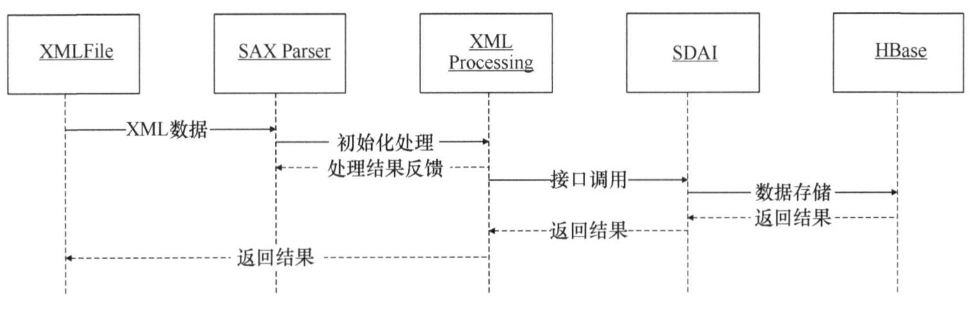

图 5-13　基于 XML 的设备元数据转换时序图

2. 文本文件转换

部分传感器获取的数值型数据存储在文本文件中，如 Excel 表、TXT 文件、XML 文件中，直接对文本文件进行读写操作性能非常低，需要通过相应的 Parser 处理对文本文件进行数据转换并持久化存储在 HBase 数据库中。

由于应用服务器程序采用 Java 语言编写，相应的 Parser 处理分别采用

Serializable 接口、org.apache.poi.*.jar、BufferedReader 类、Dom4j.*.jar 实现。文本文件转换流程如图 5-14 所示。

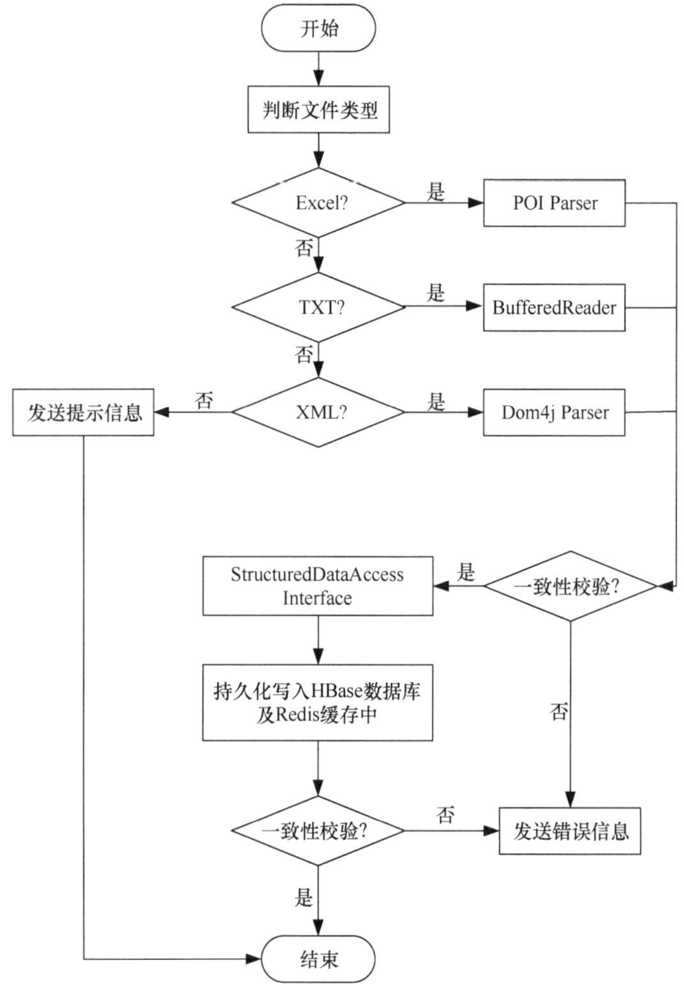

图 5-14 文本文件转换流程

如图 5-14 所示，结合应用层业务处理模块对文本文件类型进行判断。当文本文件类型为 Excel 时，使用 Java 第三方 jar 包 POI 解析；当文本文件类型为 TXT 时，使用 Java IO 中的 BufferedReader 类解析；当文本文件类型为 XML 时，使用 Java 第三方 jar 包 Dom4j 解析；当文本文件类型为其他时，发送提示信息给前端界面。通过 Parser 解析后的数据首先要进行一致性校验，如果解析正确时，通过结构化数据访问接口将数据写入 HBase 数据库和 Redis 缓存中；解析错误时，发送错误信息到前端界面。对写入数据库和缓存中的数据需要再进行一遍校验过程。当写入正确时，结束流程；当写入存在错误时，将错误信息反馈给前端界面。

（五）缓存服务模块设计

为了提高网站的响应速度，需要设置缓存服务模块，请求热点数据时可以直接从内存中读取而非从后端磁盘中。Redis 作为优秀的 Cache 工具，在国内外大型网站架构中应用得非常广泛。由于目前硬件成本在逐渐降低，普通服务器可以配备有多核 CPU，甚至几十 GB 的内存，而 Redis 主进程又是单线程工作，通常会在一台服务器中同时运行多个 Redis 实例。为了降低单机宕机带来的风险，需要把缓存服务模块配置在多台服务器中，以构建去中心化的 Redis-cluster 集群，每个缓存节点都保存数据和维护整个集群的状态。Redis-cluster 集群体系架构如图 5-15 所示。

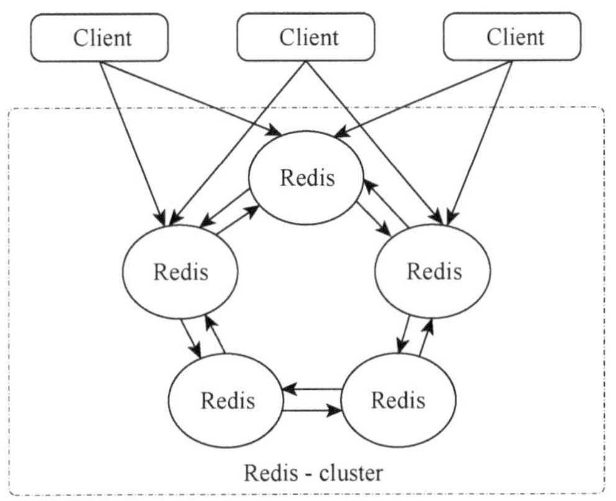

图 5-15　Redis-cluster 集群体系架构图

（六）负载均衡模块设计

负载均衡是分布式存储架构设计中必须要考虑的因素之一，通过负载均衡模块可以将前端请求压力按照相关负载策略分摊到多个处理单元中执行，结合农业物联网存储模型将负载均衡架构分为 5 层，分别是客户端层、反向代理层、应用层、服务层及数据层。整体体系结构如图 5-16 所示。

客户端层到反向代理层的负载均衡是通过 DNS Server 的“DNS 轮询”策略实现的，DNS Server 为 Domain Name 配置多个 IP 解析地址，并且每个 IP 被解析的概率是相同的。Client 请求通过 DNS Server 轮询策略取得不同的 IP 地址，通过 IP 地址去请求相应的反向代理服务器。体系结构如图 5-17 所示。

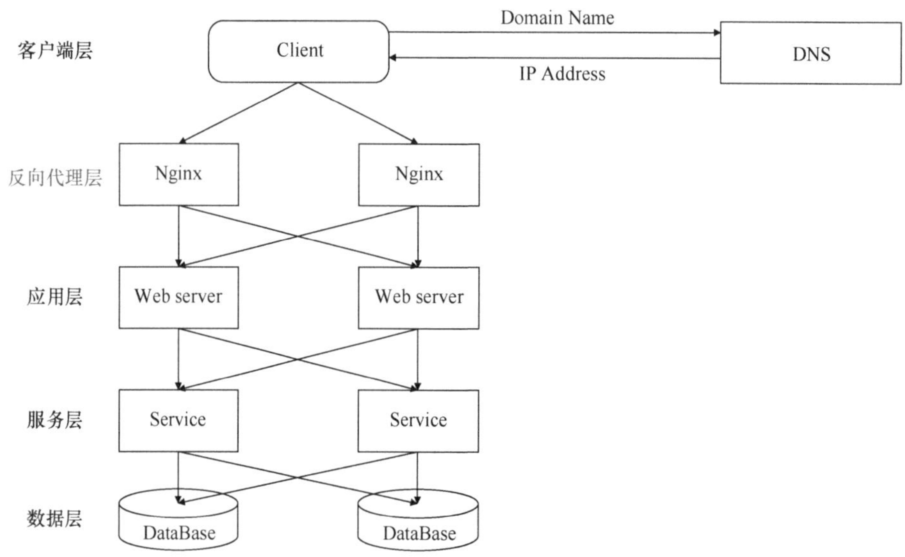

图 5-16　负载均衡整体体系结构

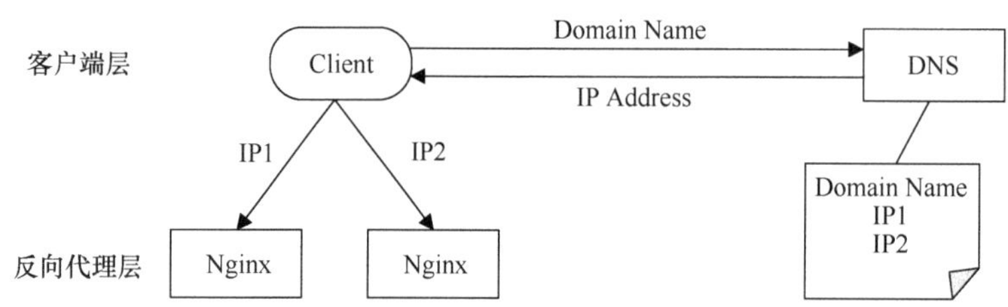

图 5-17　客户端层到反向代理层的负载均衡

反向代理层到应用层的负载均衡通过 Nginx 服务器实现，Nginx 作为优秀的负载均衡服务器可以实现多种负载均衡策略。常见的负载均衡策略有请求轮询法、随机法、源地址哈希法、加权轮询法、最小连接数法等。由于农业物联网数据存储系统对扩展性要求比较高，并且原系统与新增的服务器节点机器配置及当前负载不一定相同，因此每台服务器的抗压能力不一定相同，那就需要给配置高的服务器设置更高的权重，让其承受更高的负载，给配置低的机器设置较低的权重，用来处理负载小的任务。加权轮询法能够更好地满足存储系统的需求，通过修改 nginx.conf 配置文件可以根据服务器实际负载能力进行实时调整。体系结构如图 5-18 所示。

应用层到服务层的负载均衡由应用层服务连接池实现，应用层服务连接池对应服务层中的多个服务，通过随机选取策略来处理应用层到服务层的请求，体系架构如图 5-19 所示。

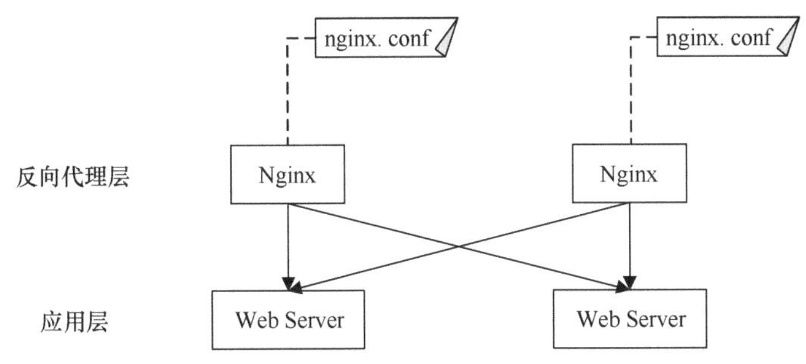

图 5-18　反向代理层到应用层的负载均衡

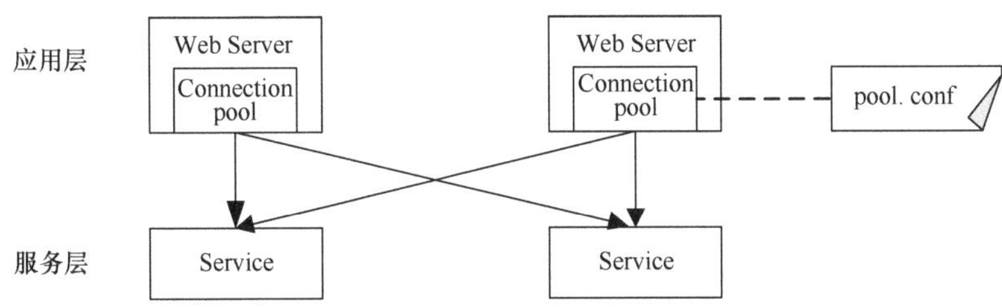

图 5-19　应用层到服务层的负载均衡

服务层到数据层的负载均衡是通过数据 range 水平切分实现的，该功能由 HMaster 节点完成。通过数据的 range 水平切分后，每一个数据存储持久化节点及缓存节点数据量是差不多的，要尽量减少某个数据存储节点出现过载情况的概率。体系结构如图 5-20 所示。

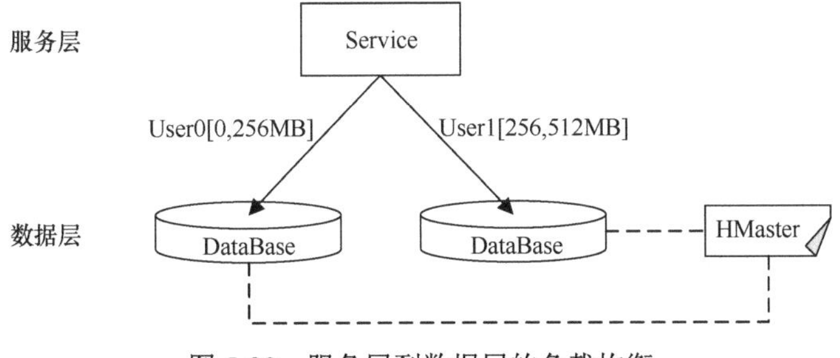

图 5-20　服务层到数据层的负载均衡

最后对 Nginx 加权轮询法负载均衡进行测试。在应用层设置 3 台不同 IP 地址的 Web Server，权重分别是 8、6、10。Nginx.conf 配置文件如表 5-3 所示。

通过不同客户机向反向代理服务器进行 100 次随机访问请求，应用层 3 台 Web 服务器访问的次数及占比如表 5-4 所示。

通过 100 次随机访问测试，应用层 3 台 Web Server 访问次数占比分别是 33%、25%、42%，与权重占比基本保持一致，可以满足农业物联网存储模型负载均衡的需求。

表 5-3　Nginx.conf 配置文件结构

```
upstream bakend {
    server 192.168.0.1 weight=8;
    server 192.168.0.2 weight=6;
    server 192.168.0.3 weight=9;
}
```

表 5-4　Web 服务器访问的次数及占比

Web Server IP Address	权重	访问次数	占比
192.168.0.1	8	33	33%
192.168.0.2	6	25	25%
192.168.0.3	10	42	42%

（七）数据访问接口设计

对农业物联网系统中的不同类别数据按照结构进行划分，主要包括气象、墒情等结构化数据与图片、视频等非结构化数据。并对这两类数据分别设计了结构化数据访问接口（StructuredDataAccessInterface）与非结构化数据访问接口（UnStructuredDataAccessInterface）。根据实际业务需求使用 UML 建模工具设计了相应的类图。结构化数据访问接口如图 5-21 所示；非结构化数据访问接口如图 5-22 所示。

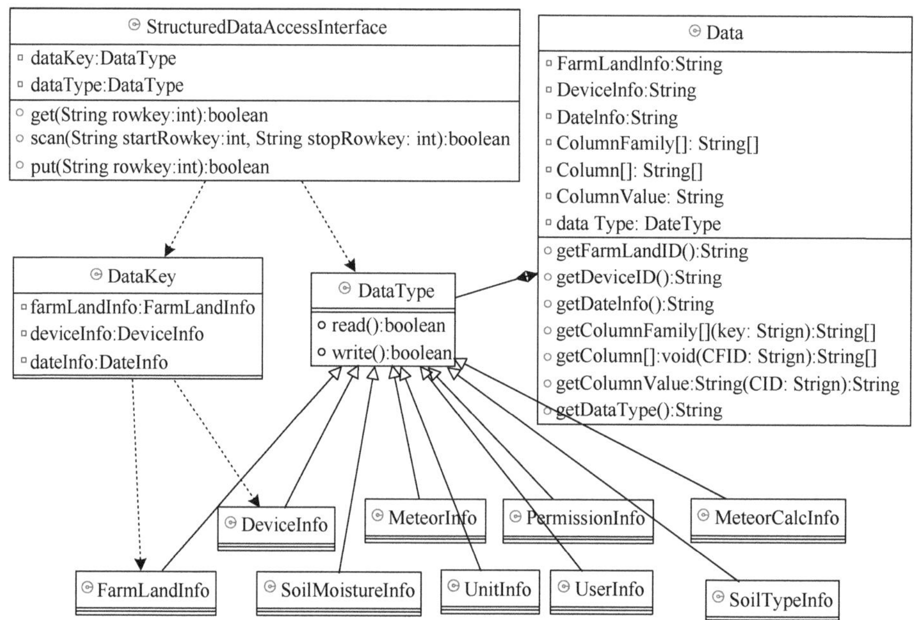

图 5-21　结构化数据访问接口

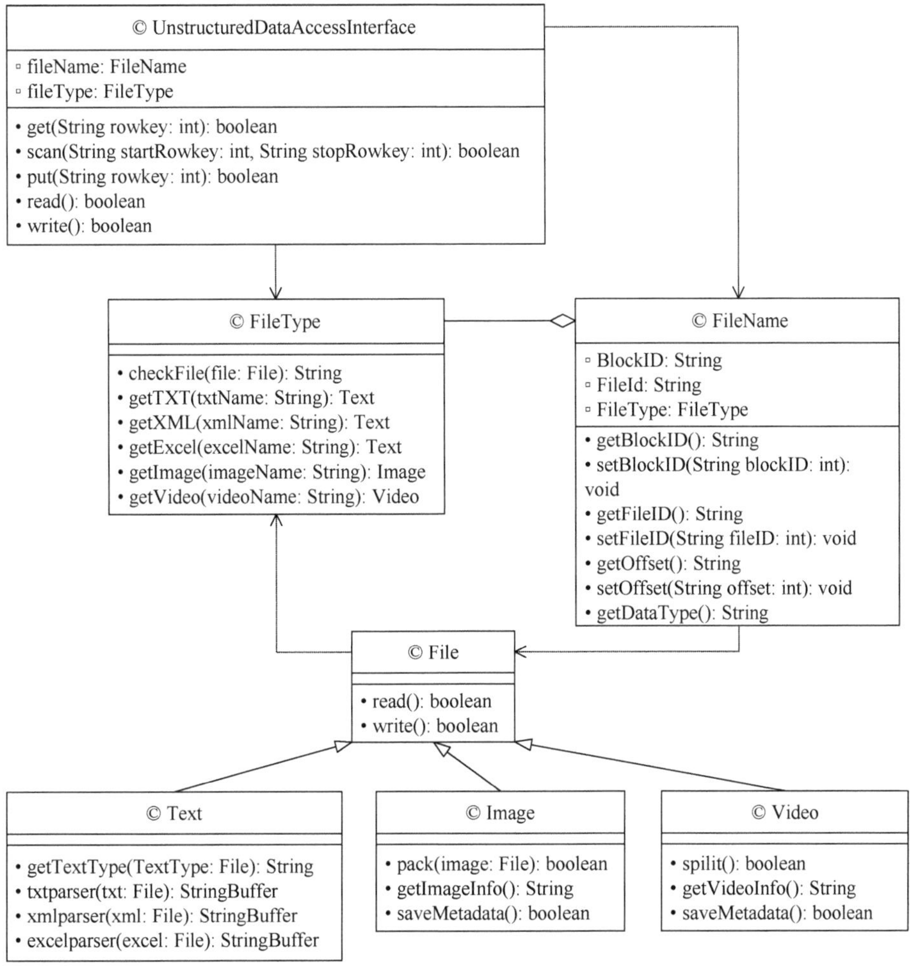

图 5-22　非结构化数据访问接口

图 5-21 中主要包括 Data 类、DataType 类、DataKey 类及 StructuredDataAccess-Interface 类。其中，Data 类是作为农业物联网监测系统实体数据的存储类；在此基础上，又将 Data 类分为 9 种类型，该功能由 DataType 类实现；DataKey 类是对 Row Key 设计的实现，StructuredDataAccessInterface 类作为结构化数据访问接口提供给程序开发人员使用。

图 5-22 中主要包括 File 类、FileType 类、FileName 类及 UnStructuredData-AccessInterface 类。其中，File 类分为 3 种类型，分别是 Text、Image 和 Video。FileName 为文件名类，由 BlockID、FileID、FileType 组成，该类主要作用于图片打包的场景。UnStructuredDataAccessInterface 类作为非结构化数据访问接口提供给程序开发人员使用。

四、存储模型整体读写流程

通过前面小节的存储模型总体架构设计与关键模块详细设计，采用 Nginx 作为反向代理服务器、Tomcat 集群作为读写应用服务器、Redis 作为缓存服务器、HBase 作为结构化数据存储及非结构化元数据服务器、HDFS 作为底层分布式存储单元、NTP 作为时间同步服务器，构建了农业物联网数据存储模型。存储模型整体读写流程如图 5-23 所示。

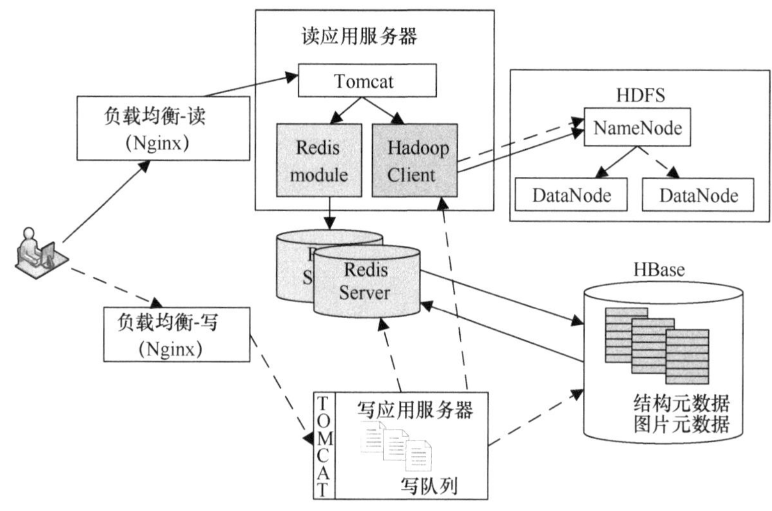

图 5-23 存储模型整体读写流程

读流程具体如下：

（1）客户端发起请求到 Nginx 负载均衡服务器，Nginx 通过加权轮询算法将负载小的 Tomcat 读应用服务器地址发送给客户端；

（2）客户端根据读应用服务器地址请求 Web 服务器中 Redis module 中的数据；

（3）若 Redis 缓存中有数据，HadoopClient 直接请求缓存服务器中的数据；

（4）若 Redis 缓存中没有数据，则向 HBase 数据库发起请求，再通过 HadoopClient 向 HDFS 发送数据请求；

（5）若 Redis 缓存和 HBase 数据库中都没有数据，则发送“无数据”信息给客户端。

写流程具体如下：

（1）客户端发起请求到 Nginx 负载均衡服务器，Nginx 通过加权轮询算法将负载小的 Tomcat 写应用服务器地址发送给客户端；

（2）客户端根据写应用服务器地址将数据写入写队列，等待正式写入；
（3）写应用服务器将数据写入 Redis 缓存中；
（4）写应用服务器通过统一数据访问接口将数据写入 HBase 数据库中；
（5）写应用服务器通过 HadoopClient 将数据写入底层分布式文件系统中。

第三节　农业物联网数据管理系统

一、系统需求分析

（一）业务需求分析

业务需求分析需要明确系统详细的业务范围。通过分析“河南农业物联网监控中心”系统中的监测数据，可以知道目前农业物联网在农情监测应用中采集的数据主要有两大类，一是数值型的结构化数据，如物联网传感器获取到的气象数据、墒情数据等；二是非结构化数据，如监测站摄像头定时拍摄的苗情图像信息、实时获取到的视频信息等。系统设计是以地块为单位通过物联网设备进行数据采集、传输、存储、分析与计算，并对外提供数据的访问接口，在此基础上可以开发农业物联网数据管理系统，为河南省农作物种植提供实时的可视化界面，主要服务于农业生产人员、农技人员及企业和政府部门工作人员等。

以地块为单位进行数据的采集与存储主要原因是试验田或示范区需要做对比试验，如河南以长葛、滑县、商丘、周口等地为示范区进行试验田的建设，将试验田分为多个地块，针对不同地块采用不同的品种、施肥量、灌溉策略等，通过对比试验可以构建区域作物生产管理基础信息系统及作物生长监测与诊断模型参数库，构建河南省主产区的作物生长监测诊断与精确栽培技术体系，大幅度提高作物生长监测与诊断的智能化水平及粮食生产能力。

（二）用户需求分析

用户需求分析需要明确系统都有哪些具体的用户。该系统主要有三类用户：系统管理员、站点管理员与普通用户。

系统管理员是整个系统的最高权限拥有者，用来管理和维护系统的其他使用人员，主要包括对系统使用人员信息及权限的管理。并且负责系统日志管理、安全管理、错误排查、系统备份与恢复等重要工作。

站点管理员是农业物联网监测站点的直接管理人员，负责所属站点的信息维护、传感器设备管理及物联网系统数据的管理。系统数据包括物联网采集的气象数据、墒情数据、图像及视频等。

普通用户主要包括非以上两种类型的农业生产人员、农技人员、企业政府人员及科研人员等。普通用户只能查看和下载网站中的数据，不具备数据修改的权限。

（三）功能需求分析

功能需求分析需要明确系统都有哪些具体的功能模块。通过系统业务需求分析和用户需求分析两个部分，已经基本明确系统该具有的功能。系统的主要功能结构如图 5-24 所示。

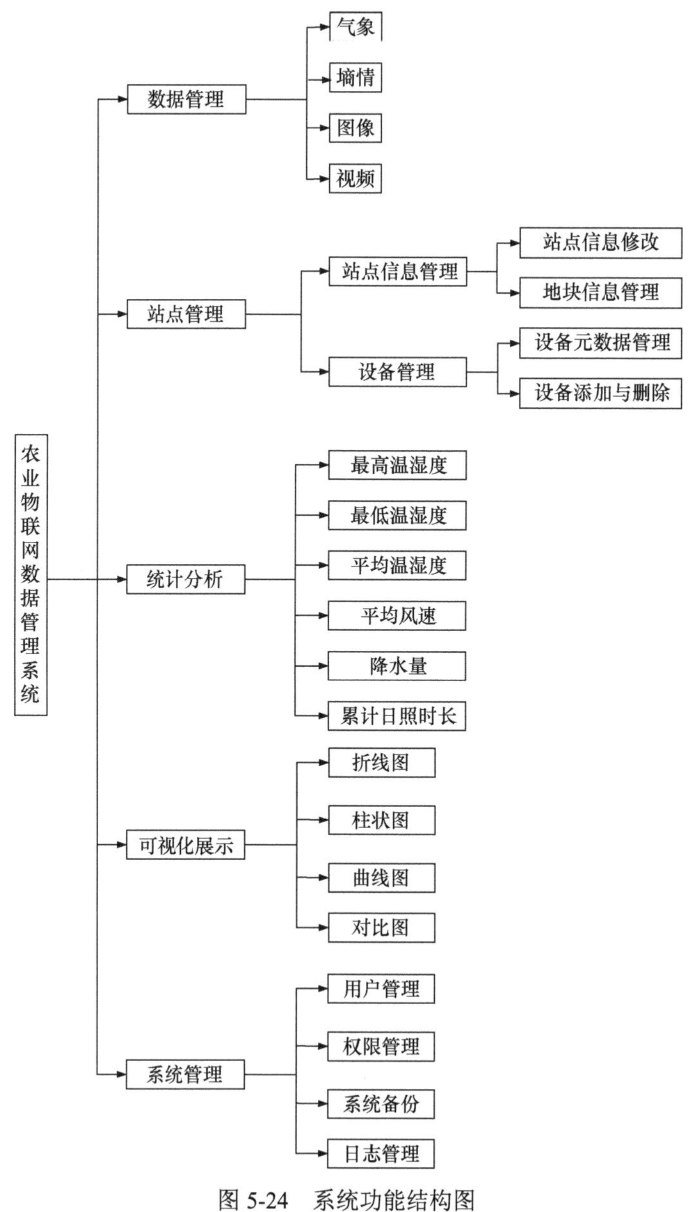

图 5-24 系统功能结构图

二、系统架构设计

（一）B/S 模式

从客户端与服务端的交互角度出发，系统采用 B/S 模式（浏览器/服务器模式）将主要的大部分业务处理逻辑封装在服务器端，充分利用了服务器强大的处理能力，终端用户只需要通过 www 浏览器访问网站即可获得想要请求的资源。B/S 模式具有分布性、扩展方便、维护简单、共享性强、兼容性高等优点，客户机无须安装特定的软件就可以随时随地低成本地获取系统服务。B/S 模式架构图如图 5-25 所示。

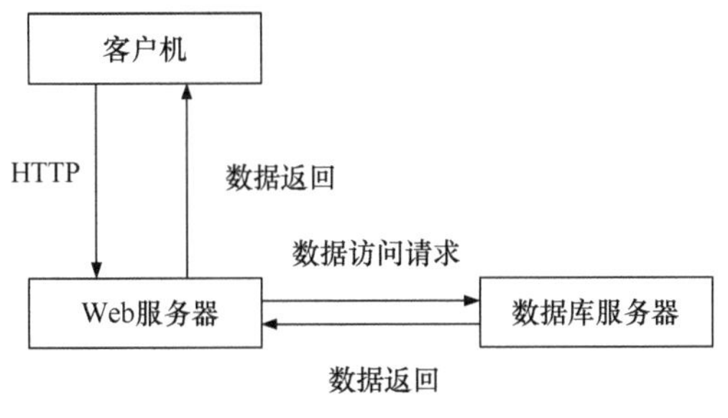

图 5-25　B/S 模式架构图

（二）四层架构

从应用程序的架构角度出发，系统采用四层架构来弥补三层架构在系统可扩展性和可维护性上的不足。在数据库技术驱动下的 Web 应用架构通常包含三层：表示层、业务逻辑层及数据访问层，其体系结构如图 5-26 所示。

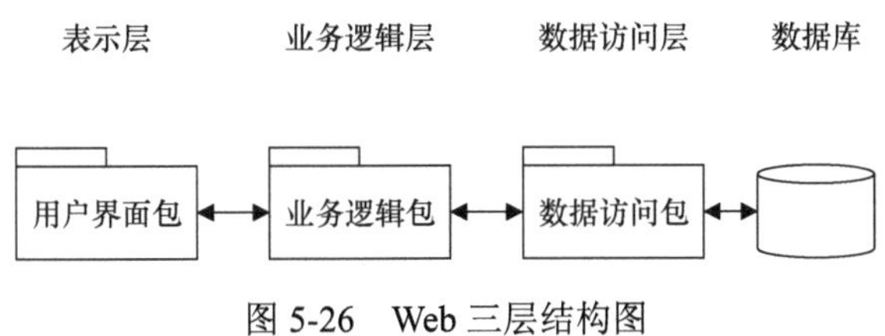

图 5-26　Web 三层结构图

四层架构将三层架构中业务逻辑层进一步细分为控制层和服务层。服务层是对系统服务的具体实现，完成核心业务逻辑。控制层是对服务层的高度抽象，并负责与表示层进行交互。由于系统业务随时都有可能更改，将业务逻辑层细分为控制层和服务层可以在不更改控制层的前提下直接修改服务层，通过进一步分层解耦的方式可以有效提高系统的可扩展性和可维护性。四层架构如图 5-27 所示。

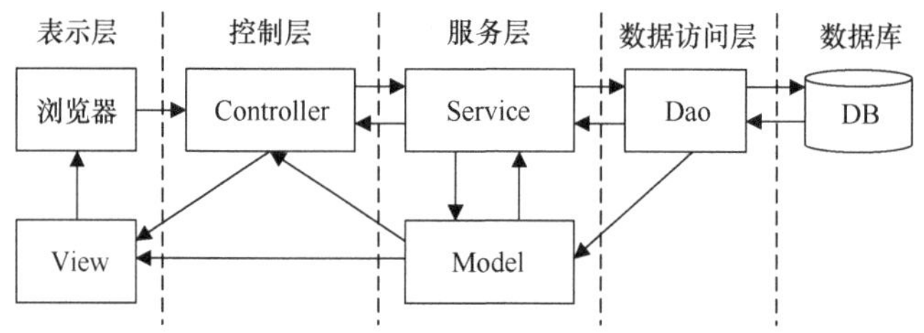

图 5-27　Web 四层结构图

三、数据库设计

（一）数据库需求分析

从系统业务、用户及功能三个部分需求出发，数据库的需求分析应该满足物联网数据管理系统中具体数据的存储、查询、更新等要求。通过对系统数据存储要求分析，将数据库中的数据分为气象数据、土壤数据、墒情数据、统计数据、图像数据、视频数据、站点数据、地块数据、设备数据、用户数据和权限数据。其中，气象数据、墒情数据、图像及视频数据为物联网设备获取的主要数据类型。

（二）概念结构设计

在概念结构设计阶段采用 E-R 图（实体-联系图）建立数据模型。概念结构设计的步骤如图 5-28 所示。

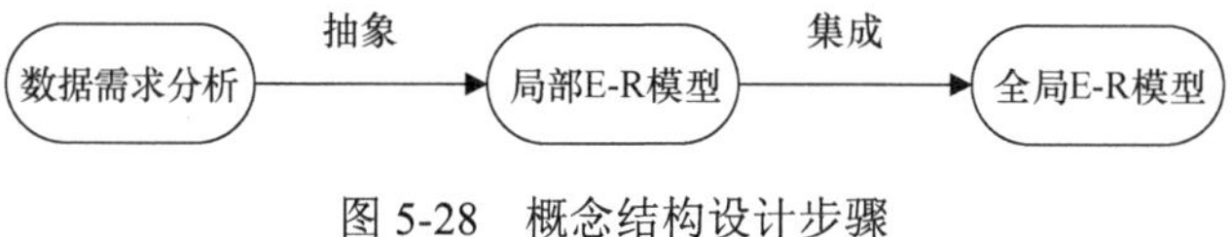

图 5-28　概念结构设计步骤

E-R 图提供了表示实体类型、属性和联系的方法，用来描述农业物联网监测系统的数据概念模型。从数据需求分析出发，抽象后的局部 E-R 模型如图 5-29～图 5-39 所示。

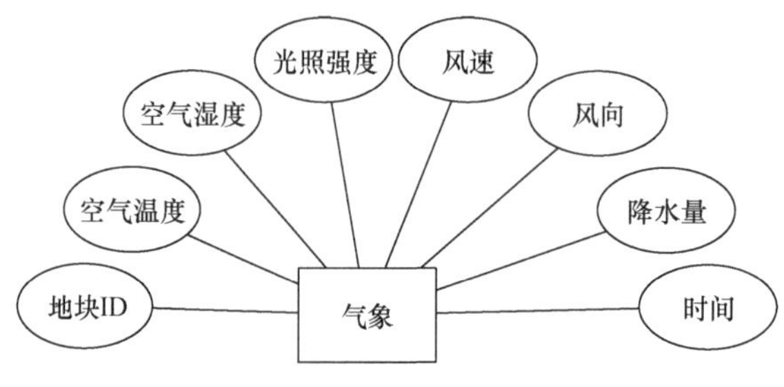

图 5-29　气象局部 E-R 图

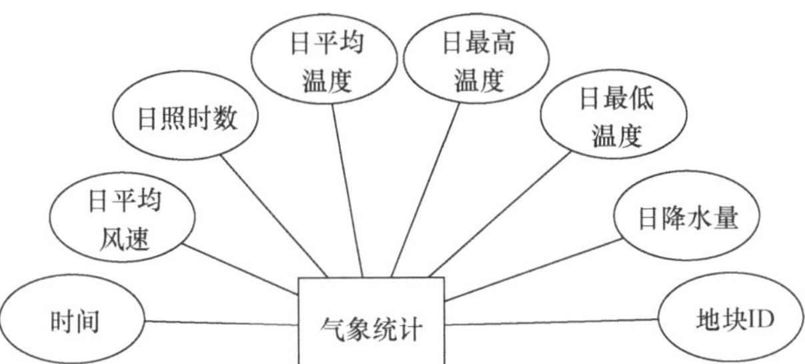

图 5-30　气象统计局部 E-R 图

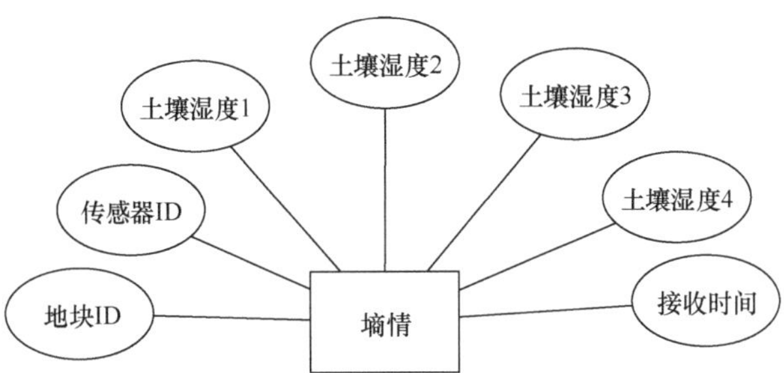

图 5-31　墒情局部 E-R 图

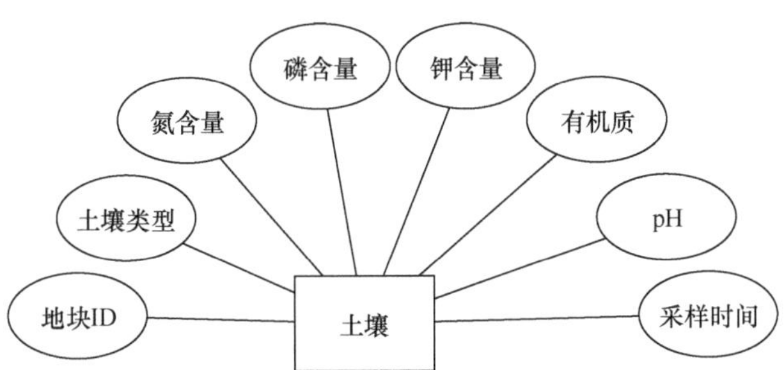

图 5-32　土壤局部 E-R 图

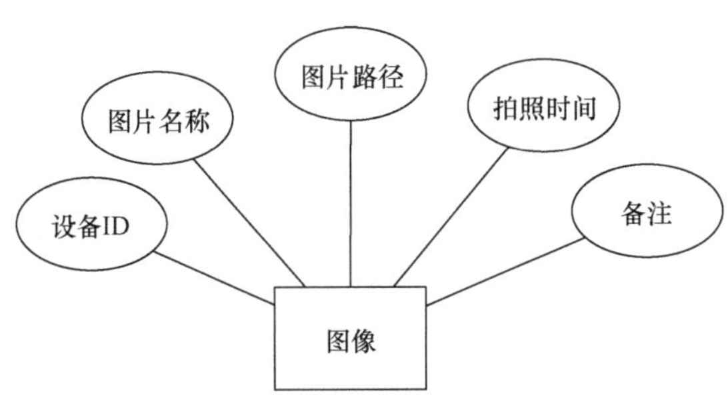

图 5-33　图像局部 E-R 图

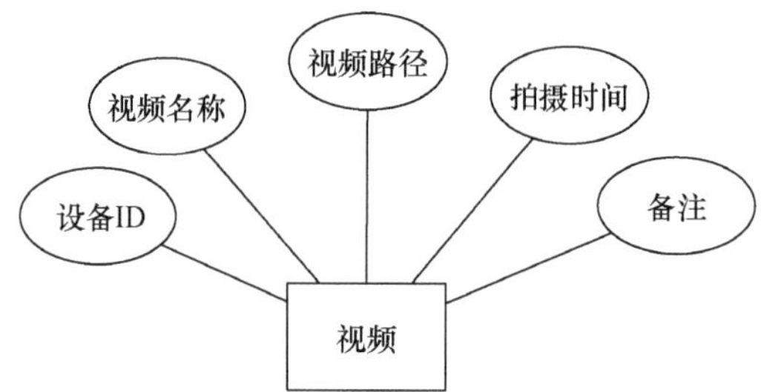

图 5-34 视频局部 E-R 图

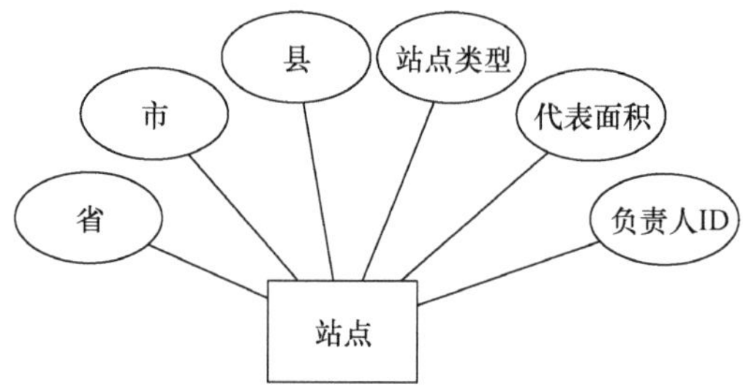

图 5-35 站点局部 E-R 图

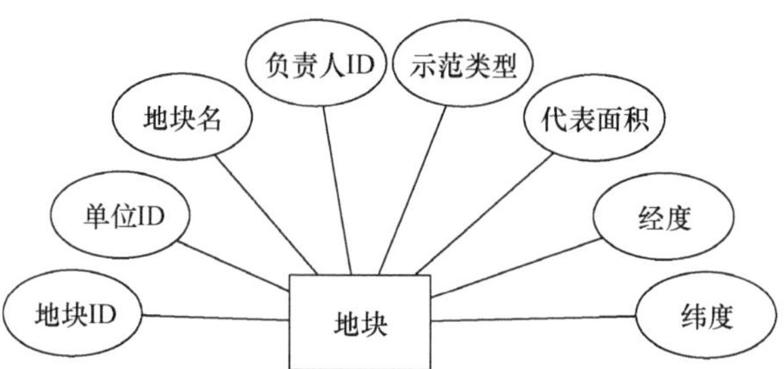

图 5-36 地块局部 E-R 图

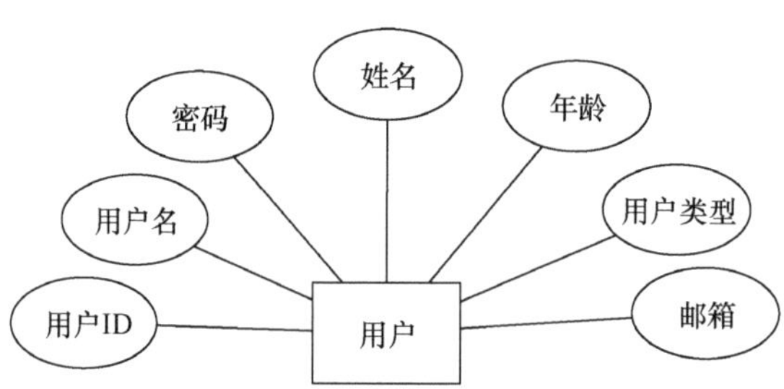

图 5-37 用户局部 E-R 图

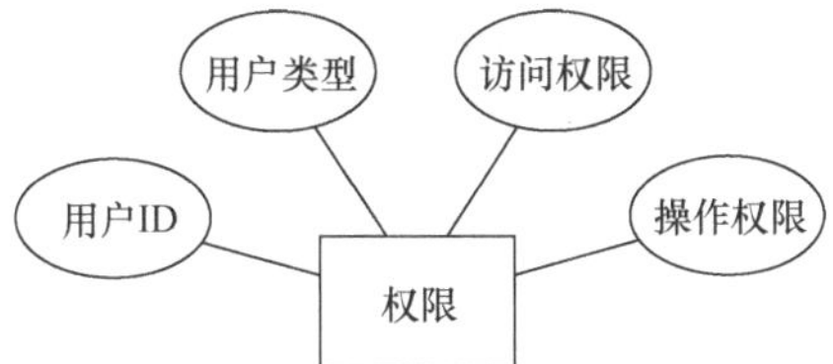

图 5-38　权限局部 E-R 图

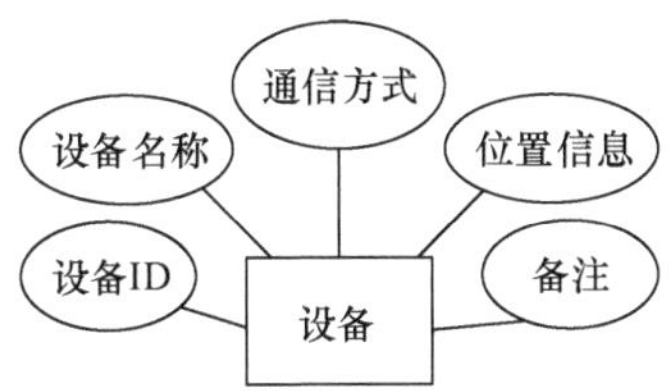

图 5-39　设备局部 E-R 图

在局部 E-R 模型上表明实体与实体之间联系的类型（1：1，1：n 或 m：n）的基础上，进而构成全局 E-R 模型。全局 E-R 图如图 5-40 和图 5-41 所示。

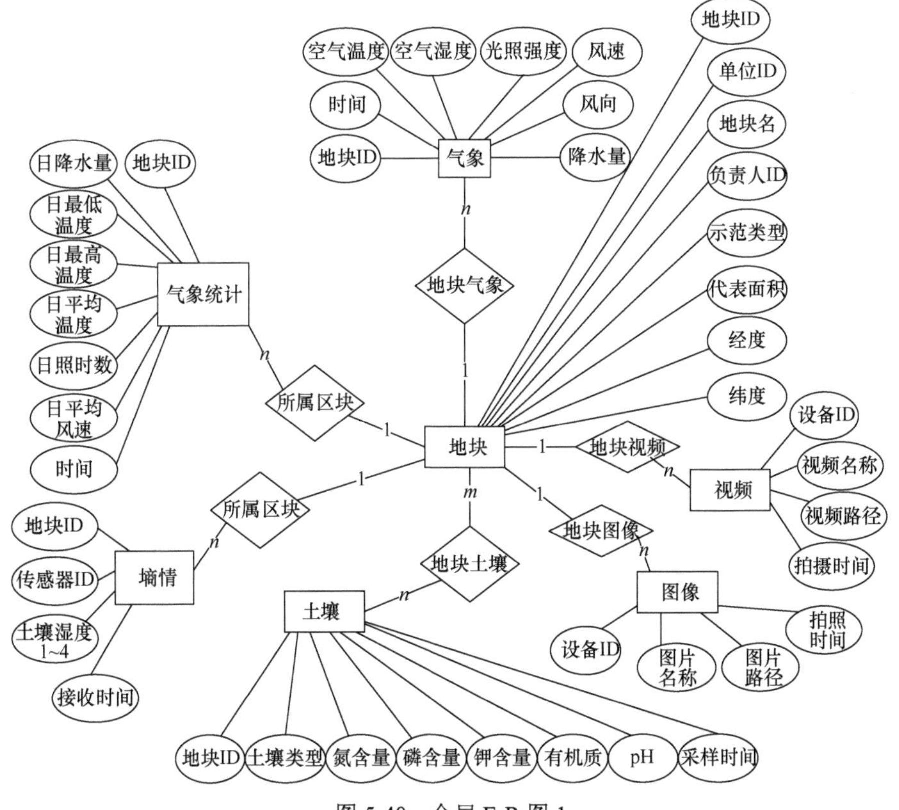

图 5-40　全局 E-R 图 1

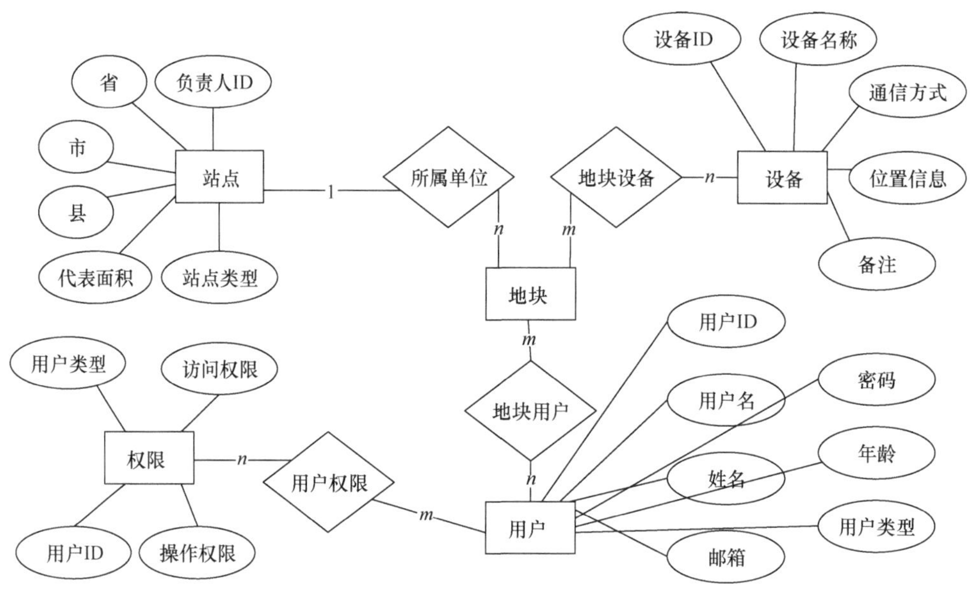

图 5-41　全局 E-R 图 2

从全局 E-R 图 1 中可以很直观地看出，农业物联网设备以地块为单位进行气象、墒情、苗情图像与视频的采集。地块有地块 ID、单位 ID、地块名、负责人 ID、示范类型、代表面积、经纬度等属性。一个地块可以采集多条气象数据，通过采集的气象数据可以统计出多个气象统计表，所以地块与气象、气象统计为一对多的关系；一个地块可以采集多条墒情数据，所以地块与墒情为一对多的关系；一个地块可以有多种土壤类型，一种土壤类型也可以出现在多个地块上，所以地块与土壤为多对多的关系；一个地块可以采集多个图像信息和多个视频信息，所以地块与图像和视频为一对多的关系。

除了全局 E-R 图 1 所示的主要数据模型，还需要一些其他的信息，如站点信息、设备信息、用户信息与权限信息等。

从全局 E-R 图 2 中可以很直观地看出，站点信息主要包括行政区划信息、负责人 ID、代表面积及站点类型，一个站点可以划分出多个地块，地块必须属于某一个具体的站点，所以站点与地块为一对多的关系；一个地块可以有多个设备（传感器、摄像头、GPS 定位仪等），同一个设备可以在多个地块使用，每个设备都必须有设备名称、通信方式、位置信息及其他备注信息等，所以地块与设备是多对多的关系；一个地块可以由多个用户来管理，一个用户也可以管理多个地块，用户信息主要包括用户 ID、用户名、密码、姓名、年龄、邮箱及用户类型等信息，所以地块和用户之间为多对多的关系；每一个用户根据用户类型都需要分配相应的权限，同样的权限可以分配给多个同一类型的用户，权限包括访问权限（访问某个地块的某些数据信息）和操作权限（对有权限访问的数据进行查看、添加、删除、修改），所以用户和权限具有多对多的关系。

（三）逻辑结构设计

逻辑结构设计阶段的任务是将概念结构设计的数据模型转换成特定DBMS所支持的数据模型。在该阶段需要对HBase中Row Key和列簇进行详细设计。

全局E-R模型中的数据可以分为三大类：物联网数据、站点数据及用户数据。物联网数据包括气象数据、墒情数据、图像、视频及统计数据。站点数据包括站点信息、地块信息、设备信息及土壤信息。用户数据包括用户信息及权限信息。将E-R数据模型转换成HBase数据模型后主要的表结构有物联网数据表、站点数据表、用户数据表，其表结构及详细的列簇设计如表5-5～表5-10所示。

表 5-5　物联网数据表结构

RowKey	TimeStamp	物联网数据表列簇					
		气象	墒情	统计	图像	视频	HLock

地块ID+设备ID+时间戳（RowKey）

HLock结构体（HLock）

表 5-6　物联网数据表列簇集合

列簇	可动态扩展Key集合					
气象	空气温度	空气湿度	光照强度	风速	风向	降水量
墒情	土壤湿度1	土壤湿度2	土壤湿度3	土壤湿度4	土壤湿度5	
图像	图片名称	图片路径	拍照时间	备注信息		
视频	视频名称	视频路径	拍摄时间	备注信息		
按日统计	日最高温度	日最低温度	日平均温度	日平均风速	日照时长	日降水量
按月统计	月最高温度	月最低温度	月平均温度	月平均风速	累积日照	月降水量
按年统计	年最高温度	年最低温度	年平均温度	年平均风速	累积日照	年降水量

表 5-7　站点数据表结构

Row Key	Time Stamp	站点数据表列簇				
		站点	地块	土壤	设备	HLock

站点ID+地块ID（Row Key）

HLock结构体（HLock）

表 5-8　站点数据表列簇集合

列簇	可动态扩展 Key 集合						
站点	省	市	县	负责人 ID	代表面积	站点类型	
地块	地块名	负责人 ID	示范类型	代表面积	经度	纬度	
土壤	土壤类型	氮含量	磷含量	钾含量	有机质	pH	采样时间
设备	设备 ID	设备名称	通信方式	位置信息	备注		

表 5-9　用户数据表结构

表 5-10　用户数据表列簇集合

列簇	可动态扩展 Key 集合				
用户信息	用户名	密码	姓名	年龄	邮箱
用户类型	系统管理员	站点管理员	普通用户		
访问权限	是	否			
操作权限	查询	添加	删除	修改	

气象数据、墒情数据、图像和视频都是由大田中物联网数据采集设备获取，并通过通信技术将数据传输到数据存储中心形成“列簇集合”。实现农技人员及时、准确的全天候远程监测，为农作物生产提供宏观预测与微观决策的依据。

气象统计信息由气象信息生成，通过数学统计算法对定时获取的气象数据进行不同时间间隔的统计，方便后期进行数据分析处理。例如，可以通过某日气象数据计算出某地块的日平均温度、日最低温度、日最高温度、日平均风速、日降水量等。

站点与地块信息由站点工作人员根据实际情况进行设计，用来记录站点及地块的相关信息，主要包含站点行政区划、地块名称、负责人信息、代表面积、经纬度等信息。

土壤信息由站点工作人员手工导入物联网监测系统的数据库中，与物联网设备获取到的墒情信息共同服务于精确种植管理、数据挖掘分析等。

设备信息以动态可配置 XML 文件的形式实时与后台数据库进行交互，站点工作人员可以动态增加传感器设备并通过修改 XML 文件将设备元数据实时存储到 HBase 中。

用户和权限信息的设计可以有效保证系统中数据的安全性。根据用户类型、访问及操作权限来判断当前登录用户是否具有数据的读写权限，并将相应的操作信息以日志的形式存储到后台数据库中，方便后期进行检验与排查。

（四）物理结构设计

数据库的物理结构设计是将逻辑数据模型映射到具体物理存储介质中的过程，取决于具体的数据库产品和硬件环境。数据库产品提供了具体的数据存储结构和存取方法，因此设计人员必须充分了解所选用的数据库产品的特性、体系及操作流程。本系统采用 HBase 作为数据库管理系统，其本身带有简单的 Web 界面，但功能相对较少，且操作相对烦琐。于是，选用 HBaseXplorer 作为 HBase 数据库的管理工具，使用 HBaseXplorer 可以很方便地对 HBase 数据库中的数据进行管理，提高系统的开发和维护效率。

四、系统平台

（一）硬件平台

系统硬件平台设计主要包括服务器、交换机、存储磁盘阵列、防火墙、UPS 及网络接入方式的选择等。硬件平台清单如表 5-11 所示。

表 5-11 硬件平台清单

类别	参数	数量
服务器	Inter Xeon（R）E5-4603V2、8GB、5TB	8
交换机	CISCO 1000Mbps、传输速率：1000Mbps	1
防火墙	CISCO VPN 防火墙、并发连接：25 000	1
路由器	WRVS4400N Wireless-N 千兆安全路由器	1
UPS	APC Smart-UPS RC 3000VA 230V	1
网络接入方式	光纤	

（二）软件平台

系统软件平台设计主要包括服务器操作系统、开发环境、开发工具、缓存及负载均衡软件的选择等。软件平台清单如表 5-12 所示。

表 5-12 软件平台清单

类别	详情
开发环境	Jdk 1.7、Hadoop-2.7.1、HBase-1.2.5、Zookeeper3.4.6
开发工具	IntelliJ IDEA 2017、HBaseXplorer
操作系统	CentOS 7.0（64 位）
缓存软件	Redis 2.8.9
负载均衡软件	Nginx 1.7.2

（三）集群拓扑结构

服务器分配方案及 Hadoop 数据存储集群中角色分配方案如表 5-13 和表 5-14 所示。

表 5-13　服务器分配方案

服务器	IP 地址	用途	主机名称
PC1	172.23.46.1	负载均衡服务器	Nginx
PC2	172.23.46.2	缓存服务器	Redis
PC3	172.23.46.3	应用服务器	TomcatA
PC4	172.23.46.4	应用服务器	TomcatB
PC5	172.23.46.5	Hadoop 数据存储服务器	Master
PC6	172.23.46.6	Hadoop 数据存储服务器	Slave1
PC7	172.23.46.7	Hadoop 数据存储服务器	Slave2
PC8	172.23.46.8	Hadoop 数据存储服务器	Slave3

表 5-14　Hadoop 数据存储集群角色分配方案

主机名称	HDFS 角色	HBase 角色	MapReduce 角色	Zookeeper 角色
Master	NameNode	HMaster	JobTracker	QuorumPeerMain
Slave1	DataNode	RegionServer	TaskTracker	无
Slave2	DataNode	RegionServer	TaskTracker	无
Slave3	DataNode	RegionServer	TaskTracker	无

集群拓扑结构如图 5-42 所示。

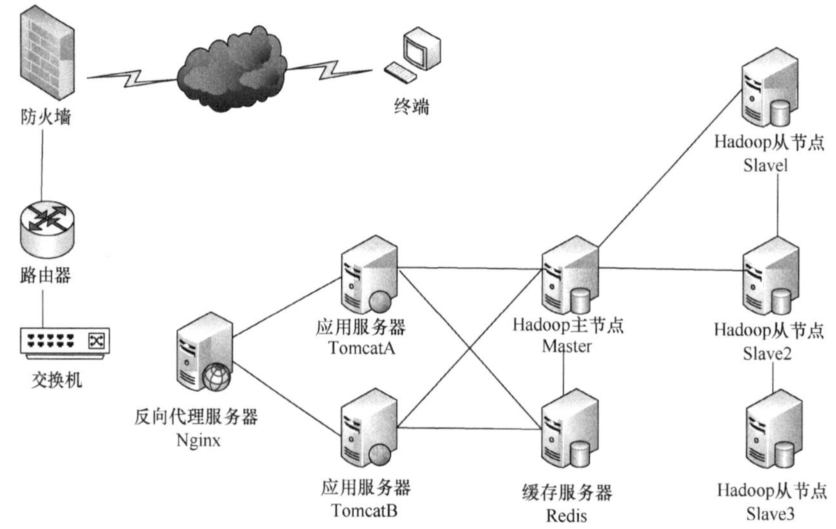

图 5-42　集群拓扑结构

五、系统实现

系统实现阶段主要完成了系统管理员、站点管理员与普通用户不同功能模块的实现。其中用户的操作主要包括系统注册与登录、站点及设备的管理、物联网数据管理、数据统计分析、可视化展示、数据下载、系统及日志管理等功能。

系统主要界面如图 5-43～图 5-50 所示。

农业物联网数据管理系统

系统简介 >
站点管理 >
设备管理 >
气象数据 v
墒情数据 >
图像数据 >
视频数据 >
统计分析 >
系统配置 >
日志管理 >
退出系统 >

省份: 河南省 站点: 安阳市滑县东留固农业物联网监控站 地块: 地块1

时间: 至 确认

结构 命令 搜索 操作 导出 导入

选择	空气温度	空气湿度	光照强度	风速	风向	降水量	采集时间
	18	37	4000	1.6	55	0	2017-10-11 14:10
	18	40	3624	1.6	90	0	2017-10-11 14:00
	19	33	4035	1.6	60	0	2017-10-11 13:50
	18	40	4080	1.6	80	0	2017-10-11 13:40
	19	40	4035	1.6	45	0	2017-10-11 13:30
	19	40	4032	1.6	65	0	2017-10-11 13:20
	17	40	4005	1.6	88	0	2017-10-11 13:10

全部选中 删除 刷新 < 1 2 3 4 5 6 >

图 5-43　气象数据管理页面

农业物联网数据管理系统

系统简介 >
站点管理 >
设备管理 >
气象数据 >
墒情数据 v
图像数据 >
视频数据 >
统计分析 >
系统配置 >
日志管理 >
退出系统 >

省份: 河南省 站点: 安阳市滑县东留固农业物联网监控站 地块: 地块1

时间: 至 确认

接收时间	土壤湿度1/%	土壤湿度2/%	土壤湿度3/%	土壤湿度4/%
2017-10-11 19:30	23.0	33.2	36.0	36.1
2017-10-11 19:20	23.0	33.2	36.0	36.1
2017-10-11 19:10	23.0	33.2	36.0	36.1
2017-10-11 19:00	23.1	33.2	36.0	36.1
2017-10-11 18:50	23.1	33.2	36.0	36.1
2017-10-11 18:40	23.0	33.2	36.0	36.1
2017-10-11 18:30	23.0	33.2	36.0	36.1

全部选中 删除 刷新 < 1 2 3 4 5 6 >

图 5-44　墒情数据管理页面

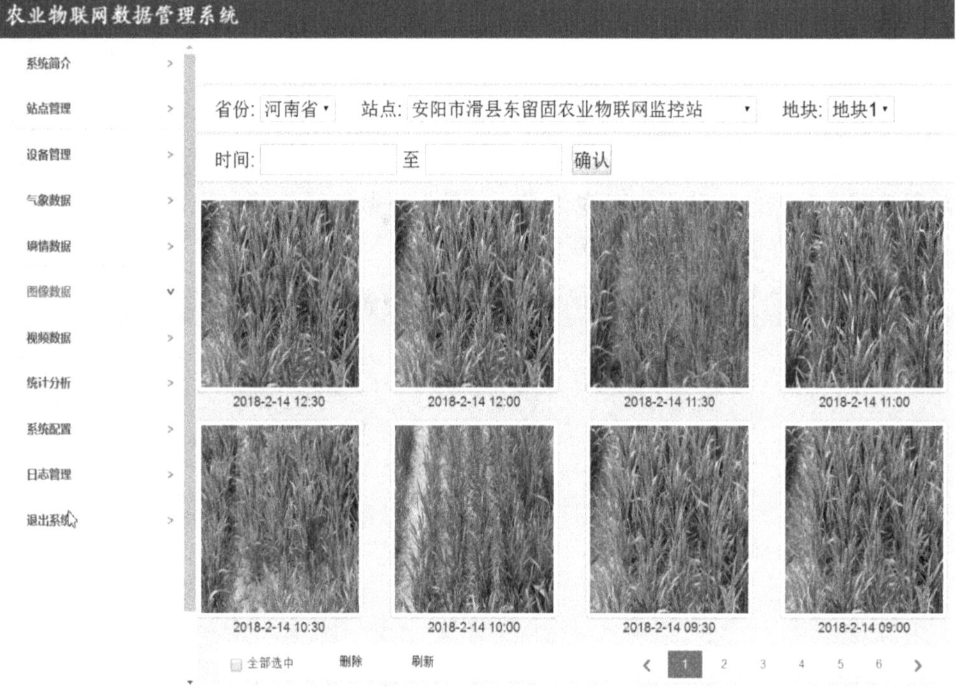

图 5-45　苗情图像管理页面（彩图请扫封底二维码）

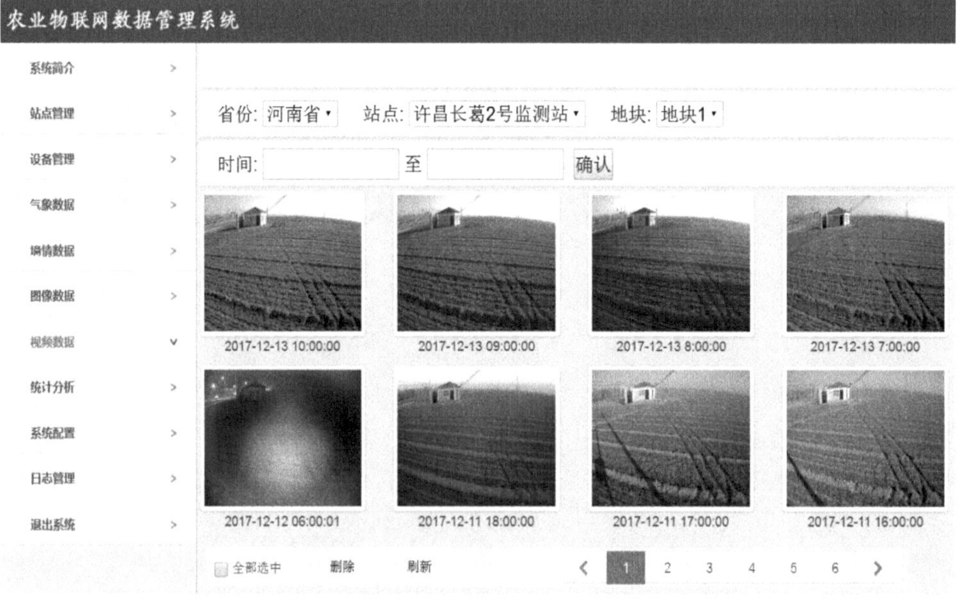

图 5-46　视频数据管理页面（彩图请扫封底二维码）

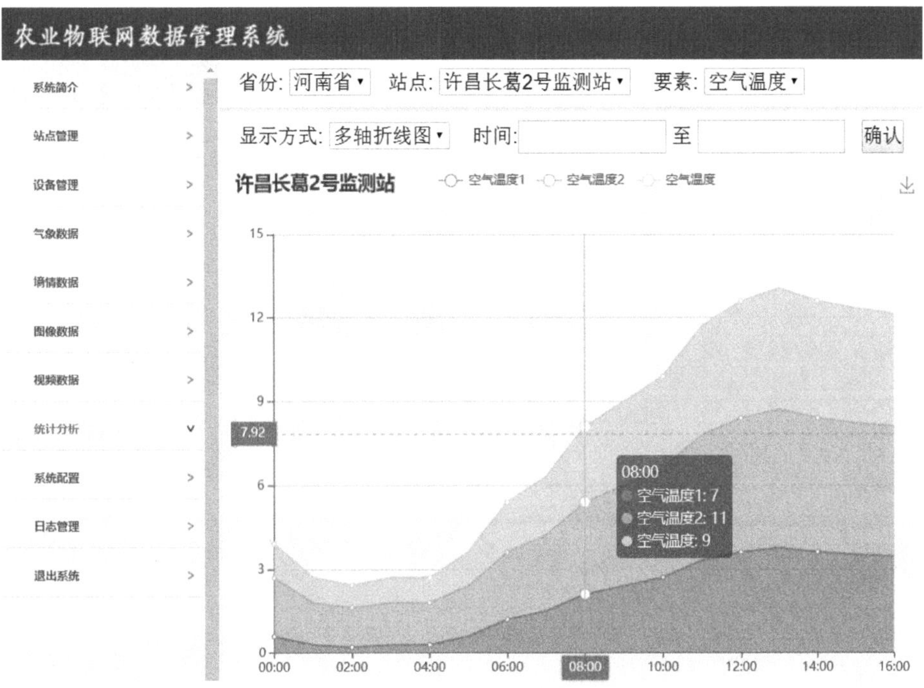

图 5-47　折线图显示方式（彩图请扫封底二维码）

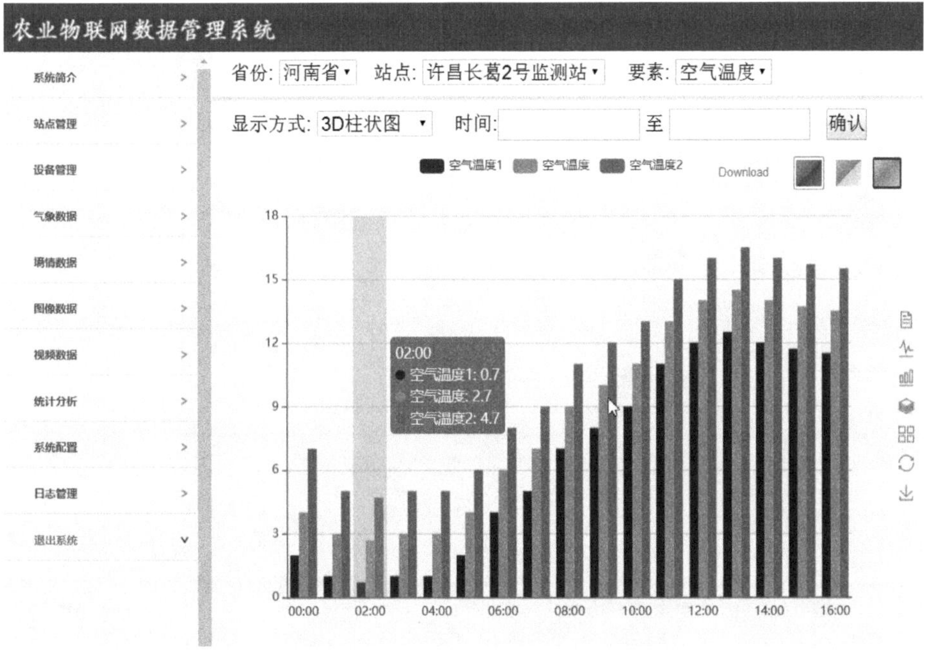

图 5-48　柱状图显示方式（彩图请扫封底二维码）

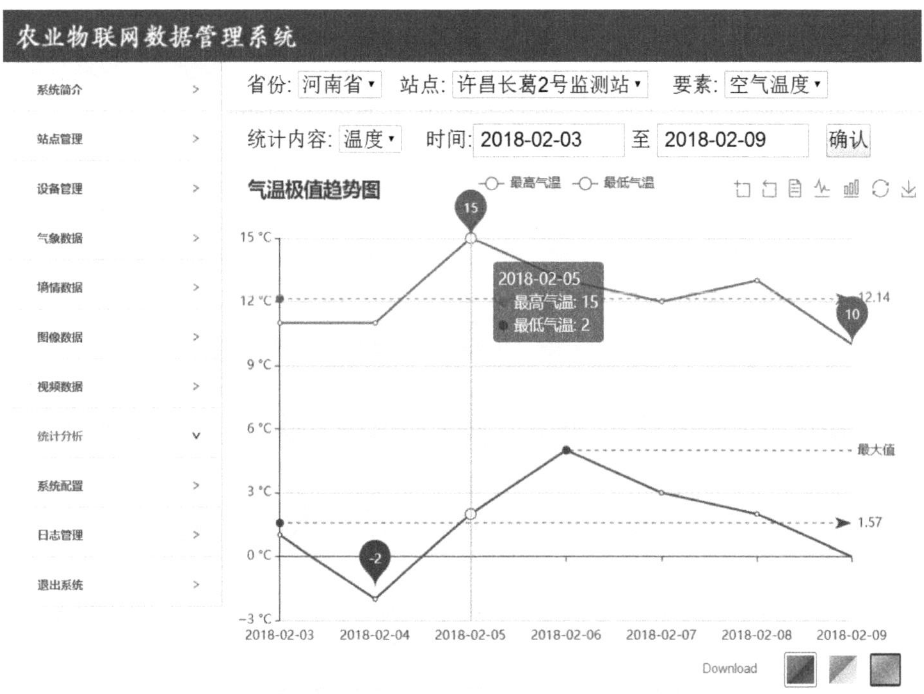

图 5-49　温度统计对比图（彩图请扫封底二维码）

图 5-50　年降水量对比图（彩图请扫封底二维码）

如图 5-43 和图 5-44 所示，分别是气象数据管理和墒情数据管理页面。气象数据和墒情数据为物联网数据管理系统中结构化数据的代表，由物联网传感器以地块为单位每 10min 获取一条数据上传到存储系统中。在其管理页面主要包含数据的添加、删除、修改及查询功能，还可以通过导入功能将数据批量上传到存储系统，系统支持 Excel、TXT 及 XML 格式批量上传。同时支持数据的批量下载，下载后的数据以 Excel 表格的形式进行存储。

如图 5-45 和图 5-46 所示，分别是苗情图像管理和视频数据管理页面。图像和视频数据为物联网数据管理系统中非结构化数据的代表，由物联网传感器以地块为单位每 30min 获取一张图像、每 1h 获取一段视频并上传到存储系统中。在其管理页面主要包含图像及视频的浏览、查询、批量下载及删除功能。

如图 5-47 和图 5-48 所示，分别代表可视化展示功能中折线图及柱状图的显示方式。用户可以根据查看要素、显示方式及时间间隔查询到相应的气象或墒情数据，并通过图形化的方式形象地展示给用户。

如图 5-49 和图 5-50 所示，分别代表统计分析功能中温度及降水量的统计对比图。图 5-49 表示 2018 年 2 月 3 日到 2 月 9 日许昌长葛 2 号监测站日最高及日最低温度走势对比图。图 5-50 表示 2016 年和 2017 年全年降水量走势对比图。

参 考 文 献

崔文顺. 2012. 云计算在农业信息化中的应用及发展前景[J]. 农业工程, 2(1): 40-43.

冯小萍, 高俊. 2015. 分布式数据库 HBase[J]. 信息通信, (7): 84-85.

何龙. 2018. 农业物联网数据存储管理系统的设计与实现[D]. 河南农业大学硕士学位论文.

廖彬, 于炯, 孙华, 等. 2013. 基于存储结构重配置的分布式存储系统节能算法[J]. 计算机研究与发展, 50(1): 3-18.

罗青. 2014. 面向多源键值数据库的矢量地理数据引擎关键技术研究[D]. 南京师范大学硕士学位论文.

马惠芳. 2013. 非结构化数据采集和检索技术的研究和应用[D]. 东华大学硕士学位论文.

马豫星. 2015. Redis 数据库特性分析[J]. 物联网技术, (3): 105-106.

孙乔, 聂玲, 杨洋, 等. 2014. 实时数据库在物联网综合业务平台中的应用[J]. 电力信息与通信技术, (12): 44-48.

王顺. 2016. 面向农业物联网的异构数据存储方法研究[D]. 河南农业大学硕士学位论文.

王忠. 2013. 我国数据中心产业发展现状及前景分析[J]. 中国信息安全, (6): 83-85.

吴广君, 王树鹏, 陈明, 等. 2012. 海量结构化数据存储检索系统[J]. 计算机研究与发展, 49(s1): 1-5.

夏秀峰, 赵圣楠. 2014. 基于 NoSQL 的 PDM 产品结构网状数据模型[J]. 电脑编程技巧与维护, (22): 70-73.

熊力, 顾进广, 项灵辉. 2014. 基于列式数据库的 RDF 数据分布式存储[J]. 数学的实践与认识, (5): 148-156.

许鑫, 时雷, 何龙, 等. 2019. 基于 NoSQL 数据库的农田物联网云存储系统设计与实现[J]. 农业工程学报, 1: 172-179.

杨王黎, 郑雪芸, 袁满. 2017. 关系模型向 RDF(S)模型转换研究[J]. 微型电脑应用, (9): 3-8.

姚云鹏, 沈建京, 周烈强. 2013. 基于文档模型的 Nosql 数据库逻辑建模[J]. 信息系统工程, (3): 58-59.

张杰. 2013. 一种高速数据存储方法的研究[D]. 中国科学技术大学博士学位论文.

张孝, 周宁南. 2013. 非结构化数据存储管理研究[J]. 科研信息化技术与应用, 4(1): 30-40.

赵静宇, 符啸威, 许景润. 2014. 关系模型数据库中实体间联系的理论研究与应用[J]. 电子技术与软件工程, (2): 212.

Chang F, Dean J, Ghemawat S, et al. 2008. Bigtable: A distributed storage system for structured data[J]. ACM Transactions on Computer Systems, 26(2):1-26.

Chodorow K, Dirolf M. 2013. MongoDB: The Definitive Guide[M]. Sebastopol: O'Reilly Media, Inc.

Dede E, Govindaraju M, Gunter D, et al. 2013. A performance evaluation of a mongodb and hadoop platform for scientific data analysis[C]. The Workshop on Scientific Cloud Computing: 13-20.

Kamath A, Jaiswal A, Dive K. 2014. From idea to reality: Google file system[J]. International Journal of Computer Applications, 103(9): 8-10.

Taylor R C. 2010. An overview of the Hadoop/MapReduce/HBase framework and its current applications in bioinformatics[J]. BMC Bioinformatics, 11(6): 3395-3407.

第六章　基于物联网的环境数据异常检测系统

随着信息技术在农业领域中的不断普及和精准农业的实施，农业数据增长迅速。这些海量数据中蕴含着许多常规数据处理方法发现不了的知识和规律，影响了数据的高效利用。将数据挖掘应用到农业信息化数据智能处理中，针对不同特点的农业数据，选择适合的数据挖掘方法从数据中发现隐含的规律，能更有效地利用数据，提高农业中决策的智能性，使得农业生产者能够以此为依据制定正确的策略，采取合理的农业管理措施，从而保障农业信息化顺利实施，对实现农业生产的可持续发展具有重要的意义。

近年来传感器网络发展迅速，物联网逐渐应用到工农业生产和社会生活的各个领域，异常挖掘技术在物联网中的应用和研究成为近年来的热点。作为数据挖掘的一个重要分支，异常挖掘主要研究如何从数据集中找出与其他数据显著不同的数据。异常检测作为数据挖掘前期的重要预处理手段，可以有效地对数据进行检测和处理，以提高数据的质量和可用性。同时，异常检测技术可以及时发现异常数据背后可能隐藏的有价值的信息，是农业数据处理的一种重要手段。

第一节　数据挖掘与异常检测方法

20 世纪 80 年代，世界著名的未来学家 John Naisbitt 在他的著作《大趋势》中明确指出：“人类正被信息淹没，却饥渴于知识。”随着信息时代的发展，人类社会产生的数据量急速增长，在工业、农业和商业等各个领域都积累了大量的、以不同形式存储的数据，而且其数据类型与结构也向着复杂化和多样化的趋势发展。可是在拥有海量数据的情况下，人们却缺乏有效的方法对数据中隐含的信息进行发现和理解。例如，使用传统的数据库技术对数据进行检索和查询并不能从数据中发现潜在的有用信息。因此，人们急切需要有效的技术来解决数据丰富而知识贫乏这一现状，以便从复杂的数据中提取出有用的信息，理清其中蕴含的关系，从而最大化地发挥出信息的巨大价值。在这种情况下，数据挖掘（data mining，DM）技术应运而生并且迅速地蓬勃发展起来。数据挖掘是指从存放在数据库、数据仓库或其他信息库中大量的、不完全的、有噪声的、模糊的、随机的数据中挖掘其中的、人们事先不知道的但又具有潜在的有用信息或知识的过程。

数据挖掘是从大量的数据中通过算法搜索隐藏于其中的信息的过程，实现“数据信息—知识—价值”的转变过程。数据挖掘的主要技术包括分类技术和聚类技术。

一、分类技术

（一）贝叶斯分类方法

贝叶斯分类方法是一种基于统计学中贝叶斯定理的分类方法，可以用于预测类成员关系的可能性。

首先介绍贝叶斯定理。贝叶斯定理是一种把类的先验知识和从数据中收集的新证据相互结合的统计原理。假设 X，Y 是一对随机变量，它们的联合概率 $P(X=x,Y=y)$ 是指 X 取值为 x 且 Y 取值为 y 的概率，条件概率是指一个随机变量在另一个随机变量取值已知的情况下取某一个特定值的概率。变量 X 取值为 x 的情况下，变量 Y 取值为 y 的概率为 $P(X=x,Y=y)$。X 和 Y 的联合概率和条件概率满足如下的关系：

$$P(X,Y)=P(Y\mid X)P(X)=P(X\mid Y)P(Y) \tag{6-1}$$

调整式（6-1）的最后两个表达式得到下面的公式，即贝叶斯定理：

$$P(Y\mid X)=\frac{P(X\mid Y)P(Y)}{P(X)} \tag{6-2}$$

1. 朴素贝叶斯

朴素贝叶斯分类的过程如下：

（1）数据样本可以用一个 n 维的特征向量表示为 $X=\{x_1,x_2,\cdots,x_n\}$，是对 n 个属性 $A_1,A_2,\cdots,A_n$ 样本的度量。

（2）假设有 $C_1,C_2,\cdots,C_m$ 共 m 个类。给定一个未知类别的数据样本 X，朴素贝叶斯分类法将预测 X 属于具有最大后验概率的类，即朴素贝叶斯分类方法会将待分类的数据样本标识为类 C_i，当且仅当：$P(X\mid C_i)/P(C_i)>P(X\mid C_j)/P(C_j)$ $1\leqslant j\leqslant m, j\neq i$，根据贝叶斯定理：

$$P(C_i\mid X)=\frac{P(X\mid C_i)P(C_i)}{P(X)} \tag{6-3}$$

（3）对于所有类而言，$P(X)$ 皆为常数。因此，式（6-3）中只需要 $P(X\mid C_i)$ 最大即可。如果类的先验概率未知，则可假设这些类别的概率是相等的，即 $P(C_1)=P(C_2)=\cdots=P(C_m)$。并据此对 $P(C_i)$ 最大化。否则，最大化 $P(X\mid C_i)P(C_i)$。

（4）对于给定的数据集而言，如果数据具有很多的属性则计算 $P(X|C_i)$ 就需要耗费大量时间。如果给定样本的类别标记，然后假定属性值相互条件独立，即属性之间不存在依赖关系，则有：$P(X|C_i)=\prod_{k=1}^{n}P(x_k|c_k)$。概率 $P(x_1|c_i),P(x_2|c_i),\cdots,P(x_i|c_i)$ 可以通过训练样本来估计值。如果 A_k 是分类属性，则 $P(x_k|c_i)=a_{ik}/a_i$。式中，a_{ik} 为在类 C_i 中属性 M_k 上具有值 x_k 的训练样本数目；a_i 为训练集合中类别属于 C_i 的样本总数目。如果 A_k 是连续属性，通常假定该属性服从高斯分布，则有：

$$P(x_k|c_i)=g(x_k,\mu_{c_i},\sigma_{c_i})=\frac{1}{\sqrt{2\pi}\sigma_{c_i}}\mathrm{e}^{\frac{(x_k\times\mu_{c_i})}{2\sigma_{c_i}{}^2}} \tag{6-4}$$

式中，给定类别为 C_i 的训练样本属性 A_k 的值；$g(x_k,\mu_{c_i},\sigma_{c_i})$ 为属性 A_k 的高斯密度函数；μ_{c_i} 为平均值；σ_{c_i} 为标准差。

（5）对一个未知类别的样本 X 进行分类时，对于每一个类 C_i 都需要计算 $P(X|C_i)/P(C_i)>P(X|C_j)/P(C_j)$。将 X 分类到 $P(X|C_i)/P(C_i)$ 最大的类别中，即将 X 分类为类别 C_i，当且仅当：

$$P(X|C_i)/P(C_i)>P(X|C_j)/P(C_j),1\leqslant j\leqslant m,j\neq i \tag{6-5}$$

朴素贝叶斯分类方法具有易于理解和直观的特点，它假定类条件独立，对于给定样本的类标记而言，样本的各属性值之间相互条件独立。这一假定简化了计算。当假定成立时，与其他所有分类算法相比，朴素贝叶斯分类是最精确的。然而，类条件独立的前提条件通常是很难得到满足的，样本的各属性之间可能存在依赖，所以朴素贝叶斯方法的应用场景有限。

2. 贝叶斯信念网络

朴素贝叶斯分类方法具有无法定义变量间相互依赖关系的缺点。贝叶斯信念网络（Bayesian belief network）很好地解决了这一问题。贝叶斯信念网络是一个带有概率注释的有向无环图，它可以在变量的子集之间定义类条件独立性。图 6-1 是贝叶斯信念网络的一个例子，是对心脏病或心口痛（heartburn）患者的建模。假定图中每个变量都是二值的。心脏病（heart disease）结点的父母结点对应于影响该疾病的危险因素，如锻炼（exercise）和饮食（diet）等。心脏病结点的子结点对应于该疾病的症状，如胸痛（chest pain）和血压（blood pressure）高等。如图 6-1 所示，心口痛可能是因为不健康的饮食，同时又可能会导致胸痛（chest pain）。

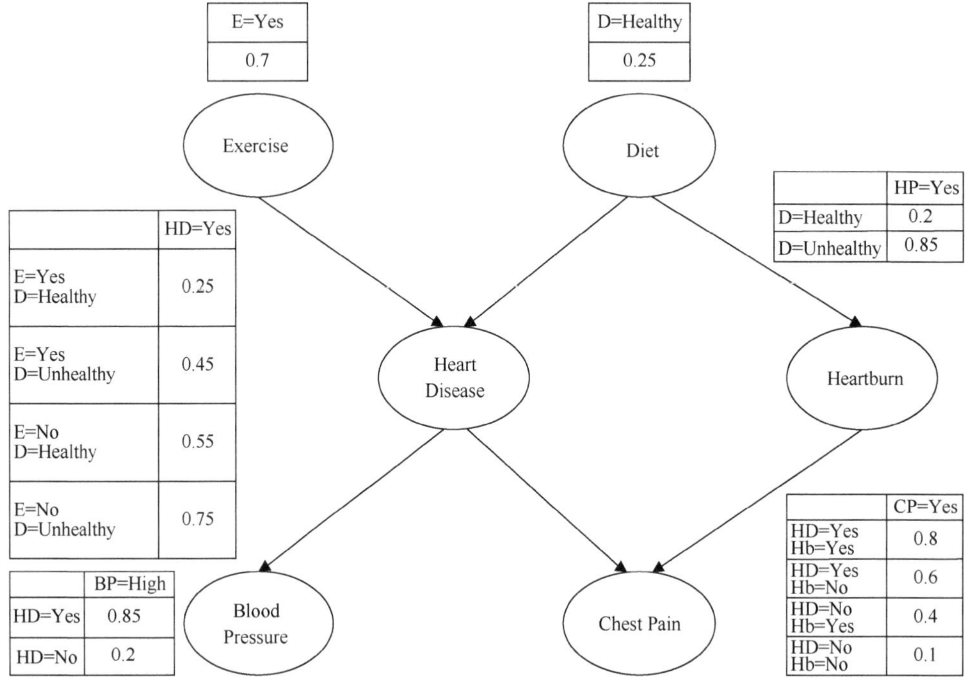

图 6-1 发现心脏病和心口痛患者的贝叶斯信念网络

对于一个给定的数据集 $X=\{X_1,X_2,\cdots,X_n\}$，其中每一个 X_i 是一个 m 维的向量。贝叶斯信念网络定义如下：

$$B=(G,\theta) \tag{6-6}$$

式中，G 为一个有向无环图，而这个有向无环图中的顶点对应于有限集合 X 中的随机变量 $X_1,X_2,\cdots,X_n$，而有限无环图中的弧代表了一个函数依赖关系。如果图中的一条弧是由变量 Y 到变量 X，则表示 Y 是 X 的直接前驱，而 X 则称为 Y 的后继。图中 X_i 的所有直接前驱用集合 $Pa(X_i)$ 表示。给定每个变量的直接前驱，图中的每一个变量都独立于图中对应节点的非后继。

使用 θ 表示量化网络的一组参数。对于每个 X_i，它的 $Pa(X_i)$ 取值为 X_i，则参数 $\theta_{X_i|Pa(X_i)}=P\left[x_i \mid Pa(X_i)\right]$ 表示在给定了 $Pa(X_i)$ 发生的情况下事件 x_i 发生的条件概率。所以，贝叶斯信念网络给定了变量集合 X 上的联合条件概率分布：

$$P_B(X_1,X_2,\cdots,X_n)=\prod_{i=1}^{n} P_B\left[X_i \mid Pa(X_i)\right] \tag{6-7}$$

构造贝叶斯网络的算法如下：给定一个训练集合 $T=\{x_1,x_2,\cdots,x_n\}$，x_i 是 X_i 的样本。使用一个评估函数 $S(B \mid D)$，利用这个函数来评估每一个可能的网络结构与样本之间的契合度，并从所有这些可能的网络结构中寻找一个最优解。经常使用的评价函数有最小描述长度函数和贝叶斯权矩阵。

（二）人工神经网络

人工神经网络（artificial neural network，ANN）是一种模仿人脑神经网络结构和功能的非线性信息处理系统，是对人脑若干基本特性通过数学方法进行的抽象和模拟。

人工神经网络最早是由心理学家和神经生物学家提出的，是模拟人类智能的一种重要途径，是通过抽象的手段反映出人脑功能的若干基本特征。人工神经网络由神经元按一定的方式相互连接组成，信息处理就是通过神经元之间的相互作用实现的。神经元是一个多输入单输出的信息处理单元，它是构成人工神经网络的基本单位。目前常用的人工神经网络有 BP（back propagation）神经网络、RBF（radical basis function）神经网络等。下面以 BP 神经网络为例对人工神经网络进行说明。BP 神经网络是人工神经网络中最为重要的网络之一，标准的 BP 神经网络由三部分组成，即输入层、隐含层和输出层，每一层含有不同数量的神经元，其结构如图 6-2 所示。

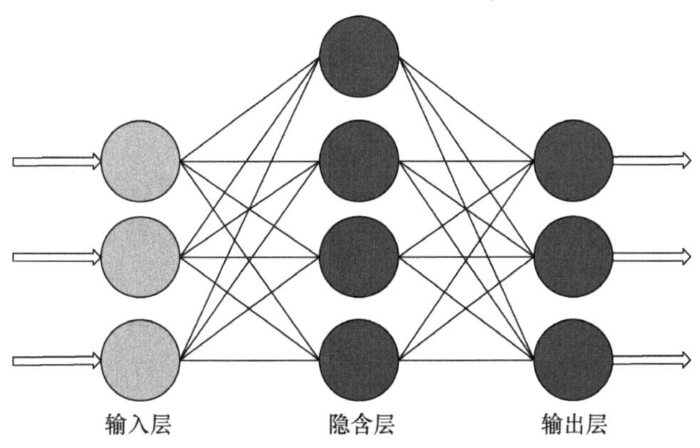

图 6-2　三层 BP 神经网络示意图

在 BP 神经网络中，正向传播的是信号。相反地，误差是通过反向传播的。在 BP 神经网络的训练过程中，需要进行正向传播和反向传播。首先使用非线性变换对输入值进行处理，处理后的值经过输入层到达隐含层，再由隐含层进行处理。处理结果传向输出层。当在输出层没有得到想要的结果时，就开始进行反向传播。在每一层神经元的权值得到不断的修改后，输出结果能够更加接近所期望得到的结果。

（三）支持向量机

20 世纪 90 年代，Vapnik 等提出了支持向量机（support vector machine，SVM）理论。支持向量机利用线性分类器对样本空间进行划分。而对于在当前的特征空间中无法进行线性划分的样本，支持向量机会利用核函数把当前特征空间的样本映射到一个高维特征空间中，而后在这个高维的特征空间对样本进行线性划分。通过一个超平面将尽可能多的样本点进行划分，而且这些划分开的两类样本点要尽可能远离这个超平面，这个超平面就是决策平面。在二维情况下，决策平面就是决策线，示意图如图 6-3 所示。

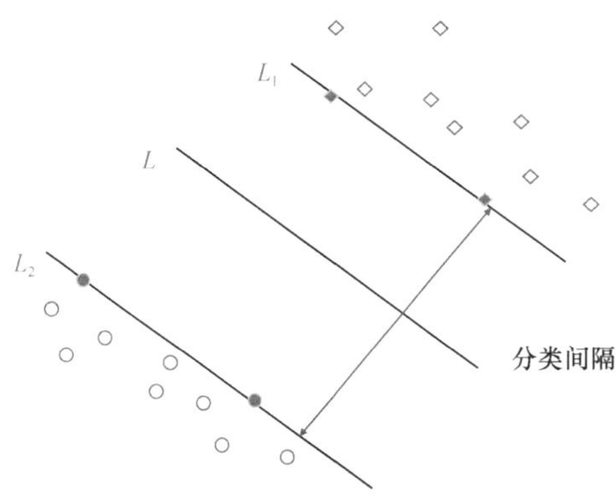

图 6-3　二维情况下的线性 SVM 示意图（彩图请扫封底二维码）

图 6-3 中的菱形表示一类样本，而圆形表示另一类样本。L 是分类线。L_1 是通过菱形类别中距离直线 L 最近的样本形成的直线，并且 L_1 与 L 是相互平行的。L_2 是通过圆形类别中距离直线 L 最近的样本形成的直线，并且 L_2 与 L 是相互平行的。最优分类线不但满足将两类样本分开，同时还要使得分类间隔达到最大。在高维空间的情况下，最优分类线就变成了最优分类面。样本集合为 (x_i, y_i)，其中 $i=1,\cdots,n$，$x\in R^d$，$y\in\{+1,-1\}$ 表示了两个类别，集合中的样本是线性可分的。分类线方程如下：

$$x\times\omega+b=0 \tag{6-8}$$

对式（6-8）进行归一化，满足

$$y_i\left(\omega\times x_i+b\right)\geqslant 1, i=1,\cdots,n \tag{6-9}$$

则称该分类问题具有线性可分性，参数 ω 和 b 分别为超平面的法向量和截距。此时分类间隔是 $2/\|\omega\|$。如果分类间隔要达到最大的话，就需要使得 $\|\omega\|^2$ 达到最小。因此，最优分类面就是使得 $\|\omega\|^2$ 最小，并且满足条件式（6-9）的分类面。利用拉格朗日定理，以如下的条件

$$\sum_{i=1}^{n} y_i \alpha_i = 0, \alpha_i \geqslant 0，\ i = 1, \cdots, n \tag{6-10}$$

作为约束，对下列函数的最大值进行求解：

$$Q(\alpha) = \sum_{i=1}^{n} \alpha_i - \frac{1}{2} \sum_{i,j=1}^{n} \alpha_i \alpha_j y_i y_j \left(x_i \times x_j\right) \tag{6-11}$$

与每一个约束条件对应的拉格朗日乘子表示为α_i。此函数是存在唯一解的，并且在解中会存在着α_i不为 0 的情况。当α_i不为 0 时，它所对应的样本就是支持向量。最优的分类函数如下：

$$f(x) = \operatorname{sgn}\left\{(\omega \times x) + b\right\} = \operatorname{sgn}\left\{\sum_{i=1}^{n} \alpha_i^* y_i \left(x_i \times x\right) + b^*\right\} \tag{6-12}$$

式中，b^*为分类的阈值。使用任何一个支持向量能够求得b^*。

（四）K 最近邻方法

K 最近邻（K nearest neigbor，KNN）方法，又称为 KNN 分类法，是由 Cover 等于 1967 年提出的一种理论上比较成熟的分类方法。KNN 分类法的思想非常直观：如果一个样本在特征空间中的 k 个最近邻的样本中的大多数都属于某一个类别，则此样本也属于这个类别。KNN 分类法在分类决策上只需要依据最邻近的一个或多个样本的类别来决定待分类样本所属的类别。KNN 分类法的示意图如图 6-4 所示。

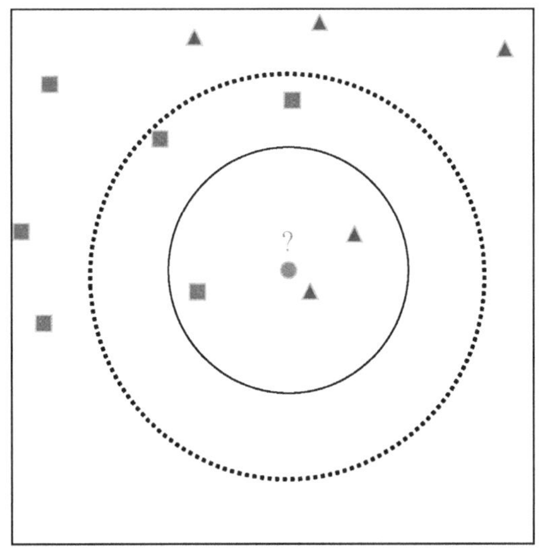

图 6-4　KNN 分类法示意图（彩图请扫封底二维码）

图 6-4 中包括了两个类别的样本，其中红色三角形表示属于类别 A 的样本，蓝色正方形表示属于类别 B 的样本，绿色圆形表示待分类的样本。在分类过程中，当 k=3 时，由于红色三角形表示的样本所占比例为 2/3，所以绿色圆形表示的待分类样本将被分类到红色三角形属于的类别 A；当 k=5 时，由于蓝色正方形表示的样本所占比例为 3/5，所以绿色圆形表示的待分类样本将被分类到蓝色正方形属于的类别 B。

给定一个训练集，训练集中的样本具有 m 维数值属性。对于一个未知类别的待分类样本 $S=\left(s_1,s_2,\cdots,s_m\right)$，KNN 分类法会在训练集中找到 k 个样本，而这 k 个样本与 s 样本的距离是最近的。对这 k 个样本，KNN 分类法会将样本 s 分别与之按照类别求和。KNN 分类法的计算方法如下：

$$H\left(\boldsymbol{s},c_j\right)=\sum_{\vec{d}_i\in \mathrm{KNN}}\mathrm{sim}\left(\boldsymbol{s},\boldsymbol{d}_i\right)H\left(\boldsymbol{d}_i,c_j\right) \tag{6-13}$$

式中，训练集中样本与样本 s 的相似度为 $\mathrm{sim}\left(\boldsymbol{s},\boldsymbol{d}_i\right)$。具体而言，相似度的计算可以根据欧几里得距离。$\boldsymbol{s}$ 为待分类样本的向量；$\boldsymbol{d}_i$ 为训练集中与待分类样本最近邻的 k 个向量之一；c_j 为一个类别；$H\left(\boldsymbol{d}_i,c_j\right)\in\{0,1\}$，当样本 $\boldsymbol{d}_i$ 属于类别 c_j 时，$H\left(\boldsymbol{d}_i,c_j\right)$ 等于 1，当样本 $\boldsymbol{d}_i$ 不属于类别 c_j 时，$H\left(\boldsymbol{d}_i,c_j\right)$ 等于 0。

KNN 分类方法具有方法简单、易于理解、应用范围广泛等优点，是数据挖掘领域中最重要的分类技术之一。

（五）遗传算法

遗传算法（genetic algorithm，GA）是由美国的 J. Holland 教授首先提出的，对适者生存和优胜劣汰的原理进行模拟，从而搜索到最优解。遗传算法有很强的全局寻优性和隐并行性，没有函数连续性的限制。对于一个最优化问题，遗传算法首先从代表问题候选解的一个种群开始，然后向更好的解进化。进化过程从完全随机的个体的种群开始，在初代种群产生之后，按照适者生存和优胜劣汰的原理逐代演化产生出越来越好的近似解。每一代中根据问题域中个体的适应度大小来选择个体，并使用自然遗传学的遗传算子进行组合交叉和变异，从而产生出代表新解集的种群。最后，末代种群中的最优个体经过解码后作为问题近似最优解。

简单遗传算法（simple genetic algorithm，SGA）是由 Goldberg（1998）提出的一种最基本的遗传算法。简单遗传算法是其他遗传算法的原型，它实现了非常简单的遗传进化操作过程。简单遗传算法的流程图如图 6-5 所示。

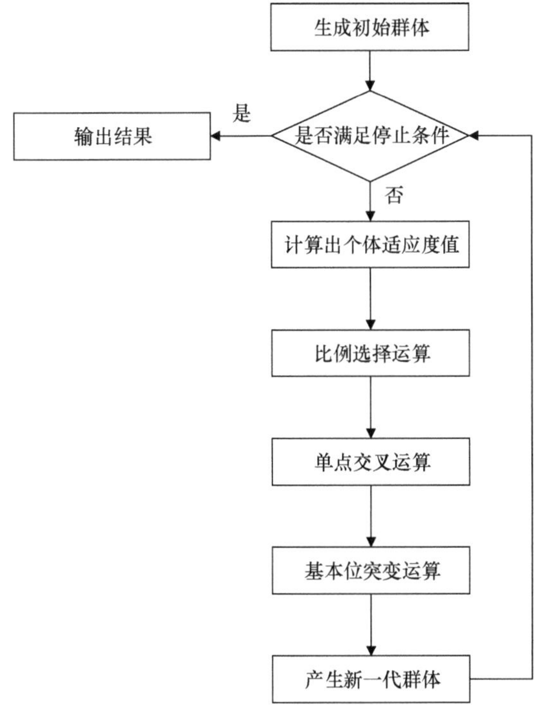

图 6-5　简单遗传算法的流程图

二、聚类技术

在对事物进行描述和分析的过程之中，将概念上有意义的具有公共特性的对象划分为类（簇）具有重要的作用。人类在认识世界的过程中很善于将对象划分成类，如人们能够很快地将照片中的对象标记为是建筑物、人物、动物、交通工具还是其他类别。聚类技术就是研究如何仅根据在数据中发现的对象描述信息和对象之间关系的描述信息而将数据划分成有意义的类，其目的是将相似的对象放在同一个类中，不相似的对象放在不同的类中，使得类内的对象之间是相似或相关的，不同类中的对象是不相似的或不相关的。类内的对象之间相似性越大，类之间的差别越大，则聚类的效果就越好。在很多的实际应用场景中，如何合理地进行聚类并不是一个容易解决的问题。为了理解聚类的困难性，图 6-6 给出了一个将相同的数据集进行聚类的 3 种不同的方法。图中标记的形状即代表了类的隶属关系。图 6-6（b）、图 6-6（c）和图 6-6（d）中分别将 20 个数据点划分成 2 个类、4 个类和 6 个类。这就说明聚类与采用的方法密切相关。

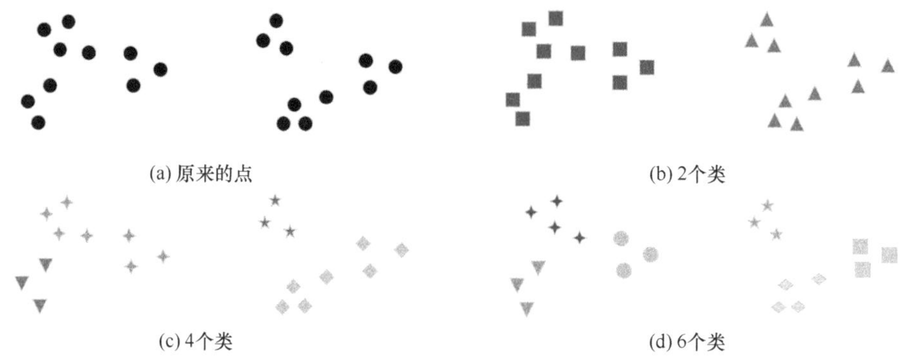

图 6-6　相同数据集的不同聚类方法示意图（彩图请扫封底二维码）

当前主要的聚类算法大致可以分为基于模型的聚类算法、基于密度的聚类算法、层次聚类算法、划分聚类算法、基于网格的聚类算法。常用的经典聚类算法有以下 5 种。

（一）K-均值算法和 K-中心点算法

K-均值算法和 K-中心点算法是最著名和最常用的两种划分聚类方法。K-均值算法使用质心来定义原型，其中质心是一组数据点的平均值。K-中心点算法使用中心点来定义原型，而中心点是一组数据点中最有代表性的点。下面分别对 K-均值算法和 K-中心点算法进行说明。

K-均值算法首先需要指定所期望聚类的个数 K 作为参数。然后随机地选择 K 个对象代表初始的质心，然后根据距离原型最近的原则将其他对象指派到最新的质心，这样指派到同一个质心的对象集合就构成一个簇。在完成首次对象的分配之后，以每一个类所有对象的平均值作为该类新的原型，进行对象的再分配，重复该过程直到簇不再发生变化为止，或者说直到质心不再发生变化为止后就得到了 K 个簇。

聚类的过程可以通过下述几个步骤来描述。

（1）首先随机地选择 K 个对象作为初始的质心，每一个质心作为一个类的“中心”，分别代表了 K 个类。

（2）根据距离原型最近的原则，将其他的对象分别指派到最近的质心，而被指派到同一个质心的对象集合就构成一个簇。

（3）在完成对象的分配之后，对每一个簇都计算其所有对象的平均值，并将平均值作为该类新的质心。

（4）根据距离原型最近的原则，重新将各个对象分别指派到最近的质心。

（5）如果质心发生了变化则返回步骤（3），否则聚类过程结束。

K-均值算法的执行过程的示意图如图 6-7 所示。

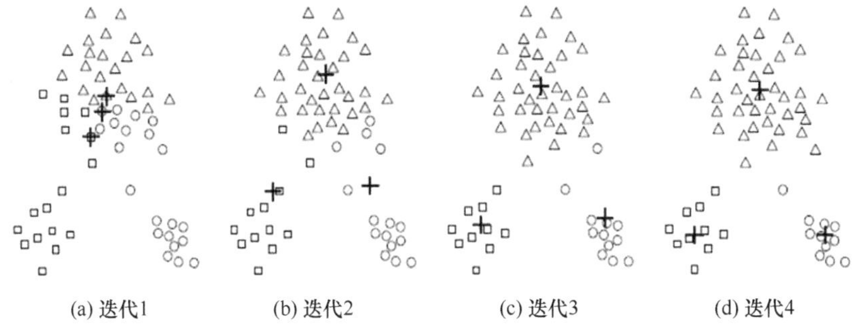

图 6-7　基于 K-均值算法的聚类过程示意图

在图 6-7 中，“+”表示质心，相同形状的点属于同一个类。在图 6-7（a）所示的第一次迭代过程中首先将点指派到初始的质心。通过将其他点根据距离原型最近的原则指派到质心后，更新质心。在图 6-7（b）和图 6-7（c）这两个步骤中重复这一过程。在图 6-7（d）中，质心不再变化，K-均值算法终止，而质心标识出了数据点的自然分类。

K-中心点算法的处理过程与 K-均值算法的处理过程十分类似。假设有数据集需要分成 K 类，则在 K-中心点算法中的中心点就是分别接近 K 个类的中心，而且是按照一定的标准使得聚类的效果达到最好的 K 个对象。K-中心点算法与 K-均值算法两者之间的唯一差别就是 K-均值算法使用质心来代表簇，而 K-中心点算法是使用簇中最靠近中心的一个对象来代表该簇。K-均值算法对噪声和孤立点数据是非常敏感的，因为一个极大的噪声值或孤立点值将会对质心的计算产生十分大的影响。然而，K-中心点算法中使用中心点来代替质心就可以有效地消除这种影响。

K-中心点算法的具体描述如下：

（1）随机地选择 K 个对象作为初始的中心点，分别代表了 K 个类。

（2）根据距离原型最近的原则将其余的对象指派到距离它最近的中心点所代表的类。

（3）随机地选择一个非中心点来替换中心点，如果聚类的质量得到了提高，则使用这个非中心点替换掉原来的中心点，形成新的中心点，否则放弃这个替换。

（4）如果 K 个中心点发生了变化则返回步骤（2），否则聚类过程结束。

算法中的聚类质量是使用一个度量对象与代表点之间的平均相异度的代价函数来评估。K-中心点算法有很多种，如 PAM（partitioning around medoid）算法、CLARANS（clustering large application based upon randomized search）算法、CLARA（clustering large application）算法等。著名的 PAM 算法是最早的 K-中心点算法之一。该算法首先随机选择 K 个中心点，并将其余的对象都分配到与其距离最近的中心点所代表的类中。然后选择一个中心点与一个非中心点进行交换，交换的约束条件是使得聚类质量得到最大限度的提高。重复这一交换处理，直到聚类的质量无法提高时才结束这一过程，得到最终的聚类结果。CLARA 算法利用抽样的方法来处理大规模的数据集。CLARA 算法对整个原始数据集首先进行抽样，然后使用抽样获得的代表集来替换原始数据集，利用 PAM 算法从这个代表集中选择簇的中心点。当抽样过程是按照随机的方式进行时，则从代表集中获得的中心点将会与从原始数据集中直接获得的中心点达到非常接近的程度。

（二）层次聚类算法

层次聚类算法是对给定的数据集进行层次的分解，直到满足设定的条件为止。层次聚类算法具体又可以分为凝聚的和分裂的两种方案。凝聚的层次聚类是一种自底向上的策略，该算法首先将每一个对象都作为一个簇，然后按照最近原则合并这些原子簇来构造越来越大的簇，当满足一定条件后合并过程终止。分裂的层次聚类与凝聚的层次聚类恰好相反，该算法采用的是自顶向下的策略，它首先将所有的对象都置于一个簇中，然后逐渐地分解为越来越小的簇，直至每一个对象都各自成为一个簇，或者是达到某一个条件后终止。

AGNES（agglomerative nesting）算法是最有代表性的凝聚层次聚类算法。AGNES 算法的具体描述如下：

（1）将每一个对象当成一个初始簇。

（2）根据两个簇中最近的对象找到最近的两个簇。

（3）合并两个簇，生成新的簇的集合。

（4）如果还没有达到定义的簇的数目则返回步骤（2），否则聚类过程结束。

AGNES 算法开始是将每一个对象都作为一个簇，然后将这些簇根据某些准则进行进一步地合并。如果簇 A 中的某一个对象和簇 B 中的一个对象之间的距离是所有属于不同簇的对象之间欧几里得距离最小的，则将簇 A 和簇 B 进行合并。聚类的合并过程反复进行直到满足结束条件为止。在实际应用中，通常是将用户希望得到的簇数目作为一个结束条件。

Leader 聚类算法也是一种典型的凝聚层次聚类算法。使用 Leader 聚类算法时用户需要输入一个自定义的阈值。Leader 聚类算法将数据集中的每个对象都作为一个向量进行处理，通过对数据集进行一遍完整的扫描就能够得到若干个簇和每个簇的 Leader。其中，Leader 是表示簇的下界和上界的向量所构成的一个区间。Leader 聚类算法首先是将输入的第一个对象作为初始的 Leader，然后再将其后输入的每一个对象都分配到最相似的簇中，当需要分配的对象与现有簇的相似度都不能达到自定义的阈值时，则算法就将这个对象作为一个新的 Leader 进行处理。Leader 聚类算法的优点是它不需要预先指定簇的个数，而且只需要扫描一次数据集，所以能够节省大量的处理时间。

DIANA（divisive analysis）算法是最有代表性的分裂层次聚类算法。与 AGNES 等凝聚层次聚类算法相反，DIANA 采用的是一种自顶向下的策略。它首先将全部的对象都放在一个簇中，然后根据簇中最近邻对象的最大欧几里得距离等原则将簇细分为越来越小的簇。簇的分裂过程是反复进行的。当每一个对象都是一个簇，簇的分裂过程结束。另外一种情况是，当达到了设定的簇的数目等终止条件时，簇的分裂过程结束。DIANA 聚类算法的优点是思路简单明了，易于理解，缺点是对类的大小和分布的形状十分敏感。

（三）基于密度的聚类算法

基于密度的聚类算法是以局部的数据特征作为聚类的判断标准，当区域中的数据点的密度大于设定的阈值时，就需要把这些数据点和附近的聚类进行合并。基于密度的聚类算法将类看作是一个具有高密度数据的区域，在这个区域中的数据点是密集的，而存在于稀疏区域中的数据点被认为是噪声数据或者是孤立点数据。基于密度的聚类算法能够发现任意形状的聚类，克服了基于距离的算法只能够实现类圆形聚类的缺点。基于密度的聚类算法对噪声数据有容错能力。基于密度的聚类算法的缺点是计算密度区域时的计算复杂度大，需要建立空间索引以便降低计算量，并且对数据维度的伸缩性较差。

DBSCAN（density-based spatial clustering of applications with noise）是基于密度的聚类算法之中比较著名的一种。DBSCAN 算法的输入参数是半径 ε 和对象的最小数目 MinPts。算法规定当一个对象以 ε 为半径的邻域之中包含了至少 MinPts 个对象时，则是密集的。DBSCAN 算法计算数据集中每个数据点的 ε 近邻。如果某个数据点的 ε 近邻中数据点的个数大于 MinPts，DBSCAN 就会生成一个新的聚类，这个聚类中包含了这个数据点，此数据点为核心对象。DBSCAN 算法在核心对象的基础上，再发现直接密度可达的数据点后对这些数据点进行合并。聚类过程的结束条件是不存在新的数据点需要加入到聚类中。DBSCAN 算法不受聚类形状的限制，对噪声的影响不敏感，可以从包括了噪声的数据集中发现任意形状的聚类。

（四）基于网格的聚类算法

在基于网格的聚类算法中，样本空间首先被划分为矩形网格单元组成的结构。然后，对样本点进行的聚类过程都是在网格上进行操作的。基于网格的聚类算法采用空间驱动的方法，把嵌入空间划分成独立于输入对象分布的单元。基于网格的聚类算法使用一种多分辨率的网络数据结构。它将对象空间量化成有限数目的单元，这些网格形成了网格结构，所有的聚类结构都在该结构上进行。

基于网格的聚类算法的基本思想就是将每个属性的可能值分割成许多相邻的区间，创建网格单元的集合（假设属性值是连续的、序数的、区间的），每个对象落入一个网格单元，网格单元对应的属性空间包含该对象的值。该算法可以概括为，将对象空间量化为有限数目的单元，形成一个网状结构，所有聚类都在这个网状结构上进行。基于网格的聚类算法的主要优点是处理速度快，其处理时间独立于数据对象数，而仅依赖于量化空间中的每一维的单元数。因此，基于网格的聚类算法具有聚类过程快速的特点，样本的数量对聚类的处理时间影响很小。

（五）基于模型的聚类算法

基于模型的算法给每一个聚簇假定了一个模型，然后寻找数据对此模型的最佳拟合。这个模型可能是数据点在空间中的密度分布函数，由一系列的概率分布决定，也可能通过基于标准的统计数字自动决定聚类的数目。

在实际应用中，一些聚类算法可能集成了多种聚类方法的思想，所以有时将某个给定的算法划分为属于某类聚类方法是很困难的。以模型为基础的数据分析方法，其主要思想是假设数据空间中的每一个数据都是产生于一个统一的模型。例如，当用某种概率密度模型表示数据空间的时候，那么假设数据空间中的每一个数据都服从该概率分布。在确定了产生数据的模型之后，可以通过数学的方法调整模型的各种参数，使得模型能够很好地拟合数据空间，这样就得到了一个可以用来对现有或者未知数据进行分析的模型。模型可以用很多的形式进行表示，其中概率分布是一种典型的表示形式，如高斯分布或者多项分布。在确定了概率模型之后，需要用数学的方法使模型与数据拟合，其中最常用的方法是最大期望算法（expectation-maximization algorithm，EM 算法）。目前，已经研究得出许多的概率模型聚类技术，并且这些技术已经在各个不同的领域产生了很好的效果。

三、异常挖掘技术

近年来，随着物联网和传感器网络的快速发展与广泛应用，面向数据流的异常挖掘成为数据智能处理技术的新方向。使用异常挖掘算法对实时采集的农业环境监测数据进行分析，检测农业环境因素是否发生异常以便采取应对措施，是实施精准农业和推进农业信息化进程的重要环节。然而通过传感器网络获得的各种监测数据虽然真实、具体地反映了农业生产作业的本质状况，但由于各种监测数据不同于存储在磁盘上传统的关系型数据，而是由短时间内大量到达、无限、连续且随时间动态变化的演化数据（evolving data）所形成的“流”。而传统的异常挖掘技术只适用于处理那些可存储在磁盘上的有限静态数据，不能有效地处理这种海量、高速、结构复杂、动态更新的农业演化数据流以获取实时的有用信息，因此无法满足精准农业与农业信息化应用的实际需求。

随着传感器网络的发展，异常挖掘技术在传感器网络中的应用和研究成为近年来的热点。作为数据挖掘的一个重要分支，异常挖掘主要研究如何从数据集中找出与其他数据显著不同的数据。在建立数据集中绝大部分数据的数据模型后，不满足该数据模型的那部分数据就被认为是异常的，因此建立合理的数据模型和采用与模型相适应的异常挖掘算法是提高异常判断准确性的关键。目前传感器网络中应用的异常挖掘技术可归结为以下几类。

（一）基于统计模型的异常挖掘方法

统计学方法是基于模型的方法，即为数据创建一个模型，并且根据对象拟合模型的情况来评估它们。大部分用于异常点检测的统计学方法都是构建一个概率分布模型，并考虑对象有多大可能符合该模型。通常认为，异常点是一个对象，关于数据的概率分布模型，它具有低概率。这种情况的前提是必须知道数据集服从什么分布，如果估计错误就造成了重尾分布。异常检测的混合模型方法：对于异常检测，数据用两个分布的混合模型建模，一个分布为普通数据，而另一个为异常点。

聚类和异常检测目的都是估计分布的参数，以最大化数据的总似然（概率）。聚类时，使用 EM 算法估计每个概率分布的参数。初始时将所有对象放入普通对象集，而异常对象集为空。然后，用一个迭代过程将对象从普通集转移到异常集，只要该转移能提高数据的总似然（其实等价于把在正常对象的分布下具有低概率的对象分类为异常点，假设异常对象属于均匀分布）。异常对象由这样一些对象组成，这些对象在均匀分布下比在正常分布下具有显著较高的概率。

基于统计模型的异常挖掘方法的缺点是需要事先知道数据集的数据模型、分布参数和假设的异常点的数目。但现实中数据分布是未知的，因此该种方法适用性差，精度较低。

（二）基于距离的异常挖掘方法

一个对象如果远离大部分点，那么它是异常的。针对统计模型的异常挖掘方法的缺点，基于距离的异常挖掘方法利用数据点之间的距离来寻找异常。这种方法比统计学方法更一般、更容易使用，因为确定数据集的有意义的邻近性度量比确定它的统计分布更容易。一个对象的异常点得分由到它的 k 个最近邻的距离给定。异常点得分对 k 的取值高度敏感。如果 k 太小（如 1），则少量的邻近异常点可能导致非异常点得分；如果 k 太大，则点数少于 k 的簇中所有的对象可能都成了异常点。为了使该方案对于 k 的选取更具有鲁棒性，可以使用 k 个最近邻的平均距离。基于距离的异常挖掘方法的缺点是很难选择合适的输入参数，而且在数据集中存在不同密度的数据分布时精度很低。

（三）基于聚类的异常挖掘方法

一种利用聚类检测异常点的方法是丢弃远离其他簇的小簇。这个方法可以和其他任何聚类技术一起使用，但是需要最小簇大小和小簇与其他簇之间距离的阈值。这种方案对簇个数的选择高度敏感。使用这个方案很难将异常点得分附加到对象上。一种更系统的方法是，首先聚类所有对象，然后评估对象属于簇的程度（异常点得分）（基于原型的聚类可用离中心点的距离来评估，对具有目标函数的聚类技术该得分反映删除对象后目标函数的改进）。

如果一个对象不强属于任何簇，那么就认为该对象是基于聚类的异常点。如果通过聚类检测异常点，由于异常点影响聚类，那么就存在结构是否有效的问题。为了处理该问题，可以使用如下方法：对象聚类，删除异常点，对象再次聚类（这个不能保证产生最优结果）。还有一种更复杂的方法：取一组不能很好地拟合任何簇的特殊对象，这组对象代表潜在的异常点。随着聚类过程的进展，簇在变化。不再强属于任何簇的对象被添加到潜在的异常点集合；而当前在该集合中的对象被测试，如果它现在强属于一个簇，就可以将它从潜在的异常点集合中移除。聚类过程结束时还留在该集合中的点被分类为异常点（这种方法也不能保证产生最优解，甚至不比前面的简单算法好，在使用相对距离计算异常点得分时，最优解无法保证的问题特别严重）。

（四）基于密度的异常挖掘方法

从基于密度的观点来说，异常点是在低密度区域中的对象。基于密度的异常点检测与基于邻近度的异常点检测密切相关，因为密度通常用邻近度定义。一种常用的定义密度的方法是，定义密度为到 k 个最近邻的平均距离的倒数。如果该距离小，则密度高，反之亦然。另一种密度定义是使用 DBSCAN 聚类算法使用的密度定义，即一个对象周围的密度等于该对象指定距离 d 内对象的个数。需要小心地选择 d，如果 d 太小，则许多正常点可能具有低密度，从而具有高异常点得分。如果 d 太大，则许多异常点可能具有与正常点类似的密度（和异常点得分）。使用任何密度定义检测异常点具有与基于邻近度的异常点方案类似的特点和局限性。

上述方法存在的主要问题是算法适用范围有限，精度较低，因此，在结合农业领域知识的基础上，探索针对具体应用的有效的面向数据流的异常挖掘算法，以满足精准农业应用和农业信息化进程推进的需求，是一个非常有意义的研究方向。

第二节　大田作物环境数据分类算法研究

20 世纪 90 年代以来，信息技术发展迅速，在信息技术应用和精准农业实施的过程中，人们运用遥感系统、卫星系统等技术手段收集了大量的农业数据，这些数据具有量大、多维、动态和不确定的特点，并且数据量的规模快速增长。面对海量的农业数据，如何采取合适的方法对数据中隐含的信息进行有效地发现和理解，已成为基于农业物联网数据的重要课题。

针对农业领域的海量数据，对农业数据进行分类通常是挖掘农业数据中有价值信息的第一个步骤。因此，农业数据自动分类研究已经发展成了一个非常重要的课题。近年来，决策树算法、最近邻算法、人工神经网络、支持向量机等方法已经应用到了农业数据分类之中，例如，Schatzki 等（1997）提出了一种有效的方法来检测并分离出患有水心病的苹果。Chedad 等（2001）使用录音设备对猪发出的声音进行采集，而后使用人工神经网络方法把猪咳嗽的声音从其他声音中区分出来。Rajagopalan 和 Lall（1999）提出了使用最近邻分类方法模拟日常降水量和其他天气变量的方法。Karimi 等（2006）提出了使用支持向量机方法来识别出农田中处于早期生长阶段的杂草和氮素胁迫。

集成学习是一种机器学习范式，它训练得到不同的基分类器，然后根据规则组合这些分类器来解决同一个问题，可以显著地提高学习系统的泛化能力。集成学习已经成功地应用在许多领域，如文本分类、微阵列数据分析、字符识别等。由于其分类泛化能力的显著提高，集成学习在农业数据分类中得到了越来越多的关注。例如，Mathanker 等（2011）运用集成学习分类器 AdaBoost 来提高美洲山核桃瑕疵分类准确性。粗糙集理论在 20 世纪 80 年代早期由波兰科学家 Z. Pawlak 创立，是一种新颖的基于近似值概念的数学工具，能够有效地处理现实世界中不精确、不一致的信息。近年来，粗糙集理论已经引起了国内外学者的广泛关注并且被应用到许多领域，如有学者将粗糙集应用到特征选择和属性约简，Shi 等（2011）尝试了将粗糙集应用到生物医学分类之中。

本节重点介绍一种新的基于粗糙集和决策树集成的混合算法，以便提高农业数据分类的性能。

一、相关理论背景

（一）粗糙集理论

粗糙集理论是刻画不完整和不确定信息的有力工具，已经被成功地应用到了许多行业领域之中。为了更加有助于说明本节提出的混合算法，在此部分中对涉及的粗糙集理论的基本思想进行简要介绍。

定义 1. 信息系统和决策表。一个信息系统被定义为如下的四元组：

$$IS=\left(U,A,V,f\right) \tag{6-14}$$

式中，U 为一个有限对象的非空集合即论域；A 为标志对象的非空有限属性集合；V 为属性的值域；$f:U\times A\to V$ 为一个信息函数，即对任意 $a\in A,x\in U$，有 $f(x,a)\in V_a$。若 $A=C\bigcup D$ 并且 $C\bigcap D=\varnothing$，则信息系统也称为决策表，其中 C 为条件属性集，D 为决策属性集。

定义 2. 不可分辨关系。对于任意 $P\subseteq A$ 存在一个不可分辨关系 $IND(P)$：

$$IND(P)=\{(x,y)\in U\times U\mid\forall a\in P,a(x)=a(y)\} \tag{6-15}$$

U 的划分由 $IND(P)$ 确定，它是由 $IND(P)$ 产生的等价类集，表示为 $U/IND(P)$：

$$U/IND(P)=\otimes\left\{U/IND(\{a\})\mid a\in P\right\} \tag{6-16}$$

式中，

$$A\otimes B=\left\{X\bigcap Y\mid\forall X\in A,\forall Y\in B,X\bigcap Y\neq\varnothing\right\} \tag{6-17}$$

如果 $(x,y)\in IND(P)$，那么 x 和 y 是 P 不可分辨的。

定义 3. 等价类。与 P 具有不可分辨关系的等价类表示如下

$$[x]_p=\left\{y\mid(x,y)\in IND(P),y\in U\right\} \tag{6-18}$$

定义 4. 下近似和上近似。设 $P\subseteq A$ 并且 $X\subseteq U$，则 x 的 P 下近似和 x 的 P 上近似定义如下：

$$\underline{P}X=\left\{x\mid[x]_p\subseteq X\right\} \tag{6-19}$$

$$\overline{P}X=\left\{x\mid\left[x_p\bigcap X\neq\varnothing\right]\right\} \tag{6-20}$$

图 6-8 给出了集合 X 的上、下近似的示意图。

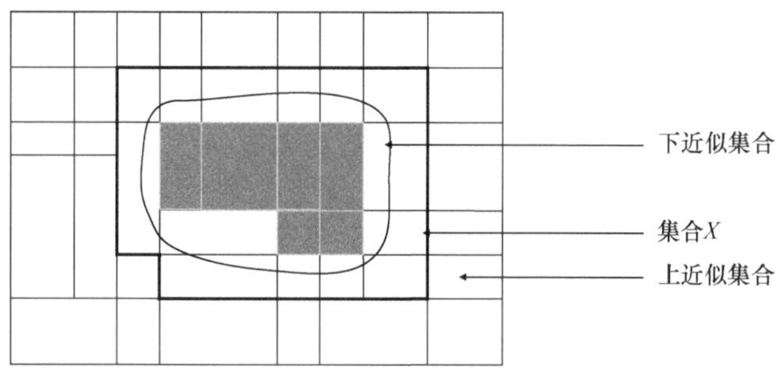

图 6-8　粗糙集示意图

定义 5. 正域、负域和边界域。设 $P,Q\subseteq A$ 是 U 上的等价关系，那么正域、负域和边界域被定义为

$$POS_p(Q)=\bigcup_{X_e U/Q}\underline{P}X \tag{6-21}$$

$$NEG_p(Q)=U-\bigcup_{X_e U/Q}\overline{P}X \tag{6-22}$$

$$BND_p(Q)=\bigcup_{X_e U/Q}\overline{P}X-\bigcup_{X_e U/Q}\underline{P}X \tag{6-23}$$

正域 $POS_p(Q)$ 是对于知识 P 能完全确定地归入 X 的对象的集合。边界域 $BND_p(Q)$ 是某种意义上论域的不确定域，对于知识 P 属于边界域的对象不能确定地划分是属于 X 或是 X 的补集。X 的上近似是由那些对于知识 P 不能排除它们属于 X 的可能性的对象构成的。上近似是正域和边界域的并集。负域是那些对于知识 P 毫无疑问不属于 X 的对象的集合，它们是属于 X 的补集。

定义 6. 依赖度。对于任意的 $P,Q\subseteq A$，属性集 Q 以程度 κ 依赖于 P，被表示为 $P\Rightarrow\kappa Q$，其中：

$$\kappa=\gamma_P(Q)=\frac{|POS_P(Q)|}{|U|} \tag{6-24}$$

依赖度衡量了 Q 和 P 之间的依赖程度。如果 $\kappa=1$，那么 Q 完全依赖于 P；如果 $0<\kappa<1$，那么 Q 部分依赖于 P；如果 $\kappa=0$，那么 Q 不依赖于 P。当 P 是条件属性集合、Q 是决策属性集合时，$\gamma_P(Q)$ 称为分类近似值能力。

定义 7. 差别矩阵。一个决策表的差别矩阵是一个 $|U|\times|U|$ 对称矩阵，矩阵变量定义如下：

$$C_{ij}=\left\{a\in C\mid a(x_i)\neq a(x_j)\right\},i,j=1,2,\cdots,|U| \tag{6-25}$$

定义 8. 约简。对于 $R\subseteq C$，全部约减的集合定义如下：

$$RED=\left\{R\mid\gamma_R(D)=\gamma_C(D),\forall B\subset R,\gamma_B(D)\neq\gamma_C(D)\right\} \tag{6-26}$$

（二）决策树技术

决策树是数据挖掘领域中一种非常流行和有效的工具。在决策树结构中，通常包括一个根节点、一组内部节点和一些树叶节点。决策树的构造过程分为决策树的生成和剪枝。在决策树的生成过程中，整个训练集用一个结点来表示，即树根结点。然后将树根结点设置为未检测的状态。对于一个标记为未检测的叶结点，当结点内部的全部实例都隶属于同一个类别时，就可以将这个叶结点设置为已检测状态；如果结点内部的全部对象不是隶属于同一个类别时，就需要利用具有最好分类能力的属性作为判定属性，进行增加结点的处理。具体是将这个结点作为父结点，然后增加两个设置为未检测状态的新子结点。左侧的子结点中包括了那些具有该判定属性的实例，右侧的子结点中包括那些不具有该判定属性的实例。在生成决策树之后，还需要对决策树进行剪枝，将那些影响准确性的分枝进行剪除。使用决策树对给定的实例进行分类是从树根结点开始的。从树的根节点出发进行判断，如果结点的属性在待分类的实例中，则沿着左子树向下前进，如果结点的属性没有出现在待分类的实例中，则沿着右子树向下前进。当到达决策树的叶结点时，这个实例就被判定为这个叶节点所表示的类别。最著名的决策树算法有 ID3、C4.5 和 C5.0 决策树算法。其中，ID3 是最具代表性的决策树算法，它采用自顶向下不回溯的策略能够保证找到一棵简单的树。ID3 算法具有直观和简单的优点；ID3 算法的缺点是不能有效地处理噪声数据，而且只对小规模的数据集有效。C4.5 决策树算法对 ID3 算法进行了改进，将分类领域从类别属性扩展到了数值型属性，解决了 ID3 算法使用信息增益方法选择属性时的不足，改用信息增益率对属性进行选择。C4.5 决策树算法具有高准确性和生成的规则容易理解等优点；C4.5 决策树算法的缺点是无法有效地处理大规模的数据集。

（三）集成学习技术

集成学习是一种机器学习范式，它首先训练得到多个分类器，然后按照某种方式把多个分类器整合在一起，从而获得比单个分类器更好的分类效果。集成学习的思路是在对新的样本进行分类的时候，把若干个单个分类器集成起来，通过对多个分类器的分类结果进行某种组合来决定最终的分类，以取得比单个分类器更好的性能。如果把单个分类器比作一个决策者的话，集成学习的方法就相当于多个决策者共同进行一项决策。由于多个单分类器的有效组合会增强最终分类器的准确性和稳定性，所以集成分类器通常具有较好的性能。集成学习的性能主要依赖于组合分类器的准确性和多样性。近年来，集成学习成为机器学习领域的一个重要研究热点，并且被成功应用到了许多不同的领域，如信息检索和文本分类。集成学习通常是由两个主要的阶段组成的。第一个阶段实现了不同模型的产出。集成可以由同类的模型或者异类的模型组成。使用相同的学习算法来构建集成称为同类模型。同类模型中通过向学习算法中加入不同的参数、使用不同的训练样本等方式获得不同的分类器。在相同的数据集上根据不同的学习算法训练出一组分类器的模型称为异类模型。第二个阶段是对不同的分类器进行组合，常用的组合方法包括了多数投票方法、加权投票方法。集成学习因为具有良好的泛化能力引起了数据挖掘和机器学习领域的极大关注。理论和实验研究都表明组合一组分类器将会形成一个功能强大的分类系统。

二、算法描述

在本小节中详细介绍了所提出的基于粗糙集和决策树集成的混合算法（简称混合算法）。所提出的基于粗糙集和决策树集成的混合算法的基本框架如图 6-9 所示。

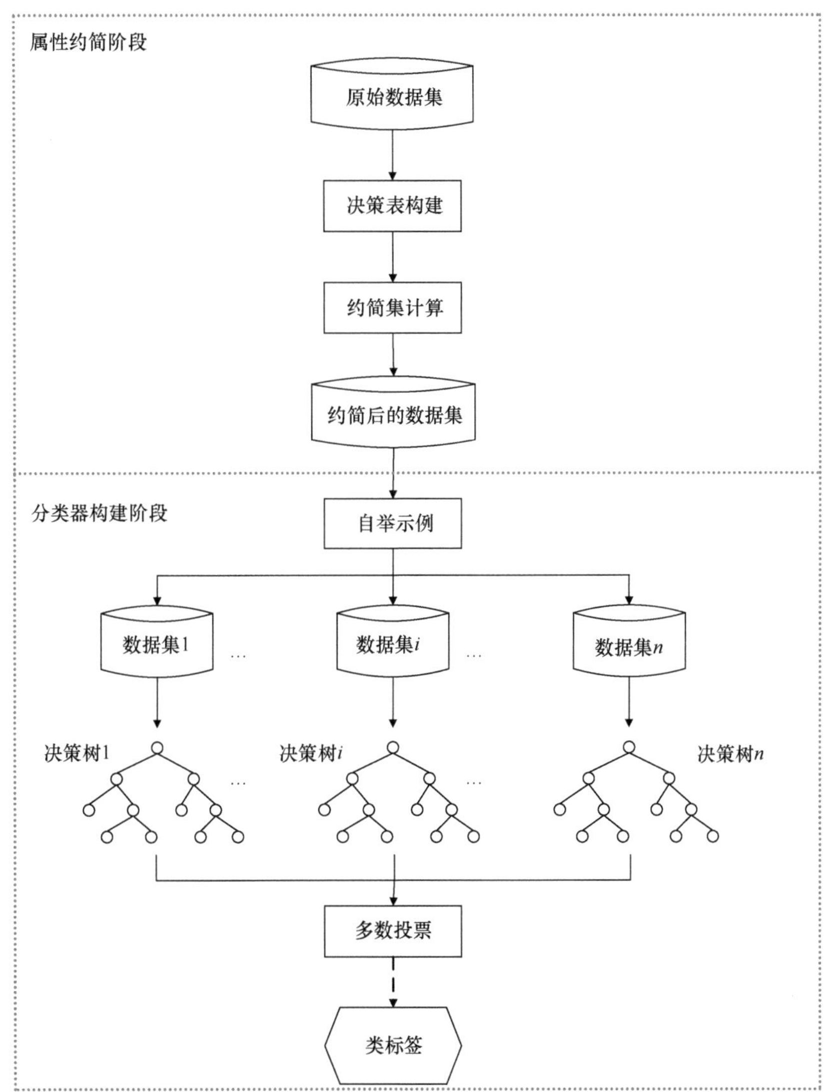

图 6-9　混合算法的框架示意图

混合算法包括了两个主要步骤，即属性约简步骤和分类器构建步骤。在第一个步骤中，使用原始的农业数据集构建决策表，然后使用属性约简算法对决策表进行约简，以便在不损失有用信息的情况下从数据集中去除冗余属性。详细的算法如算法 6-1 所示。

算法 6-1：属性约简算法

输入：原始农业数据集 TS

输出：约简集

（1）读入农业训练集 TS 并构建一个决策表 IS

（2）计算不可识别的矩阵 $\boldsymbol{M}(IS)-(C_{ij})$

（3）运用合并法则约简 $\boldsymbol{M}$

（4）获得约简后 $\boldsymbol{M}$ 的 d 个非空域 $C_1,C_2,\cdots,C_d$

（5）按照如下方法处理集合 $R_0,R_1,\cdots,R_d$

$R_0=\varnothing$

For $i=1$ to d

$R_i=S_i\bigcup T_i$, where $S_i=\{R\in R_{i-1}:R\bigcap C_i\neq\varnothing\}$ and $T_i=(R\bigcup\{a\})_{a\in C_i,R\in R_{i-1}:R\bigcap C_i=\varnothing}$

End for

（6）从 R_d 的每一个要素中去除冗余的属性

（7）获得约简集 $RED(IS)=Rd$

（8）根据 $RED(IS)$ 输出约简后集合 L

在第二个步骤中，提出的算法读取第一个步骤输出的约简集并构建分类器。假定约简数据集为 L 和集成规模参数为 T，使用自助法生成 T 个样本训练集 $L_1,L_2,\cdots,L_T$。随后，每一个数据集 L_i 都被用来训练一个 C4.5 分类器，从而得到 T 个 C4.5 分类器。最终的分类器 C^* 由 T 个 C4.5 分类器集成后形成。对新样本 x 的最终分类结果是对 $C_1,C_2,\cdots,C_T$ 这些分类器结果进行多数投票来决定的，新样本 x 被分类到这些 C4.5 分类器给出的绝大多数的类别之中。算法描述如算法 6-2 所述。

算法 6-2：分类器构建算法

输入：约简后的农业训练集 L;

集成规模 T;

决策树算法 C4.5

输出：C^*

（1）For 每个迭代 $i=1,2,\cdots,T$

（2）从初始农业训练集 L 创建训练集 L_i

（3）L_i 的规模和 L 相同，这里有些农业样本可能不出现，而有些可能出现不

止一次

（4）在 L_i 上构建一个决策树分类器 C_i

（5） End for

（6）最终的分类器 C^* 由 T 个决策树分类器聚集形成

（7）为了分类一个新的农业数据 x，针对类 y 的投票被每一个决策树分类器记录 $C_i(x)=y$

（8） $C^*(x)$ 是多数投票决定的类，即是

$$C^*(x)=\arg\max\left(\sum_{i=1}^{T}\psi\left(C_i(x)=y\right)\right)$$

ψ 是一个标志函数如 $\psi(true)=1,\psi(false)=0$

三、试验结果与讨论

（一）试验数据集

为了有效地评价所提出的算法，我们使用两种数据进行算法的试验。一种是公共的农业数据集，即桉树数据集、蛴螬危害数据集、笋瓜储运数据集和白三叶数据集；另一种是基于物联网采集的小麦生长环境数据。有关数据集的细节描述如下。

桉树数据集：此数据集包含有 736 个样本和 20 个属性。目标是判定一个物种中哪种种子最适合于季节性干旱的丘陵地的土壤保持。判定根据高度、直径高度、存活和其他影响因素的测量得出。

蛴螬危害数据集：此数据集包含有 155 个样本和 9 个属性。蛴螬是 Canterbury 牧草场的主要害虫之一，它能够引起严重的牧草场损害和经济损失。牧业的损失可能周期性地发生在大范围面积内。蛴螬的数量通常受生物因子（如疾病）和农业行为（如灌溉和深旋）的影响。最初的目标是找到 1986～1992 年蛴螬数量、灌溉和草场损害级别之间的关系。

笋瓜储运数据集：此数据集包含有 52 个样本和 25 个属性。目的是判定成熟期间笋瓜果实内发生的变化，以便于确定能够以最好的品质上市的最佳时机。笋瓜通过冷藏货船载运到日本，并经过 3～4 个星期到达市场。评估在出口之前的质量监测阶段进行，也在到达市场的阶段进行。

白三叶数据集：此数据集包含有 63 个样本和 32 个属性。目的是确定影响夏季干旱坡地的白三叶种群持久性的机制。

小麦生长环境数据集：河南省安阳市滑县设立的基于物联网的小麦生长环境

监测点可以及时地采集到小麦的各项生长环境数据。试验中使用了 2012 年 12 月 29 日到 30 日这个时间段中采集的 289 条数据。这些数据记录了每隔 10min 时监测到的生长环境数据。每条记录都包括了 13 个属性，分别是空气温度、土壤温度 1、土壤温度 2、空气湿度、土壤湿度 1、土壤湿度 2、土壤湿度 3、土壤湿度 4、土壤湿度 5、总辐射、风速、风向、降水量。其中，土壤温度 1 和土壤温度 2 分别对应于 2 个观测位置的土壤温度；土壤湿度 1、土壤湿度 2、土壤湿度 3、土壤湿度 4 和土壤湿度 5 分别对应于 5 个观测位置的土壤湿度。根据每条记录中的环境数据，对其进行类别标注，分为正常和异常两个类别，而后在这个标注后的数据集上对混合算法进行试验。

（二）评价指标

为了分析分类器的性能，我们采用了准确率、F_1 测量和 AUC 指标。如表 6-1 所示，针对样本考虑了 4 种情况作为分类器的结果。

表 6-1　分类情况表

类别		分类器的分类结果	
		属于	不属于
真实类别	属于	TP	FN
	不属于	FP	TN

注：TP（true positive）：被正确地分类为属于此类别的样本数量；TN（true negative）：被正确地分类为不属于此类别的样本数量；FP（false positive）：被错误地分类为属于此类别的样本数量；FN（false negative）：被错误地分类为不属于此类别的样本数量。

应用这些数值，分类器的性能可以根据准确率（accuracy）、查准率（precision）、查全率（recall）、F_1 测量（F_1 measure）指标来评价，它们的定义如下：

$$\text{Accuracy}=\frac{TP+TN}{TP+TN+FP+FN} \tag{6-27}$$

$$\text{Precision}=\frac{TP}{TP+FP} \tag{6-28}$$

$$\text{Recall}=\frac{TP}{TP+FN} \tag{6-29}$$

$$F_1=2\times\frac{\text{Precision}\times\text{Recall}}{\text{Precision}+\text{Recall}} \tag{6-30}$$

准确率是样本被正确分类的比率，查准率是指分类正确的样本数与实际分类的样本数之比，反映分类的准确性。查全率是指分类正确的样本数与应有的分类样本数之比，反映分类的全面性。考虑到查准率和查全率的效果，F_1 测量是这两个指标的和谐均衡，是一个更为可靠和适用的指标。

受试者工作特征（ROC）曲线是一种代表分类器行为的方法，是分类器性能的有效体现。在 ROC 空间，正确正值诊断率分布在 Y 轴，错误正值诊断率分布在 X 轴，正确正值诊断率和错误正值诊断率的计算方法如下：

$$\text{正确正值诊断率}=\frac{TP}{FN+TP} \tag{6-31}$$

$$\text{错误正值诊断率}=\frac{FP}{FP+TN} \tag{6-32}$$

ROC 分析在一定程度上考虑到正确正值诊断率和错误正值诊断率的权衡，是一种表示分类器性能的有效方法，因此在机器学习和数据挖掘研究领域中广泛使用。

处在受试者工作特征曲线 ROC 下面的面积（AUC）把期望的性能表示为一个数量，是评价学习算法分类能力的一个有效指标。用于评价分类模型的性能时，AUC 的值通常在 0 和 1 之间，因此会使得结果很容易理解。而且，AUC 具有一个统计学意义：它等同于 Wilconxon 测试等级，而且它还等同于其他几个评价分类和分级模型的统计指标。AUC 对分类器性能的差别比较敏感，而且能够区分出在不同的分类器中哪种分类准确性受限。因此，本节使用准确率、F_1 和 AUC 作为分类性能的评价指标。

（三）试验结果分析

试验中为了评价所提出算法的性能和效率，两个流行的集成学习算法 Bagging 和 Boosting 被用来作为对比的基准。Bagging 算法由 Breiman（1996）提出，是一种非常著名的集成学习方法，在构建分类器集成方面获得了很大的成功。Boosting 集成算法有许多版本，而 AdaBoost.M1（1996）是最流行的 AdaBoost 版本，因此在试验中采用了 AdaBoost.M1 算法。为了减少偏差和变化对分类结果的影响，分类性能的统计采用十折交叉验证来评价。每个数据集被分成 10 个子集，算法在每个子集上运行一次。每一次 9 个子集被用于分组训练，剩下的第 10 个子集被用于测试。训练和测试过程被操作 10 次，10 次的平均值作为最终的结果。

表 6-2 显示了分类后不同方法获得的准确率值。Bagging 和 Boosting 的集成规模都是 10。为了便于对比，提出的混合方法的自举样本参数 T 的数量也被设置为 10。

根据表 6-2 中的试验结果，提出的混合方法在 4 个数据集上获得了高于其他几个方法的性能。例如，在白三叶数据集中，所提出算法的准确率的值是 80.9%，比 C4.5 高出大约 17.4%，比 Bagging 高出大约 15.8%，比 Boosting 高出大约 12.6%。

表 6-2　数据集的准确率值比较

数据集	C4.5	Bagging	Boosting	Proposed
桉树	0.639	0.637	0.632	0.655
蛴螬危害	0.335	0.374	0. 368	0.387
笋瓜储运	0.654	0.673	0. 731	0.750
白三叶	0.635	0.651	0.683	0.809

在机器学习和数据挖掘系统中，F_1 测量提供了一个很好的查准率和查全率之间的权衡。不同方法在分类后得到的 F_1 测量值如表 6-3 所示。

表 6-3　数据集的 F_1 值比较

数据集	C4.5	Bagging	Boosting	Proposed
桉树	0.634	0.636	0.631	0.652
蛴螬危害	0.326	0.368	0.361	0.385
笋瓜储运	0.646	0.671	0.721	0.739
白三叶	0.638	0.637	0.685	0.802

表6-3表明提出的混合方法在所用数据集上同样获得比其他方法要好的性能。例如，在笋瓜储运数据集中，所提出算法的 F_1 值是 73.9%，比 C4.5 高出大约 9.3%，比 Bagging 高出大约 6.8%，比 Boosting 高出大约 1.8%。

在评价分类器的性能和效率时，AUC 被证明是一种较好的方法。在 4 个农业数据集的试验中，运用 AUC 对提出的混合算法的性能和效率进行评价，并与其他算法进行对比。这些算法的 AUC 结果如表 6-4 所示。

表 6-4　数据集的 AUC 值比较

数据集	C4.5	Bagging	Boosting	Proposed
桉树	0.842	0. 897	0.875	0.899
蛴螬危害	0.592	0.640	0.606	0.643
笋瓜储运	0.715	0.806	0. 806	0.853
白三叶	0.686	0.705	0.742	0.829

根据表 6-4，AUC 结果同样证实了所提出算法的有效性。例如，在白三叶数据集上，所提出的混合算法的 AUC 值相对于 C4.5、Bagging 和 Boosting 分别提高了 14.3%、12.4%和 8.7%。因此，试验结果表明所提出方法的性能提高是显著的。

在每个数据集上，运用不同的集成规模，C4.5、Bagging、Boosting 和所提出的混合算法的性能曲线如图 6-10～图 6-13 所示。

从图 6-10～图 6-13 中，我们可以得到如下结论：在所有 4 个农业数据集上，提出的混合算法总是优于 C4.5、Bagging 和 Boosting。Bagging 和 Boosting 的性能不稳定。在笋瓜储运和白三叶数据集上，Bagging 和 Boosting 的性能略高于 C4.5。然而，在桉树和蛴螬危害数据集上，Bagging 和 Boosting 的性能甚至低于 C4.5。因此，提出的混合算法在 4 个农业数据集上的分类性能都要优于 Bagging 和 Boosting。

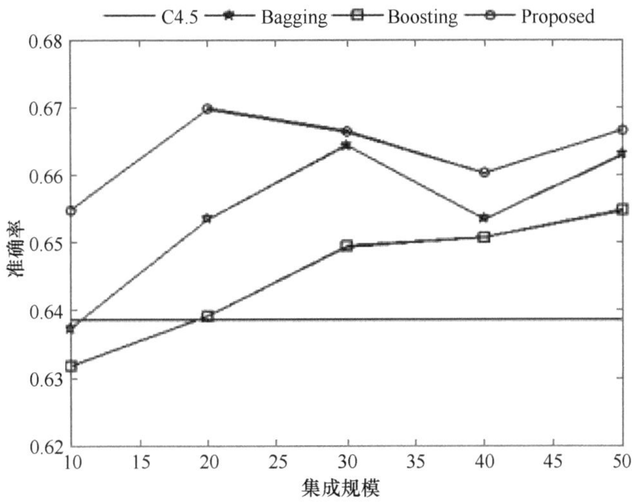

图 6-10　桉树数据集上不同方法的性能曲线比较

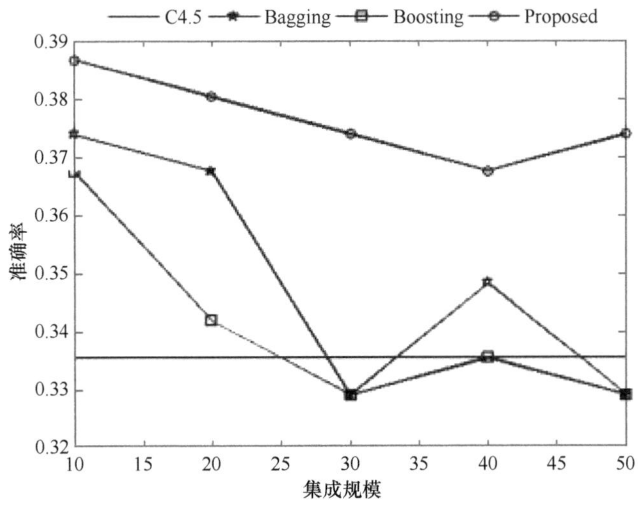

图 6-11　蛴螬危害数据集上不同方法的性能曲线比较

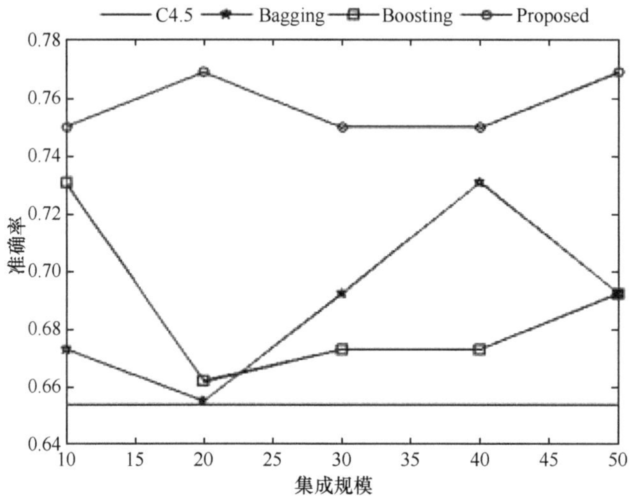

图 6-12 笋瓜储运数据集上不同方法的性能曲线比较

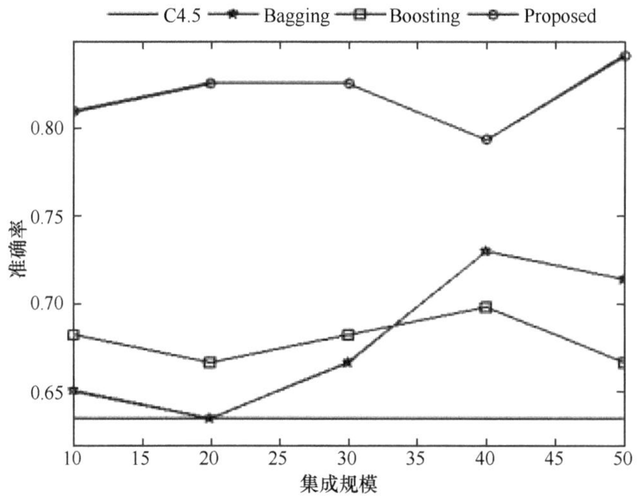

图 6-13 白三叶数据集上不同方法的性能曲线比较

表 6-5 列出了约简后的属性数量，说明了提出的方法有效地减少了属性数量。例如，桉树数据集的原始属性数量是 20，提出的算法选择和使用的属性数量是 7，仅是原始属性的 35%（7/20）。保存的属性仅是那些对分类有显著影响的属性。表 6-2～表 6-4 表明提出的混合算法不仅有效地减少了属性的数量，而且极大地提高了分类的性能。

表 6-5　所提出的混合算法使用的属性数目

数据集	原始的属性数目	保留的属性数目	比例（%）
桉树	20	7	35.0
蛴螬危害	9	4	44.4
笋瓜储运	25	3	12.0
白三叶	32	3	9.4

使用公共的农业数据集对所提出的算法进行验证后，下面将进一步在小麦生长环境数据集上对 C4.5、Bagging、Boosting、提出的基于粗糙集和决策树的混合算法进行试验比较，以验证所提出的混合算法的有效性。为了减少偏差和变化对分类结果的影响，分类性能的统计用十折交叉验证来评价。每个数据集被分成 10 个子集，算法在每个子集上运行一次。每一次 9 个子集被用来分组训练，剩下的第 10 个子集被用来测试。训练-测试过程被操作 10 次，10 次的平均值指标被用来作为最终的结果。

当 Bagging、Boosting 和所提出的混合算法的集成规模分别为 10、20、30、40、50 时，各种算法在小麦生长环境数据集上的准确率比较如图 6-14 所示。

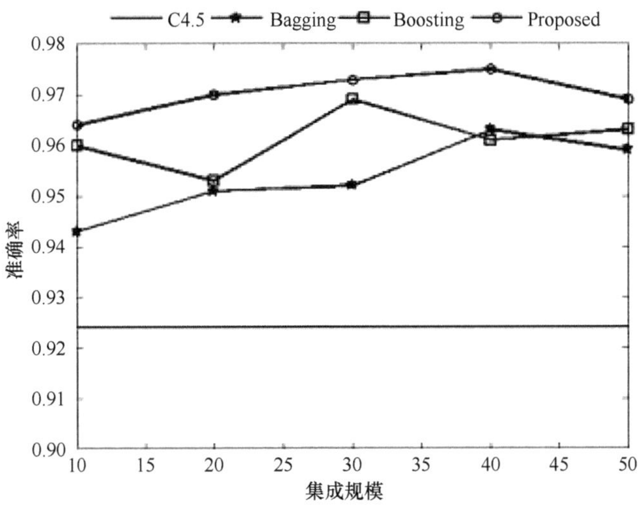

图 6-14　小麦生长环境数据集上不同方法的准确率曲线比较

根据图 6-14 中的试验结果，提出的混合算法取得的准确率要高于其他几种方法。例如，当 Bagging、Boosting 和所提出的混合算法的集成规模为 10 时，所提出的混合算法的准确率是 96.4%，比 C4.5 高出大约 4.0%，比 Bagging 高出大约 2.1%，比 Boosting 高出大约 0.4%。

当 Bagging、Boosting 和所提出的混合算法的集成规模分别为 10、20、30、

40、50 时，各种算法在小麦生长环境数据集上的 F_1 比较如图 6-15 所示。

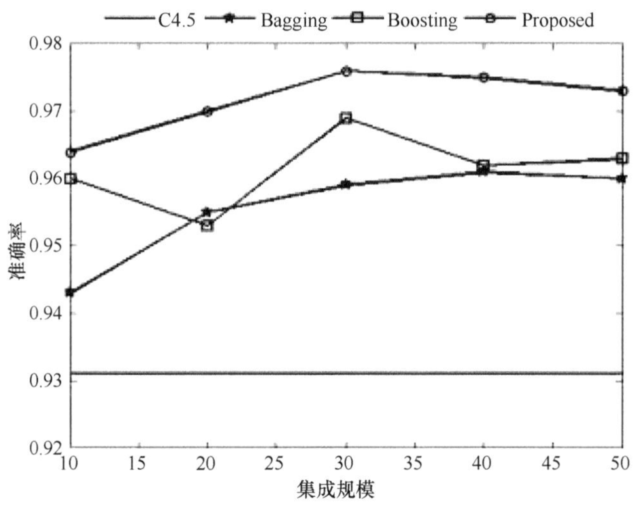

图 6-15　小麦生长环境数据集上不同方法的 F_1 曲线比较

根据图 6-15 中的试验结果，提出的混合算法取得的 F_1 要高于其他几种方法。例如，当 Bagging、Boosting 和所提出的混合算法的集成规模为 20 时，所提出的混合算法的准确率是 97%，比 C4.5 高出大约 3.9%，比 Bagging 高出大约 1.5%，比 Boosting 高出大约 1.7%。

当 Bagging、Boosting 和所提出的混合算法的集成规模分别为 10、20、30、40、50 时，各种算法在小麦生长环境数据集上的准确率比较如图 6-16 所示。

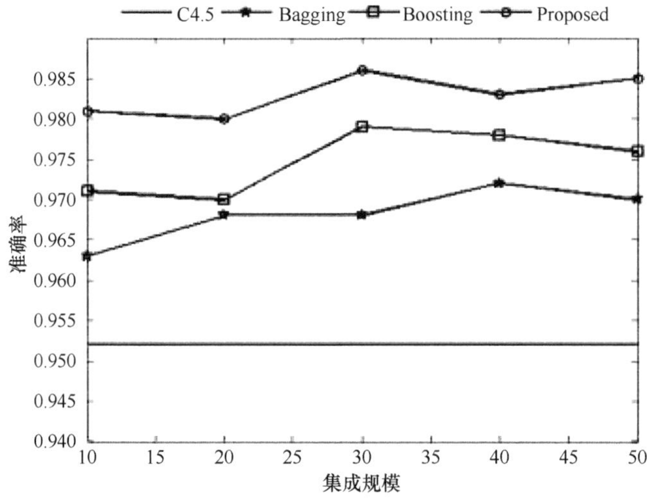

图 6-16　小麦生长环境数据集上不同方法的 AUC 曲线比较

根据图 6-16 中的试验结果，提出的混合算法取得的 AUC 要高于其他几种方法。例如，当 Bagging、Boosting 和所提出的混合算法的集成规模为 10 时，所提出的混合算法的准确率是 98.1%，比 C4.5 高出大约 2.9%，比 Bagging 高出大约 1.8%，比 Boosting 高出大约 1.0%。

综上，图 6-14～图 6-16 说明了与其他 3 种算法相比，本节提出的混合算法有效地提高了分类的性能。另外，在混合算法中的属性约简步骤去除了土壤温度 1 属性和土壤湿度 1 属性，因此混合算法只需要使用约减后得到的 11 个条件属性进行分类即可，有效地减少了属性的数目。

第三节　基于数据流的大田作物环境数据聚类算法

近年来随着物联网、精准农业等高新技术的快速发展，实时、快速和大面积地实现小麦生长环境数据采集和异常检测成为可能。作为物联网的主要应用技术之一，传感器网络近年来发展迅速。通过部署在大田作物（小麦）生长环境中的传感器，可随时随地地探测包括温度、湿度、光照度、土壤含水量等各种生长环境因素。使用异常检测算法对实时采集的作物生长环境数据进行分析，检测小麦生长环境因素是否发生异常以便采取应对措施，是保障作物安全稳定生产的重要环节。

异常挖掘是数据挖掘的一个重要分支。如何发现与数据集中其他数据有明显区别的数据是异常挖掘的研究重点。而如何建立合理的数据模型和采用与模型相适应的异常挖掘算法是提高异常判断准确性的关键。异常挖掘常用算法存在的主要问题是算法适用范围有限，精度较低，因此，在结合农业领域知识的基础上，探索针对相应应用的有效的面向数据流的异常挖掘算法，以满足精准农业应用的需求，是一个非常有意义的研究方向。

通过传感器网络获得的监测数据虽然真实、具体地反映了作物生长的本质状况，但由于这些监测数据不同于存储在磁盘上传统的关系型数据，而是连续到达的大量数据形成的流数据，传统的异常检测技术只适用于处理那些可存储在磁盘上的有限静态数据，不能有效地处理这种海量、高速、结构复杂、动态更新的演化数据流以获取实时的有用信息，因此无法满足作物生长状况异常检测的实际需求。

本节结合基于物联网的作物生长环境监测系统，进行了相应的面向数据流的异常挖掘研究。提出了一种基于 COD 和 STORM 的聚类集成技术，实现了小麦生长环境数据的精准异常检测，提高了小麦生长环境异常检测的有效性和准确性。

一、相关理论背景

（一）数据流概念

数据流是短时间内持续到达并且动态变化的数据组成的序列，是数据的一种动态的形式。数据流是一个没有界限的数据序列，随着时间的变化，数据流的长度也会发生变化。因为在某一个时间点上既会有新的数据加入数据流中，也会有历史数据从数据流中消失。数据流中的数据以一种瞬态的、持续的流形式到达，数据的可能取值也是无限的。数据流与数据库中存储的数据相比有着显著的区别。数据流数据具体有如下几个显著的特点。

（1）数据流是无限的，并且是快速到达的。传统数据库中的数据更新次数是相对有限的，主要用于持久存储。然而，数据流中的数据是无限的、快速到达的，数据流的长度是动态变化的。处理传统数据库中的数据时，可以根据需要随机地访问数据。然而，数据流中的数据是按照次序不断到达的，因此不能够根据需要随机地访问全部数据。

（2）在数据流的很多应用中，对数据流的分析和处理只需要得到满足要求的近似结果即可，而对传统数据库中数据的查询和处理的结果都是确定的。

（3）数据流中的数据是随着时间的推移不断发生变化的。然而，传统数据库中的数据都是静态的，在数据库中存储数据后，这些数据就很少会随着时间推移不断地发生变化。

（4）数据流产生的速度和时间间隔通常是难以确定的，而传统数据库的数据处理能力和数据存储规模都是可以确定的。

（5）由于数据流中数据的规模很大并且增长迅速，数据流中的处理过程一般都只对数据进行一遍扫描，即对数据流中的每个数据只能处理一次。然而，在传统数据库中存储的数据是持久存储的，因此能够根据使用需要方便地对数据进行多遍扫描，而且还可以利用索引等手段对数据进行快速的访问。

（二）数据流模型

数据流的模型大致分为三类，即时间序列数据流模型、收银机数据流模型和转盘数据流模型。

1. 时间序列数据流模型

在时间序列数据流模型中，数据流中的数据是按照时间顺序出现的。时间序列数据流模型的数据可以表示为一个二元组，即<时间，数据项值>。

2. 收银机数据流模型

顾名思义，收银机数据流模型是从超市的收银机场景中抽象出来的。在收银机数据流模型中，数据流中的数据是不需要进行排序的。

3. 转盘数据流模型

在转盘数据流模型中，数据可以增加和删除，而且数据项的下标也是不做任何要求的。数据项的下标既可以是排序的，也可以是不排序的。

时间序列数据流模型、收银机数据流模型和转盘数据流模型都是对现实应用的抽象。其中，时间序列数据流模型是应用最多的一种模型。本节根据小麦生长环境数据采集的实际情况采用基于时间序列的数据流模型作为研究对象。

对于数据流模型而言，根据不同的时序范围又可以进一步划分为三种，即滑动窗口模型、快照模型和界标模型。

4. 滑动窗口模型

滑动窗口模型中在数据流上设定了一个窗口区间。当有新的数据到来时，窗口的大小维持不变，但窗口的起始时间戳和结束时间戳都会向前滑动，新数据会移入窗口之中，窗口中储存最久的数据会从窗口中移出。滑动窗口模型如图 6-17 所示。

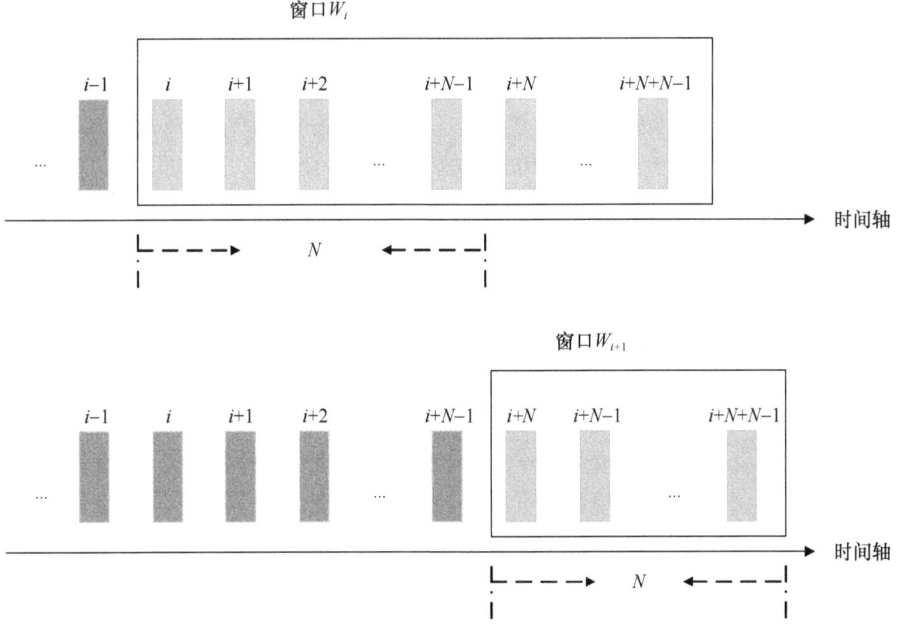

图 6-17　数据流滑动窗口示意图

5. 快照模型

在快照模型中，数据窗口的范围设定在两个预定义的时刻之间。快照模型具体又可以分为两种模型，即连续快照模型和序列快照模型。其中，连续快照模型中只对数据流中的当前数据项进行记录和保留，而对前一时刻的数据项是不进行保留的。序列快照模型中各个时间片段是与该时刻的数据流的状态相对应的。序列快照模型保存了系列时间片段的数据项。

6. 界标模型

在界标模型中，对数据的处理范围是从某一个设定的初始时刻到当前时刻为止。在实际应用中，通常是将数据流的起始点作为数据处理的初始时间点。

针对小麦生长环境数据采集应用的情况，在本节中提出的基于 COD 和 STORM 的聚类集成算法使用了滑动窗口模型，以便更加有效地进行小麦生长环境的异常检测。

（三）面向数据流的异常挖掘方法

随着数据流应用范围日益广泛，目前已经有一些面向数据流的异常挖掘方法。Angiulli 和 Fassetti（2007）提出了两种基于距离的数据流异常挖掘算法，exact-STORM 和 approx-STORM。exact-STORM 算法是一种比较准确的算法。approx-STORM 算法是一种近似算法，它是以中心极限定理作保证的。但是这两种方法都具有较高的用户依赖性，需要用户选择合适的输入参数。而且由于每次计算距离时要花费大量的时间，导致算法实时性较差。为了克服上述算法需要用户输入参数和距离计算耗时的缺点，Elahi 等（2008）提出了基于 K 均值聚类算法的聚类方法用于数据流的异常挖掘。然而，此方法的缺点是聚类数目是固定的，因此算法适用性差、精度不高。Pokrajac 等（2007）提出了一种基于密度的数据流异常挖掘算法，并将该算法称为 Incremental LOF。Incremental LOF 算法在计算 LOF（local outlier factor）值时需要进行大量的最近邻搜索，导致算法的效率较低、实时性差。Yang 等（2009）提出一种基于距离的数据流异常挖掘算法，之后 Kontaki 等（2011）又对该算法进行了有效的改进，提高了异常挖掘的效率，但是以牺牲精度为代价，导致算法的精度不高。总之，数据流异常挖掘这一新课题的研究基本上还处在初期的探索阶段。要满足小麦生长环境数据异常检测的应用需求，还需要更具创新性的研究。

二、算法描述

本小节将详细介绍所提出的基于 COD 和 STORM 的聚类集成算法，算法的处理过程框架如图 6-18 所示。

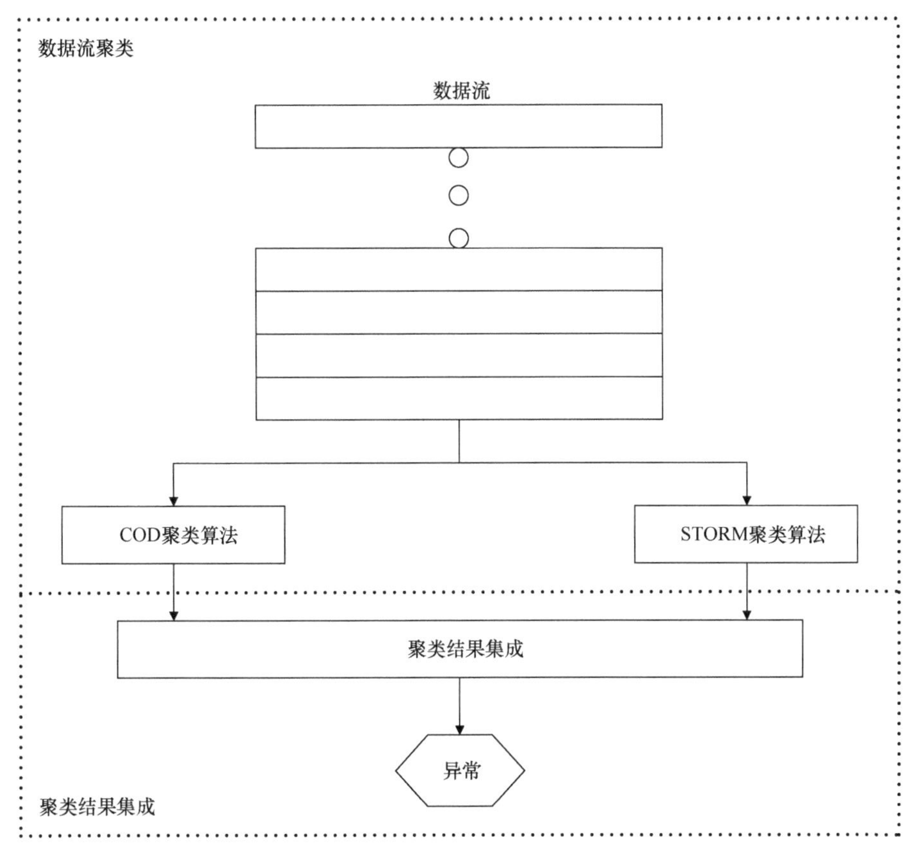

图 6-18　基于 COD 和 STORM 的聚类集成算法

算法主要包括了两个步骤，第一步使用 STORM 聚类算法和 COD 聚类算法对数据流分别进行聚类，第二步基于多数投票策略对 STORM 算法和 COD 算法的聚类结果进行集成，最终输出检测到的数据流异常点。

STORM 聚类算法和 COD 聚类算法是两种快速的数据流聚类算法。作为一种基于距离的数据流聚类算法，STORM 算法具体包括了两个处理步骤：流管理和查询管理。流管理主要负责接收数据流数据，而后更新 ISB 数据结构。ISB 数据结构中存储了数据流在当前窗口的概要信息。查询管理主要负责从 ISB 数据结构中找到异常数据。ISB 数据结构提供了对范围搜索功能的支持。当给定一个对象 *obj* 和一个半径 *R* 时，使用 ISB 数据结构支持的范围搜索功能能够很快地给出 ISB 中与对象 *obj* 的距离不大于 *R* 的结点。对于一个结点 *n* 来说，其中包含了以下信息。

（一）STORM 算法相关描述

n.obj：数据流对象；

$n.id$： $n.obj$ 的标识号，即数据流对象 $n.obj$ 的到达时间；

$n.count\_after$： $n.obj$ 对象的后继近邻结点的数目；

$n.nn\_before$： $n.nn\_before$ 是一个最多有 K 个对象标识号的列表。这些对象标识号是 $n.obj$ 的近邻中刚刚到达的对象的标识号。

对于数据流中每个新到的对象 obj，STORM 算法会创建一个新的结点 n_{curr}，$n_{curr}.obj = obj$。然后在 ISB 上以 $n_{curr}.obj$ 作为中心、R 作为半径进行范围搜索，得到 ISB 中 obj 的近邻结点。STORM 算法具体描述如下。

算法 6-3：STORM 算法

1. 流管理步骤

对每个数据流对象 obj（obj 的标识号为 t）执行如下操作：

从 ISB 数据结构中移除到达时间最久的结点 n_{oldest}；

创建一个新的结点 n_{curr}，$n_{curr}.obj = obj$，$n_{curr}.id = t$，$n_{curr}.nn\_before = \varnothing$，$n_{curr}.count\_after = 1$；

在 ISB 数据结构中，以 obj 为中心、R 为半径执行范围搜索功能。对于范围搜索功能返回的每一个结点 n_{index}：

增加 $n_{index}.count\_after$ 的值；

使用对象标识号 $n_{index}.id$ 更新列表 $n_{curr}.nn\_before$；

在 ISB 数据结构中插入结点 n_{curr}。

2. 查询管理步骤

对 ISB 数据结构中的每个结点 n，执行以下操作：

让变量 $n.prec\_neighs$ 等于存储在现有结点的 $n.nn\_before$ 中的标识号的数目，变量 $succ\_neighs$ 等于 $n.count\_after$；

如果 $n.prec\_neighs+n.succ\_neighs \geqslant k$，则将 $n.obj$ 标记为正常，否则将 $n.obj$ 标记为异常。

返回全部标记为异常的数据点。

（二）COD 算法相关描述

COD 算法是一种基于距离的数据流聚类算法，它的算法主要包括了对新到达的数据点的处理和对要离开时间窗数据点的处理两个部分。其中，Arrival 是对新到达的数据点的处理过程描述，Departure 是对要离开时间窗数据点的处理描述。算法的具体描述如下。

算法 6-4：COD 算法

1. 对新到达的数据的处理

Arrival（到达的对象 p，当前时间的对象 now）对新到达数据点的处理如下：
以 p 为中心执行范围查询，查询返回的对象集合为 A；
For 每个 $q \in A$ do

$n_q^+ = n_q^+ + 1$；

if（$q \in D(R,k)$ and（$n_q^- + n_q^+ = k$））then

从 $D(R,k)$ 中移除 q；

if（$n_q^- \neq 0$）then

$ev = min\left\{p_i \cdot exp \mid p_i \in P_q\right\}$；

$insert\left(q, ev + [W / Slide]\right)$；

end if
else

从 P_q 对象 $y = min\left\{q_i \cdot exp \mid q_i \in P_q\right\}$ 中移除；

end if;
end for
使用 k 个最近邻的对象构建 P_p；
if（$nn_p < k$）then

将 P 添加到 $D(R,k)$；

else

$ev = min\left\{p_i \cdot exp \mid p_i \in P_p\right\}$；

$insert\left(p, ev + [W / Slide]\right)$；

end if

2. 对要离开时间窗数据点的处理

将 p 添加到数据结构中；

Departure（要离开时间窗的对象 p，当前时间的对象 now）对要离开时间窗数据点的处理如下：

从数据结构中移除 p；

$Process\_Evevt\_Queue(p, now)$；

其中 $Process\_Evevt\_Queue(p,now)$ 的处理如下：

$x = findmin(\ )$；

while（$x, ev = now$）do

$x = extractmin(\ )$；

从 P_x 中移除 p;

if（$n_x^- + n_x^+ < k$）then

将 x 添加到 $D(R,k)$；

else

$ev = min\{p_i \cdot exp \mid p_i \in P_x\}$；

$insert(x, ev + [W / Slide])$；

end if

$x = findmin(\ )$；

end while

提出的聚类集成算法在第一步使用STORM聚类算法和COD聚类算法对数据流分别进行聚类后，会分别得到 STORM 算法和 COD 算法从数据流中检测到的异常结果。在第二步中，对 STORM 算法和 COD 算法检测到的异常结果进行集成后输出最终的检测结果。假设通过 STORM 算法得到的异常点集合为 D_{STORM}，通过 COD 算法得到的异常点集合为 D_{COD}，集成算法最终输出的异常点集合为 D_{final}，具体的集成算法如算法 6-5 所示。

算法 6-5：聚类集成算法

$D_{final} = \phi$；

For $p \in D_{STORM}$ do

if $p \in D_{COD}$

将 p 添加到 D_{final} 中；

end if

end for

三、小麦生长环境异常检测原型系统

研究者设计和实现了基于本节提出的聚类集成算法的小麦生长环境异常检测原型系统，并通过原型系统来验证聚类集成算法对小麦生长环境异常检测的实际效果。基于聚类集成算法的小麦生长环境异常检测原型系统的框架如图 6-19 所示。

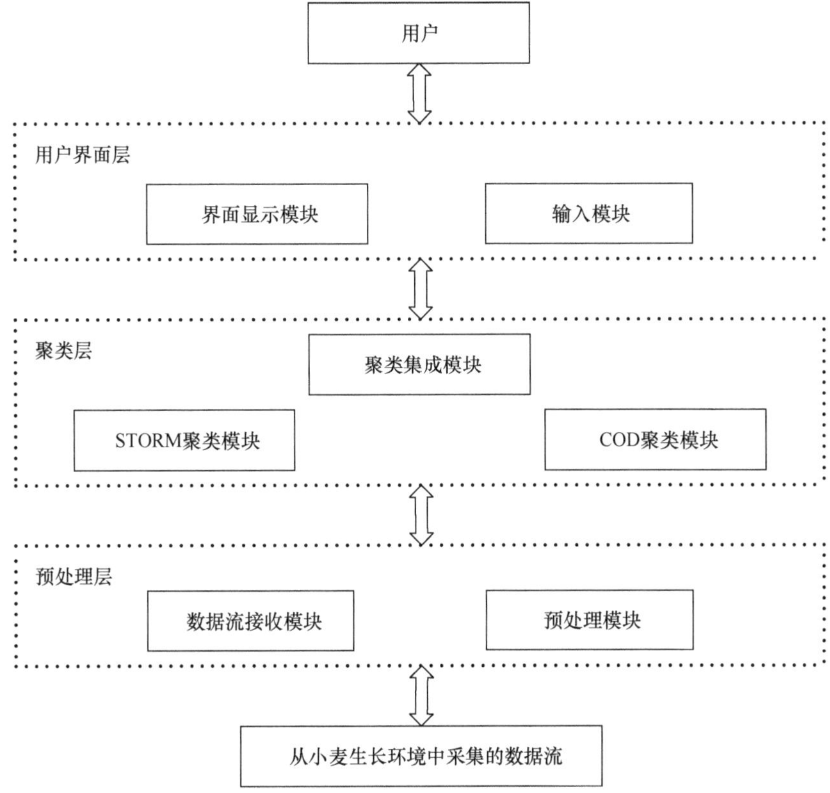

图 6-19　基于聚类集成算法的小麦生长环境异常检测原型系统示意图

基于聚类集成算法的小麦生长环境异常检测原型系统的框架主要分为三层。每层包括的功能和模块简述如下。

（1）用户界面层：这一层负责与用户进行交互。包括的主要模块为界面显示模块、输入模块。

输入模块：负责接收用户进行参数设置等输入。

界面显示模块：负责向用户提供易于使用的界面，也负责将异常检测结果呈现给用户。

（2）聚类层：这一层负责根据基于 STORM 和 COD 的聚类集成算法对小麦生长环境数据流进行聚类，并发现数据流中的异常点，这是系统的核心层。包括的主要模块为 COD 聚类模块、STORM 聚类模块、聚类集成模块。

COD 聚类模块：这个模块负责实现 COD 聚类算法的功能，对小麦生长环境数据流进行聚类，并发现数据流中的异常点。

STORM 聚类模块：这个模块负责实现 STORM 聚类算法的功能，对小麦生长环境数据流进行聚类，并发现数据流中的异常点。

聚类集成模块：这个模块负责实现算法 6-5 的功能，对 COD 聚类模块和 STORM 聚类模块得到的聚类结果进行集成，输出最终的异常检测结果。

（3）预处理层：这一层负责从文件或网络中读取小麦生长环境采集到的数据流，并对数据流中的数据进行必要的处理。包括的主要模块为数据流接收模块和数据归一化等预处理模块。

数据流接收模块：这一模块负责根据用户的设置从文件或网络中读取小麦生长环境采集到的数据流。

数据归一化等预处理模块：这一模块负责对数据流中的数据进行归一化等预处理。

基于聚类集成算法的小麦生长环境异常检测原型系统的运行界面如图 6-20 所示。

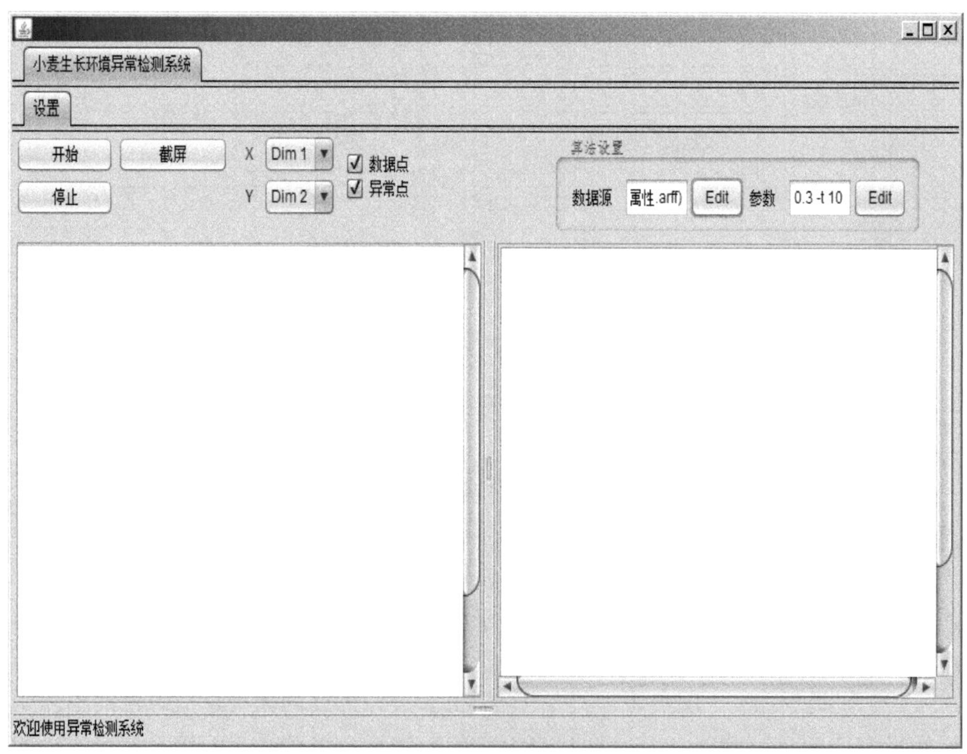

图 6-20　基于聚类集成算法的小麦生长环境异常检测原型系统主界面

图 6-21 对小麦生长环境异常检测原型系统主界面的各个功能区域进行了图示说明。

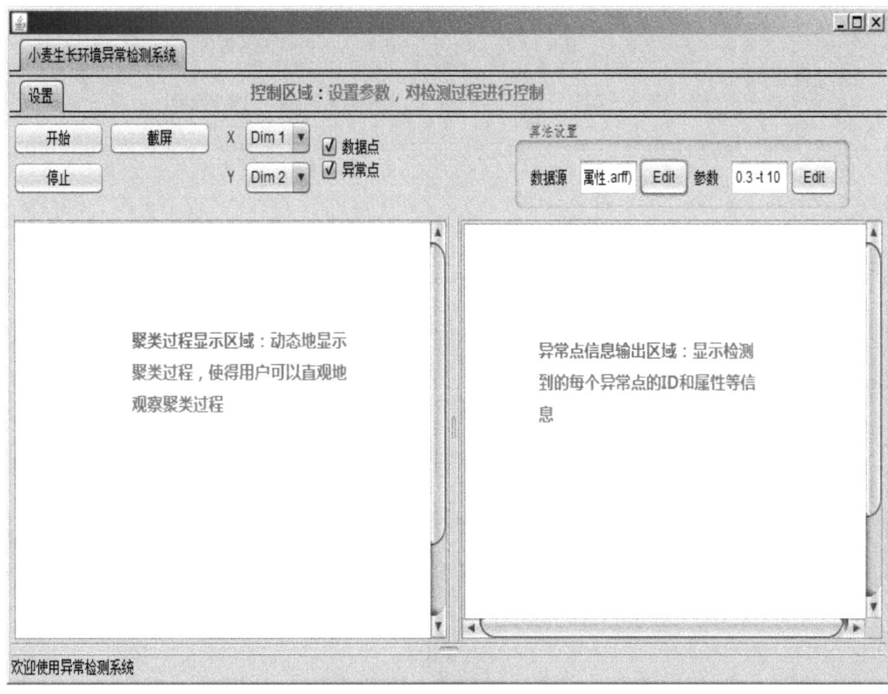

图 6-21　小麦生长环境异常检测原型系统主界面的各个功能区域（彩图请扫封底二维码）

当点击“开始”按钮时，基于聚类集成算法的小麦生长环境异常检测原型系统对设置的某一个数据流给出的聚类结果如图 6-22 所示。

基于聚类集成算法的小麦生长环境异常检测原型系统的开发环境为 JDK1.6，MyEclipse6.5，WEKA（Waikato environment for knowledge analysis）3.6.1 及 MOA（massive online analysis），操作系统为 Microsoft Windows XP。

WEKA 是一个 Java 语言开发的数据挖掘软件。WEKA 软件由新西兰的怀卡托（Waikato）大学开发，包括了众多的数据挖掘和加强学习算法的实现，是一个非常优秀的数据挖掘实验平台。WEKA 软件遵循 GNU General Public License，它的代码都是开源的，可以免费获得。使用者可以根据需要在其基础上进行修改和创新。在分析 WEKA 源代码的基础上，小麦生长环境异常检测原型系统使用了 WEKA 中的数据预处理等接口。

MOA 是一个对数据流进行分类和聚类的软件平台。MOA 软件使用 Java 语言开发，它的代码是开源的，并且遵循 GNU General Public License。使用者可以免费获得 MOA，并且能够根据需要进行修改。本实验分析了 MOA 的源代码，并且在 MOA 的基础上构建了基于聚类集成算法的小麦生长环境数据异常检测原型系统。

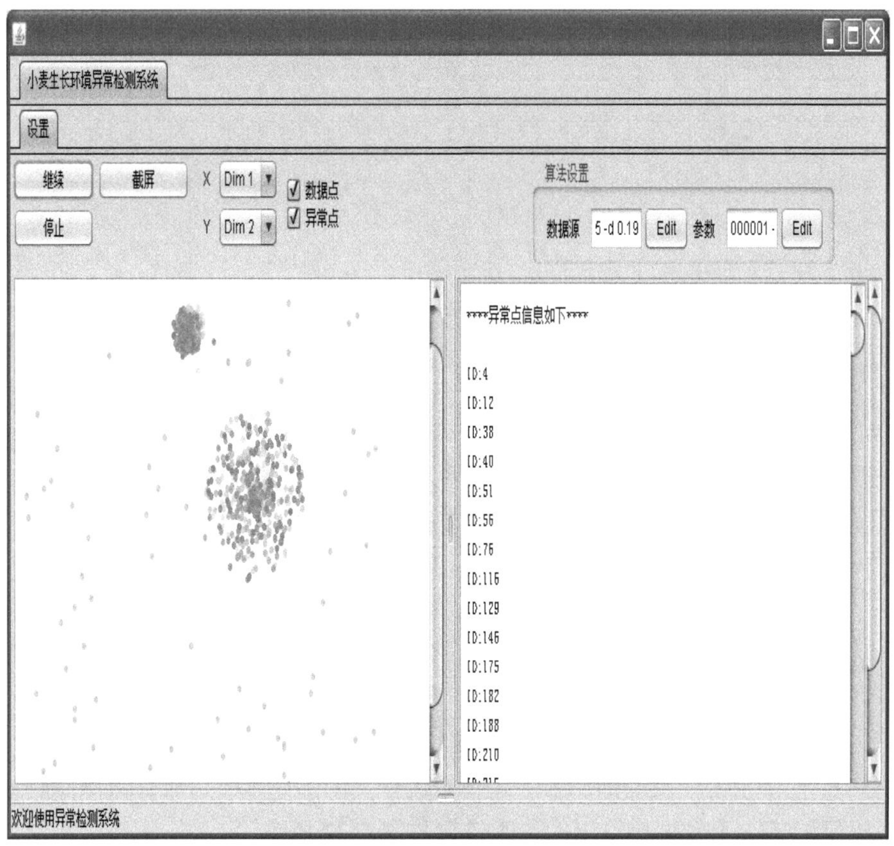

图 6-22　基于聚类集成算法的小麦生长环境异常检测原型系统的聚类结果
（彩图请扫封底二维码）

四、试验结果与讨论

本节详细介绍了基于STORM和COD的聚类集成算法和小麦生长环境异常检测的原型系统。在本小节中使用基于 STORM 和 COD 的聚类集成算法对小麦生长环境数据流进行异常检测，评价该算法的应用效果。

（一）试验数据集

本试验中使用的数据流是在河南省永城市物联网监测点所采集的各项生长环境数据。在小麦生长环境监测点通过使用传感器对小麦生育时期的土壤温度、土壤湿度、田间空气温度、空气湿度、太阳辐射量、风力、风向等气象因素进行实时采集和数字化处理，并通过无线网络进行远程传输。小麦生长环境监测点采集到的部分小麦生长环境数据如图 6-23 所示。

接收时间	空气温度1/℃	土壤温度1/℃	土壤温度2/℃	空气湿度1/%	土壤湿度1/%	土壤湿度2/%	土壤湿度3/%
2013-03-17 23:50	13.2	14.6	14	90.8	31	31.1	35.9
2013-03-17 23:40	13.2	14.6	14	92.9	31	31	35.9
2013-03-17 23:30	13.2	14.6	14	95.5	30.9	30.9	35.8
2013-03-17 23:20	13.1	14.6	14	94.6	30.9	30.9	35.9
2013-03-17 23:10	13.2	14.6	14	94.8	31	31	35.9
2013-03-17 23:00	13.1	14.7	14	94.7	31	31	35.9
2013-03-17 22:50	13.2	14.7	14	92.9	31	31	35.9
2013-03-17 22:40	13.2	14.7	14	88.9	31.1	31	35.8
2013-03-17 22:30	13.6	14.7	14	80.8	31.1	30.9	35.8
2013-03-17 22:20	13.7	14.7	14	78.7	31.1	31.1	35.9
2013-03-17 22:10	13.7	14.7	14	69.7	31.1	31	35.8
2013-03-17 22:00	14.1	14.7	14	59.1	31	30.9	35.8

1 2 3 4 5 6 7 8 9 10 ...　　显示条目 1 - 12 共 288

图 6-23　小麦生长环境监测点采集到的环境数据

（二）聚类结果与讨论

使用一个时间段采集到的小麦生长环境数据，利用基于聚类集成算法的小麦生长环境异常检测原型系统进行了异常检测试验。对小麦生长环境数据进行异常检测后得到的结果如图 6-24 所示。

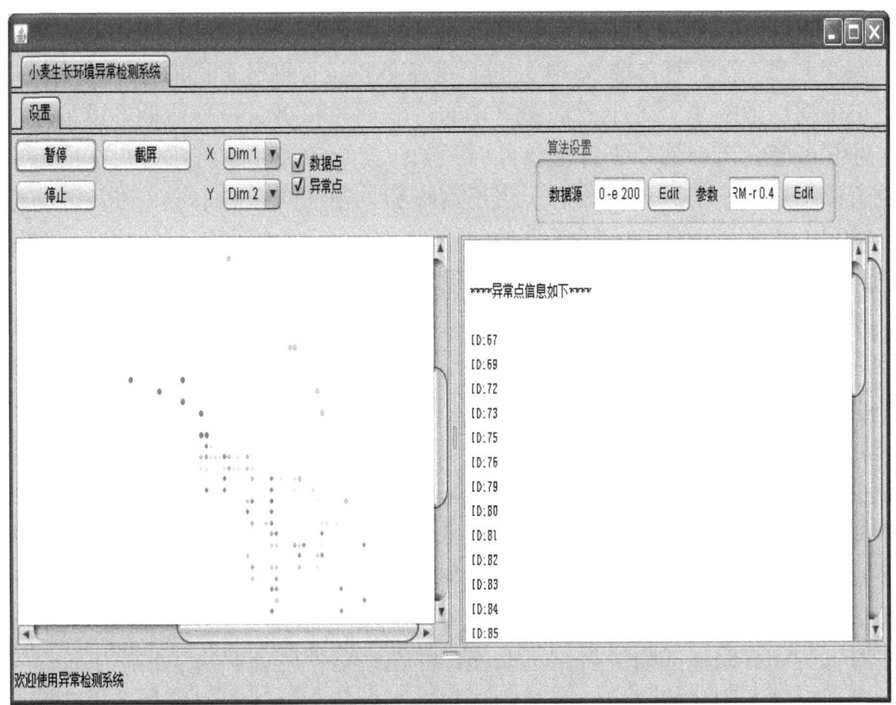

图 6-24　小麦生长环境异常检测原型系统显示的聚类结果（彩图请扫封底二维码）

图中红颜色的点就是系统标识出的异常点。通过与原始数据进行对比分析，可以发现这些异常数据与其相邻数据有着显著的不同。ID 为 67 的数据点的时间戳是 2013-3-15 6：00：00，空气温度是–4.4℃，明显低于常温，是倒春寒情况发生了。根据这些异常信息，研究者可以指导某一地区采取相应的预防措施，来避免或减少这些灾害天气给小麦生产带来的负面影响。

本节从实际应用角度出发，提出了基于 STORM 和 COD 的聚类集成算法，并对算法在小麦生长环境数据流中的聚类效果做出了评价，通过其在异常点检测中的表现，可以较快捷地判断某一地区某一时间段，小麦生长环境因素出现的异常情况，同时结合相关领域知识，进一步指导农业生产的决策。

第四节　基于物联网的冬小麦晚霜冻害监测系统

冬小麦的晚霜冻害，又称为春霜冻，是指冬小麦植株从寒冷的季节过渡到比较温暖的季节时，冬小麦植株温度降到 0℃以下所引发的冻害。当发生晚霜冻害时，冬小麦的产量和质量都会受到严重的影响。在河南省冬小麦种植区，每年的 3 月中下旬到 4 月中旬一般是冬小麦拔节期到抽穗期的过渡时间。在此期间，如果发生低温引起的晚霜冻害，冬小麦的体表形态会表现出叶面脱水现象，进而有卷曲的外在表现，其颜色也会表现为由浅绿色向黄色的转变。

在黄淮海麦区，每年的 3～4 月份，是冬小麦进行穗分化的时期，穗分化进程决定小麦穗粒数多少。冬小麦幼穗分化的药隔形成和小麦四分体期形成阶段，对低温非常敏感，若 5℃以下低温持续时间长，会导致花粉发育不好，从而造成冬小麦大幅度地减产。因此，相对于生理霜冻和早霜冻的影响来说，晚霜冻害造成的危害程度更大。近年来，随着全球气温的逐年上升和暖冬年份的增多，晚霜冻害已经逐渐成为影响冬小麦产量的重要因素之一。

鉴于以上原因，研究如何应对晚霜冻害对我国冬小麦造成的严重损失，如何有效利用物联网等先进手段及时地对冬小麦晚霜冻害做出相应指标的监测，对我国冬小麦的增产和稳产都有积极的意义。随着我国信息化应用水平的不断提高，人们近年来关注的焦点已经转移到物联网技术的兴起和发展。物联网技术在现代农业中获得了广泛的应用，以物联网为基础的大田作物灾害监测与诊断技术已经逐渐成为人们研究的热点。物联网技术可以有效地应用在病虫害识别、气象灾害事件的监测、农作物长势监测等方面。利用物联网等技术及时地反馈相关指标和应变信息，在河南省冬小麦生产中栽培育种、墒情监测、干热风、白粉病、全蚀病、遥感估测等领域的研究得到了开展，并在一定程度上解决了生产中许多实际的问题，保障了国家粮食核心区建设工作有序进行。设计和开发基于物联网的河南省冬小麦晚霜冻害监测系统，可为物联网农业应用、作物长势监测、防灾减灾、产量预测、智能决策等提供数据支撑和技术支持。

一、物联网在冬小麦晚霜冻害监测中的研究现状

针对小麦的大面积晚霜冻害问题，刘引菊和王立德（2002）调查了关于凹底村的小麦冻害情况，利用统计方法对小麦的全穗率进行了分析，证明了晚霜冻害与大田里的林带设置有所关联。适当的林带种植可以使小麦少减产 27.34%～57.82%。另外，林带的不同走向、林带树冠层的大小等设置都会对小麦的晚霜冻害有很好的防治效果。利用 1967～2003 年的小麦越冬时期的气候条件，李俊芳等（2004）通过二级分辨法建立了有关气象的统计分析模型，对小麦的冻害做出了基于统计学和调查分析的有效评价。以上的统计方法可以有效地统计特定区域的小麦冻害情况，但是对于小麦的具体冻害程度和小麦晚霜冻害情况的反馈都存在着一定的滞后性。

张琴等（2011）通过监控技术和遥感影像得到小麦农田环境相关信息，并集成到了小麦苗情远程监控与诊断管理系统。该系统可以远程监控小麦温度，遥感获取小麦生长数据，可以对小麦进行相应的长势监测和冻害判别。为了将管理水平在农业生产上快速提高，加强产业化和现代化模式在农业方面的应用，孙彦景等（2011）构建了基于物联网技术的信息化系统。该系统可以满足用户对农田的自动化远程操作，对小麦的病虫害也能够进行自动监测，还可以对大棚的作物进行相应的指标监测。因此，通过物联网可以有效监测农作物的生长信息，让用户提早采取应对措施。对具体的小麦发育期的远程判定的研究还较少，同时现有研究很多都是针对大棚环境下农作物的生长，而对大田环境下的作物和小麦冻害方面的研究还值得继续深入探讨。

王夏（2012）通过人为霜降处理来模拟小麦的冻害环境，并且利用北京和河南省商丘市两地 2008～2011 年的播期小麦品种试验，阐述了小麦的发育及产量受越冬期冻害和晚霜冻害两种灾害影响的情况，指出了小麦的冻害程度与越冬期的气象条件有关，建议选取抗寒性强的小麦品种，并且针对小麦的晚霜冻害给出了相应的应对措施。胡杰华等（2012）运用 4 种插值方法对河南省 25 个灌溉站点的冬小麦种植区年均降水量进行分析，得出 4 种插值方法没有太大的误差分析，用插值方法中的整体多项式法可以更精确地反映站点小麦的平均年需水量。夏于（2013）完成了基于物联网的远程诊断管理系统的开发，通过收集物联网采集的小麦相关环境指标，并且与专家知识作了对比，将小麦苗情信息通过各种终端设备展示给用户。大多数学者都运用物联网对小麦的生理特性进行了及时的监测，并且给出了相应的应对措施，但是对冬小麦晚霜冻害的实时获取和精准的发育期判定的研究还较少，从而使之成为农业物联网应用中亟须解决的问题。

胡乔玲等（2013）通过收集气象站台数据和遥感方面关于河南省 2003～2011 年的日平均、月平均温度数据，把遥感获取的地面温度累积作为返青期到拔节期的积温总量，进而准确地推断出小麦晚霜冻害发生的主要时期（拔节期），研究可以比较精确地判定小麦具体的拔节期。这种拔节期的相关推算方法很大程度上依赖返青期精确时间的获取，而且返青期必须是已知的。因此，如何有效自动判定返青期的具体日期，进而用于推算冬小麦晚霜冻害敏感期——拔节期是本研究要继续探讨的重点。

杜克明等（2016）设计完成了基于物联网和 WebGIS 技术的农业环境监测系统。该系统主要侧重河南省的小麦灾情和苗情监测分析，能有效地由点到面地展示相应的监测数据。程婉莹（2016）通过人工霜箱模拟相应的冻害条件预设，把商丘市农林科学研究院的冬小麦作为研究对象，综合晚霜冻害发生期间研究区域的日最低温度、冬小麦的叶片变化、叶气温差等信息对晚霜冻害进行了对应的详尽分析，可以有效监测晚霜冻害对冬小麦产量的影响。以上学者的研究都能对冬小麦的晚霜冻害及时进行相应的监测，但是主要是针对晚霜冻害的判别和影响因素的确定，并能够给出对应的灾害防治措施。而对于具体冬小麦发育期的判定和晚霜冻害的具体分类仍需进行研究。

目前很多专家学者都有效地运用物联网手段对农作物做出了相应的诊断，并且取得了比较显著的效果。但是，如何有效地对冬小麦做出及时的晚霜冻害信息判别还需要进一步的细化和完善。本节的研究针对冬小麦中发生的晚霜冻害信息进行有效的判定，能够较为精准地获取冬小麦的返青期及拔节期，并且以图表和文字的形式生动展示给用户，可以让用户更明确冬小麦的发育期、晚霜冻害的发生时间、晚霜冻害的程度及应采取的相关措施。

二、晚霜冻害监测系统技术路线及系统实现

基于河南省商丘、南阳、驻马店、安阳和许昌 5 个冬小麦主产区部署的物联网监控站点，本研究利用物联网采集这 5 个地点的大田冬小麦田间监测温度信息，使用五日滑动平均法分析物联网监控中心的历史数据并准确判定出冬小麦返青期，并且根据积温模型推算出拔节期，从而对返青期、拔节期和积温模型进行了有效验证。在此基础上，采用 Java Web 技术设计和实现了基于物联网的河南省冬小麦晚霜冻害监测系统。系统既支持用户上传具体数据，并对数据进行分析以判定返青期、拔节期和冻害是否发生；又能够自动采集冬小麦的温度信息，并且自动分析商丘、南阳、驻马店、安阳、许昌等地的冬小麦发育期和拔节期，依据冻害指标能够判断出冬小麦是否发生晚霜冻害及冻害的级别，并反馈冬小麦的晚霜冻害相关信息。因此，用户可以及时得到冬小麦最全面的晚霜冻害信息，据此采

取相应的农学措施，从而有效避免冻害影响造成冬小麦的严重减产，为冬小麦的稳定生产提供有效的技术手段。本研究的技术路线如图 6-25 所示。

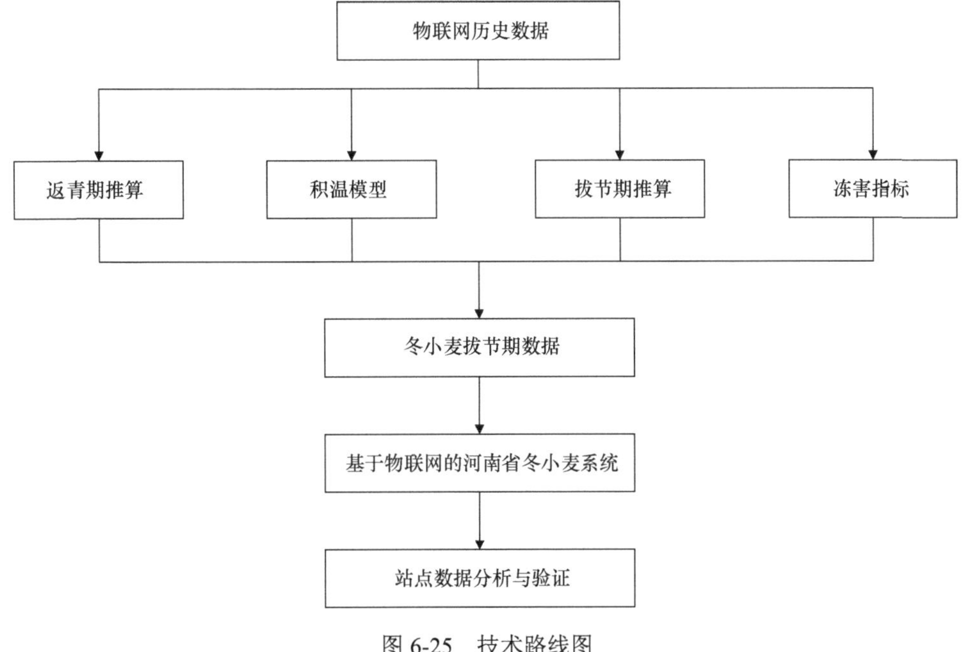

图 6-25　技术路线图

（一）冬小麦返青期判定

1. 五日滑动平均法

本研究采用的五日滑动平均法与气象学上比较传统的五日滑动平均法有所不同。设置在河南省各地的传感设备采集温度的时间间隔是 10min，即每隔 10min 由 ZigBee 无线传感器网络传输至系统平台的数据会更新一次。因此在计算所使用的温度时需要往前推 4 天，如从数据表中挑取第五天至第一天的温度数据，表里第六天至第二天的温度数据，表里第七天至第三天的温度数据……以此类推。然后利用连续 5 天的温度数据计算出平均值，得到的便是连续 5 天的滑动平均值。如表 6-6 所示，是整理 2017 年 2 月冬小麦温度数据得出的结果，表 6-6 中显示了所用数据的日期、每天的最低温度、求五日滑动平均值的时段、五日滑动平均值的具体数值。

在根据农业气象指标分析确定河南省冬小麦的返青期时，需要用到改进的五日滑动平均法，具体的步骤详细描述如下：如表 6-6 中数据所示，分析表格数据中每一天的最低温度，找出第一次日最低温度大于 0℃的具体日期，然后向前数 4 天，将前 4 天的数据与第一次最低温度大于 0℃的数据求算这 5 天的平均值，然后

表 6-6 五日滑动平均法

日期（年/月/日）	最低温度（℃）	时段（天）	五日滑动平均值（℃）
2017/2/1	−12.30		
2017/2/2	−10.20		
2017/2/3	−7.90		
2017/2/4	−7.70		
2017/2/5	−4.80	1～5	−8.58
2017/2/6	−7.80	2～6	−7.68
2017/2/7	−7.20	3～7	−7.08
2017/2/8	−3.30	4～8	−6.16
2017/2/9	−2.30	5～9	−5.08
2017/2/10	5.50	6～10	−3.02

将得出的数值当作这 5 天最后 1 天的五日滑动平均值，以此类推分别求出由物联网采集得到的每天冬小麦最低温度，计算出每天对应的五日滑动平均值，并且把数值记录在表格对应的日期后面。

2. 返青期的判断指标

对河南省冬小麦的返青期日期的确定，可以根据农业上统计得到的气象指标并通过具体数据进行分析验证。结合河南省各个站点统计的数据，河南省区域内的冬小麦返青期可以转换为温度的五日滑动平均法稳定通过 0℃的首天作为冬小麦的返青期。收集 2011～2017 年河南省每年 2～3 月的温度数据后，利用上述的五日滑动平均法进行分析后发现：位于河南省东西南北中 5 个小麦主产区的实际返青期与推算的返青期差距不到 3 天，可以有效地说明利用改进的五日滑动平均法可以准确地判定河南省冬小麦的返青期，进而为小麦的拔节期求算奠定坚实的基础。

为了说明五日滑动平均法在返青期判定中的应用，如表 6-7 所示详细列出了河南省东西南北中 5 个不同站点的返青期，分别是河南省的 5 个小麦主产区：商丘、南阳、驻马店、安阳、许昌。研究统计了这 5 个地区 2011～2017 年的 2～3 月的数据，并在返青期的判定过程中着重分析了 2 月的相应数据。

表 6-7 各地区的返青时间

分区	年份	站点	返青日期	实际采样时间	误差天数
豫东	2011	商丘柘城	2 月 15 日	2 月 17 日	2
	2012	商丘柘城	2 月 20 日	2 月 23 日	3
	2013	商丘柘城	2 月 14 日	2 月 17 日	3
	2014	商丘柘城	2 月 20 日	2 月 23 日	3
	2015	商丘柘城	2 月 10 日	2 月 16 日	6
	2016	商丘柘城	2 月 21 日	2 月 24 日	3
	2017	商丘柘城	2 月 24 日	2 月 26 日	2

续表

分区	年份	站点	返青日期	实际采样时间	误差天数
豫西	2011	南阳方城	2 月 16 日	2 月 20 日	4
	2012	南阳方城	2 月 18 日	2 月 19 日	1
	2013	南阳方城	2 月 20 日	2 月 22 日	2
	2014	南阳方城	2 月 21 日	2 月 24 日	3
	2015	南阳方城	2 月 12 日	2 月 15 日	3
	2016	南阳方城	2 月 21 日	2 月 24 日	3
	2017	南阳方城	2 月 24 日	2 月 26 日	2
豫南	2011	驻马店西平	2 月 21 日	2 月 24 日	3
	2012	驻马店西平	2 月 20 日	2 月 23 日	3
	2013	驻马店西平	2 月 21 日	2 月 25 日	4
	2014	驻马店西平	2 月 21 日	2 月 22 日	1
	2015	驻马店西平	2 月 10 日	2 月 15 日	5
	2016	驻马店西平	2 月 17 日	2 月 20 日	3
	2017	驻马店西平	2 月 13 日	2 月 17 日	4
豫北	2011	安阳滑县	2 月 22 日	2 月 27 日	5
	2012	安阳滑县	2 月 28 日	3 月 2 日	3
	2013	安阳滑县	2 月 14 日	2 月 16 日	2
	2014	安阳滑县	2 月 20 日	2 月 24 日	4
	2015	安阳滑县	2 月 10 日	2 月 15 日	5
	2016	安阳滑县	2 月 26 日	2 月 28 日	2
	2017	安阳滑县	3 月 2 日	3 月 4 日	2
豫中	2011	许昌长葛	2 月 22 日	2 月 25 日	3
	2012	许昌长葛	2 月 20 日	2 月 25 日	5
	2013	许昌长葛	2 月 21 日	2 月 23 日	2
	2014	许昌长葛	2 月 21 日	2 月 24 日	3
	2015	许昌长葛	2 月 11 日	2 月 15 日	4
	2016	许昌长葛	2 月 26 日	2 月 24 日	–2
	2017	许昌长葛	2 月 25 日	2 月 22 日	–3
平均每年的返青期误差					3

（二）积温模型

1. 积温

当研究采集的温度数据用于小麦生育期的判定时，会涉及冬小麦的有效温度、冬小麦的活动温度和冬小麦的生物学下限温度。其中，大于或者等于冬小麦生物学下限温度的日平均温度称为冬小麦的活动温度。以河南省滑县 2017 年 2 月具体数据来分析，统计的冬小麦生物学下限温度为 2.50℃，2 月 20～24 日的每天平均温度分别为 3.50℃、–3.00℃、2.00℃、5.00℃、6.00℃。那么在这 5 天的温度数据中，3.50℃、5.00℃、6.00℃是其活动温度，而–3.00℃、2.00℃都低于 2.50℃这一冬小麦生物学下限温度指标，所以不能作为小麦的活动温度。

河南省冬小麦有效温度的计算是物联网记录的小麦的活动温度数值减去小麦的生物学下限温度数值后的结果。在上面用到的数据中，2 月 20 日的有效温度为 3.50℃–2.50℃=1.00℃，2 月 23 日的有效温度为 5.00℃–2.50℃=2.50℃，2 月 24 的有效温度为 6.00℃–2.50℃=3.50℃，而 2 月 21 日和 2 月 22 日这两天都没有有效温度。

河南省冬小麦的活动温度是在一定时期之内每天活动温度值累加的结果，也称为这一时期的活动积温。具体的计算公式可以用式（6-33）来表示，式中，Y 为小麦生育期的活动积温的数值；t_i 为这一时期小麦的每一天的活动温度的数值。

$$Y = \sum_{i=1}^{n} t_i \tag{6-33}$$

河南省冬小麦的有效温度在一定时期之内的累加值结果，称为这一时期的有效积温。具体的计算式可以用式（6-34）来表示，式中，A 为小麦生育期的有效积温的数值；T_i 为这一时期每一天冬小麦的有效温度的数值。

$$A = \sum_{i=1}^{n} T_i \tag{6-34}$$

在我国种植农作物的生产应用中，获取的农作物活动积温数值大多被应用于农业的气候诊断和具体的气候规划；农作物的有效积温数值大多被人们用来研究热量需求对农作物的影响、农作物生育期的预测、农作物病虫害的预警监测。由于本研究的目的是获取河南省主产区冬小麦相关生育期的具体日期，因而采用的是冬小麦对应的有效积温数值。

2. 日平均温度

由上述积温的相关概念可以清晰地了解到，获取河南省具体的生育期必须先计算出冬小麦的每日平均气温值。关于河南省冬小麦日平均气温值的计算，本节主要设计并分析了以下 3 种日平均气温计算方法。

第一种是利用由无线传感器网络采集到的冬小麦一天中最高气温数值和最低气温数值的均值。具体的日均值求算方程式如式（6-35）所示。式中，T 为用于小麦生育期推算的冬小麦的日平均温度数值；$t_{\max}$ 为冬小麦的当天最大温度数值，$t_{\min}$ 为冬小麦的当天最低温度数值。

$$T = \frac{t_{\max} + t_{\min}}{2} \tag{6-35}$$

第二种是利用无线传输技术采集到的冬小麦在一天之中具有 6h 间隔的 4 个时间点的空气温度值，具体收集得到冬小麦在每一天的 02:00、08:00、14:00 和 20:00

时间节点的具体空气温度数值，然后用这 4 个时刻的小麦温度数值求平均值。具体的日均值求算方程式如式（6-36）所示。式中，T 为用于小麦生育期推算的冬小麦的日平均温度数值；t_2 为冬小麦的当天 02:00 时刻的温度数值；t_8 为冬小麦的当天 08:00 时刻的温度数值；t_{14} 为冬小麦的当天 14:00 时刻的温度数值；t_{20} 为冬小麦的当天 20:00 时刻的温度数值。

$$T = \frac{t_2 + t_8 + t_{14} + t_{20}}{4} \tag{6-36}$$

第三种是利用系统根据无线传感器网络收集得到的一整天的冬小麦温度数据，并求解其一整天的空气温度数值的平均值。具体的日均值求算方程式如式（6-37）所示。式中，T 为用于小麦生育期推算的冬小麦的日平均温度数值；t_{a_1} 为冬小麦的当天 a_1 时刻的温度数值；t_{a_2} 为冬小麦的当天 a_2 时刻的温度数值；t_{a_n} 为冬小麦的当天 a_n 时刻的温度数值；n 为记录的冬小麦当天所有时间节点的次数。

$$T = \frac{t_{a_1} + t_{a_2} + \cdots + t_{a_n}}{n} \tag{6-37}$$

3. 返青期至拔节期的积温模型

积温学说表明：农作物的一个发育时期到下一个发育时期之间的有效温度数值固定在某一个数值，基本上没有太大的变化。在其他条件没有太大的影响作用下，农作物的相关发育期的主要判别因素是对应的温度指标。因此，利用冬小麦的温度数据可以建立起冬小麦的平均温度和小麦特定发育期之间的积温模型，确定冬小麦发育期之间的积温具体数值，进一步确定冬小麦的特定发育时期。具体的积温数值求算方程式如式（6-38）所示。式中，D_i 为要最后具体确知的冬小麦拔节期；D_{i-1} 为冬小麦发育期中的返青期，也就是拔节期的上一时期，A 为冬小麦发育期中返青期到拔节期的有效积温的累加数值；t_0 为冬小麦发育期中的生物学下限温度数值；$\overline{T}$ 为冬小麦发育期之间的每天平均温度数值。

$$D_i = D_{i-1} + \frac{A}{\overline{T} - t_0} \tag{6-38}$$

具体到河南省冬小麦积温模型中相关常数（A、t_0）的取值问题，本节借鉴并且验证了张雪芬（2005）设计采用的河南省冬小麦发育进程中返青期到拔节期之间的积温模型。由于张雪芬（2005）采用的冬小麦数据是 20 多年河南省冬小麦的温度数据，在河南省冬小麦的发育期判定上具有一定的适用性。基于其较高的借鉴意义，本节采取其使用的冬小麦最低生育界限温度为 t_0=2.5℃，涉及河南省东西南北中五大冬小麦主产区对应的积温模型如表 6-8 所示。其中，Y 为要获取的冬小麦相关发育期日期；$\overline{T}$ 为冬小麦发育期之间的每天平均温度数值。

表 6-8　河南省区域冬小麦返青期—拔节期的积温模型

分区	积温模型
豫北	$Y=172.81/(\bar{T}-2.5)$
豫中	$Y=165.07/(\bar{T}-2.5)$
豫东	$Y=171.79/(\bar{T}-2.5)$
豫西	$Y=172.77/(\bar{T}-2.5)$
豫南	$Y=172.77/(\bar{T}-2.5)$

（三）拔节期推算

基于无线传感器网络收集的 2017 年安阳滑县的冬小麦具体温度数据，对安阳市滑县的温度数据进行分析，利用改进的五日滑动平均法得出安阳地区冬小麦返青期为 2017 年 3 月 2 日。然后利用对应的豫北积温模型，由于冬小麦拔节期积温模型中涉及平均温度值，因此，首先要根据无线传感器网络的统计数据计算出 3 月 2 日及以后每天的日平均温度，进而根据有效积温求拔节期。因为日平均温度有 3 种计算方法，分别按照这 3 种算法求其拔节期，分析后选取最接近积温模型的日均值算法，为河南省其他冬小麦主产区拔节期的判定奠定坚实的基础。

1. 两点法推算拔节期

利用本节提出的两点法推算河南省安阳市的冬小麦拔节期，平均值的求解是利用由无线传感器网络采集到的冬小麦一天中的最高气温数值和最低气温数值的均值，根据上述对应的积温模型，推断出安阳冬小麦的拔节期。详尽的算法表达如下。

根据物联网采集的安阳冬小麦田间温度数据，经过整理得出安阳冬小麦 2017 年返青期为 3 月 2 日，河南省其他主产区冬小麦的返青期可由表 6-7 得出。下一步得到返青期后每天的小麦最高空气温度和最低空气温度。然后利用本节提出的两点法求出每天对应的平均温度数值，最后利用表 6-8 提出的积温模型进行相应的拔节期检测计算。由于安阳属于豫北地区，对应的积温模型中有效积温应该采用 172.81℃。具体计算结果如表 6-9 所示。由表中滑县冬小麦的计算结果可知，安阳地区冬小麦 2017 年 3 月 2～29 日共计 28 天的有效积温达到了 179.59℃。其中 3 月 29 日的有效积温是大于 172.81℃的第一天，所以 2017 年 3 月 29 日被判定为安阳地区冬小麦的拔节期开始。

表 6-9　两点法求安阳冬小麦的拔节期　　　（单位：℃）

日期（年/月/日）	空气温度 1 温度最小值	空气温度 1 温度最大值	日平均温度	小麦生育下限温度	活动温度	有效温度
2017/3/2	4.12	23.41	13.77	2.50	13.77	11.27
2017/3/3	5.11	25.42	15.27	2.50	15.27	12.77
2017/3/4	7.14	19.40	13.27	2.50	13.27	10.77
2017/3/5	6.53	16.01	11.27	2.50	11.27	8.77
2017/3/6	4.52	13.92	9.22	2.50	9.22	6.72
2017/3/7	5.02	12.40	8.71	2.50	8.71	6.21
2017/3/8	2.53	9.51	6.02	2.50	6.02	3.52
2017/3/9	–0.91	7.01	3.05	2.50	3.05	0.55
2017/3/10	–2.90	9.02	3.06	2.50	3.06	0.56
2017/3/11	–4.84	12.00	3.58	2.50	3.58	1.08
2017/3/12	2.62	15.01	8.82	2.50	8.82	6.32
2017/3/13	–0.43	15.71	7.64	2.50	7.64	5.14
2017/3/14	–3.73	14.50	5.39	2.50	5.39	2.89
2017/3/15	1.52	13.91	7.72	2.50	7.72	5.22
2017/3/16	0.83	15.92	8.38	2.50	8.38	5.88
2017/3/17	6.52	18.00	12.26	2.50	12.26	9.76
2017/3/18	5.53	19.41	12.47	2.50	12.47	9.97
2017/3/19	3.51	19.60	11.56	2.50	11.56	9.06
2017/3/20	5.62	13.90	9.76	2.50	9.76	7.26
2017/3/21	4.11	16.80	10.46	2.50	10.46	7.96
2017/3/22	1.60	16.60	9.10	2.50	9.10	6.60
2017/3/23	7.12	13.50	10.31	2.50	10.31	7.81
2017/3/24	–0.30	13.00	6.35	2.50	6.35	3.85
2017/3/25	1.52	12.91	7.22	2.50	7.22	4.72
2017/3/26	–1.01	15.40	7.20	2.50	7.20	4.70
2017/3/27	–1.82	9.01	3.60	2.50	3.60	1.10
2017/3/28	2.11	20.30	11.21	2.50	11.21	8.71
2017/3/29	6.01	19.82	12.92	2.50	12.92	10.42
				有效积温		179.59

2. 四点法推算拔节期

利用本节提出的四点法推算河南省安阳市的冬小麦拔节期，其中平均值的求解如下：选取冬小麦一天之中 02:00、08:00、14:00 和 20:00 时间节点的具体空气温度数值，然后用这 4 个时刻的冬小麦温度数值求平均值。然后根据安阳区域相应的积温模型，推断出安阳冬小麦的拔节期。

具体计算结果如表 6-10 所示。由表中滑县冬小麦的计算结果可知，安阳地区冬小麦 2017 年 3 月 2～29 日共计 28 天的有效积温达到了 176.28℃，其中 3 月 29 日的有效积温是大于 172.81℃的第一天，所以 2017 年 3 月 29 日被判定为安阳地区冬小麦的拔节期开始。

表 6-10　四点法求安阳冬小麦的拔节期　　（单位：℃）

日期（年/月/日）	2：00、8：00、14：00 和 20：00 平均值	小麦生育下限温度	活动温度	有效温度
2017/3/2	12.51	2.50	12.51	10.01
2017/3/3	14.20	2.50	14.20	11.70
2017/3/4	12.55	2.50	12.55	10.05
2017/3/5	10.05	2.50	10.05	7.55
2017/3/6	8.65	2.50	8.65	6.15
2017/3/7	9.00	2.50	9.00	6.50
2017/3/8	6.01	2.50	6.01	3.51
2017/3/9	2.93	2.50	2.93	0.43
2017/3/10	2.63	2.50	2.63	0.13
2017/3/11	4.91	2.50	4.91	2.41
2017/3/12	9.10	2.50	9.10	6.60
2017/3/13	7.58	2.50	7.58	5.08
2017/3/14	4.81	2.50	4.81	2.31
2017/3/15	7.43	2.50	7.43	4.93
2017/3/16	9.61	2.50	9.61	7.11
2017/3/17	11.78	2.50	11.78	9.28
2017/3/18	11.47	2.50	11.47	8.97
2017/3/19	11.73	2.50	11.73	9.23
2017/3/20	10.58	2.50	10.58	8.08
2017/3/21	9.65	2.50	9.65	7.15
2017/3/22	10.33	2.50	10.33	7.83
2017/3/23	9.13	2.50	9.13	6.63
2017/3/24	7.78	2.50	7.78	5.28
2017/3/25	6.80	2.50	6.80	4.30
2017/3/26	7.41	2.50	7.41	4.91
2017/3/27	4.43	2.50	4.43	1.93
2017/3/28	9.57	2.50	9.57	7.07
2017/3/29	13.65	2.50	13.65	11.15
			有效积温	176.28

3. 全天候温度推算拔节期

利用本节提出的全天候温度推算河南省安阳市的冬小麦拔节期，其中平均值的求解如下：利用无线传感器网络收集得来的一整天的冬小麦温度数据，求解其一整天的空气温度数值的平均值，根据安阳区域相应的积温模型，推断出安阳冬小麦的拔节期。

具体计算结果如表 6-11 所示。由表中滑县冬小麦的计算结果可知，安阳地区冬小麦 2017 年 3 月 2～29 日共计 28 天的有效积温达到了 173.05℃，其中 3 月 29 日的有效积温是大于 172.81℃的第一天，所以 2017 年 3 月 29 日被判定为安阳地区冬小麦的拔节期开始。

表 6-11　全天候求安阳滑县拔节期　（单位：℃）

日期（年/月/日）	日平均温度	小麦生育下限温度	活动温度	有效温度
2017/3/2	13.38	2.50	13.38	10.88
2017/3/3	14.75	2.50	14.75	12.25
2017/3/4	13.43	2.50	13.43	10.93
2017/3/5	9.65	2.50	9.65	7.15
2017/3/6	9.14	2.50	9.14	6.64
2017/3/7	9.20	2.50	9.20	6.70
2017/3/8	5.95	2.50	5.95	3.45
2017/3/9	2.92	2.50	2.92	0.42
2017/3/10	2.65	2.50	2.65	0.15
2017/3/11	4.84	2.50	4.84	2.34
2017/3/12	8.48	2.50	8.48	5.98
2017/3/13	7.45	2.50	7.45	4.95
2017/3/14	5.79	2.50	5.79	3.29
2017/3/15	8.04	2.50	8.04	5.54
2017/3/16	9.36	2.50	9.36	6.86
2017/3/17	10.00	2.50	10.00	7.50
2017/3/18	10.16	2.50	10.16	7.66
2017/3/19	10.74	2.50	10.74	8.24
2017/3/20	8.95	2.50	8.95	6.45
2017/3/21	9.14	2.50	9.14	6.64
2017/3/22	9.50	2.50	9.50	7.00
2017/3/23	9.31	2.50	9.31	6.81
2017/3/24	7.53	2.50	7.53	5.03
2017/3/25	7.47	2.50	7.47	4.97
2017/3/26	7.33	2.50	7.33	4.83
2017/3/27	3.34	2.50	3.34	0.84
2017/3/28	11.75	2.50	11.75	9.25
2017/3/29	12.80	2.50	12.80	10.30
			有效积温	173.05

对比这三种不同的方法求平均温度，通过相应的积温模型分析首日有效积温大于 172.81℃的数值差异，对应积温数值如表 6-12 所示。通过第三种方法（全天候温度均值求冬小麦的拔节期）获得的有效积温和积温模型最为接近，四点法次之，两点法效果不如前两种，因此系统采用第三种方法求算安阳等其他河南小麦主产区的拔节期。

表 6-12　三种方法的积温数值与豫北积温模型的积温值对比

方法	两点法	四点法	全天候
推算积温值	179.59	176.28	173.05
积温模型值	172.81	172.81	172.81
积温值误差	6.78	3.47	0.24

表 6-13 是采用全天候温度均值求冬小麦的拔节期的相关记录，与实际的拔节期日期相差的天数仅为 3 天，经河南省其他地区不同年份的冬小麦温度数据验证可以用作拔节期的准确判定。

表 6-13　各地区拔节期时间

分区	年份	站点	拔节日期	实际采样时间	误差
豫东	2011	商丘柘城	3 月 19 日	3 月 22 日	3
	2012	商丘柘城	3 月 29 日	3 月 27 日	–2
	2013	商丘柘城	3 月 15 日	3 月 18 日	3
	2014	商丘柘城	3 月 17 日	3 月 21 日	4
	2015	商丘柘城	3 月 16 日	3 月 20 日	4
	2016	商丘柘城	3 月 19 日	3 月 22 日	3
	2017	商丘柘城	3 月 22 日	3 月 23 日	1
豫西	2011	南阳方城	3 月 21 日	3 月 24 日	3
	2012	南阳方城	3 月 27 日	3 月 24 日	–3
	2013	南阳方城	3 月 16 日	3 月 19 日	3
	2014	南阳方城	3 月 20 日	3 月 23 日	3
	2015	南阳方城	3 月 18 日	3 月 20 日	2
	2016	南阳方城	3 月 19 日	3 月 24 日	5
	2017	南阳方城	3 月 22 日	3 月 26 日	4
豫南	2011	驻马店西平	3 月 24 日	3 月 29 日	5
	2012	驻马店西平	3 月 28 日	3 月 26 日	–2
	2013	驻马店西平	3 月 13 日	3 月 17 日	4
	2014	驻马店西平	3 月 19 日	3 月 24 日	5
	2015	驻马店西平	3 月 16 日	3 月 18 日	2
	2016	驻马店西平	3 月 17 日	3 月 21 日	4
	2017	驻马店西平	3 月 13 日	3 月 16 日	3

续表

分区	年份	站点	拔节日期	实际采样时间	误差
豫北	2011	安阳滑县	3 月 30 日	4 月 4 日	5
	2012	安阳滑县	4 月 2 日	4 月 1 日	–1
	2013	安阳滑县	3 月 19 日	3 月 24 日	5
	2014	安阳滑县	3 月 19 日	3 月 25 日	6
	2015	安阳滑县	3 月 18 日	3 月 22 日	4
	2016	安阳滑县	3 月 22 日	3 月 24 日	2
	2017	安阳滑县	3 月 29 日	3 月 26 日	–3
豫中	2011	许昌长葛	3 月 25 日	3 月 29 日	4
	2012	许昌长葛	3 月 28 日	3 月 26 日	–2
	2013	许昌长葛	3 月 15 日	3 月 20 日	5
	2014	许昌长葛	3 月 18 日	3 月 23 日	5
	2015	许昌长葛	3 月 16 日	3 月 21 日	5
	2016	许昌长葛	3 月 21 日	3 月 25 日	4
	2017	许昌长葛	3 月 25 日	3 月 28 日	3
平均每年的拔节期误差					3

4. 冬小麦晚霜冻害指标确定

晚霜冻害会危害冬小麦的发育，造成冬小麦产量严重下降。因此，有效判断冬小麦冻害的发生对冬小麦增产具有重要意义。冬小麦冻害补救措施主要是冻后立即灌水、辅助补肥。本研究采用的冻害指标是冬小麦拔节后不同时间段和不同的温度信息。据此可以判断出所属的具体灾害程度，表 6-14 列出了关于河南省冬小麦主产区的相应晚霜冻害指标。

表 6-14　河南省冬小麦主产区晚霜冻害指标

	1～5 天	6～10 天	11～15 天	16 天以上
轻霜冻最低气温（℃）	$-2.5 \leqslant T_{\min} < -1.5$	$-1.5 \leqslant T_{\min} < -0.5$	$-0.5 \leqslant T_{\min} < 0.5$	$0.5 \leqslant T_{\min} < 1.5$
重霜冻最低气温（℃）	$T_{\min} < -2.5$	$T_{\min} < -1.5$	$T_{\min} < -0.5$	$T_{\min} < 0.5$

从表 6-14 中可以看出：河南省冬小麦主产区的晚霜冻害主要体现在冬小麦发育期达到拔节期以后的时间里；冬小麦晚霜冻害主要按拔节后 1～5 天、6～10 天、11～15 天、16 天以后分为 4 个阶段，每个阶段按不同的温度范围分为两种晚霜冻害程度。

（四）系统设计与实现

1. 系统功能结构分析与设计

本系统基于 Java Web 技术研发了一个基于物联网技术的冬小麦晚霜冻害监测系统。系统整体的设计模式为常用的 B/S（浏览器/服务器），主要功能是收集无线传输网络传输的冬小麦空气温度数据，通过改进的五日滑动平均法自动分析商丘、南阳、驻马店、安阳、许昌等地的冬小麦返青期，并依据各地区的积温模型精准推算出了冬小麦的拔节期，依据冻害指标能够判断出冬小麦是否发生晚霜冻害及冻害的级别，并反馈冬小麦的晚霜冻害的相关信息。同时针对商丘、南阳、驻马店、安阳、许昌 5 个自动监测区域之外的地点，系统支持用户上传具体数据，并对数据进行分析以判定返青期、拔节期和冻害是否发生。

本系统根据需求做了相关的功能设计，具体的功能展示如图 6-26 所示。

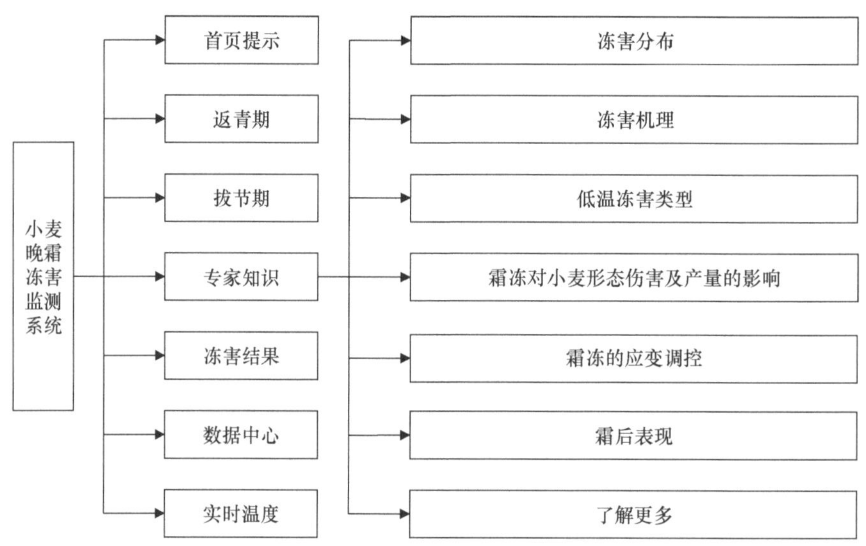

图 6-26 用户功能图

（1）首页提示：提醒用户对系统进行相关操作，查看冬小麦的相关信息。

（2）返青期：通过对冬小麦温度信息表的处理，进而显示出小麦进入返青期的日期。

（3）拔节期：通过对冬小麦温度信息表的处理，进而显示出小麦进入拔节期的日期。

（4）冻害结果：处理冬小麦的温度数据，并能提示晚霜冻害的具体日期和晚霜冻害级别。

（5）数据中心：实现用户手动上传数据的功能支持，进而为对应的冬小麦发育期和冬小麦晚霜冻害判定提供基础。

（6）实时温度：根据采集到的温度数据，自动判定商丘、南阳、驻马店、安阳、许昌等地的冬小麦返青期和拔节期，依据冻害指标能够判断出冬小麦是否发生晚霜冻害及冻害的级别。

（7）专家知识：用户可以查看相应的专家知识，具体的内容有冻害分布、冻害机理、低温冻害类型、霜冻对小麦形态伤害及产量的影响、霜冻的应变调控、霜后表现、了解更多。

2. 系统处理及分析的业务流程

系统从数据的上传到最后的系统界面显示的流程，具体如图 6-27 所示。

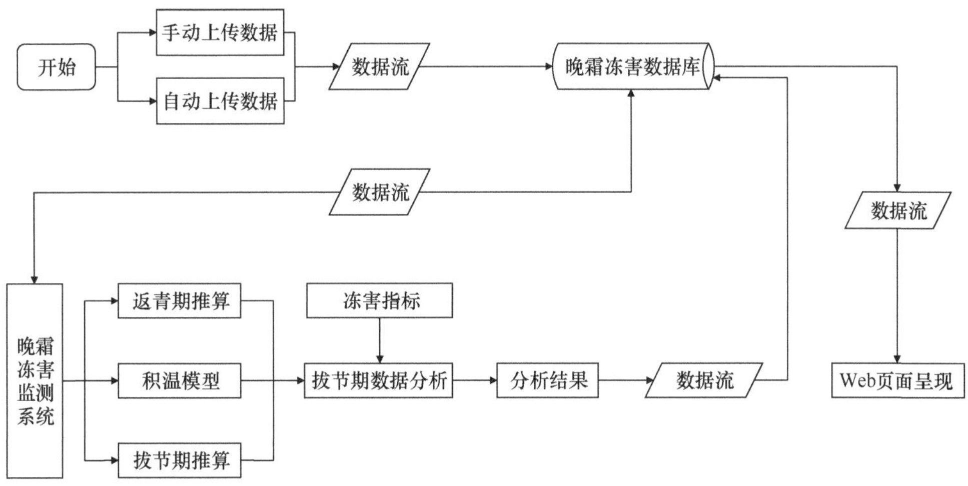

图 6-27　数据的获取及分析业务流程

本系统验证需要的数据可以是用户手动上传的冬小麦温度数据，也可以是系统自动采集的河南省商丘、南阳、驻马店、安阳和许昌 5 个冬小麦主产区的冬小麦温度数据，然后存储于基于物联网的河南省冬小麦晚霜冻害监测系统的数据库中，数据流根据已经确定的返青期判定方法、积温模型、拔节期推算方法和对应的冻害指标读取数据库相应的数据，最后通过前端 Web 界面及时呈现给用户具体的冬小麦晚霜冻害的相关信息。

3. 系统体系架构

（1）系统开发环境

本系统基于返青期和拔节期的判断指标、积温模型和冻害指标，利用 Java EE 技术平台和 SSH2（Struts2.3 + Spring 4.0 + Hibernate 4.2）轻量级框架开发了基于物联网的河南省冬小麦晚霜冻害监测系统。系统具体的开发环境是 JDK1.7 + Tomcat7.0 + Mysql5.6，开发工具采用 Myeclipse2014。

（2）系统构架

框架一般具有即插即用的可重用性、成熟的稳定性及良好的团队协作性。系统采用的 SSH2 框架是由三种框架集成的，分别是基于 MVC 模式的 Struts2 框架、基于 IoC 模式的 Spring 框架、对象/关系映射框架 Hibernate。

系统的基本业务流程如下：在表示层中，首先通过 JSP 界面实现交互界面，负责接收请求（Request）和传送响应（Response），然后 Struts 根据配置文件（struts-config.xml）将 ActionServlet 接收到的 Request 委派给相应的 Action 处理。在业务层中，管理服务组件的 Spring IoC 容器负责向 Action 提供业务模型（Model）组件和协作对象数据处理（DAO）组件完成业务逻辑，并提供事务处理、缓冲池等容器组件以提升系统性能和保证数据的完整性。而在持久层中，则依赖于 Hibernate 的对象化映射和数据库交互，处理 DAO 组件请求的数据，并返回处理结果。具体的 SSH2 框架如图 6-28 所示。

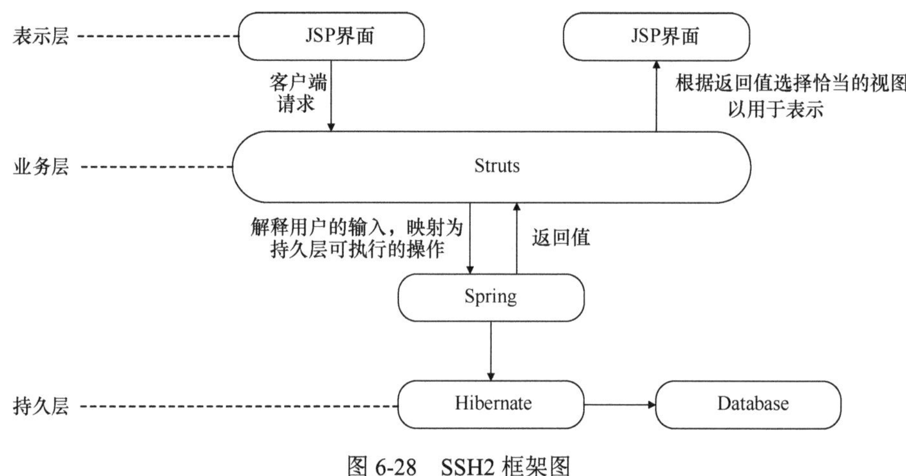

图 6-28　SSH2 框架图

（3）系统功能实现

系统按功能模块划分为小麦返青期判定模块、小麦拔节期判定模块、小麦晚霜冻害分析模块、小麦数据管理模块、专家知识模块。图 6-29 和图 6-30 为系统的主界面和系统的首页面。

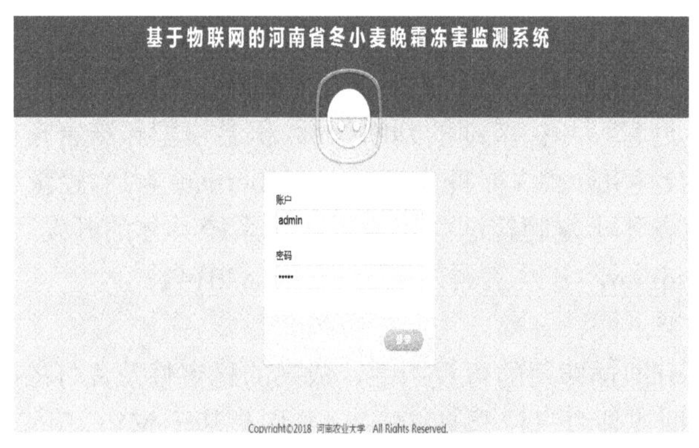

图 6-29　系统的登录界面

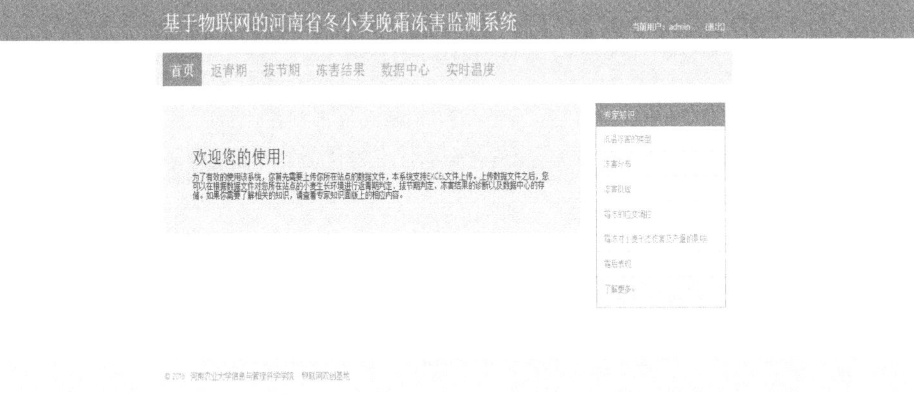

图 6-30 系统的首页

用户登录进入后首先会进入系统主界面，首页上显示的有欢迎使用等信息，并且向用户简单地介绍系统的部分功能。用户可在数据中心模块上传自己的数据（Excel95—2003 格式的 Excel 表数据）。

1）返青期判定模块

用户登录进入后在系统主界面可以上传数据。系统首先进行返青期的诊断。系统默认返青期的最低达标温度为 0℃。考虑到近年来全球气候变暖，相应的返青期达标温度可能会有变化。系统设置了用户可以自己设定的返青期判别温度，用户可以在期望最低达标温度中设置相应的温度值。图 6-31 为返青期判定的界面初始图。

图 6-31 返青期判定初始图

在上传数据后，可以在数据分析界面选择需要进行分析的数据，返青期判断如图 6-31 所示。用户可以直观看到相应的判断日期，还可以看到相邻 5 日最低温度的滑动平均值，并且可以看到依次的具体最低温度信息。图 6-32 为返青期的界面判定图。

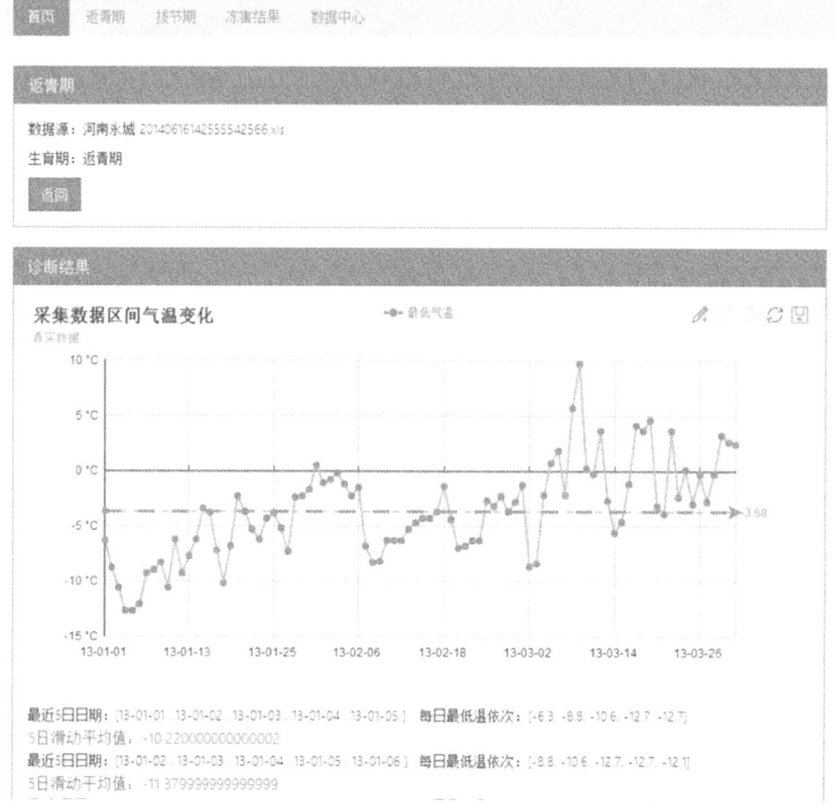

图 6-32　返青期判定的界面图（彩图请扫封底二维码）

2）拔节期判定模块

进行返青期的判断后，用户可以使用拔节期的判断功能。本系统设定了默认的积温数值为 170。由于河南省各个地区的返青期到拔节期的积温并不是完全相同的，因此系统提供了可以设定积温数值的输入框。图 6-33 为拔节期的界面初始图。

图 6-33　拔节期的界面初始图

用户上传了自己的数据后，可以在数据分析界面选择需要进行分析的数据。拔节期判断如图 6-34 所示，用户可以看到相应的判断日期，并且能显示全天的平均温度信息，以及拔节期到当天的累加温度信息。

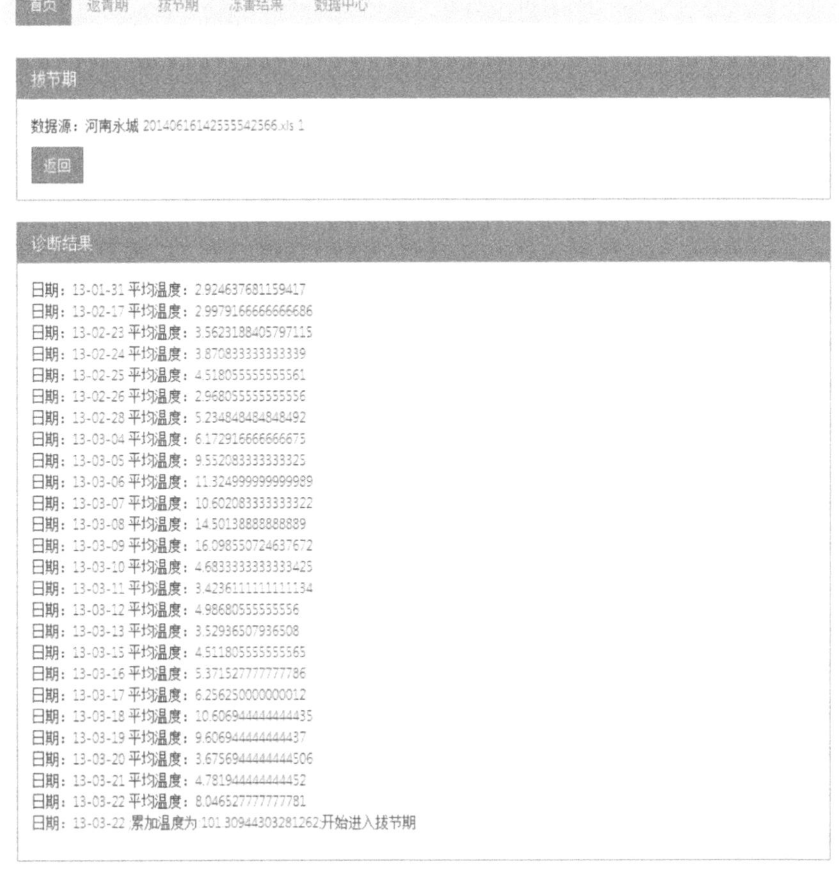

图 6-34　拔节期判定的界面图

3）晚霜冻害检测模块

图 6-35 为晚霜冻害的界面初始图。在上传数据后，并且判断了返青期、拔节期后可以进行晚霜冻害判断。冻害的诊断如图 6-36 所示，用户可以看到相应的判定结果，包括距离拔节期后多少天，当天详细的最低温度信息，以及相应的冻害级别。

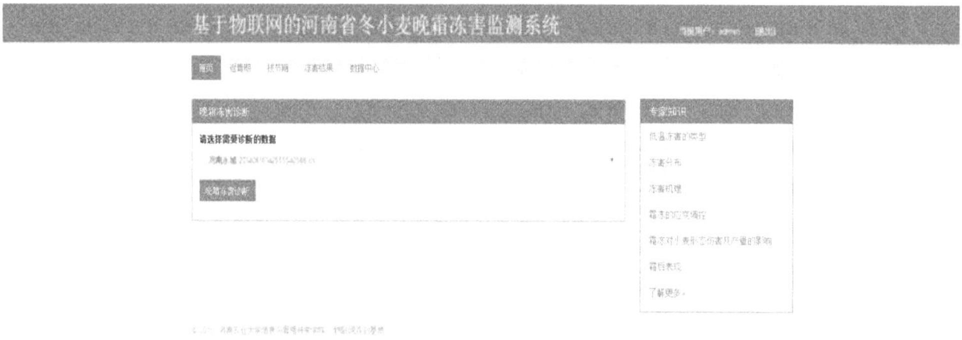

图 6-35　晚霜冻害界面初始图

图 6-36　冻害的诊断图

4）数据自动获取与晚霜冻害监测模块

系统自动获取的当天实时的气候信息，包括地点、日期、当天的最高气温和最低气温、风速等信息。用户登录系统界面后，当鼠标悬浮于地图表面就会显示温度信息。

系统能够根据自动获取的温度数据，依据冬小麦发育期判定方法显示出具体的日期，并能根据冻害指标监测出发生冻害的具体日期和冻害的对应级别等信息。同时，系统提供了对 5 个监测地点历史数据的分析功能，用户可以先手动选择地点和具体年份，再自动进行返青期、拔节期判定和晚霜冻害的监测。冻害判定如图 6-37 和图 6-38 所示。

历史温度（默认展示"安阳"、"南阳"、"商丘"、"许昌"、"驻马店"当年情况）

请输入地区 [ ] 请选择年份 2018 请输入分析起始月份 2 请输入分析结束月份 2 查询

查询结果

城市	返青期	最低温度（℃）	达标温度（℃）	拔节期	累加温度（℃）	达标温度（℃）	冻害日期	冻害级别	距离拔节期（天）	最低温度（℃）
安阳	2018-02-17	0	0	-	-	-	-	-	-	-
南阳	2018-02-12	0	0	-	-	-	-	-	-	-
商丘	2018-02-13	0	0	-	-	-	-	-	-	-
许昌	2018-02-14	2	0	-	-	-	-	-	-	-
驻马店	2018-02-13	4	0	-	-	-	-	-	-	-

© 2018 河南农业大学信息与管理科学学院 物联网双创基地

图 6-37　手动冻害监测图

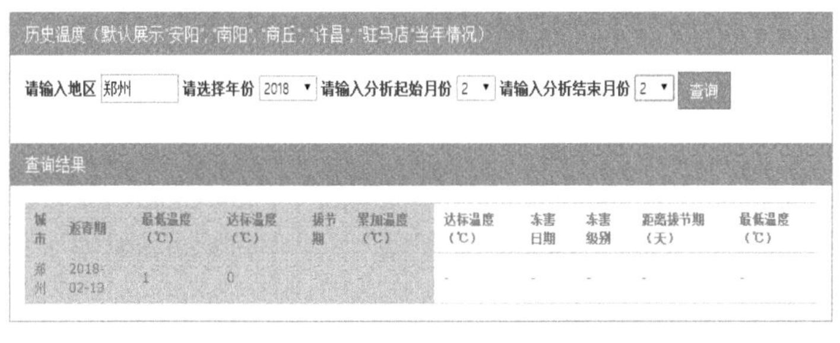

历史温度（默认展示"安阳"、"南阳"、"商丘"、"许昌"、"驻马店"当年情况）

请输入地区 郑州 请选择年份 2018 请输入分析起始月份 2 请输入分析结束月份 2 查询

查询结果

城市	返青期	最低温度（℃）	达标温度（℃）	拔节期	累加温度（℃）	达标温度（℃）	冻害日期	冻害级别	距离拔节期（天）	最低温度（℃）
郑州	2018-02-19	1	0	-	-	-	-	-	-	-

© 2018 河南农业大学信息与管理科学学院 物联网双创基地

图 6-38　自动冻害监测图

5）冬小麦数据管理模块

系统支持用户上传自己的数据，用户可以查看系统数据，并查看数据的分析结果。用户登录系统之后，可以在数据中心模块对数据进行删除、备注等一系列的操作。图 6-39 展示了系统数据管理。

6）专家知识模块

专家知识模块可以显示出冬小麦低温冻害的类型、冻害的分布、冻害的机理、霜冻的应变调控、霜冻对小麦的形态伤害及产量的影响、霜后的表现等内容，从而使得用户对冻害有清晰的认识，掌握如何能够有效地预防冻害的发生，如何在发生后及时采取相应的补救措施避免冬小麦的严重减产。图 6-40 展示了专家知识界面信息。

图 6-39　系统数据管理

图 6-40　专家知识界面信息

参 考 文 献

陈桂芬, 马丽, 董玮, 等. 2011. 聚类、粗糙集与决策树的组合算法在地力评价中的应用[J]. 中国农业科学, 44(23): 4833-4840.

陈曦. 2015. 冬小麦霜冻害模拟方法及其与物联网融合初探[D]. 东北农业大学硕士学位论文.

程婉莹. 2016. 基于田间监视器的冬小麦晚霜冻害研究[D]. 中国农业科学硕士学位论文.

杜克明, 褚金翔, 孙忠富, 等. 2016. WebGIS 在农业环境物联网监测系统中的设计与实现[J]. 农业工程学报, (4): 171-178.

顾万龙, 姬兴杰, 朱业玉. 2012. 河南省冬小麦晚霜冻害风险区划[J]. 灾害学, 27(3): 39-44.
郭炜星. 2008. 数据挖掘分类算法研究[D]. 浙江大学.
胡杰华, 马孝义, 尹京川, 等. 2012. 河南省冬小麦年均需水量空间插值研究[J]. 灌溉排水学报, 31(3): 107-110.
胡可云. 2008. 数据挖掘理论与应用[M]. 北京: 清华大学出版社.
胡乔玲, 刘峻明, 王春艳, 等. 2013. 冬小麦拔节期遥感监测方法研究[J]. 中国农业科技导报, 15(6): 152-157.
李俊芬, 臧新洲. 2004. 小麦越冬冻害的二级评价方法[J]. 气象与环境科学, (2): 38.
刘峻明, 汪念, 王鹏新, 等. 2016. SHAW 模型在冬小麦晚霜冻害监测中的适用性研究[J]. 农业机械学报, 47(6): 265-274.
刘引菊, 王立德. 2002. 农田林网对小麦晚霜冻害防护作用的研究[J]. 河北林果研究, 17(1): 7-10.
马尚谦, 张勃, 唐敏, 等. 2019. 淮河流域冬小麦晚霜冻时空演变分析[J]. 麦类作物学报, 39(1): 105-113.
时雷. 2013. 基于物联网的小麦生长环境数据采集与数据挖掘技术研究[D]. 河南农业大学硕士学位论文.
时雷, 虎晓红, 席磊. 2009. 基于集成学习的网页分类算法[J]. 郑州大学学报(理学版), 41(3): 26-29.
孙彦景, 丁晓慧, 于满, 等. 2011. 基于物联网的农业信息化系统研究与设计[J]. 计算机研究与发展, 48(s2): 326-331.
王夏. 2012. 冬小麦低温灾害影响与诊断方法研究[D]. 中国农业科学院硕士学位论文.
夏于. 2013. 基于物联网的小麦苗情远程诊断管理系统设计与实现[D]. 中国农业科学院硕士学位论文.
夏于, 杜克明, 孙忠富, 等. 2013. 基于物联网的小麦气象灾害监控诊断系统应用研究[J]. 中国农学通报, 29(23): 129-134.
熊明阳. 2018. 基于物联网的河南省冬小麦晚霜冻害监测系统构建[D]. 河南农业大学硕士学位论文.
张琴, 黄文江, 许童羽, 等. 2011. 小麦苗情远程监测与诊断系统[J]. 农业工程学报, 27(12): 115-119.
张雪芬. 2005. 冬小麦晚霜冻害遥感监测技术与方法研究[D]. 南京信息工程大学硕士学位论文.
赵春江, 薛绪掌, 王秀, 等. 2003. 精准农业技术体系的研究进展与展望[J]. 农业工程学报, 19(4): 7-12.
朱虹晖, 武永峰, 宋吉青, 等. 2018. 基于多因子关联的冬小麦晚霜冻害分析——以河南省为例[J]. 中国农业气象, 39(1): 59-68.
Angiulli F, Fassetti F. 2007. Detecting Distance-Based Outliers in Streams of Data[C]. Proceedings of the 16th ACM Conference on Information and Knowledge Management(CIKM): 811-820.
Breiman L. 1996. Bagging predictors[J]. Machine Learning, 24(2): 123-140.
Chedad A, Moshou D, Aerts J M, et al. 2001. Recognition system for pig cough based on probabilistic neural networks[J]. Journal of Agricultural Engineering Research, 79(4): 449-457.
Elahi M, Li K, Nisar W, et al. 2008. Efficient clustering-based outlier detection algorithm for dynamic data stream[C]. Proceedings of the 5th International Conference on Fuzzy Systems and Knowledge Discovery(FSKD): 298-304.

Goldberg D E. 1998. Genetic Algorithms in Search, Optimization and Machine learning[M]. New York: Addison-Wesley.

Guo H, Shi L, Zhao J Y. 2012. Machine learning based hybrid approach for credit assessment[J]. Journal of Computational and Theoretical Nanoscience, 9(10): 1793-1797.

Karimi Y, Prasher S O, Patel R M, et al. 2006. Application of support vector machine technology for Weed and nitrogen stress detection in corn[J]. Computers and Electronics in Agriculture, 51: 99-109.

Kontaki M, Gounaris A, Papadopoulos A N, et al. 2011. Continuous monitoring of distance-based outliers over data streams[C]. Proceedings of the 27th International Conference on Data Engineering(ICDE): 135-146.

Mathanker S K, Weckler P R, Bowser T J. 2011. AdaBoost classifiers for pecan defect classification[J]. Computers and Electronics in Agriculture, 77: 60-68.

Pokrajac D, Lazarevic A, Latecki L J. 2007. Incremental local outlier detection for data streams[C]. Proceedings of the IEEE Symposium on Computational Intelligence and Data Mining(CIDM): 504-515.

Quinlan JR. 1996. Bagging, boosting, and C4. 5[C]. The Proc. Thirteenth National Conf. on Artificial Intelligence: 725-730.

Rajagopalan B, Lall U. 1999. A k-nearest neighbor simulator for daily precipitation and other weather variables[J]. Water Resources Research, 35(10): 3089-3101.

Schatzki T F, Haff R P, Young R, et al. 1997. Defect detection in apples by means of x-ray imaging[J]. Transactions of the American Society of Agricultural Engineers, 40(5): 1407-1415.

Shi L, Duan Q G, Dong P, et al. 2018. Signal prediction based on boosting and decision stump[J]. International Journal Computational Science and Engineering, 16(2): 117-122.

Shi L, Duan Q G, Si H P, et al. 2015. Approach of hybrid soft computing for agricultural data classification[J]. International Journal of Agricultural and Biological Engineering, 8(6): 54-61.

Shi L, Duan Q G, Zhang J J, et al. 2018. Rough set based ensemble learning algorithm for agricultural data classification[J]. Filomat, 32(5): 1917-1930.

Shi L, Ma X M, Duan Q G, et al. 2012. Agricultural data classification based on rough set and decision tree ensemble[J]. Sensor Letters, 10: 271-278.

Shi L, Xi L, Ma X M, et al. 2011. A novel ensemble algorithm for biomedical classification based on ant colony optimization[J]. Applied Soft Computing, 11(8): 5674-5683.

Waske B, van der Linden S. 2008. Classifying multilevel imagery from SAR and optical sensors by decision fusion[J]. IEEE Transactions on Geoscience and Remote Sensing, 46(5): 1457-1466.

Yang D, Rundensteiner E, Ward M. 2009. Neighbor-based pattern detection for windows over streaming data[C]. Proceedings of the 12th International Conference on Extending Database Technology(EDBT): 529-540.

Zhu P Y, Xu B G. 2011. Fusion of ECa data using SVM and rough sets augmented by PSO[J]. Journal of Computational Information Systems, 7(1): 295-302.

第七章　基于物联网图像处理的作物生长监测系统

近几十年来，随着计算机软硬件的高速发展，数字图像处理技术作为其一个重要的分支得到了广泛的应用。目前，数字图像处理技术已成为工程学、计算机科学、信息科学、物理学、化学、生物学等学科的学习研究对象。数字图像处理技术以其准确性和实时性被广泛应用于农业领域，并已成为数字农业信息检测的重要技术手段之一。本章回顾了近十几年，图像处理技术在农作物播种、长势识别、种子分析分类、产量预估、病虫害识别及作物生长营养诊断等方面的应用情况，根据农业物联网数据处理中的图像处理技术的基本原理和方法，并结合著作者团队的研究经验，展示了图像处理技术在这一领域中的应用与进展。

第一节　图像处理技术的基本原理与算法

随着最近几年精准农业的快速发展，图像处理技术作为精准农业发展的一个重要技术支撑，其发展也逐渐成熟和完善。图像处理技术在农业中的应用，虽根据不同的应用各有不同的处理方法和技术路线，通过相关研究可大体分为 4 个部分：图像采集，图像颜色空间转换，图像预处理（图像增强、平滑、去噪声等)，图像分割和特征提取、分析。本节就图像处理的相关原理和技术做简要阐述。

一、图像颜色空间模型

人们通常用三个相对独立的属性来描述颜色，三个独立属性综合作用构成一个空间坐标，即颜色空间（又称为颜色模型）。颜色空间的主要用途是在特定标准的规定下对颜色的表达形式加以说明。颜色的不同表达方式形成了不同的颜色空间，且每种均有其对应的适用领域。

颜色空间通过坐标系统和子空间进行描述，空间中的单个点都代表着系统中的一种颜色。颜色空间从提出至今已经包含上百种，各种不同的颜色空间分别适用于不同的领域，且相互之间差异不大。RGB、HIS、L*a*b*等是目前比较常见且应用较广的颜色空间。RGB 颜色模型作为最常见的基色模型，被用作大部分图像采集与显示设备表示颜色的方式。它可以通过非线性变换转化为 HSI 颜色模型，通过线性变换转化为 L*a*b*颜色模型。由于颜色空间的正确选取可以大大改善彩色图像分割的效果，因此，颜色模型的选取成为彩色图像处理前的重要环节。

（一）RGB 颜色模型

RGB（red、green、blue）颜色模型通过红、绿、蓝三原色来描述颜色，是目前应用最广的颜色模型。可以用一个三维立方体空间来描述 RGB 模型中的颜色分布，如图 7-1 所示：当 R、G、B 三个分量值均为 0 时即显示黑色光，当三个分量值均为最大值时即显示白色光，亮度沿着对角线方向逐渐增强。立方体的另外几个顶点分别表示蓝色、青色、品红色。由于立方体坐标中任意点 A 的色值是由三原色混合而成，因此，三个分量值中任意值的改变都会造成 A 点色值的改变，同时 A 点的颜色也会发生变化。然而，RGB 颜色模型也存在一些缺陷：一方面是 RGB 颜色模型对环境亮度比较敏感，环境亮度一旦发生改变，R、G、B 分量值均会随之发生变化；另一方面是 RGB 颜色空间属于非线性变换空间，在数字图像处理操作中耗时较长，而且还存在奇异点等问题。因此，RGB 颜色空间在显示系统中的应用效果较好，然而在图像处理等实时性要求较高的操作中应用较少。

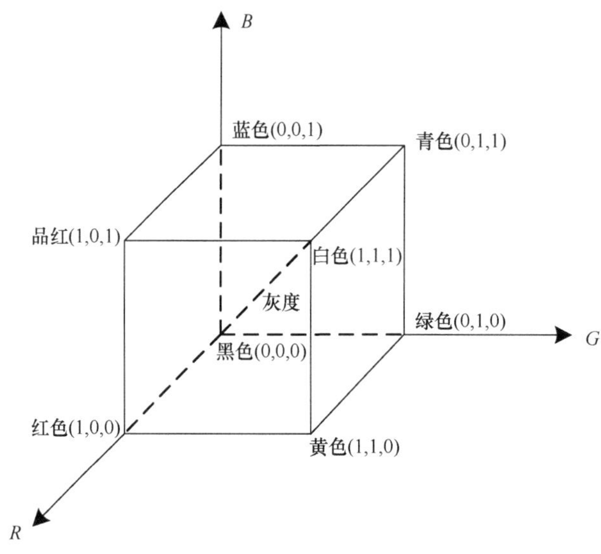

图 7-1 RGB 颜色模型示意图

（二）HSI 颜色模型

HSI（hue、saturation、intensity）颜色模型与人眼感觉颜色的原理相似，都是通过色调、饱和度和亮度来描述色彩的，相比较于 RGB 颜色空间，HSI 颜色空间更符合人的视觉特性。人的视觉系统对亮度的敏感程度大大超过对颜色差异的敏感程度，因此，视觉系统经常采用 HSI 色彩空间来进行颜色识别和处理。并且，

HSI 颜色空间中各个分量之间是相互独立的，能够分开进行处理，为很多计算机视觉中的图像处理算法提供了便利，如颜色识别、阴影识别等。此外，在同一项图像处理操作中，采用 HSI 颜色空间所要完成的工作量要比 RGB 颜色空间减少 2/3，因此，前者更适合果实颜色识别，或绿色植被识别等应用。同时，HSI 颜色模型还能够避免环境光强弱对颜色分级的干扰，在彩色图像分割中能够取得较好的分割效果。HSI 颜色模型如图 7-2 所示。

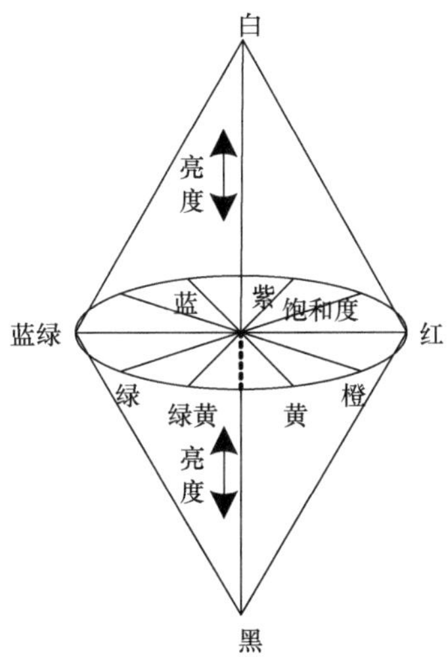

图 7-2　HSI 颜色模型示意图

RGB 颜色空间可以通过以下转换公式转化为 HSI 颜色空间：

$$I = \frac{1}{3}(R + G + B) \tag{7-1}$$

$$S = 1 - \frac{3}{R + G + B}\left[\min(R, G, B)\right] \tag{7-2}$$

$$\theta = \arccos\left\{\frac{\frac{1}{2}\left[(R-G)+(R-B)\right]}{\left[(R-G)^2+(R-B)(G-B)\right]^{\frac{1}{2}}}\right\} \tag{7-3}$$

当 $B \leqslant G$ 时，$H = \theta$；当 $B > G$ 时，$H = 360 - \theta$。

（三）Lab 颜色模型

CIE L*a*b*（Lab）是由专门制定各方面光线标准的组织 CIE 于 1976 年创建。

L*a*b*颜色模型，基于人们对不同色光的感知，也称为生理特征颜色模型，它可以表达人们正常能够感知的所有色彩。Lab 是描述颜色显示方式的一种模型，因此它与进行色彩显示的硬件设备工作方式无关，Lab 又被称为与设备无关的颜色模型。

Lab 颜色模型是由亮度（*L*）和有关色彩的 *a*、*b* 三个要素组成。*L* 表示亮度（luminosity），*L* 的取值范围为 0～100（纯黑到纯白），*L*=50 时，就相当于 50%的黑。*a*、*b* 分别代表各色差量：*a* 表示从红色至绿色的范围，它的正向数值越大就越红，负向数值越大就越绿；*b* 表示从黄色至蓝色的范围，它的正向数值越大就越黄，负向数值越大就越蓝（注：此空间中的 *a* 轴，*b* 轴颜色与 RGB 不相同，洋红色更偏红，绿色则更偏青，黄色略带红色，蓝色则有点偏青色）。Lab 颜色模型如图 7-3 所示。

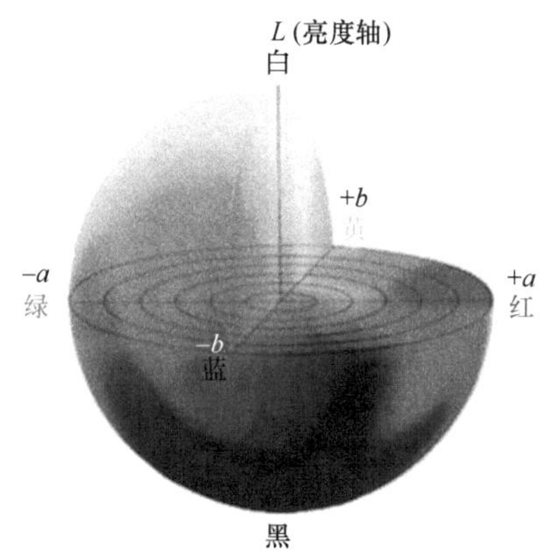

图 7-3　Lab 颜色模型示意图（彩图请扫封底二维码）

Lab 模型除了与设备无关的特点外，较其他颜色模型（如 RGB 等）还能够表达更宽的色域范围；另外，该颜色空间还可以弥补 RGB 颜色空间色彩表达不均衡的问题。因此在图像处理中，想保留尽可能宽阔的色域和丰富的色彩时，最好选择 Lab 模型。

RGB 到 L*a*b*的转换不能直接实现，需经过 CIE 的 *XYZ* 颜色空间，具体转换过程如下：

$$\begin{bmatrix} X \\ Y \\ Z \end{bmatrix} = \begin{bmatrix} 2.7689 & 1.7517 & 1.1302 \\ 1.0 & 4.5907 & 0.0601 \\ 0.0 & 0.0565 & 1.5943 \end{bmatrix} \begin{bmatrix} R \\ G \\ B \end{bmatrix} \tag{7-4}$$

$$L = \begin{cases} 116\left(\dfrac{Y}{Y_0}\right)^{\frac{1}{3}} - 1, 如果\dfrac{Y}{Y_0} > 0.008\,856 \\ 903.3\left(\dfrac{Y}{Y_0}\right), 其他 \end{cases} \tag{7-5}$$

$$L=25\left[\frac{Y}{Y_0}\right]^{\frac{1}{3}}-16, a=500\left[\left(\frac{X}{X_0}\right)^{\frac{1}{3}}-\left(\frac{Y}{Y_0}\right)^{\frac{1}{3}}\right], b=200\left[\left(\frac{Y}{Y_0}\right)^{\frac{1}{3}}-\left(\frac{Z}{Z_0}\right)^{\frac{1}{3}}\right] \quad (7\text{-}6)$$

式中，X_0、Y_0、Z_0为参考白色对应的X、Y、Z的值。

二、图像预处理

（一）图像灰度化

对图像进行灰度化处理，就是在RGB彩色空间中将图像转换为在白色和黑色之间分为256个等级的灰度图像，即把图像转化为$R=B=G$三个向量值相等的灰度图，彩色图像和灰度图之间可以相互转化，将彩色图像转化为黑白图像的过程就称为图像灰度化处理。

彩色图像中包含有非常丰富的色彩信息，如果不将样本图像处理成灰度图进行数字图像处理，就会降低系统处理图像信息的速度，系统储存图像的空间也会增大，而且没有处理掉的色彩信息不是最终处理分析图像结果的影响因素，所以一般情况下，如果图像中待提取的信息与颜色无关（如形状、大小、纹理等），都会将图像转化为灰度图之后再进行图像分析处理。常用的图像灰度化方法有以下三种。

1. 最大值法

取R、G、B这三个分量中最大的一个值，然后分别赋予这三个分量。但是这样做有个缺点，会导致最后得到的灰度图像亮度过大。

2. 平均值法

首先对R、G、B三个分量求取平均值，然后把求出来的平均值分别赋予R、G、B。利用平均值法对图像进行灰度化处理有一个优点，就是与其他方法相比，最后得到的灰度图像更加柔和。

3. 加权平均值法

一开始分别赋予不同的权值给R、G、B这三个分量，然后对赋予权值后的R、G、B分量求取平均值，最后再把R、G、B三个分量的值定为这3个值的平均值，其中，一开始赋予R的权值是0.3，赋予G和B的权值分别是0.59和0.11。通常情况下，利用加权平均值法对彩色图像进行灰度化处理得到的效果是最好的。

（二）图像增强

图像的增强也是一种常用的预处理方法，通过对图像进行增强处理，可以对图片的不同部分进行有选择的增强处理，这样就可以更加突出图片中的重点部分，并且也可以屏蔽掉不需要的细节部分。通过对图像进行增强处理，可以使得图像可以更好地满足实际需要，图像的品质也可以达到事先所设定的标准。经常使用的图像增强方法有以下几种。

1. 直方图均衡化

在图像的灰度直方图中，有时候会出现这样的情况：一些灰度值较低的范围的频率要比其他区间大得多，整幅图像看起来就会比较模糊，图像的显示效果比较差。在这种情况下，可以采取直方图均衡化的图像增强方法：通过把图像灰度值的取值范围分散开来，使得一幅图像拥有更多的灰度级，这样就可以达到增加图像对比度的效果，使得整幅图像看起来更加清晰，便于对图像的进一步处理，如图 7-4 所示，灰度直方图均衡化实现方法如下：

$$P_\gamma\left(\gamma_k\right)=N_k/N, 0\leqslant\gamma_k\leqslant 1, k=0,1,2,\cdots,L-1 \quad (7\text{-}7)$$

式中，$P_\gamma\left(\gamma_k\right)$为第 k 个灰度级出现的概率；N_k 为第 k 个灰度级出现的频数；N 为图像像素总数；L 为图像中可能的灰度级总数。由此可得直方图均衡化的函数表达式：

$$S_k=T\left(\gamma_k\right)=\sum_{j=0}^{k}P_\gamma\left(\gamma_j\right)=\sum_{j=0}^{k}\frac{N_j}{N}, 0\leqslant\gamma_k\leqslant 1, k=0,1,2,\cdots,L-1 \quad (7\text{-}8)$$

式中，S_k为对应于灰度级 k 的累积概率函数。

另外，因为利用直方图均衡化进行图像增强，对于增强图像的对比度是自适应的，所以不需要太多烦琐的操作。但是，使用直方图均衡化进行图像增强也存在着一些缺点，那就是可能会出现图像过分增强的情况，最后出现较差的处理效果。

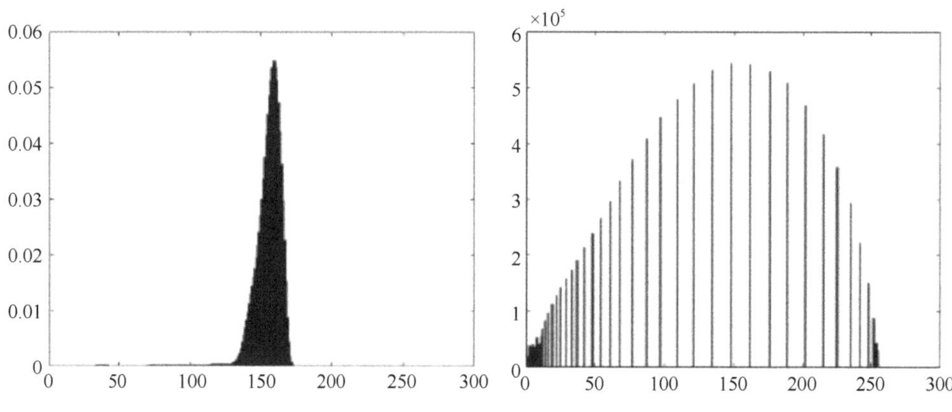

图 7-4　灰度直方图（左图为均衡化前，右图为均衡化后）

2. 均值滤波与中值滤波

图像的采集和转移等过程中不可避免地会产生噪声干扰。如果图像的噪声干扰达到一定程度，势必会降低图像整体质量，同时会影响后续图像处理的精度，甚至可能造成图像的错误识别。因此，为了准确识别并提取图像中的特征，最大限度去除图像噪声，进一步还原图像本质，在图像处理之前对图像进行平滑滤波显得尤为重要。常用的图像滤波方法主要包括线性空间滤波和非线性空间滤波。

均值滤波，又称为邻域平均法，是一种最常用的线性滤波算法。该方法的基本原理是将邻域的均值赋予中心点，即设置一个模板，该模板由以待处理的像素点(x,y)为中心的某范围内近邻的一些像素组成，然后计算出模板中所有像素的均值，再把该均值赋予当前像素点(x,y)，作为处理后图像在该点上的灰度$g(x,y)$，即

$$g(x,y)=\frac{1}{M}\sum f(x,y) \tag{7-9}$$

式中，M为该模板中包含中心点某一邻域范围所有像素点及中心点在内的总像素数。

均值滤波算法虽然操作简便、快捷，然而也存在一些缺陷：线性滤波器由于自身的低通特性，在去除噪声的同时会导致图像模糊，尤其是在图像的边缘及细节处。并且，模板邻域范围越大，虽然去噪能力越强，但是对图像模糊程度影响越大。

中值滤波是一种通过排序统计理论来抑制噪声的非线性平滑滤波方法。该方法的基本原理是选取出图像中以某一像素点为中心的某邻域范围内所有像素点灰度值的中值，作为该中心点的灰度值，从而进行图像中孤立的噪点消除。在运用中值滤波方法进行像素点扫描之前，先构造一个以待滤波点为中心的掩模，该掩模还包含该中心点一定邻域范围内的若干像素点，将这些像素点按照像素值大小进行排序，选出所有像素值的中值并将中值赋予中心点。例如，一个3×3的邻域内存在9个像素值（11，32，24，19，21，19，18，19，23），对像素值排序后为（11，18，19，19，19，21，23，24，32），则中值为19。中值计算公式为

$$g(x,y)=\text{med}\{f(x-m,y-n)\},(m,n\in W) \tag{7-10}$$

式中，$f(x,y)$和$g(x,y)$分别表示滤波前的图像和滤波后的图像；W为二维掩模（通常为3×3、5×5等大小的区域）。

中值滤波是满足最小绝对误差准则的最优滤波方法，算法不仅易于实现，而且在消除图像噪声的同时能够很好地保留图像的细节及边缘信息，有效避免了线性滤波器在滤波后造成图像模糊的问题。

三、图像分割技术

所谓图像分割，就是把图像中满足一致性条件的区域分割开来，使得它们互不相交。图像分割是对图像进行分析前的关键一步。它的主要目标是能够将图像划分为若干个有意义的组成部分，这部分内容中一定与我们感兴趣的物体或者区域有着较强的相关性，然后对分解后的图像的边缘或者区域进行提取，使其与背景分离。

（一）阈值分割法

阈值分割法是一种基于空间域的图像分割技术，它的基本原理是：通过分析原图像的灰度或者色彩特征，先得到图像的直方图，然后再选择不同的阈值，把图像划分为不同的部分。阈值分割法主要包括全局阈值分割法和局部阈值分割法。当分割的物体和图片整体背景在灰度值上的区别并不是很大的时候，我们通常采用全局阈值分割法对图像进行分割，反之采用局部阈值分割法。因为对图像的阈值分割看上去更为直观，并且实现起来较为简单，效率高、速度快，所以在图像分割中一直处于重要地位。

$$f\left(x,y\right)=\begin{cases}1, f\left(x,y\right)\geqslant T\\0, f\left(x,y\right)\leqslant T\end{cases} \tag{7-11}$$

式中，T 为设定阈值，f（x，y）为图像在坐标（x，y）的灰度值，一般地，将大于阈值 T 的像素赋值 1，小于阈值 T 的像素赋值 0。

使用阈值的方法分割图像有很多种方式，然而使用一种分割方式来适应各种情况是不可能的。目前应用的各种方式中，最直观、最简便的是直方图观察法，即通过人眼的观察，加之以图像的背景知识，根据直方图表现的情况，选择出合理的阈值。更进一步地，在人工选择出阈值后，根据图像分割的效果，反复实验，多次比较，从而得到最佳阈值。

在图像背景不复杂或者对提取质量要求不高的情况下，单阈值分割法是比较理想的选择，因为它实现简单、操作容易，效果基本满足要求。然而，在图像背景复杂或者对提取质量要求较高的情况下，单阈值分割法就不能满足要求了，此时需要使用一些其他方法，常用的有迭代选择阈值法、最小均方误差法、分水岭法、最大类间方差法等。针对不同的场合，选择使用适合的方法。

（二）最大类间方差分割法

最大类间方差分割法，又称为大津算法（OTSU），是图像分割阈值选取效果最好的算法。该算法易于操作，并且不受图像对比度和亮度的影响，因此被广泛应用于各种图像处理操作中。OTSU 算法是一种自适应阈值分割方法，能够根据图像中像素间的灰度差异，将图像中的背景与前景区分开。由于方差能够度量图像中像素灰度值分布的均匀程度，前景和背景的类间方差越大，说明两者之间灰度值分布的差别越大，反之则越小。两者相互之间发生错分均会导致两部分之间的差别减小，方差也随之变小。因此，选取使得类间方差最大的阈值进行图像分割能够将错分概率降到最低，图像分割的准确率越高。该方法概述如下。

设图像中像素的总数为N，图像中可能的灰度级总数为L，灰度值是i的像素数为n_i。则有总像素数$N=\sum_{i=0}^{L-1}n_i$，各灰度值出现的概率为$p_i=\frac{n_i}{N}$，其中$p_i\geqslant 0$，$\sum_{i=0}^{L-1}p_i=1$。选取灰度值T为阈值将图像分割成两个区域：灰度级为1～T的图像区域1（背景），灰度级为T+1～L–1的图像区域2（目标）。分割为区域1、2的概率分别为

$$p_1=\sum_{i=0}^{T}p_i;\quad p_2=\sum_{i=T+1}^{L-1}\left(1-p_1\right) \tag{7-12}$$

区域1和2的灰度均值分别为

$$w_1=\frac{\sum_{i=0}^{T}ip_i}{p_1};\quad w_2=\frac{\sum_{i=T+1}^{L-1}ip_i}{p_2} \tag{7-13}$$

图像所有像素的灰度均值为

$$W=p_1w_1+p_2w_2=\sum_{i=0}^{L-1}ip_i \tag{7-14}$$

区域1、2的类间方差为

$$\sigma^2=p_1\left(w_1-W\right)^2+p_2\left(w_2-W\right)^2 \tag{7-15}$$

方差能够反映图像灰度级分布的差异性，方差越大，则表明图像中的背景与目标区域差别越大，目标区域与背景区域之间任何一方错分为另一方都会导致两区域差别减小，即两者类间方差最大时错分概率最小。因此，为了得到图像分割的最优分割阈值，该方法将两个区域的类间方差作为判别准则，由1～L–1逐渐改变T值，并计算出不同T值下的类间方差σ^2，选取使得σ^2值最大的T值作为阈值分割的最优阈值T^*：

$$T^*=\mathrm{Arg}\max_{0\leqslant T\leqslant L-1}\left[p_1\left(w_1-W\right)^2+p_2\left(w_2-W\right)^2\right] \tag{7-16}$$

（三）图像形态学处理

数学形态学是以形态结构元素为基础对图像进行分析的数学工具。它的基本思想是用具有一定形态的结构元素去度量和提取图像中的对应形状以达到对图像分析和识别的目的。数学形态学的应用可以简化图像数据，保持它们基本的形状

特征，并除去不相干的结构。形态学处理的基本运算有：膨胀、腐蚀、开运算和闭运算。我们在进行图像处理时经常要借助形态学处理，而且衍生出很多实用的算法，但是，无论在哪一种算法中，如何选择合适的结构元素一直是实际操作中的难点和关键点。形态学处理通常有以下几种方法。

1. 膨胀

膨胀的定义是：选定结构元素 B，将 B 进行平移，如果与目标 A 接触，就记下此时 B 的中心点，记为 a 点，那么所有 a 点组成的集合就是 A 被 B 膨胀后的结果。对二值图像进行膨胀操作可以对图像中的目标起到增大的作用，还可以对图像中的物体里面的空隙起到填补的效果。

A 被 B 膨胀可以用公式表示为

$$A \oplus B = \left\{ z \middle| \left(\hat{B}\right)_z \bigcap A \neq \varnothing \right\} \tag{7-17}$$

式（7-17）表示：B 的反射进行平移与 A 的交集不为空；B 的反射即为相对于自身原点的映像；B 的平移即是对 B 的反射进行位移。

2. 腐蚀

腐蚀的定义是：选定结构元素 B，将 B 进行平移，如果被 A 完全覆盖，就记下此时 B 的中心点，记为 b 点，那么所有 b 点组成的集合就是 A 被 B 腐蚀后的结果。对二值图像进行腐蚀操作，可以使得图像中目标的面积变小，同时也可以去除小于结构元素的干扰噪点，对边界起到光滑作用。

A 被 B 腐蚀可以用公式表示为

$$A \odot B = \left\{ z \middle| \left(B\right)_z \subseteq A \right\} \tag{7-18}$$

集合 B 称为结构元素，将结构元素 B 相对于集合 A 进行平移，只要平移后结构元素都被包含在集合中，那么这样的平移点都是保留点。

3. 开、闭运算

对图像进行开运算，就是对图像进行先腐蚀后膨胀，闭运算与之相反。开运算可以消除目标间的微小连接，同时也可以起到分离和平滑的作用；闭运算可以起到填补空隙的作用，也可以对目标的边界起到很好的平滑效果。在实际处理中，开、闭运算都不会太多地改变目标的面积大小。

其中，使用结构元素 B 对集合 A 进行开操作，指的是先用 B 对 A 腐蚀，然后用 B 对结果膨胀。可以用公式表示为

$$A \circ B = \left(A \odot B\right) \oplus B \tag{7-19}$$

使用结构元素 B 对集合 A 进行闭操作，指的是先用 B 对 A 膨胀，然后用 B 对

结果腐蚀。可以用公式表示为

$$A \bullet B = \left(A \oplus B\right) \odot B \tag{7-20}$$

第二节　图像处理技术在农业中的应用

一、种子分析与分类

在播种前对种子进行精密分选处理，保证种子的高发芽率，成为精密播种的必要条件。传统选种方法在人工作业时主要有以下不足之处：人员缺乏专业知识，筛选效率低下且无法实现快速、精准选择。随着图像处理技术在这一领域的发展，近年来国内外很多学者进行了大量的研究，覆盖小麦、玉米、水稻等主要粮食作物。陈兵旗等（2010）做了棉种图像精选方案与算法研究，此研究采用首帧差分阈值分割的方式提取种子区域的二值图像，然后在原图像的种子区域计算红色像素数并判断红色种子，通过分析二值图像判断破壳种子，最后对种子图像进行微分处理并去除边缘像素判断裂纹种子，实验结果表明，该算法能够很好地判断出缺陷棉种，速度快、准确性高。张俊雄等（2011）采用基于 BP 神经网络的玉米单倍体种子图像分割，可以有效进行良种特征的提取，对紫色标记区域、黄色标记区域和白色标记区域的准确识别率分别为 97.61%、93.34%和 94.09%。

随着农机化时代的到来，越来越多的播种工作已经由相关农机承担，图像处理技术可以在播种导航、播种效果检测等方面发挥良好作用。李景彬等（2014）研究了棉花铺膜播种机田间作业时导航路线和田端的图像检测算法，采用小波变换对处理区域进行平滑滤波；针对第 1 帧图像，寻找图像处理区域的垂直累计直方图的波谷，以此为基础，通过寻找局部窗口累计直方图波谷的方法，从图像底端逐行向上寻找各行候补点；对于非第 1 帧图像，采用当前帧与前帧导航路线相关联的方法分段寻找候补点群；最后基于过已知点 Hough 变换拟合出导航路线，采用的算法可以快速、准确地检测出棉花铺膜播种作业时的导航路线及棉田田端，平均每帧图像处理时间为 72.02ms，满足铺膜播种机实际播种作业的需求。陈进等（2009）基于高速摄像系统的精密排种器性能检测试验，此系统利用高速摄像系统进行图像采集，将采集的图像进行背景去除、滤波、锐化、二值化等图像处理，提出了根据种子面积和质心位置特征值检测精密排种器性能的方法，高速摄像检测和人工检测的排种合格指数相对误差小于 1%，变异系数误差小于 3%，此方法的检测精度满足精密排种器性能检测的要求。

二、田间管理

农作物的田间管理是确保农作物丰产的一个重要环节，是为作物的生长发育创造良好条件的劳动过程，田间管理必须根据各地自然条件和作物生长发育的特征，采取针对性措施，才能收到事半功倍的效果。图像处理技术在该环节备受关注并有了广泛的应用（施肥、灌溉、除草、病虫防治等）。

图像处理技术分别从土壤和杂草等背景的识别、叶面积和株高测量、叶片的形态及颜色识别、作物营养信息监测及病虫识别等多个方面进行数据获取分析，进而对田间管理进行指导和效果检测。Burgos-Artizzu 等（2011）提出了多种基于图像处理的方法通过对田间图像分析，实时估算作物被杂草和污染物占据的部分，存在的主要问题是缺乏对作物不同生长阶段和不同光照的有效性研究，通过对作物图像部分不同部分分步提取方法，先把作物区从非作物区中提取出来，然后再把杂草部分提取出来，最后提取其他部分，在不同步骤采用不同的方法，以便找出速度更快和更准确的方法，结果表明，在不同的光照、湿度和作物生长周期，对作物害虫的识别率达 95%，作物识别率达 80%。宋振伟等（2010）在大田条件下对不同施氮和灌溉处理下冬小麦数字图像的颜色特征进行了研究探讨，结果表明数字图像色调值差异能反映冬小麦的施氮和灌溉情况，数字图像能够反映冬小麦的生育进程。张侃谕和高建斌（2007）进行了基于图像识别的温室自动灌溉水车系统的研究，提出了基于色彩因子的图像分割算法，与传统方法相比，在不影响分割效果的同时大大提高了图像分割处理的实时性和准确性，建立了基于图像识别的自动灌溉水车系统，测试结果表明，运行良好，具有广阔的应用前景。陈兵旗等（2009）基于图像处理的小麦病害诊断算法研究，通过小波变换和纹理矩阵计算，强调了小麦病害部位，通过自动阈值处理获得病害部位的二值图像，通过二值图像与原图像的匹配，计算出病害部位的颜色特征值；以待测病害图像与库存病害图像之间颜色特征值差值最小为原则，检索出库存病害图像，算法对小麦病害图像的诊断准确率达 90%。韩瑞珍和何勇（2013）设计了基于计算机视觉的大田害虫远程自动识别系统，系统首先对害虫图像进行基于形态和颜色特征值的提取，害虫图像的形态特征由周长、面积、偏心率等以及 7 个 Hu 不变矩共 16 个特征值组成，颜色特征值由 9 个颜色矩组成，然后建立支持向量机分类器，通过对 6 种常见大田害虫进行了测试，平均准确率高于 87%，考虑到大田的光照和害虫的不同姿态影响，系统自动分类还是比较有效的。

三、作物收获

图像处理应用于田间收获始于 20 世纪 80 年代，至今仍是一个热门领域，目前图像分割技术已成为农作物联合收割机械导航的重要环节。张成涛等（2012）基于达芬奇技术的收割机视觉导航图像处理算法试验系统，该系统以双核数字视频处理器 DM6446 为核心，在达芬奇平台上实现了田间试验视频图像编码采集及室内视频图像解码与处理的功能模块，经试验验证，视频压缩率大大提高，可达 47～103 倍，解码后视频帧率 30 帧/s，系统实时性高、工作稳定可靠，同时可进行多种图像处理算法试验，该试验系统为收割机视觉导航图像处理算法研究提供了有效的分析手段。

四、作物生长营养诊断

在作物图像处理中，由于叶片叶色直接反映了叶片的健康状况，彩色图像处理应用得更加广泛。目前，基本上所有的灰色图像处理技术都可以直接应用到彩色图像处理中。目前的研究表明，利用图像处理技术不仅可以检测叶面积、叶周长、茎秆直径、叶柄夹角等作物外部生长参数，还可以以果实表面颜色及果实大小来判别果实成熟度，以及作物缺水缺肥等情况。

作物营养状态及生长状况可以通过叶片状态、叶色、纹理等外部状态反映出来，计算机比人眼视觉能更早地发现作物营养不足所表现的细微变化，为及时进行作物营养补给提供可靠依据。

Ahmad 和 Reid（1996）发现，利用归一化 RGB 可以有效地识别 3 种不同施氮水平下玉米叶片的颜色变化。Shigeto Makoto（1998）用摄像机拍摄小麦和黑麦叶片的图像，并进行叶绿素含量的估测，发现在限定气象条件下 $R–B$ 和 $G–B$ 与叶绿素含量的相关性最好，而在不同的气象条件下$(R–B)/(R+B)$可以有效地估算植物叶片的叶绿素含量。Pagola 等（2009）在 Shigeto 和 Makoto（1998）的方法基础上，通过主成分分析法建立了大麦叶片颜色与 SPAD 读数及产量的关系模型，相关性较高。Adamsen 等（1999）通过分析数码相机获取的冬小麦冠层图像，发现小麦冠层图像的冠层颜色绿色与红色的比值（G/R）与叶绿素仪读数有显著的相关关系，可以用来作为叶绿素含量监测的指示。Jia 和 Cheng（2004）应用数码相机对获得的田间冬小麦冠层图像进行颜色分析，建立了冠层绿色深度与植株全氮及叶绿素相对含量之间的关系模型，发现小麦冠层颜色的绿色深度与植株全氮量、叶绿素仪读数均呈极显著线性关系。

近年来，利用图像处理技术进行作物营养监测，国内也进行了相应的研究。毛罕平等（2003）提出从颜色和纹理多个角度对番茄缺素叶片的颜色和纹理进行特征提取，并利用遗传算法优化选择，结果识别率高达 92.5%～95%。吴雪梅和毛罕平（2004）对比分析了缺氮的番茄叶片和正常叶片的颜色特征随时间推移的变化规律，提出用 G 均值、H 色调来定量描述缺氮叶片随时间变化的方法。张彦娥和李民赞（2005）分析了作物叶片含氮率、含磷率和含水率与颜色特征的相关性发现，叶片绿色分量 *G* 和色度分量 *H* 与氮含量线性相关，可以作为诊断作物长势的指标。张作贵（2005）对自然光照下的缺素番茄进行特征提取，并与正常番茄的特征进行对比，建立模式识别系统，识别率达到了 92.5%。

张立周等（2010，2011）分析了夏玉米及小麦不同生育期的冠层图像颜色特征参数与施氮量、SPAD 值、作物硝酸盐浓度、全氮含量之间的关系，发现玉米冠层叶片颜色特征参数与各项农学指标的相关性 6 叶期明显高于 10 叶期，可以作为氮素营养诊断的关键时期，而小麦拔节期不反光叶面和反光叶面的 $R/(R+G+B)$ 色彩参数与植株全氮相关性较好。可以作为氮素诊断的关键时期。

王方永等（2007）通过图像处理技术对棉花群体叶绿素情况进行监测，发现 $G–R$、$(G–R)/(G+R)$、*R* 与 *G* 的组合等颜色参数与棉花叶片叶绿素含量、群体绿色指数之间极显著相关。王克如等（2006）在实验室环境下建立棉花图像叶片颜色与叶绿素含量估测模型，估测误差在 7.8%～13.65%。李小正等（2007）利用神经网络方法对棉花叶片图像的氮含量进行估测，通过对比线性网络、径向基网络、BP 网络几种方法，发现径向基网络处理棉花叶片的数字图像信息可以比较精确地预测棉花叶片的氮素含量。宋振伟等（2010）分析了不同施氮处理的小麦颜色特征发现叶片颜色变化持续在整个小麦生育期中。徐光辉等（2007）建立了烤烟叶片叶绿素含量与颜色特征的关系，发现 $B/(R+G)$、*b* 是影响烤烟叶叶绿素含量的重要特征参数。汪强等（2012）建立了烟叶 HSV 颜色参数与叶绿素含量模型对烟叶成熟度进行判定，符合率达到 90%以上。

目前来说，图像处理技术对作物叶绿素监测方面的研究，相对集中在实验室环境下，其应用场景和方法推广到大田环境中，对农业实际生产意义重大。

第三节　小麦和玉米营养监测系统

一、基于图像处理的小麦和玉米的营养监测系统

利用图像处理技术对作物生长状况进行监测的难点在于目标识别和特征选择。

在目标识别方法中，本研究基于 RGB 颜色空间，采用模式识别方法，通过马氏距离构建模式识别分类器分割小麦和玉米的冠层颜色信息，达到了良好的分割效果。对比前人研究，通过 $R–G$、$G–B$、$(G–B)/(R–G)$、$2G–R–B$、直方图等区分作物与背景的方法，本研究所用的方法在算法效率上有一定的损失，但是精度更高，分割对象更加明确，更有针对性。

在颜色特征选择上，颜色特征的选择往往决定了模型的精度和估测结果的准

确性，单一的颜色特征无法准确地映射作物叶片叶绿素含量对叶片颜色的影响。本研究基于品种差异考虑，选择多个特征向量进行建模，最大限度考虑影响估测模型的因素，建模结果更具应用性。

本研究所设计的基于图像处理技术的大田小麦和玉米营养监测系统的基本原理是：通过对用户上传的大田小麦和玉米叶片图像的分析和处理，提取其所特有的颜色特征，与图像专家知识库中的特征模型进行运算，通过决策支持系统得出诊断结论，最终通过人机接口返回给用户，并给出相对应的营养状况的解决方案。

二、系统设计

（一）系统的三层结构

本系统主要采用 B/S 结构，通过数据层、逻辑层和表现层三层架构对大田小麦和玉米叶片图像进行采集、存储与处理分析，最终为用户提供小麦和玉米的营养状况分析及辅助施肥决策。具体系统结构如图 7-5 所示。

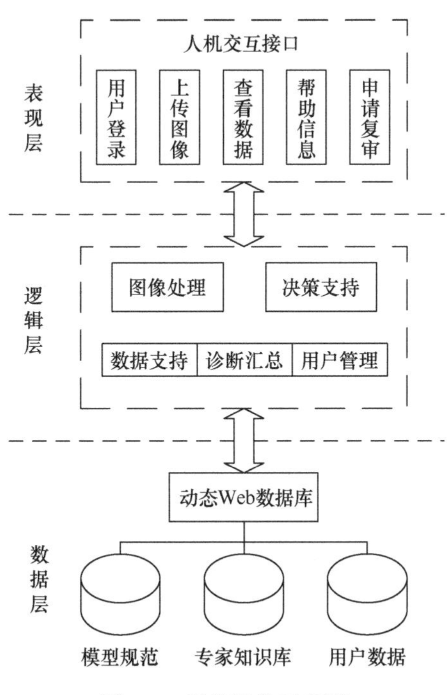

图 7-5　系统架构示意图

数据层位于服务器和数据库端，它存储着系统核心的数据。包括各种用户数据、图像特征模型和相应的辅助施肥决策方案，为图像分析提供支持、为决策提供知识仓库，同时也起到对整个系统的数据支持的作用。作为权威、丰富的专家知识库，提供的信息必须是可以实时更新和检索的，管理员可以在服务器端对特征模型及辅助方案进行不断地修改和补充，使数据的内容和质量得到提高和丰富。

逻辑层是系统主要功能和业务逻辑的核心处理模块。包括的主要功能有图像处理模块和决策支持模块两个主要部分，图像处理模块接受来自人机接口的图像信息，经过图像去噪、分割和形态学处理，提取其颜色特征，并送往决策支持模块，它的核心是提供了相应的图像处理算法，并支持在一定并发条件下的数据实时处理。决策支持模块接收来自图像处理模块的图像特征信息参数，并使用农学数学模型进行计算，最后从专家知识库中提取信息进行对比，对结果自动进行智能分析，从而推断出大田小麦和玉米的营养状况及相对应的辅助施肥方案。业务逻辑方面，逻辑层根据接收到的 Web 服务器的数据请求，对数据库进行响应操作，并将运行结果返回给 Web 服务器，同时处理用户的审核、查询和增删改等命令。

表现层是用户与系统交互的窗口，是用户界面及与用户界面相关联的部分。将大田玉米营养诊断系统以可视化的方式展示给用户，用户可以在表现层进行上传图像、信息管理、申请专家复审等操作，并对系统给出的辅助意见进行查看和评价，同时还可以在界面中查看权限内的帮助信息和农业知识。表现层是系统完整流程和功能的体现，也是系统进行信息传递的人机交互接口。

在本系统中，各个功能模块被抽象成为一个个单独的构件，每个模块对系统的影响通过配置文件来实现。因此，每个核心构件之间的逻辑与代码彻底分离，不但解决了可能出现的代码混乱问题，也为后续的系统维护提供了方便。而采用三层架构设计，使系统具有良好的稳定性和可拓展性，各层之间的依赖性较低，有利于系统的标准化和后期维护。

（二）系统主要流程设计

在大田小麦和玉米营养诊断系统中，用户将图像上传到 Web 服务器并选择上传图像数据中相应的小麦和玉米生长参数，系统将待分析的图像传至农业专家知识库并进行存储。接着，图像处理模块对所上传的图像数据进行图像去噪、分割和形态学处理，然后提取图像中小麦和玉米叶片的颜色特征。至此，图像处理模块分析流程结束，由决策支持模块提取其分析结果，将这些颜色特征与估测模型进行匹配，并进行特征分析，分析结果最终存储至数据库中。最终，决策支持系统给出针对性的施肥意见，用户可以通过 Web 页面访问系统，查看图像的分析结果及针对性意见并申请专家人工审核。农业专家可以通过权限接收数据并给出审核意见供给专家知识库收录，同时将意见返还给用户。其具体的业务流程如图 7-6 所示。

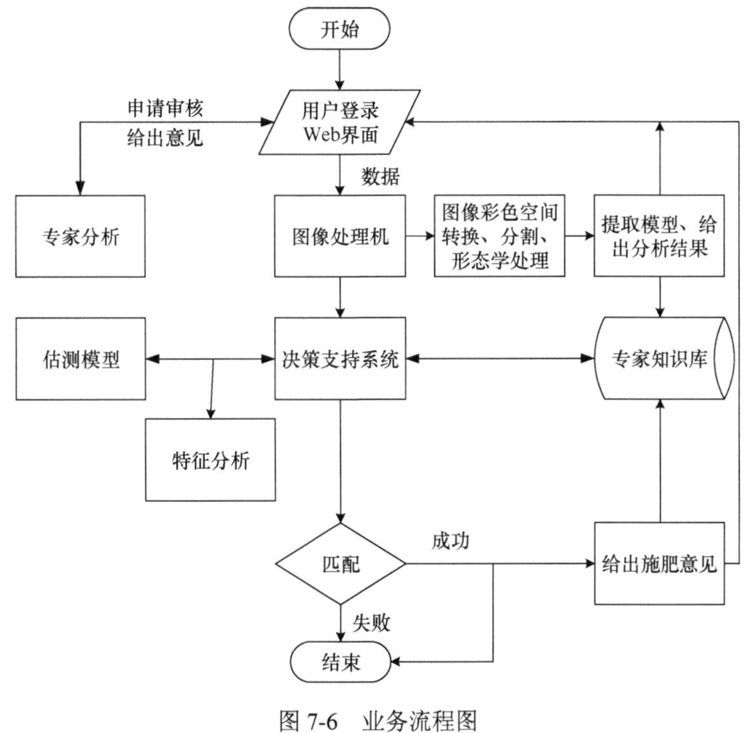

图 7-6　业务流程图

下面以小麦和玉米的营养监测系统为例对上述系统设计进行详细说明。

三、小麦营养监测系统的功能设计与实现

小麦是我国重要的粮食作物，及时监测小麦生长过程中的营养状况并采取适宜的农学措施对确保小麦优质高产意义重大。叶绿素是把光能转化为化学能的重要色素，是衡量小麦营养状况的重要指标，较低的叶绿素浓度会限制作物的光合作用能力。叶片颜色的深浅能够反映叶片中叶绿素的含量和比例，可以作为诊断叶绿素含量的指标。

长期以来，农业专家和种植者常常依靠肉眼对小麦叶色深浅进行评价，这种方法耗时费力，评价结果受观察者经验积累影响，定性且没有量化指标。计算机比人眼对颜色更加敏感，能更早地发现作物由于营养不足表现出的颜色变化。因此，可以以图像处理技术为手段，以小麦叶片颜色特征为指标对小麦的营养状况进行监测。以下就是远程监测小麦营养状况的监测系统。

（一）试验设计

试验于 2012～2013 年在河南农业大学科教园区进行，供试土壤质地为潮

土，供试小麦品种为矮早 8（AZ8）、衡观 35（HG35）、新麦 19（XM19）、偃展 4110（YZ4110）、豫麦 49-198（YM49-198）和郑麦 366（ZM366）。试验所用氮肥为尿素（含 N 量为 46%），设 3 个施氮水平，分别为 N0（不施氮）、N8（纯 N 120kg/hm^2）、N15（纯 N 225kg/hm^2）。试验所用磷肥和钾肥按高产水平的养分要求，分别为过磷酸钙（P_2O_5 含量 14%，120kg/hm^2）和氯化钾（K_2O 含量 60%，120kg/hm^2）。

试验于 10 月 17 日统一播种，行距 0.20m，磷、钾肥作为基肥于播种前一次性施入，氮肥施入按基追比例 50∶50，一半做底肥施入，另一半做追肥在拔节期配合浇水一次性施入。其他栽培措施按大田管理方式统一进行。

1. 小麦群体图像获取

本研究中的图像采集时间为小麦拔节期，均选择光照充沛、晴朗无风的天气于 11:00～14:00 进行拍摄。样本采集日期分别为 3 月 15 日、3 月 22 日、4 月 2 日、4 月 8 日、4 月 15 日、4 月 23 日。

图像采集设备为数码相机，型号为 Canon EOS 5D Mark2，传感器类型为 CMOS，传感器尺寸为全画幅（36mm×24mm），有效像素为 2110 万，图像分辨率为 5616×3744。在进行图像采集时，相机设置为自动对焦，光圈优先，快门速度使用相机默认，关闭内置闪光灯，感光度为相机默认（ISO100～ISO6400），自动白平衡，图像存储格式为 CR2（RAW 格式）。RAW 格式为数码相机传感器捕获图像的原始数字底片，它保留了大部分的图像信息。图像拍摄角度为逆光 45°，可以最大限度避免叶片反射造成的颜色信息丢失。

2. 小麦群体叶绿素状况测定

小麦群体叶绿素状况通过便携式 SPAD-502 型叶绿素仪进行测定。便携式 SPAD-502 型叶绿素仪是日本（Minolta 公司）开发的用于测定作物叶色的仪器，SPAD 读数通常被称为叶色值，常被用于测定活体叶片中的叶绿素相对含量，具有实时性、高效性、便携性、无损监测等特点。大量研究表明，叶片叶绿素含量与叶绿素仪所测定的 SPAD 值有良好的一致性，SPAD 值可以作为作物叶片的叶绿素状况指标。

在使用数码相机采集小麦群体图像时，同时在拍摄区域用叶绿素仪测定相应的小麦叶绿素状况。选取该区域具有代表性的小麦冠层叶片，分别取叶尖、叶中部和叶基部的 SPAD 值，取平均值作为该叶片的叶绿素相对含量。每个区域测定 3 次重复，取平均值作为该区域图片对应的群体叶绿素状况。

（二）小麦叶绿素状况估测模型构建

1. 颜色特征分析

提取对应每幅小麦群体图片的 12 项颜色特征信息。为了建立小麦颜色特征与叶绿素状况的相关模型，选取适当的颜色特征进行建模是必要的。下文分析了每个品种的小麦颜色特征并作对比说明。

表 7-1 给出了对不同品种小麦图像提取的部分颜色特征，分析发现：

（1）归一化颜色分量 r、g 的一阶矩和二阶矩的差异均较小，说明小麦叶片颜色的 r 分量和 g 分量在不同图像中表现出类似的特征。

（2）归一化颜色分量 b 的一阶矩差异小，但二阶矩差异较大，说明小麦叶片颜色的 b 分量在不同的图像中波动剧烈，可以作为区分小麦叶片生长状况的主要参考特征。

（3）原始分量 R、G、B 的二阶矩均较大，说明在不同的图像中其颜色分布跨度大、波动剧烈，光照反射及阴影对图像的影响显著。

（4）对比颜色分量 R、G、B 和归一化颜色分量 r、g、b 发现，归一化之后的颜色分量信息更加稳定，在一定程度上更适合进行叶色诊断。

表 7-1　颜色特征的一阶矩与二阶矩

品种		矮早 8	衡观 35	新麦 19	偃展 4110	豫麦 49-198	郑麦 366
一阶矩	R	102.3321	104.4863	111.6298	108.3558	101.0620	101.5650
	G	121.3335	125.3436	131.1948	131.2830	130.5807	128.3551
	B	69.5502	45.7079	71.7434	48.4127	56.6394	61.5777
二阶矩	SR	33.9900	35.6715	39.9676	34.9118	34.5977	33.8486
	SG	36.0164	40.6754	42.6242	40.6425	42.2252	40.6543
	SB	41.0193	31.8660	48.4644	31.1985	31.3710	28.5359
一阶矩	r	149.0007	155.1448	150.5829	154.5042	146.1783	147.3858
	g	178.5781	188.5716	180.2333	189.0763	189.9663	187.6081
	b	96.9861	64.0100	90.1509	65.3286	80.7041	87.0193
二阶矩	Sr	7.1888	6.4375	7.0386	6.0449	6.8071	5.6680
	Sg	13.0877	6.9458	13.0830	6.7600	9.6534	6.8372
	Sb	35.8221	34.8265	38.4940	32.5281	30.2012	23.3014

2. 预测模型构建

（1）小麦群体颜色特征与叶绿素状况的相关分析

通过分析小麦图像颜色特征与对应叶绿素状况的相关性，如表 7-2 所示，发现相关性在品种间差异较大，主要表现在以下几个方面。

表 7-2 颜色特征与 SPAD 的相关性

颜色特征	矮早 8	衡观 35	新麦 19	偃展 4110	豫麦 49-198	郑麦 366
R	–0.3644	–0.7118	–0.5901	–0.1716	–0.3211	–0.4525
G	–0.6063	–0.7667	–0.6828	–0.1791	–0.0805	–0.4493
B	0.5000	0.0673	0.4360	0.3693	0.6530	0.7008
SR	–0.1177	–0.2790	0.5919	0.3262	0.5879	0.8926
SG	–0.3205	–0.3537	0.5155	0.4093	0.7219	0.8766
SB	–0.3612	–0.0411	0.4817	–0.2881	0.5189	0.8513
r	–0.4633	–0.4499	–0.5139	–0.6329	–0.8442	–0.6934
g	–0.7475	–0.1691	–0.5531	–0.6252	–0.4194	–0.6617
b	0.7607	0.3549	0.5554	0.6580	0.7294	0.7413
Sr	–0.5103	–0.2044	–0.1674	–0.3047	–0.1294	–0.0427
Sg	–0.4324	0.3028	0.5561	–0.1798	0.2140	0.5472
Sb	–0.6976	–0.3267	–0.1457	–0.5416	–0.5291	–0.5404

1）矮早 8、偃展 4110、豫麦 49-198 的归一化颜色特征与叶绿素状况的相关性较好。其中，豫麦 49-198 的 *r*、*b* 颜色特征与叶绿素相关性最好，分别达到了–0.8442 与 0.7294。矮早 8 的 *g*、*b* 颜色特征与叶绿素相关性最好，分别达到了–0.7475 和 0.7607。偃展 4110 的 *r*、*g*、*b* 颜色特征与叶绿素的相关性均较好且相差不大，达到了 0.6 以上。

2）衡观 35、郑麦 366 的原始颜色特征与叶绿素状况相关性较好。其中，郑麦 366 的 *SR*、*SG*、*SB* 颜色特征均与叶绿素状况显著相关，达到了 0.85 以上。衡观 35 的 *R*、*G* 颜色特征与叶绿素状况相关性最好，分别达到了–0.7118 和–0.7667，而其他颜色特征与叶绿素的相关性均较差。

3）新麦 19 的各颜色特征与叶绿素状况的相关性表现较均匀，除了 *Sr*、*Sb* 颜色特征与叶绿素相关性较差以外，其他均较好。

4）除郑麦 366 外，其他品种的一阶矩颜色特征与叶绿素状况的相关性明显优于二阶矩，说明叶绿素状况的变化对小麦颜色的影响主要在各颜色分量总体上的比例，而对各颜色分量自身的波动程度影响不明显。

5）对于所有品种，一阶矩颜色特征的红绿特征（*R*、*G*、*r*、*g*）均与叶绿素状况呈负相关，而蓝色特征（*B*、*b*）与叶绿素状况呈显著正相关，这就说明叶绿素状况的变化对小麦颜色的影响在颜色的分布上偏向于蓝色特征的正向偏移和红绿特征的负向偏移。

另外，颜色特征与叶绿素状况的相关性在不同品种间不一致，可能是由于：

1）小麦叶片颜色分布和偏移的变化，不仅与小麦叶片的氮积累与消耗、叶绿素状况的变化有关，也可能与小麦叶片的其他生理因素相关，这需要进一步的试验验证。

2）不同品种小麦在叶片形态及对光的反射率上有较大差异，从而导致了相同光照条件下图像颜色信息分布上的差异，影响了与叶绿素状况的相关性。

3）本研究的小麦群体图像均在大田开放环境下采集，叶片区域的部分像素的 R、G、B 三个通道均受光照影响而值域变大，归一化后在图像显示上颜色变暗，并在图像分割中被算法抛弃，这是因为在此情况下提取的颜色信息不完备导致的。

总体来说，各品种都有相应的相关性较高的颜色特征，说明叶片叶绿素的积累和转移对叶片颜色的分布和偏移度是有较大影响的，是可以通过颜色特征对小麦的叶绿素状况进行估测的。

（2）小麦群体叶绿素状况估测模型构建

上文分析对比了不同品种小麦图像特征与叶绿素状况的相关性，发现相关性在品种间差异较大，这就需要考虑对不同的小麦品种建立不同的估测模型。本研究单独对每个品种，选取不同的颜色特征建立回归模型。每个品种建模样本图像为 45 幅（每幅图像对应有相应群体 SPAD 值）。

表 7-3 列出了每个品种与小麦群体叶绿素状况相关性较高的颜色特征，以及根据这些特征所建立的相应的回归模型。从表中可以看出，品种矮早 8、新麦 19、豫麦 49-198 和郑麦 366 的估测模型的决定系数均达到了 0.8 以上，特别是豫麦 49-198 和郑麦 366 达到了 0.88 以上，而且 F 统计量也较大，达到了极显著水平，模型精度相对较高。而衡观 35 和偃展 4110 的决定系统较小，模型精度相对较低，但也达到了显著水平。

表 7-3　颜色特征参数与 SPAD（y）的定量关系

品种	特征参数	回归方程	决定系数	F 统计量
矮早 8	g、b	$y=31.8145g+0.3518b-0.0963g^2-0.0028b^2+2564.6877$	0.8439	5.4060^{*}
衡观 35	R、G	$y=0.9443R+1.5976G-0.0060R^2-0.0078G^2-62.7444$	0.6338	5.6253^{**}
新麦 19	R、SR、Sg	$y=-0.3810R+1.7872SR-1.0005Sg+64.7866$	0.8095	7.0839^{*}
偃展 4110	r、g、b、Sb	$y=0.8202r+0.4206g+0.8087b+1.0496Sb-250.7832$	0.5919	1.4504^{*}
豫麦 49-198	r、b、Sb	$y=-1.2859r-0.1259b+0.3663Sb+238.5579$	0.8858	12.9316^{**}
郑麦 366	SR、SG、SB	$y=0.4921SR+0.5651SG+0.6550SB-2.4154$	0.8807	12.3060^{**}

*和**显著性分别为 $P<0.05$ 和 $P<0.01$

3. 模型检验

本研究利用独立的检验样本对上述颜色特征与 SPAD 值的估测方程进行模型检测，采用估测结果的相对误差（RE）、均方根误差（$RMSE$）、精确度（R^2）评定模型的估测能力，每种品种检验样本为 18 个。

表 7-4 列出了每个品种的模型检测情况。结果显示，各模型的估测值与实测值均达极显著相关，其相应的均方根误差小于 4.4，相对误差为 4.72%～14%，其中矮早 8、豫麦 49-198、郑麦 366 的估测模型达到了极显著水平。

表 7-4 颜色特征参数与 SPAD 的回归模型检验

品种	回归模型	相对误差	均方根误差	精确度
矮早 8	$y = 17.1452+0.7467x$	14.00%	1.6392	0.9386**
衡观 35	$y=-0.6409+1.0182x$	4.72%	3.5777	0.6146*
新麦 19	$y=18.6441+0.6534x$	7.63%	3.2270	0.5797*
偃展 4110	$y=17.0051+0.6695x$	6.79%	3.1767	0.7316*
豫麦 49-198	$y=0.7479+0.9768x$	2.86%	1.7873	0.8601**
郑麦 366	$y=0.8791+1.0613x$	7.36%	4.3899	0.6963**

*和**显著性分别为 $P<0.05$ 和 $P<0.01$

综上所述，可以通过上述估测模型对相应品种小麦的叶绿素状况进行估测。通过该模型建立小麦营养状况远程监测系统对小麦的营养状况进行监测与诊断是可行的。

（三）系统功能结构分析与设计

1. 系统功能分析

本研究的目标是通过图像处理技术构建一个小麦营养状况远程监测系统，系统为 B/S（浏览器/服务器）模式设计，主要为实现小麦营养状况的远程监测及用户上传图像的营养诊断。其中，系统中的图像均由网络上传，远程监测中的系统图像为管理员用户上传，用户图像由用户上传。

按用户角色进行功能分析，系统包括系统管理员功能和普通用户功能，如图 7-7 所示。

管理员功能：

（1）用户管理。实现对普通用户的注册审查、新增用户、修改用户信息、删除用户信息等功能。

（2）图像管理。实现对系统图库的管理，包括新增系统图像的上传，已在库的系统图像修改、删除等。

（3）专家意见管理。专家意见模块是对用户进行指导建议的模块，通过该模块，用户可以对上传图像的分析结果做出正确的评价或判断。

普通用户功能：

（1）图像管理。实现用户图像的上传、查看、删除操作，通过图像管理模型，

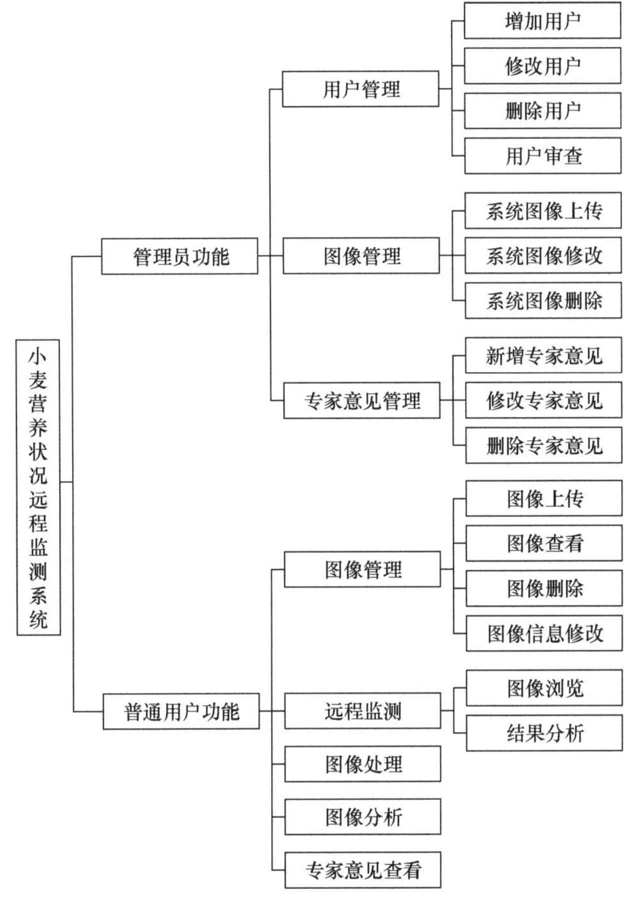

图 7-7　系统功能框架

用户可以上传自己的小麦群体图像以便进行小麦群体营养状况分析。

（2）远程监测。通过该模块，用户可以查看系统图像，以及系统图像的处理结果。

（3）图像分析。用户可以选择自己已上传的图像，并进行分析，以查看图像中小麦群体的营养状况。

（4）专家意见查看。用户可以查看专家意见，以针对自己的小麦生长情况做出及时的处理。

2. 图像处理及分析的业务流程

在监测系统中，图像处理及分析是该系统的核心功能，其业务流程如图 7-8 所示。首先，待分析的图像上传至系统数据库并存储起来。然后，图像处理模块通过数据库读取图像，并通过归一化、分割、去噪等处理，然后提取图像中小麦群体颜色特征。最后，这些颜色特征将与估测模型进行匹配，并进行特征分析，分析结果最终存储至数据库中。至此，图像处理及分析流程结束，用户可以通过Web页面来访问系统，并查看图像的分析结果。

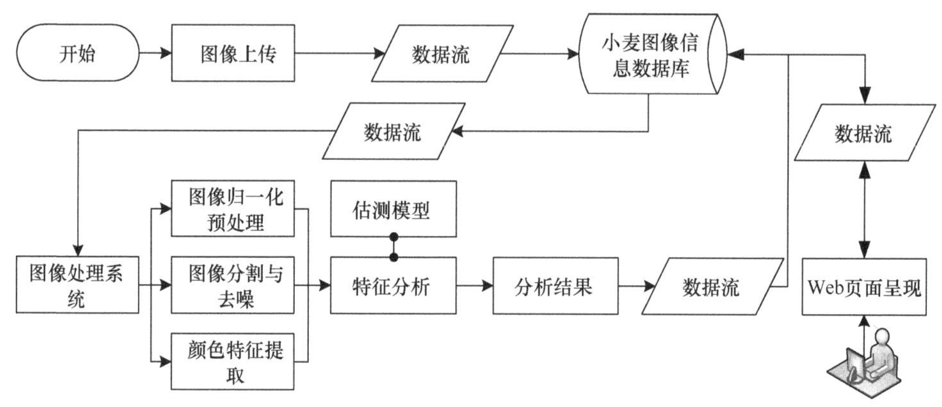

图 7-8 图像处理及分析业务流程

3. 图像处理模块设计

图像处理模块主要实现了从小麦群体图像到小麦颜色特征的转换过程，其详细类图设计见图 7-9。该模块主要部分为小麦图像处理功能类 ImageProcessing，它有三个子功能，包括图像归一化 ImageNormalize、图像分割 ImageSegment 和图像去噪 ImageDenoising，并实现了获取颜色特征的接口 GetColorFeature。该模块还包括了图像信息模型，其包括小麦图像类 WheatModel 和颜色特征类 ColorFeature。该模块的最终返回结果为小麦图像的颜色特征。

4. 特征分析模块设计

通过图像处理模块得到的图像特征信息，需要进行模型匹配并得到最终的小麦生长营养状况，由特征分析模块来实现，其类图设计见图 7-10。

（四）系统数据库设计

一个系统的数据库设计，其根本目的是满足系统的功能需求及达到良好的数据库性能。下文主要说明系统及模型的内部需求表，这些表提供了系统所需数据，保证了系统可以正常运行。

1. 小麦品种表

本系统所构建的小麦生长估测模型有品种要求，针对不同的小麦品种有不同

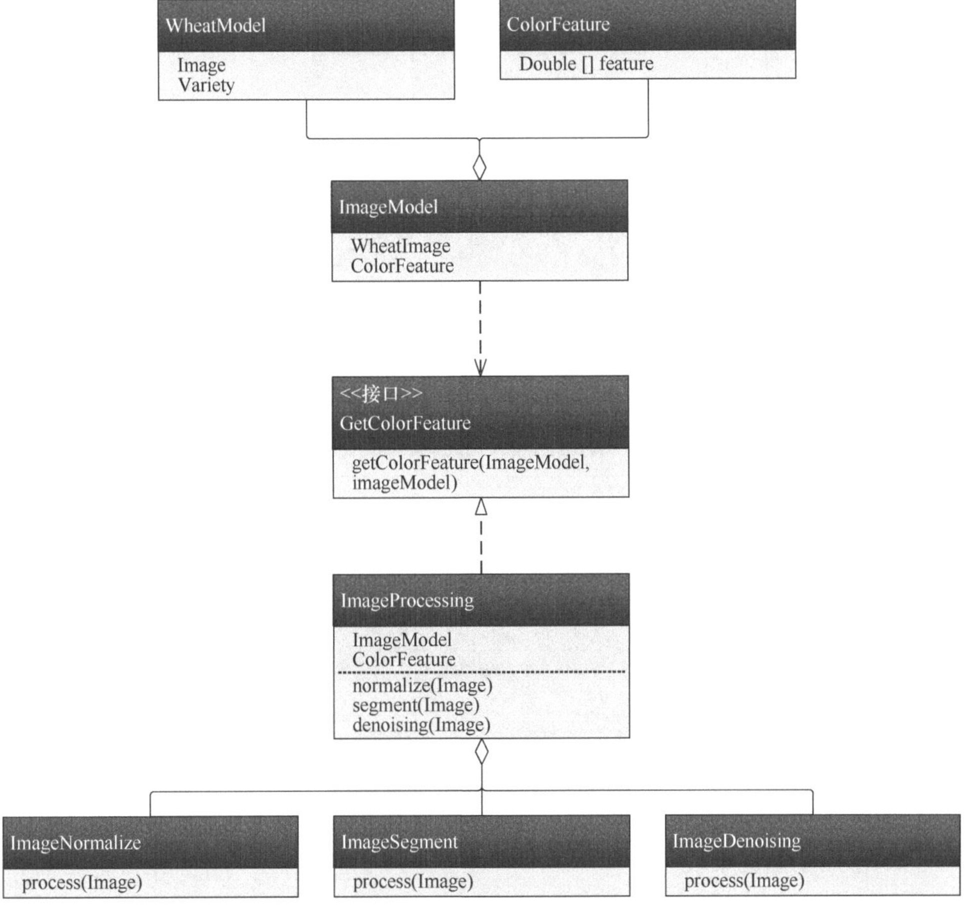

图 7-9　图像处理模块类图设计

的模型，这就需要用户在提供小麦图像数据时要确定小麦的品种。品种管理由管理员进行。

2. 生育时期表

小麦的叶片颜色与营养状况之间的关系，在不同的生育时期有不同的估测模型，用户在使用该系统时提供了图像的拍照时间，系统则通过生育时期表找到对应的生育时期，以选择匹配的估测模型。小麦的生育时期在不同的年份并不一致，表中内容需由管理员进行设置。

3. 系统图像记录表

系统图像记录表记录的是系统内部图像集，其图像是由系统远程捕获或由管理员上传，用户可以通过远程监测功能查看系统图像。

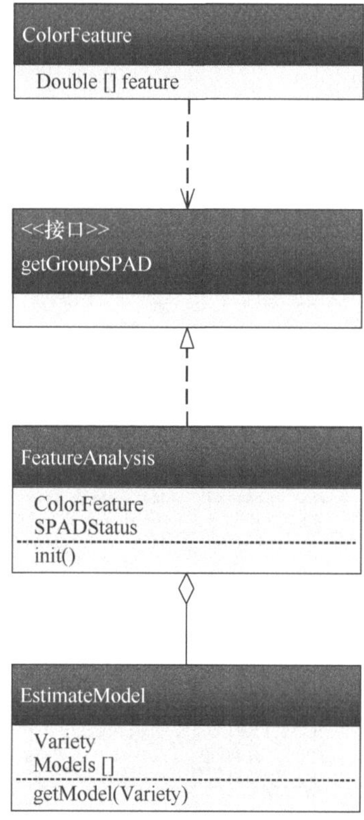

图 7-10　特征分析模块类图设计

4. 用户图像记录表

用户图像记录表为用户图像集，其目的是实现用户上传图像，并在数据库中存储，以待下一步进行分析。

5. 特征参数表

特征参数表存储了系统以及用户的每幅图像的特征参数，是系统图像处理模块的特征提取结果存储表，为图像的特征分析提供基础。

6. 估测模型表

不同的小麦品种图像有不同的估测模型，估测模型表存储了不同品种的小麦的估测模型，其中模型参数字段存储的是模型参数数组转化的字符串。管理员可以通过系统查看、修改模型参数。

另外，其他的数据表还有用户信息表、管理员信息表等，这里不做说明。

（五）系统功能实现

系统按功能模块可以划分为图像管理功能、远程监测功能、图像分析功能等模块。

1. 图像管理功能实现

本研究在进行系统开发时，只设置了一个用户登录入口，系统根据用户的角色分类进行相应的页面跳转。用户在登录系统后，可以看到系统为用户提供的功能入口，如图 7-11 和图 7-12 所示。系统的图像上传和图像管理集成在一个页面显示。用户可以选择直接通过上传图像功能或者通过导航菜单进入图像管理页面和图像上传页面。图像管理页面和图像上传页面如图 7-13 和图 7-14 所示。

图 7-11　系统登录界面

2. 远程监测功能实现

系统允许用户上传自己的图像，用户也可以查看系统图像，并查看图像的分析结果，系统图像由管理员上传。用户登录系统之后，可以在远程监测页面查看系统图像，以及系统图像的分析结果，如图 7-15 和图 7-16 所示。

3. 图像分析功能实现

用户上传了自己的图像后，可以在图像分析界面选择需要进行分析的图像，

图 7-12　系统功能界面

图 7-13　图像管理页面

小麦营养状况远程监测系统

首页　远程监测　用户图像　图像分析　专家意见　帮助中心　admin　注销

图像管理　图像上传

请选择一张您拍摄的小麦图像进行上传，上传之后您可以进行图像分析。

小麦品种　矮早8

拍摄日期

图像路径　Browse...

上传

提示：系统目前支持图像大小不超过2M，图像格式为JPEG。

系统提示

系统的工作原理

如何使用该系统

如何使用图像分析功能

如何上传图像

如何正确拍摄图像

其它常见问题

©2013 河南农业大学　制作团队　联系我们　意见反馈　帮助中心　中原农村信息港

图 7-14　图像上传页面

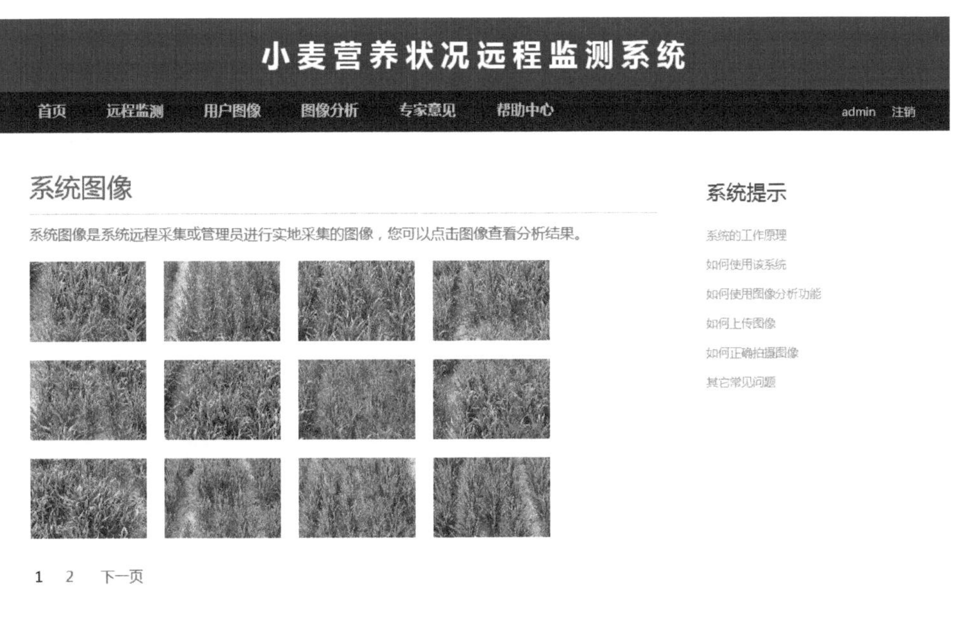

图 7-15　远程监测页面

图 7-16 图像分析结果页面

图像处理、特征提取和特征分析均在服务器端执行，用户将得到小麦营养状况的估测值，如图 7-17 和图 7-18 所示。

图 7-17 用户图像选择页面

图 7-18　用户图像分析结果页面

在建立了小麦图像的颜色特征与小麦群体叶绿素状况的估测模型之后，本研究建立了一个小麦生长营养状况远程监测系统，通过该系统用户可以上传自己的图像，通过系统的模型进行小麦群体叶绿素状况估计，同时也可以查看系统图库的远程图像，以及查看图像对应的小麦群体的叶绿素状况估计，以做对比分析。通过本研究及小麦生长营养状况远程监测系统的设计与实现，可为今后小麦的生长情况判断及农业生产提供指导，为实时无损测量小麦叶绿素状况奠定了基础，也为今后农田实时监测体系提供了技术支撑。

四、玉米营养监测系统的功能设计与实现

玉米是吸氮性作物，氮肥施用的多少对其产量的影响非常大，作物缺少氮肥会影响产量，而过量的氮肥施用并不能大幅提升作物的产量，也会对经济效益和环境造成破坏。所以，对大田生长的玉米植株进行实时的营养监测和施肥决策非常必要，目前对大田生长的玉米植株的氮素营养、各项农学参数及其图像特征之间的研究有很多，以下系统基于图像处理实现的。本系统的功能模块主要包括专业知识整合、智能诊断、用户管理、系统管理、帮助模块 5 个部分。系统的功能模块图如图 7-19 所示。

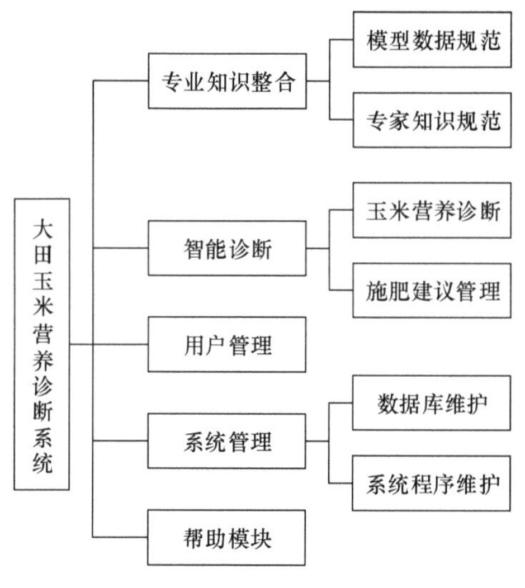

图 7-19 系统功能示意图

（一）系统设计基本模块

1. 专业知识整合

专业知识整合的内容主要包括模型数据规范和专家知识规范。本部分将多种图像模型及所对应的营养状况数据结合起来，与专家施肥决策知识相结合，确定大田玉米图像的营养状况指标。对数据和知识进行规范整合，不仅方便系统对数据进行访问和调取，也方便后期对系统专业知识进行更新和维护。

2. 智能诊断

智能诊断模块是本系统的核心部分，本部分有机结合专家经验及现代农学的研究成果，得到玉米营养状况与叶片图像参数指标之间的规律，并根据该规律对大田玉米叶片图像进行处理和分析。具体过程是，通过对采集的数据进行处理和分析，将玉米叶片图像相关参数信息比对相关知识规范和专家知识，推论得出大田玉米叶片图像的营养诊断结果，给出相应的专家建议、辅助决策施肥方法。

3. 用户管理

本系统用户共分为三种权限：普通用户、专家用户及管理员用户。管理员用户负责对专家用户和普通用户的权限进行分配、对系统和数据进行后期维护。专家用户可以对专家知识库中的数据进行增加或者修改，并且对用户申请的专家审核请求进行浏览和回复。普通用户只可以进行结果查询和浏览，但是不具备编辑或者修改系统相关数据的权限。

（二）系统实现

1. 开发运行环境

系统基于 B/S（浏览器/服务器）模式，遵循 Java EE 技术规范，通过三层 Web 结构设计，以轻量级 SSH 为开发框架，采用 MySQL 为数据库，使用开源的 Apatch Tomcat 6.0 Server 作为 Web 容器，运用 Java 语言进行 Web 程序开发。在图像处理方面，运用了 L*a*b*彩色图像模式、Otsu 最大类间方差法自动阈值分割技术与形态学技术，通过 Matlab 软件进行代码编写，然后通过 Matlab Builder JA 编译并集成到 Java 中，在 Web 系统实现的时候以类的方式调用。

2. 图像处理模块的工作方法建立

图像处理的作用是对系统获取的原始图像进行图像去噪、分割和形态学处理，并对图像进行模型提取。在本系统中，图像处理模块在 Matlab 中实现，然后通过 Matlab Builder JA 编译并集成到系统中。服务器端需要部署 MCR2014（Matlab Compiler Runtime 2014）提供图像处理算法运行时所需的环境。

图像数据在进入图像处理模块时，系统首先判断输入图像是否为彩色图像，判断无误后先将输入的图像转换到 L*a*b*色彩空间，然后利用最大类间方差法进行自适应阈值分割，在分割过后获取结构元并进行一系列形态学处理，最后寻找连通区域并选取处理后图像内最大的连通区域作为叶片区域，并对其余背景区域进行去除，最后对分割完成的图片进行颜色特征的提取，为后续的模型演算做好基础。

3. 决策支持机制的实现

决策支持机制与系统的每个构件相关联，实现了其他各个构件的对接，决定了整个系统的行为模式。它的作用是智能模拟专家为用户提供所需要的数据和信息，帮助用户进行问题的识别，匹配正确的决策模型，查询各种用户所需求的信息，通过人机接口将信息返还给用户，为正确的决策提供必要的支持。它主要包括三个模块：对话模块、数据模块、识别模块。

（1）对话模块的作用是为了能更好地与用户进行交流，接受用户的请求和操作，分析用户的要求和思想，并按照需求进行信息的收集与处理。

（2）数据模块的作用是为了将各个构件送进数据库进行存储，并将存储的数据进行分类管理，并且按照需求从数据库中调取数据。

（3）识别模块的作用是为了实现图像处理并计算出叶片的估测颜色特征值与大田玉米叶片营养估测模型的对接和匹配，对玉米叶片图像的氮素营养状况进行判定。

当决策支持对话模块接收到用户上传图片的请求后，将用户上传的图像数据送到对应的数据模块进行存储和管理，在用户选择一张图片数据进行处理分析的时候，系统从数据库的相应位置调取图片，送入图像处理模块并接收其返还的叶片颜色特征估测值，通过识别模块对该值进行分析，最后通过对话模块返还给用户相应的处理结果及辅助决策意见。

本系统设计了大量的训练集作为数据源，通过训练集处理获得的数据对决策支持机制进行训练，并且通过测试集的审查，保证决策支持机制的稳定性、精准性与可靠性。

4. 系统数据库设计

系统数据库的功能是把大田玉米图像数据、估测模型参数及农业专家意见以一定的模式组织起来，提供知识的存储、维护及数据的检索，可以使系统快捷、实时、精准地从专家知识库中获得所需的专业知识并提供给用户。只有模拟专家逻辑设计的严密性，才能体现营养监测的参考意义，从而实现精密而高效的系统设计。

系统数据库逻辑设计是对数据集合之间的逻辑关系的设计，这些关系需要严格的模板支撑。系统采取了自上而下的分布式数据库设计策略，将图像数据集合、估测模型参数、用户信息、系统处理数据和决策信息等数据分割开来，防止数据发生混乱，满足本系统所针对的目标人群功能需求。

（三）系统应用

目前本研究所展示的系统已经在不断地测试运行和试用当中，如图 7-20 所示是系统的登录界面。

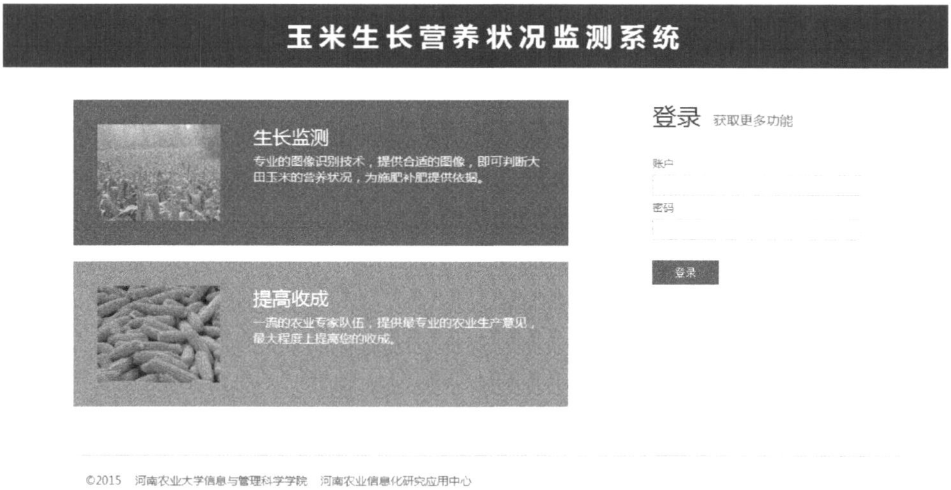

图 7-20　系统登录界面展示

图 7-21 所示为系统的主要功能界面。

图 7-21　系统主要功能页面展示

用户登录后可以上传拍摄的大田玉米叶片图像（图 7-22）并对所有图像进行管理（图 7-23）。

图 7-22　上传图片

图 7-23　图像管理界面

用户可以从上传的所有图像数据中选取一组图片进行分析（图 7-24），由系统进行自动检测后返回给用户处理结果及辅助决策（图 7-25）。

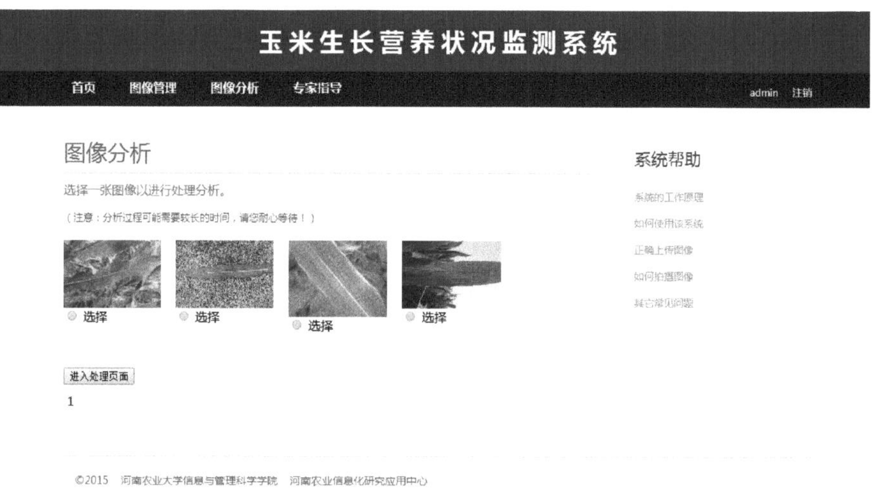

图 7-24　用户图像选择界面

图 7-25　用户图像分析结果页面

除了系统主要的营养检测功能，用户还可以在系统中查询浏览相关的玉米生长专家知识（图 7-26）。

图 7-26　专业农业知识指导

经过多组图片系统结论与实验设计真实数据的对比，发现系统对大田玉米营养状况的检测结果及处理意见与实验设计数据和专家意见基本吻合，由此表明本系统对大田玉米营养状况监测的可靠性基本可以满足应用要求。经多次测试与初步试用结果显示，该系统设计合理，界面操作简单，具有良好的稳定性和实用性，目前正在对系统进行进一步的改进和试应用中。

第四节　基于图像处理的作物植被覆盖度识别

本节内容将以编著者研究内容为例，简要叙述基于图像处理技术的作物长势识别。本研究通过对常见颜色模型进行对比分析，而后选取 HSV 的 H 分量、YCbCr 的 Cr 分量、L*a*b*的 a^*分量、RGB 颜色空间的 $G–R$ 分量，利用 Otsu 分割算法分析海量小麦监控图像，并从分割结果中分析每种彩色分量的分割准确度和标准差。最终得出麦田监控图像分割，L*a*b*颜色模型具有最准确和最稳定的分割结果：对于不同时点的麦田监控图像，图像分割平均准确度超 90%，分割准确度标准差在 0.08 以下。并在上述试验结果基础上进行了麦田监控图像植被覆盖度的计算和初步分析。本节的研究结论将为大田环境下的小麦监控图像分割研究在颜色空间的选择上提供重要依据，为图像处理技术在远程小麦苗情智能分析、农田远程信息化管理（作物长势、农田灌溉、杂草控制等）等应用提供技术支撑。

一、作物植被覆盖度识别技术路线

本研究通过对小麦主要苗期的麦田监控图像进行收集整理（500 余幅），并在其中人工挑选清晰度高、光照度良好，能够代表小麦苗期生长情况的监控图像作为下一步研究对象，并对图像进行预处理，而后在不同颜色空间下对图像进行阈值分割，最后对分割结果进行量化评估、统计分析，得出在大田环境下麦田监控图像最优分割结果，并在此基础上进行麦田植被覆盖度的估算及分析，本节研究技术路线见图 7-27。

二、图像采集

本研究在河南农业大学毛庄 500 亩实验农场中选择部分试验田（小麦品种为矮抗 58），采用多路 IP 监控摄像头对试验田进行图像数据采集［摄像头的拍摄角度与地面垂直，每小时采集一幅图像（7:00～18:00），夜间不采集，见图 7-28］，并通过网络硬盘录像机 NVR 对图像数据进行转码储存。采集图像格式为 JPEG，分辨率为 1280×1024。 而后由数据处理终端（PC）对图像数据进行处理，对麦田苗情信息进行提取和识别。

研究采用的监控图像包括了 2013 年 11 月到 2014 年 3 月的苗期（主要是越冬前期、 返青期的幼苗）小麦监控图像数据，期间共收集了 500 余幅图像，最终人

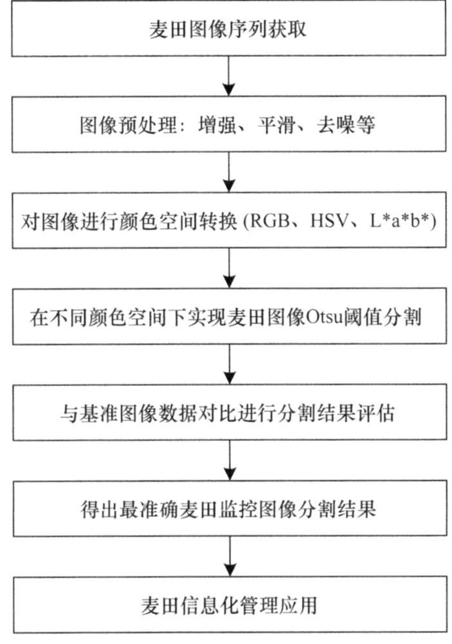

图 7-27　植被覆盖度识别技术路线

工选取了其中能够涵盖不同时间点和小麦不同生长阶段的 50 幅图像作为研究对象（删除了光照强度过大或过小、极端天气下无法看清、植被被雪覆盖等情况下无法获取有效信息的监控图像，保留了亮度适中、清晰度较好的监控图像见图 7-28）。监控图像包含了小麦的完整苗期，是大田小麦生长情况的真实记录，具备一定的研究价值。

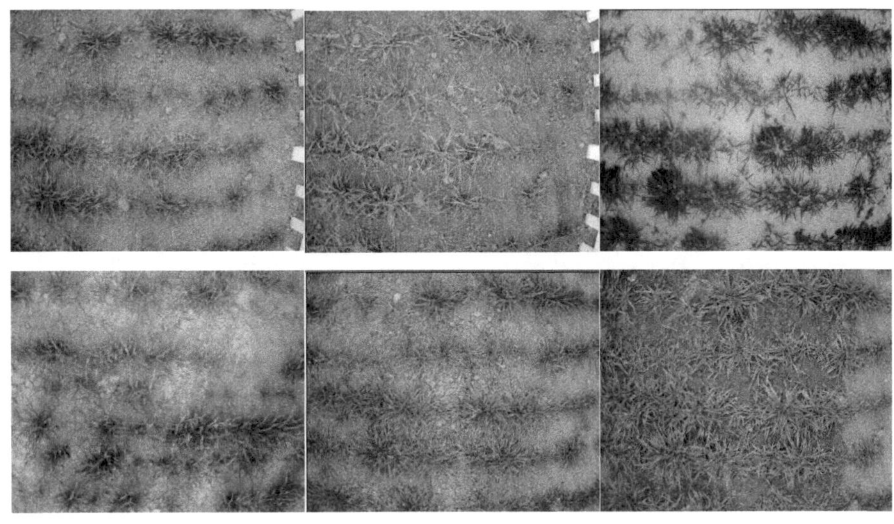

(a) 人工筛选保留图像

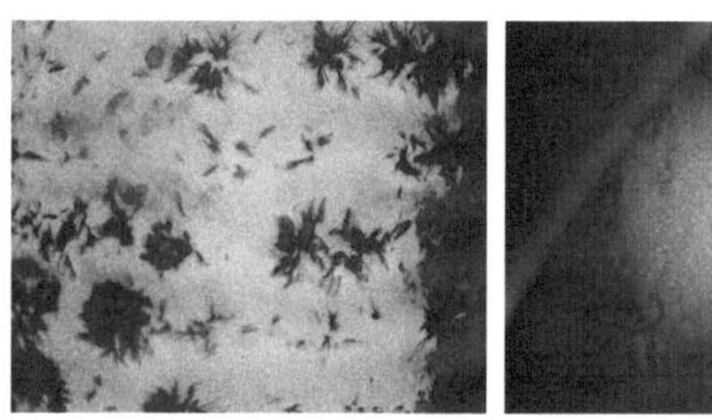

(b) 人工删除图像

图 7-28　麦田监控图像示例（彩图请扫封底二维码）

三、图像颜色空间转换

通过对几种常见的颜色模型（RGB、L*a*b*、YCbCr、HSV）的各单通道图像与直方图（图 7-29）情况进行初步分析可以明显看出，L*a*b*的 a^*分量，YCbCr

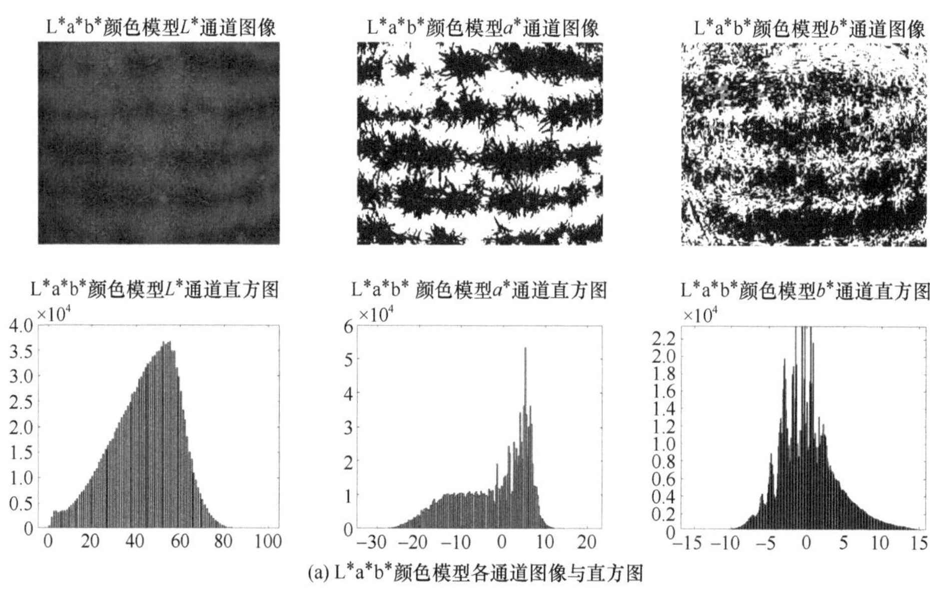

(a) L*a*b*颜色模型各通道图像与直方图

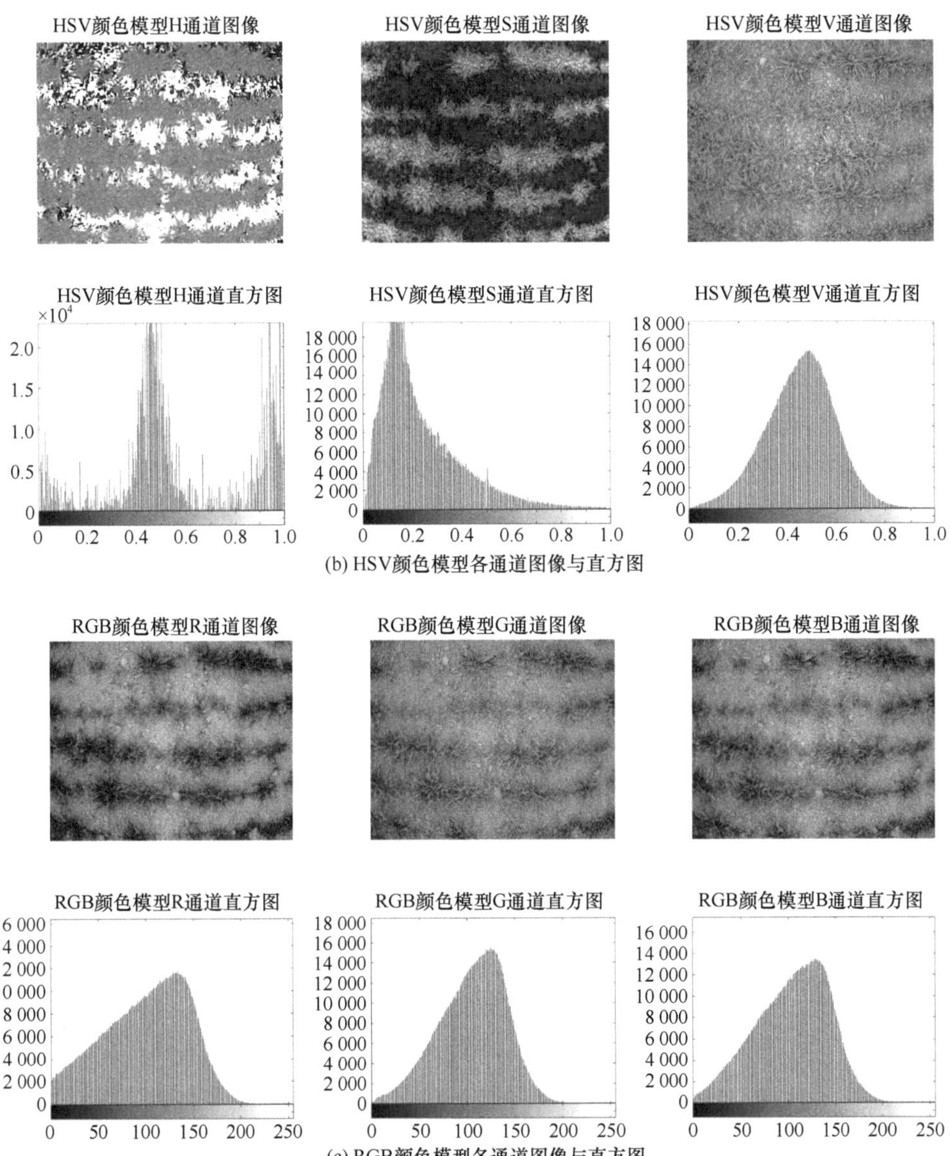

(b) HSV颜色模型各通道图像与直方图

(c) RGB颜色模型各通道图像与直方图

图 7-29　麦田监控图像下 3 种常见颜色空间各通道图像与直方图

从上到下依次为 L*a*b*、HSV、RGB/*G*–*R*

的 *Cr* 分量，HSV 的 *H* 分量、RGB 的 *G* 与 *R* 的减运算分量的直方图有明显的双峰，而这些颜色空间的其他分量均为单峰，无法区分，很难进行阈值分割，因此在下面的图像分割实验中，把 L*a*b*的 *a**分量、YCbCr 的 *Cr* 分量、HSV 的 *H* 分量、RGB 的 *G* 与 *R* 的减运算量图像作为进一步图像分割研究的对象。

四、图像分割

由于阈值处理比较直观，图像阈值化分割在图像分割应用中处于重要位置，是最常见的一种分割方法。该方法可以极大地压缩数据量，而且实现起来方法简单、计算量小、性能较为稳定，在实际应用中，是最常选择、应用最为广泛的一种方法。该方法的难点在于如何选择一个合适的阈值实现较好的分割。考虑到以后大田环境下的应用，对时间和稳定性等方面的要求，本研究采用此方法进行图像分割操作。

为了进行各颜色模型下图像分割效果的最优对比，本试验进行图像分割时，把不同颜色空间下分量取值范围进行 256 份均分，作为图像分割的阈值选择，即每幅图都进行 256 个不同阈值的选择。试验中对不同的分割阈值都进行相应的图像分割，从这些结果中选取最佳分割效果作为试验数据与其他颜色空间进行分析对比。例如，L*a*b*的 *a**分量的取值范围为 0～255，阈值范围也为 0～255，如果在某幅图像阈值为 120 时，分割效果最好，这个分割效果即为该幅图 L*a*b*颜色空间 *a**分量的有效分割数据。各颜色空间分量阈值取值范围见表 7-5。

表 7-5　各颜色空间分量阈值取值范围

颜色空间分量	L*a*b*的 *a**分量	HSV 的 *H* 分量	YCbCr 的 *Cr* 分量	RGB 的 *G* 与 *R* 的减运算量
阈值范围	0～255	0，1/255，2/255，…，1	0～255	0～255

分割效果的评价一般采用分割准确度和不同情况下图像分割的准确度稳定性进行评价，因此本研究通过对机器分割图与人工手动处理的基准分割图进行比较（图 7-29），根据式（7-21）分别求出相应的分割准确度（segmentation accuracy，SA）和准确度标准差（∂），进行分割效果的量化评估。

$$SA = \frac{\left|F_o \bigcap F_r\right|}{\left|F_o \bigcup F_r\right|} \tag{7-21}$$

式中，F_o 为人工分割图中植被目标的像素数；F_r 为分割算法中植被目标的像素数；SA 为准确度。SA 值越大说明分割效果越好。式中的分子代表机器分割出的目标像素与人工分割目标像素的交集，分母代表机器分割出的目标像素与人工分割目标像素的并集，既考虑到植被正确分割的情况，又考虑到植被外分割错误的情况，对分割目标的准确性评价效果较好（图 7-30）。此公式下，分割结果最差的时候，即算法分割图中植被区域像素为 0，也就是 F_r 为 0，那么式（7-21）中的分子也为 0，SA（分割准确度）得 0；最优的情况，即如果机器分割出的目标像素与人工分割目标像素达到 100%匹配，即算法分割图中植被区域像素数 F_r 与人工分割图中植被目标像素数 F_o 完全一致，那么式（7-21）的分子与分母一致，也就

是 SA（分割准确度）的值为 100%。

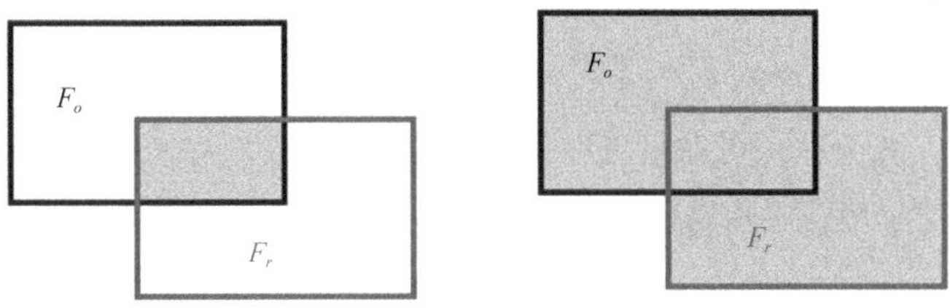

图 7-30　分别为 $F_o \bigcap F_r$ 区域和 $F_o \bigcup F_r$ 区域展示（图中灰色部分）

人工分割图说明：在人工选取试验所需的麦田监控图像后，需要借助相应的图像处理工具（本试验中采用 Adobe 公司的 Photoshop CS4）对选出的所有图像（本试验选取 34 张）进行绿色植被的人工分割（图 7-31），以便作为下面不同颜色空间下计算机自动分割效果评价的参考依据。人工分割图时，在制作过程中一方面为了保证所有参考图像的制作标准统一，分割工作均由一人完成；另一方面由于监控图像本身非高清，为了实现人工标准图的尽量高标准，人工分割时在处理麦苗和杂草边缘细节时非常耗时，34 幅人工分割图的制作时间超过 150h。

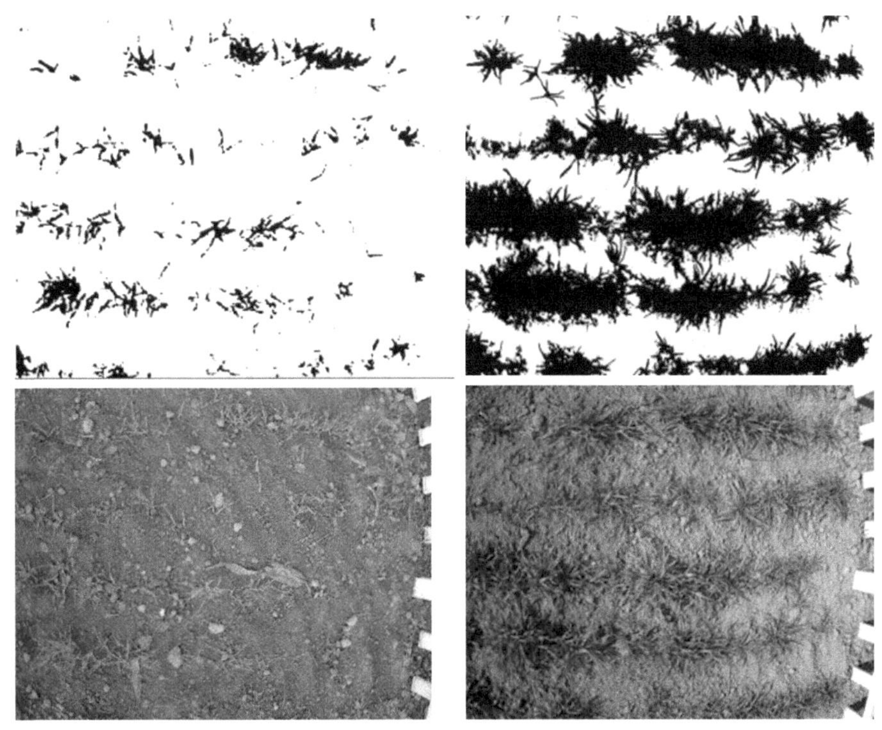

图 7-31　人工手动分割图与麦田原图（彩图请扫封底二维码）

$$\partial = \sqrt{\frac{1}{N}\sum_{i=1}^{N}\left(MSA_i - MSA\right)^2} \tag{7-22}$$

式中，i 为分割图像的序列号；N 为进行图像分割的图像总数；MSA 为某一颜色空间分量下所有 N 张分割图像的最佳准确度的均值；MSA_i 为这一颜色空间下第 i 张图像分割的最佳准确度；∂ 即为这一颜色空间下所有处理图像最佳准确度的标准差。

五、结果分析

本研究的最终目的是通过对不同颜色模型下图像分割的效果进行对比分析，从中找到麦田监控图像分割的最优颜色空间选择。所以，图像分割效果的评价是关键问题，一般图像分割效果的评价主要从分割的准确度和分割效果的稳定性两个方面来分析，因此本研究分别利用不同颜色空间下图像分割的数据信息结果，通过准确度 SA［式（7-21）］和准确度的标准差［式（7-22）］对分割的准确度和稳定性分别进行评估，以便进行自然环境下麦田监控图像分割的最佳颜色空间选择。

实验程序使用 Matlab R2015b 编写开发，使用的计算机配置为 Intel i5 处理器，Dual-Core CPU E6600 @ 3.06GHz；8GB 内存。

（一）分割准确度

不同监控图像在不同阈值下的准确度结果数据见图 7-32 至图 7-34，图中分别展示了 34 幅图像在不同颜色空间各个分量图进行阈值分割之后，准确度和不同阈值间对应的关系点云图；图 7-32 表示的是 L*a*b*下 34 幅图像与其对应的最佳分

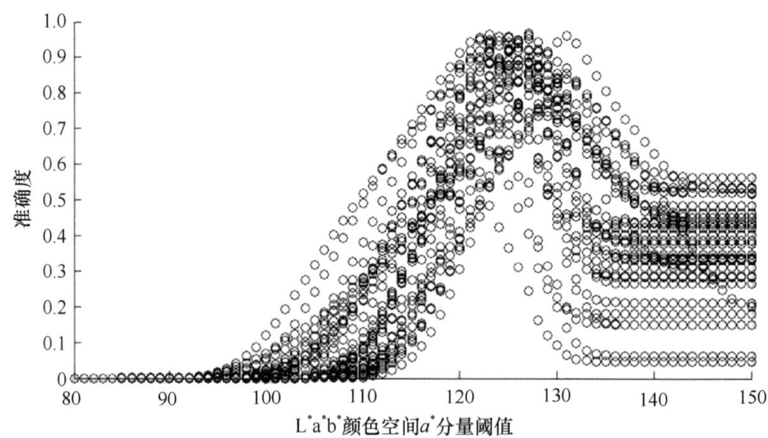

图 7-32　34 幅麦田监控图像 L*a*b*颜色空间 a*分量分割准确度图

割准确度关系图，从中可以看出 L*a*b*对所有 34 幅图像分割的平均最佳准确度达到近90%，较其他颜色空间高出5～10个百分点，然后依次为RGB颜色模型 *G–R* 量的 85.49%、YCbCr 颜色模型 *Cr* 分量的 83.73%、HSV 颜色模型 *H* 分量的 70.24%。不同颜色空间分量下的分割最佳效果实例见图 7-35。

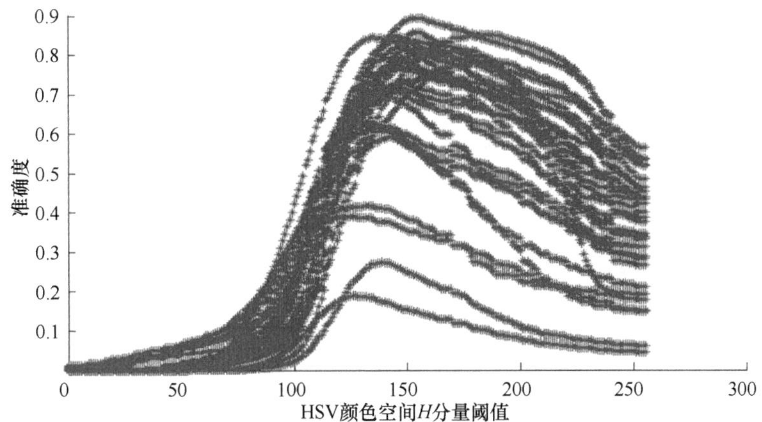

图 7-33 麦田监控图像 HSV 颜色空间 *H* 分量分割准确度图

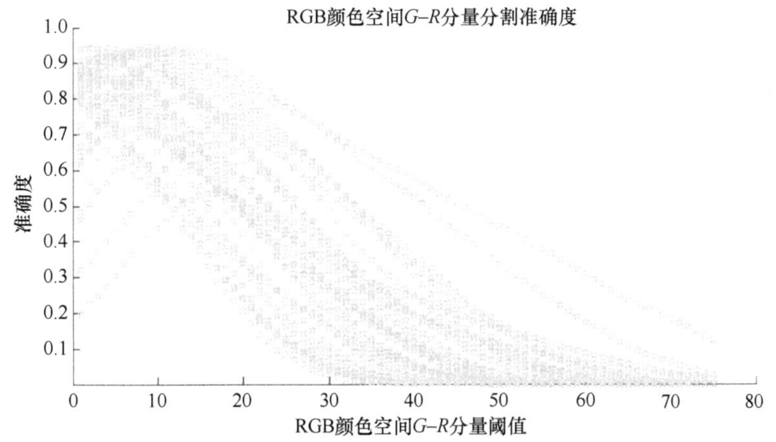

图 7-34 麦田监控图像 RGB 颜色空间 *G–R* 分量分割准确度图

图 7-32 中，纵轴代表图像分割的准确度，横轴代表分割图像时 *a**分量选择的不同阈值，从图中可以看出，在所有的 34 幅图像中每张图像分割的最佳准确度均出现在 *a**值为 120～130 区域内，其中最高值为 0.9646、最低值为 0.5802，图中当阈值小于 110 或大于 135 时，图像分割出现全黑或全白的情况，分割结果无参考价值。

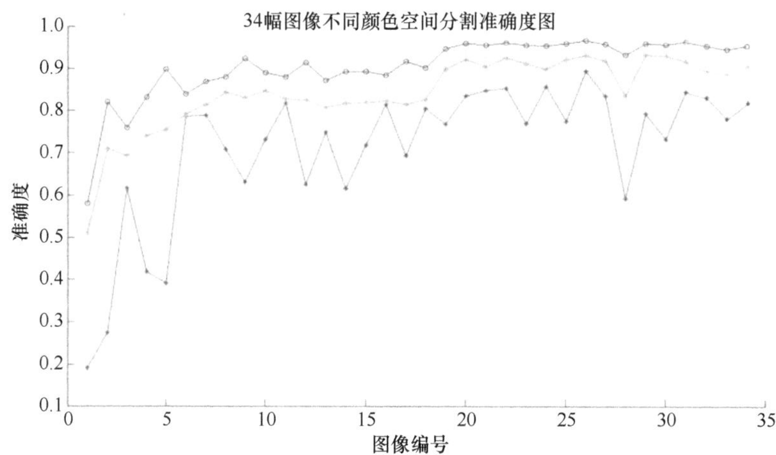

图 7-35 麦田监控图像不同颜色空间分割最佳准确度对比图（彩图请扫封底二维码）
黑色○代表 L*a*b*颜色空间，红色*代表 HSV 颜色空间，绿色+代表 YCbCr 颜色空间，黄色★代表 RGB 颜色空间

图 7-33 中，纵轴代表图像分割的准确度，横轴代表分割图像时 *H* 分量选择的不同阈值，由于 HSV 中 *H* 取值范围为 0～1，所以在图中 *H* 阈值取值进行了 255 倍放大，如阈值 50 代表 50/255，在所有的 34 幅图像中每幅图像的分割最佳准确度均出现在阈值为 110～150 的区域内，其中最高值为 0.8454、最低值为 0.1904。另外从图中可以看出此种空间分量下，不同图像的分割准确度有较大差异。

图 7-34 中，纵轴代表图像分割的准确度，横轴代表分割图像时 *G–R* 量选择的不同阈值，在所有的 34 幅图像中每幅图像的分割最佳准确度均出现在 *G–R* 值为 0～20 的区域内，其中最高值为 0.948、最低值为 0.5362，图中当阈值大于 30 时，图像分割出现全白的情况，分割结果无参考价值。

图 7-35 中，纵轴代表图像分割的准确度，横轴代表不同分割的对象，即监控图像（横坐标 1～34 分别代表按时间先后顺序选取的不同时期的 34 幅小麦监控图像），黑色○代表 L*a*b*颜色模型 *a**分量在 0～255 不同阈值分割的最佳准确度，红色*代表 HSV 颜色模型 *H* 分量在 0～1 不同阈值分割的最佳准确度，绿色+代表 YCbCr 颜色空间 *Cr* 分量在 0～255 不同阈值分割的最佳准确度，黄色★代表 RGB 颜色模型 *G* 分量和 *R* 分量做减运算量在 0～255 不同阈值分割的最佳准确度。从图中可以得出：

（1）不同颜色分量下 34 幅图像分割的平均最佳准确度分别为，*a**为 0.8997，*H* 为 0.7024，*Cr* 为 0.8373，*R–G* 为 0.8549。

（2）从图 7-36 中可以初步看出，L*a*b*的 *a**、RGB 的 *G–R*、YCbCr 的 *Cr* 等彩色空间分量的分割准确度稳定性较好，HSV 的 *H* 分量的分割稳定性最差。

(a) L*a*b*-a^*分割效果　(b) G–R分割效果

(c) YCbCr-Cr分量分割效果　(d) HSV-H分量分割效果图

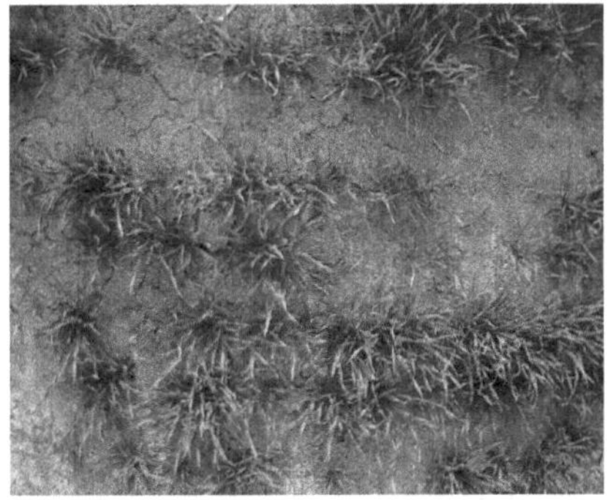

(e) 麦田监控图像原图

图 7-36 不同颜色空间下的最佳分割效果图像实例对比（彩图请扫封底二维码）

（二）准确度标准差

如表 7-6 所示，可以看到不同颜色模型下在 34 幅麦田监控图像分割效果的最佳准确度标准差的对比中，L*a*b*颜色空间的表现最为突出。从表 7-6 中可以看出 4 种颜色空间下 34 幅图像的最佳准确度标准差分别为，L*a*b*为 0.0767、HSV 为 0.1705、YCbCr 为 0.0889、RGB 为 0.0874。

表 7-6 不同颜色分量下 34 幅图像最佳准确度均值与标准差

颜色空间分量	L*a*b*的 a^*分量	HSV 的 H 分量	YCbCr 的 Cr 分量	RGB 的 G 与 R 的减运算量
34 幅试验图像最佳准确度平均值	0.8997	0.7024	0.8373	0.8549
准确度标准差	0.0767	0.1705	0.0889	0.0874

表 7-6 中，准确度［式（7-21）］平均值为每个颜色空间分量下，34 幅麦田监控图像中每个图像在不同阈值下获得的最佳准确度求和后取的平均值；准确度标准差数值的取得详见式（7-22）。

第五节　小麦病害检测与防灾减灾系统

小麦病害检测是针对小麦病害频繁发生、造成较大经济损失的问题，通过实时采集的图片结合农业专家知识系统分析小麦是否发生病害。小麦防灾减灾系统，以物联网大田监控系统数据为基础，融合作物生长相关的农业专家知识，判定农作物生长时期是否发生重大灾害，给出及时诊断和防灾减灾措施，为农作物稳产高产提供技术支持。

一、小麦病害检测系统

（一）材料来源和小麦叶部病害图像增强处理

以河南农业大学科教示范园区、滑县试验园区田间种植的冬小麦作为研究材料，选取其中感染白粉病、叶枯病的叶片及同一时期正常叶片为研究对象，采样时间为 2013 年 5 月 10～17 日，样本数量约 270 张，其中，正常叶片 12 张，叶枯病叶片约 160 张，白粉病叶片约 100 张。

采集样本设计方案：采用 Canon EOS 5D Mark Ⅱ型号数码相机拍摄，图片保存格式为 CR2、JPG；在采集过程中选用三角支架固定相同高度，以保证所采集的样本处在一致的客观环境中，同时为了减少采样时间、光照及天气因素引起的误差，在采集过程中避免阳光直射，均在阴影处拍照；以黑色底板作为拍照背景，2cm×2cm 的白色卡片作为参照物，方便采样及后期处理；采集不同叶位的正常叶片，避免叶片各参数值相似度太高，缺乏普适性；对于病害叶片的采集，尽量选取不同受害程度的叶片，且叶片没有大面积枯萎。此外，选取大量网上相关图片，做对比检测。样本测量的参数指标包括叶片的叶长、叶宽、叶面积；病斑的面积、周长、最大弦、最小弦等。本节的主要技术路线如图 7-37 所示。

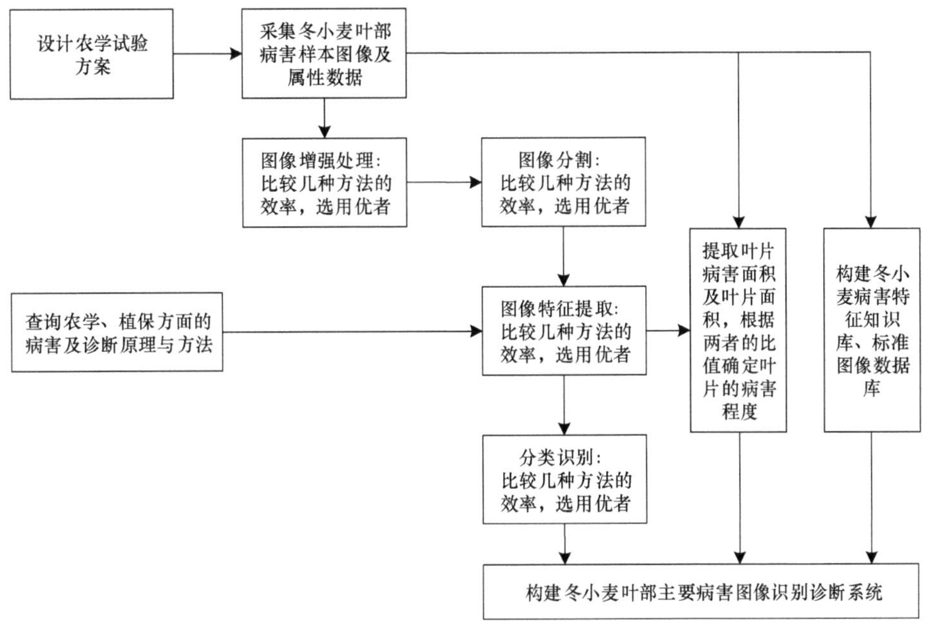

图 7-37　主要技术路线

1. 直方图均衡化

直方图均衡化是最常见的间接对比度增强方法，通过使用累积函数对灰度值进行“调整”，产生具有均匀概率密度的灰度图像，扩展了像素灰度值的动态范围，以达到增强局部对比度而不影响整体对比度的效果。

一幅数字图像有 L 个灰度级，令 $P_\gamma\left(\gamma_j\right), j=1,2,\cdots,L$ ，L 表示与给定图像的灰度级的概率密度函数，则均衡化变换为

$$s_k=T\left(\gamma_k\right)=\sum_{j=1}^{k}P_\gamma\left(\gamma_j\right)=\sum_{j=1}^{k}\frac{n_j}{n},k=1,2,\cdots,L \tag{7-23}$$

式中，γ_k 为输入图像中的亮度值；s_k 为输出图像中的亮度值；n 为图像中像素的总和；n_j 为当前灰度级的像素个数。

2. 维纳滤波

维纳滤波是一种线性滤波方法，实现从噪声中提取有用信号，其最佳与最优是以最小均方误差为准则，即寻找一个使统计误差函数 $e^2=E\left\{\left(f-\widehat{f}\right)^2\right\}$ 最小的估计 $\widehat{f}$ ，式中，E 为期望值操作符；f 为图像中的有用信息；$\widehat{f}$ 则为提取 f 的估计值；e 为它们之间的误差。

假设一个样本响应为$h(n)$，输入一个随机信号$x(n)$［包含噪声和有用信号$s(n)$］，则输出估计信号$y(n)$为

$$y(n)=x(n)\times h(n)=\sum_{m=-\infty}^{+\infty}h(m)x(n-m) \tag{7-24}$$

通常希望$y(n)$尽可能接近$s(n)$，通过公式变换维纳-霍夫方程可写成：

$$P^T=h^T R \text{ 或 } P=Rh \tag{7-25}$$

式中，$P=E\left[x(n)s(n)\right], R=E\left[x(n)x^T(n)\right]$；求解得到$h_{\text{opt}}=R^{-1}P$，其中opt表示“最佳”。

3. 中值滤波

中值滤波是一种非线性滤波方式，可以在消除噪声影响的同时保留需要的图像结构，基本思想是将每个像素的值由其邻域$n\times n$个像素的中间值来赋予，即中值滤波的输出公式可写为

$$g_{\text{median}}(x,y)=\underset{(s,t)\in N(x,y)}{\text{median}}\left[f(s,t)\right] \tag{7-26}$$

式中，$f(s,t)$为邻域各像素的值（图7-38中以3×3为例的$S_1:S_8$）；$g_{\text{median}}(x,y)$为中心坐标(x,y)的像素值（图 7-38 中的S_0），对$f(s,t)$进行从小到大的排列，选取中间值赋给$g_{\text{median}}(x,y)$。

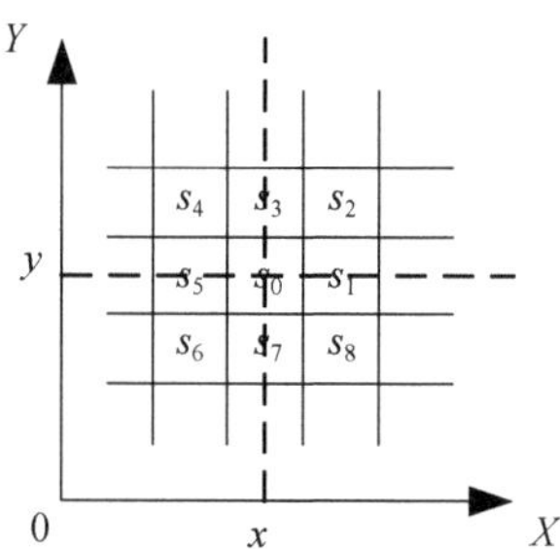

图 7-38　以 3×3 为例的滤波处理示意图

中值滤波的处理效果不仅与$n\times n$的大小选取有关，也与参与运算的像素数目有关。当使用给定尺寸时，可以选取其中一部分像素进行排列计算以减少计算量。

4. 增强效果比较分析

本节随机选取 20 张白粉病样本图像，采用 Matlab 图像处理工具对上述 3 种方法进行算法实现，在此仅展示一张样本图像I（图 7-39）。

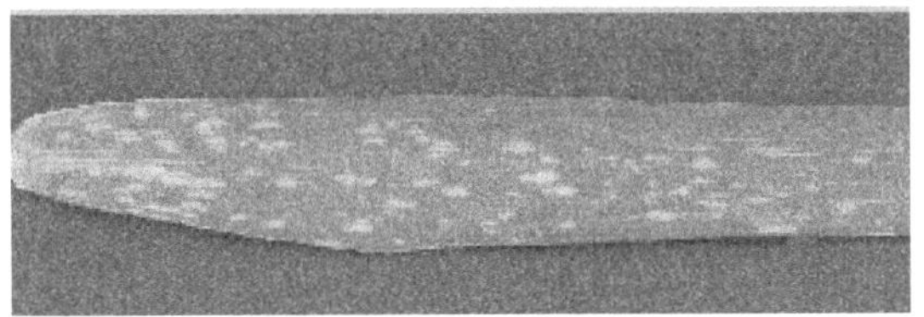

图 7-39　白粉病样本图像（彩图请扫封底二维码）

（1）直方图均衡化的实现

直方图均衡化如图 7-40 所示，由工具箱中的 histeq( ) 函数实现，语法为 $g = \mathrm{histeq}(f, nlev)$，其中 $nlev$ 为输出图像指定的灰度级数，且 f 、g 分别表示输入的灰度图像和输出的灰度图像。

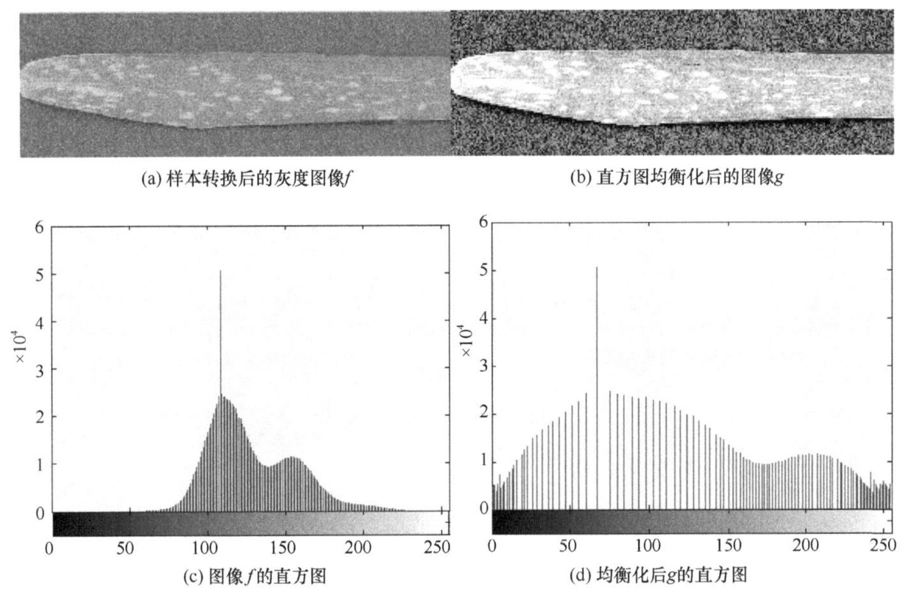

(a) 样本转换后的灰度图像f　　(b) 直方图均衡化后的图像g

(c) 图像f的直方图　　(d) 均衡化后g的直方图

图 7-40　直方图均衡化处理效果

（2）维纳滤波的实现

维纳滤波是使用 wiener2( ) 函数来实现的，语法为 $g = \mathrm{wiener2}(f, [m, n])$，其中数组 $[m, n]$ 为指定滤波器窗口的大小，采用默认值 3×3 。

（3）中值滤波的实现。

中值滤波可以使用 medfilt2( ) 函数来实现，语法为 $g = \mathrm{medfilt2}(f, [m, n], padopt)$，其中，数组 $[m, n]$ 采用 3×3 的领域计算中值，$padopt$ 指定 “zeros”（默认值 0）来填充输入图像的边界。

对上述 3 种算法分析发现：直方图均衡化后的图像亮度明显比原始图像高，增加了图像的对比度，但是在采集的病斑图像处理方面效果不佳；而经过滤波处理的 2 幅图像可以更好地保留图像的边缘和细节信息，使得图像中的病斑信息更趋于清晰，取得了较满意的结果，其中，维纳滤波在大多数情况下都可以获得较好的结果，如图 7-41 所示，尤其是含有白噪声的图像，但是在信噪比比较低的情况下效果不佳，如图 7-41 所示，而中值滤波运算简单，如图 7-42 所示，对椒盐噪声非常有效，如图 7-42 所示。由于滤波效果的评价指标是信噪比大小的比较，且通过运算得出中值滤波信噪比较大，因此结合以上原因最终选用中值滤波对图像进行增强处理。

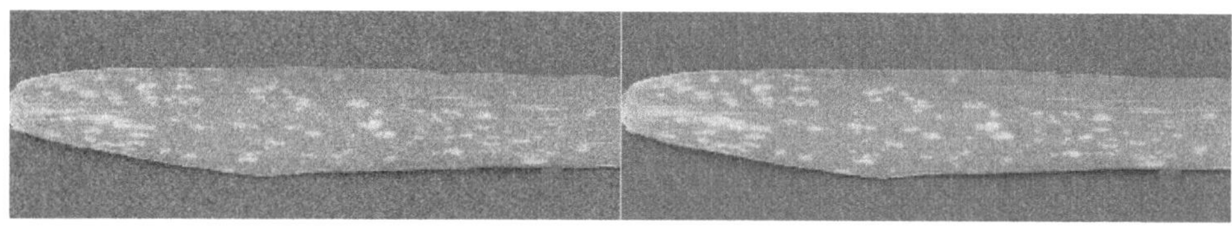

(a) 样本转换后的灰度图像f　　(b) 经维纳滤波处理后的图像g

图 7-41　维纳滤波处理效果

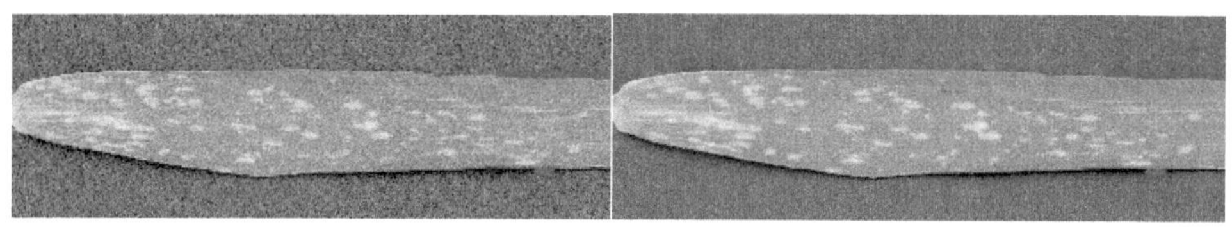

(a) 样本转换后的灰度图像f　　(b) 经中值滤波处理后的图像g

图 7-42　中值滤波处理效果

（二）冬小麦叶部病害图像分析

1. 病害图像分割

（1）阈值化分割法

阈值化分割法是基于假设存在的，设每个区域是由许多灰度值相近的像素构成，物体与背景之间或不同物体之间的灰度值有较明显的差别，此时可以通过取阈值（threshold）来区分。基本原理是先根据一定的规则确定一个处于图像灰度变化范围内的分割阈值T，然后把图像中每个像素的灰度与阈值T相比较，从而将像素分为两类以达到区域分割的目的。

若确定阈值为T，则所有$f(x,y)>T$的像素点称为物体目标点，反之为背景点，若在分割过程中同时进行二值化，则有：

$$f_T(x,y)=\begin{cases}1, f(x,y)\geqslant T\\0, f(x,y)<T\end{cases} \tag{7-27}$$

确定合适的阈值是该分割算法的关键，然而实际采集到的图像由于受各种复杂环境的影响，不一定会呈现出理想状态，因此系统中固定的阈值将无法满足大部分图片，针对这种情况，可在系统中设置一个交互式环境，允许用户使用一个阈值调节滚动条，来改变阈值并同步看到图像的分割情况。

（2）形态学梯度

一幅图像的形态学梯度是由膨胀和腐蚀 2 个基本操作相减得到的，它是检测图像中局部灰度级变化的一种度量，定义为 $g=(f\oplus b)-(f\Theta b)$，式中，$g$ 为形态学梯度；$f\oplus b$ 为灰度膨胀；$f\Theta b$ 为灰度腐蚀。

$f(x,y)$ 是一幅灰度级图像，$b(x,y)$ 为一个结构元，灰度膨胀即 b 在 (x,y) 处时对 f 的膨胀，公式为

$$(f\oplus b)(x,y)=\max\left\{f(x-s,y-t)+b(s,t)\middle|(s,t)\in D_b\right\}\tag{7-28}$$

式中，D_b 为 b 的定义域；同理，灰度腐蚀公式为

$$(f\Theta b)(x,y)=\min\left\{f(x+s,y+t)-b(s,t)\middle|(s,t)\in D_b\right\}\tag{7-29}$$

灰度膨胀是图像 f 中与 b 重合区域的最大值，而灰度腐蚀是图像 f 中与 b 重合区域的最小值。

（3）选取 ROI 分割方法

在 Matlab 中有函数 roipoly( ) 可以用来选取一个感兴趣区域，该函数将产生一个多边形 ROI，语法形式为 $g=\text{roipoly}(f,c,r)$，式中，f 为输入图像；c 和 r 分别为多边形顶点所对应的列和行坐标，而 g 是与 f 大小相同且在感兴趣区域为 1、非感兴趣区域为 0 的二值图像。在应用中为了方便用户的交互式操作，可以指定一个 ROI，语法为 $g=\text{roipoly}(f)$，它将图像 f 显示在屏幕上，由用户用鼠标指定 ROI。

对 ROI 的选取即可获取一个“平均”颜色估值，根据这个估值可以对图像中每一个像素点进行分类，使其在指定范围内有一种颜色或没有。度量方法通常采用欧几里得距离：

$$D(z,m)=\left[(z-m)^T\boldsymbol{C}^{-1}(z-m)\right]^{\frac{1}{2}}\tag{7-30}$$

式中，z 为颜色空间中的任意点；m 为“平均色”列向量；$\boldsymbol{C}$ 为协方差矩阵，此处取单位矩阵为 1。

2. 分割效果比较分析

本节延续中值滤波增强处理后的白粉病样本图像作为输入图像，采用 Matlab

图像处理工具对上述 3 种分割方法进行算法实现，算法中的 k 表示分割处理后输出的图像。

（1）阈值化分割的实现

工具箱提供了一个函数 graythresh( )，该函数使用 Otsu 方法来计算阈值，语法为 $k=\text{graythresh}(g)$，而函数 im2bw( ) 则是将亮度图像 g 转换为二值图像 k，语法为 $k=\text{im2bw}(g)$。阈值化分割效果如图 7-43 所示。

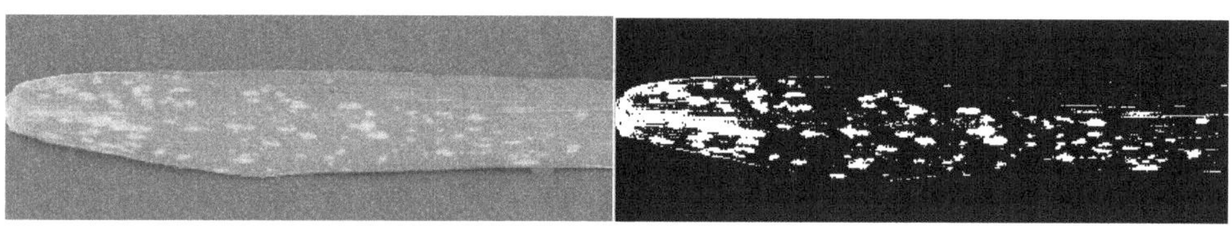

(a) 经中值滤波处理后的图像g　　(b) 经阈值化分割后的图像k

图 7-43　阈值化分割效果

（2）形态学梯度的实现

灰度膨胀和灰度腐蚀在工具箱中可以使用函数 imdilate( ) 和 imerode( ) 来实现，其语法形式分别为 $gd=\text{imdilate}(g,se)$、$ge=\text{imerode}(g,se)$，式中，g 为输入图像，灰度图像的平坦的结构元素可用函数 strel 来创建即 $se=\text{strel}(shape, parameters)$，式中，*shape* 为制定希望形状的字符串，*parameters* 为指定形状信息的一列参数；用膨胀后的图像减去腐蚀过的图像即可产生“形态学梯度”，即 $\text{morph\_grad}=\text{imsubtract}(gd,ge)$。形态学梯度分割效果如图 7-44 所示。

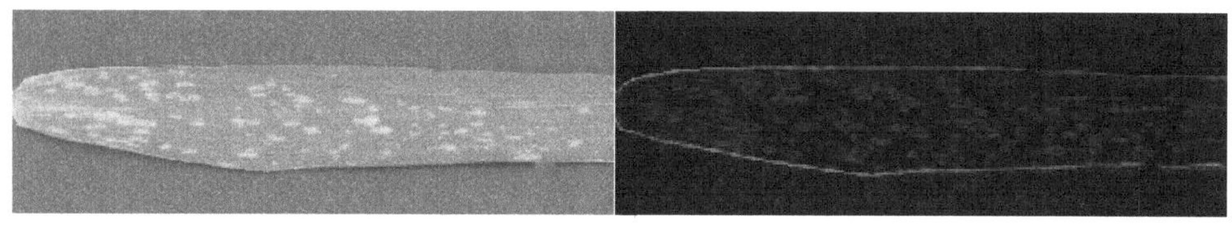

(a) 经中值滤波处理后的图像g　　(b) 经形态学梯度分割后的图像k

图 7-44　形态学梯度分割效果

（3）选取 ROI 分割的实现

分割通过函数 colorseg( ) 来实现，语法为 $g=\text{colorseg}\ (method, f, T, parameters)$，其中，*method* 可以选用“*euclidean*”或“*mahalanobis*”；T 为取值为 50 的阈值；*parameters* 为 m（若 *method* 选用“*euclidean*”）或 m 和 c（若 *method* 选用“*mahalanobis*”）。选取 ROI 分割效果如图 7-45 所示。

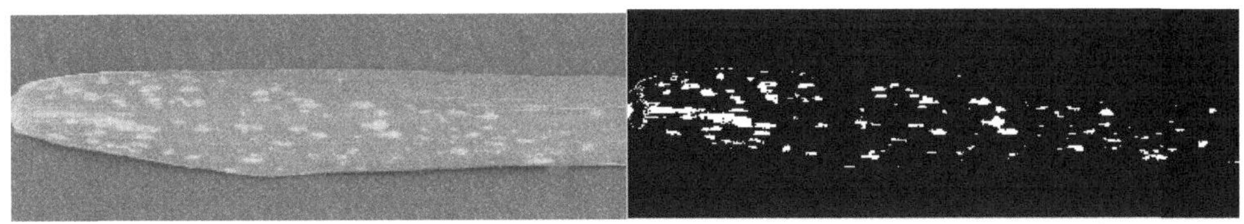

(a) 经中值滤波处理后的图像g　　(b) 选取ROI分割后的图像k

图 7-45　选取 ROI 图像分割效果

通过对上述 3 种分割方法的比较发现：阈值化分割方法具有直观性和易于实现的优点，但较依赖用户的主观评判，且大多数图像的直方图是离散的、不规则的，因此对阈值的选取存在较大分歧，受阈值的影响其分割效果就会千差万别，进而影响最终的识别结果；形态学梯度是基于分析几何形状和结构的数学方法，因此分割效果也会受所选取的结构元素的形状和尺寸影响；选取 ROI 分割方法具有直观性和简单性，用户仅需要用鼠标选取部分病斑作为感兴趣区域，即可自动分割出所有包含病斑特征的部位，实现图像分割，因此在本研究系统研发过程中采用 ROI 分割方法进行病斑图像分割。

（三）病害图像特征提取

若要有效识别病斑，就得寻找能够表达病斑固有属性的特征，即描述病斑特性的参数，所得的参数值组成描述每个对象的特征向量。特征向量是机器识别对象的唯一依据，因此特征向量的选取关系着识别效果的好坏。通常一个物体包含颜色、纹理和形状等特征，下面将从这 3 个方面进行阐述。

1. 颜色特征

RGB 颜色模型是基于三原色（红R、绿G、蓝B）建立起来的，可以通过改变R、G、B的值混合成各种颜色，在色度系统中常用色度坐标（r、g、b）表示，其中，$r=\frac{R}{R+G+B}$，$g=\frac{G}{R+G+B}$，$b=\frac{B}{R+G+B}$，且$r+b+g=1$。

HSI 颜色模型由色调H、饱和度S和强度I描述颜色，更符合人对颜色的描述习惯。当给定一幅 RGB 彩色格式的图像时，每个像素的H、S、I分量均可以通过R、G、B转换得到：

$$H=\begin{cases}\theta, B\leqslant G\\ 360-\theta, B>G\end{cases},\text{其中}\theta=\arccos\left\{\frac{(R-G)+(R-B)}{2\sqrt{\left[(R-G)^2+(R-B)(G-B)\right]}}\right\} \tag{7-31}$$

$$S=1-\frac{3}{R+G+B}\left[\min(R,G,B)\right] \tag{7-32}$$

$$I = \frac{R+G+B}{3} \tag{7-33}$$

2. 形状特征

采用基于区域边界的链码表示来提取形状特征。该链码沿着数字曲线或边界像素以 8 邻接的方式逆时针移动，每个移动方向由数字集$\{i|i=0,1,2,\cdots,7\}$进行编码，表示与X轴正向的 45°夹角i，如图 7-46 所示（以 8 链码为例），一条曲线最终可表示为$A_n = a_1a_2a_3\cdots a_n, a_i \in \{0,1,2,\cdots,7\}$。

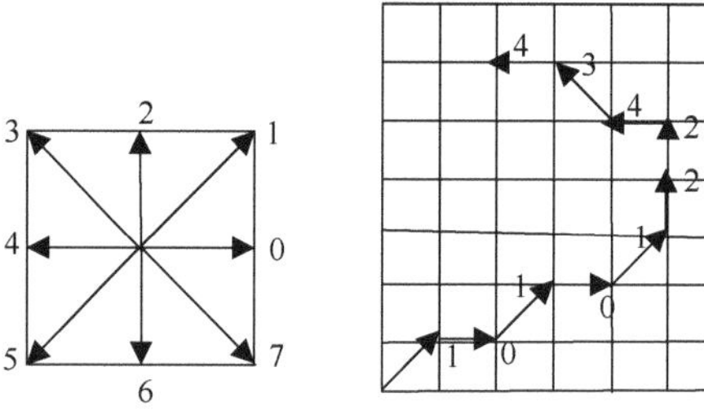

图 7-46 8 链码工作原理

提取的形状特征参数有链码长度、链码所围成区域的面积、圆度、矩形度、伸长度等。

（1）链码长度：$L = n_e + n_o\sqrt{2}$，式中，n_e为链码中偶数码的数目；n_o为链码中奇数码的数目；

（2）链码所围成的面积：$S = \sum_{i=1}^{n} a_{ix}\left(y_{i-1} + \frac{a_{iy}}{2}\right)$，式中，$y_i = y_{i-1} + a_{iy}$；

（3）链码所围成的圆度：$C = \frac{4\pi \times S}{L^2}$，式中，$L$为周长；

（4）链码所围成的矩形度：$R = \frac{S}{W \times H}$，式中，W为宽度，H为高度；

（5）链码所围成的伸长度：$E = \frac{\min[W,H]}{\max[W,H]}$，病斑区域越细长，$E$越小，当病斑区域为圆形时，$E=1$。

3. 纹理特征

纹理特征具有移动不变性、尺度不变性和旋转不变性，这就保证了对图像进行各种操作时纹理信息的稳定性，其提取方法是把不同空间结构、不同统计量、不同几何尺寸映射到不同的灰度值。传统的纹理特征参数有灰度差分统计、灰度共生矩阵、灰度-梯度共生矩阵等，本节基于统计方法选取以下几个参数，各公式中 $p(i,j)$ 表示具有灰度级 (i,j) 的两个像素。

（1）能量特征：$\sum_{i=0}^{G=1}\sum_{j=0}^{G=1}\left[p(i,j)\right]^2$，是对图像灰度分布均匀性的一种度量，图像矩阵中各元素 $p(i,j)$ 越接近主对角线，能量值越高；

（2）熵：$\sum_{i=0}^{G=1}\sum_{j=0}^{G=1}p(i,j)\log_2\left[p(i,j)\right]$，是测量灰度级随机性分布的特征函数，当 $p(i,j)$ 数值相差不大且分布较散时，熵的值较大，反之较小；

（3）局部平稳性特征：$\sum_{i=0}^{G=1}\sum_{j=0}^{G=1}(i-j)^2 p(i,j)$；

（4）惯性矩或反差：$\sum_{i=0}^{G=1}\sum_{j=0}^{G=1}\frac{p(i,j)}{1+(i-j)^2}$；

（5）相关性：$\sum_{i=0}^{G=1}\sum_{j=0}^{G=1}\frac{ijp(i,j)-\mu_x\mu_y}{\sigma_x\sigma_y}$，表示图像中行和列元素相似程度的度量。

（四）冬小麦叶部病害图像识别

1. 最大似然分类算法

最大似然分类算法的判别规则是基于概率的，它把每个具有模式测度或特征 X 的像元划分到很有可能出现特征向量 x 的目标类中。

假定有一模式 X 属于 W_i 类的概率为 $P(W_i|X)$，若 X 实际上是属于 W_i 类，而分类器将它分到 W_j 类，就会产生损失，即 L_{ij}。由于 X 可能属于所研究的 M 类中任意一类，因此分配 X 为 W_j 类所发生的期望损失为 $r_j(X)=\sum_{i=1}^{M}L_{ij}P(W_i|X)$，即条件平均风险。对于每一个给定的模式，分类器都有 M 种可能的分法，若对每个 X 计算 $r_1(X),r_2(X),L,r_M(X)$，且将它分到条件平均风险最小的一类，此种分类器被称为 Bayes 分类器。Bayes 公式为

$$P(W_i|X)=\frac{P(W_i)P(X|W_i)}{P(X)} \tag{7-34}$$

式中，$P(W_i)$ 为 W_i 类出现的先验概率；$P(X|W_i)$ 为 W_i 类中出现 X 的条件概率；$P(W_i|X)$ 为 X 属于 W_i 类的后验概率。所以平均风险的表达式可简化为

$$r_j(X)=\sum_{i=1}^{M}L_{ij}P(W_i)P(X|W_i) \tag{7-35}$$

（1）对于两类问题，即 $M=2$。若将模式 X 分到类别 1，则

$$r_1(X)=L_{11}p(x|w_1)p(w_1)+L_{21}p(x|w_2)p(w_2) \tag{7-36}$$

若分到类别 2，则

$$r_2(X)=L_{12}p(x|w_1)p(w_1)+L_{22}p(x|w_2)p(w_2) \tag{7-37}$$

因此，当 $r_1(X)<r_2(X)$ 时，将 x 判别为 w_1 类；否则，将 x 判别为 w_2 类。

（2）对于多类问题，当 $j=1,2,L,M;\ j\neq i, r_i(x)<r_j(x)$ 时，x 被分为 w_i 类，即

$$\sum_{k=1}^{M}L_{ki}p(x|w_k)p(w_k)<\sum_{q=1}^{M}L_{qi}p(x|w_q)p(w_q),\ j=1,2,L,M;\ j\neq 1 \tag{7-38}$$

时，x 属于 w_i 类。

Bayes 分类判别规则也是判决函数

$$D_i(X)=P(X|W_i)P(W_i),\ i=1,2,L,M \tag{7-39}$$

的执行过程。当某一模式 X 对所有 $j\neq 1$ 时的 $D_i(X)>D_j(X)$，则该模式属于 W_i 类。概率密度函数为

$$P(X|W_i)=\frac{1}{(2\pi)^{\frac{1}{2}}\left|\sum i\right|^{\frac{1}{2}}}\exp\left[-\frac{1}{2}(X-M_i)^{\mathrm{T}}\left(\sum i\right)^{-1}(X-M_i)\right] \tag{7-40}$$

式中，$X=(x_1,x_2,L,x_n)^{\mathrm{T}}$ 为模式的特征向量；$M=(m_1,m_2,L,m_n)^{\mathrm{T}}$ 为数学期望向量，其中，$m_i=\frac{1}{L}\sum_k x_{ik}$，$x_{ik}$ 表示第 i 类第 k 个像素的灰度值，L 为第 i 类像素数；$\sum=\begin{bmatrix}\sigma_{11} & \sigma_{12} & L & \sigma_{1n}\\ \sigma_{21} & \sigma_{22} & L & \sigma_{2n}\\ M & M & O & M\\ \sigma_{n1} & \sigma_{n2} & L & \sigma_{nn}\end{bmatrix}$ 为协方差矩阵，其中 $\sigma_{ij}=\frac{1}{L}\sum_k(x_{ik}-m_i)(x_{ik}-m_j)$。

2. 支持向量机算法

支持向量机（SVM）是建立在统计学理论和结构风险最小原理基础上的，可以较好地解决小样本、非线性、高纬数和局部极小点等实际问题。

（1）对于两类问题，假设训练集可被一个超平面线性划分，而该超平面集为 $H:(wx)+b=0$。H_1 和 H_2 分别为过各类中离分类超平面最近的样本且平行于分类超平面的平面，它们之间的距离被称为分类间隔。对于线性可分情况，可假定

$$\begin{cases} H_1:(wx_i)+b\geqslant 1,\ y_i=1 \\ H_2:(wx_i)+b\leqslant -1,\ y_i=-1 \end{cases}$$

归一化得：$y_i\left[(wx_i)+b\right]\geqslant 1,\ i=1,2,L,l$；$H_1$ 和 H_2 到 H 的距离为 $1/\|w\|$，分类间隔为 $2/\|w\|$。使分类间隔最大，即使 $\|w\|/2$ 最小的分类面就称为最优分类超平面，因此求最佳 (w,b) 可归结为二次规划问题。

$$\begin{cases} \min\limits_{w,b}\dfrac{1}{2}\|w\| \\ y_i(wx_i)+b\geqslant 1,\ i=1,2,L,l \end{cases} \tag{7-41}$$

规划问题式的对偶问题，即最大化目标函数：

$$W(a)=\sum_{i=1}^{l}a_i-\frac{1}{2}\sum_{i,j=1}^{l}a_ia_jy_i(x_iy_j),\ a_i\geqslant 0 \text{且} i=1,2,L,l,\ \sum_{i=1}^{l}a_iy_i=0 \tag{7-42}$$

其解可通过引入 Lagrange 优化函数求得，式中，a_i 为各样本对应的 Lagrange 乘子，解中只有一部分 $a_i\neq 0$，对应的样本 x_i 就是支持矢量，

$$w^*=\sum_{i=1}^{l}a_iy_ix_i,\ b^*=y_i-w^*x_i \tag{7-43}$$

相应的分类决策函数为

$$f(x)=\operatorname{sign}(w^*x+b^*)=\operatorname{sign}\left(\sum_{i=1}^{l}a_iy_i(xx_i)+b^*\right) \tag{7-44}$$

（2）对于非线性问题，可以通过事先确定的非线性映射将输入向量 x 映射到一个高纬特征空间，然后在此高纬空间中构建最优超平面。采用满足 Mercer 条件的核函数：

$$K(x_i,x_j)=\psi(x_i)\cdot\psi(x_j) \tag{7-45}$$

相应的二次规划问题的目标函数变为

$$W(a)=\sum_{i=1}^{l}a_i-\frac{1}{2}\sum_{i,j=1}^{l}a_ia_jy_iy_jK(x_i\cdot x_j) \tag{7-46}$$

通常并不需要明确知道 ψ，仅需要选择合适的核函数 K 就可以确定一个支持向量机。

3. 识别效果比较分析

将随机选取的部分大田病斑图像白粉病、叶枯病各 50 张，同时从网上选取的叶锈病、全蚀病图像各 10 张作为训练集，将叶片上的每个病斑都作为一个样本进行模型训练，然后利用该模型进行病害诊断。此时待识别图像的特征向量

数即为该叶片上一定范围内的病斑个数，判别规则：待识别叶片上的所有病斑样本中，若判为 *A* 病的病斑数目多于其他病的病斑数目，则待识别叶片发病类型为 *A* 病。

支持向量分类工具箱中训练函数 svc（）用来设计分类器和训练样本，语法为 [*nsv alpha* b_0]=svc（*X*，*Y*，*ker*，*C*），式中，*X* 为训练样本的输入；*Y* 为训练样本的输出；*ker* 为核函数；*C* 为惩罚因子；*nsv* 为返回训练样本中支持向量的个数；*alpha* 为返回的每个训练样本对应的拉格朗日乘子，拉格朗日乘子不为 0 的向量即为支持向量；b_0 为偏置量。而输出函数 svcoutput 是根据训练样本得到的最优分类面计算实际样本的输出；统计测试样本分类错误数量的函数 svcerror（）则统计出利用已知的最优分类面对测试样本进行分类，发生错误分类的数量。

由于此处代码量较大，所以仅展示两种分类器的识别效果，如表 7-7 所示。

表 7-7　两种分类器的识别效果比较

Bayes 分类器		SVM 分类器	
训练样本	判别正确率（%）	训练样本	判别正确率（%）
白粉病	98.9	白粉病	99.3
叶枯病	91.6	叶枯病	90.8
叶锈病	95.8	叶锈病	96.2
全蚀病	89.7	全蚀病	87.7

（五）冬小麦叶部主要病害诊断系统的设计与实现

1. Matlab

Matlab 以易于应用的环境集成了计算、可视化和编程，在该环境下可以对问题及解以我们所熟悉的数学表示法来表示。它是一种交互式程序设计的高科技环境，将数值分析、矩阵计算、科学数据可视化及非线性动态系统的建模和仿真等众多功能集成在一个视窗环境中，为科学研究、工程设计及必要的数值计算等诸多科学领域提供一个全面的解决方案。

Matlab 的基本数据元素是不要求确定维数的数组，它的指令表达式与数学、工程中常用的形式基本相似，所以用 Matlab 解算问题比 C、C++等语言简捷得多，同时 Matlab 中包含大量的功能丰富的应用工具箱，为用户提供大量的方便使用的处理工具，通过调用其中的函数来实现对问题的处理和解决，也保证了用户不同层次的要求。图像处理工具箱（Image Processing Toolbox）是 Matlab 的一个函数集，它扩展了 Matlab 解决图像处理问题的能力，其包含强大的二维三维图形函数、图像处理和动画显示等函数，为本研究所涉及的病斑图像处理及分析提供了强大的技术支持。

2. Java Web

Java Web 即用 Java 技术解决相关 Web 互联网领域的技术总和，在系统的研发过程中为了尽可能地使系统具有较强的可靠性、安全性、可扩展性、可维护性及客户体验等性能，因此对 J2EE 开发模型进行分析，采用 J2EE 的三层架构模式，并结合 MVC 及其 Struts 来实现系统的设计与构建。

J2EE 三层架构模式（图 7-47）引入了由 Servlet 担任的控制器，因此客户端的请求不再直接送给处理业务逻辑的 JSP 页面，而是通过该控制器调用不同的事物逻辑，并将处理结果返回到合适的页面。Servlet 控制器为应用程序提供了一个进行前后端处理的中枢，一方面为输入数据、身份验证、日志等提供了合适的切入点，另一方面也将业务逻辑从 JSP 文件中进行了剥离，此后 JSP 文件就变成了一个单纯完成显示任务的显示层即 Viewer，而独立出来的事物逻辑即为 Model，再加上控制器 Controller 本身，就构成了 MVC 模式，MVC 设计模式强制性地将应用程序的输入、处理和输出进行分开，清楚地划定了程序员与设计者的角色界限，为大型程序的开发及维护提供了巨大的便利。Struts 是 MVC 的一种实现，继承了它的各项特性，具有组件的模块化、灵活性和重用性等优点，同时简化了应用程序的开发。

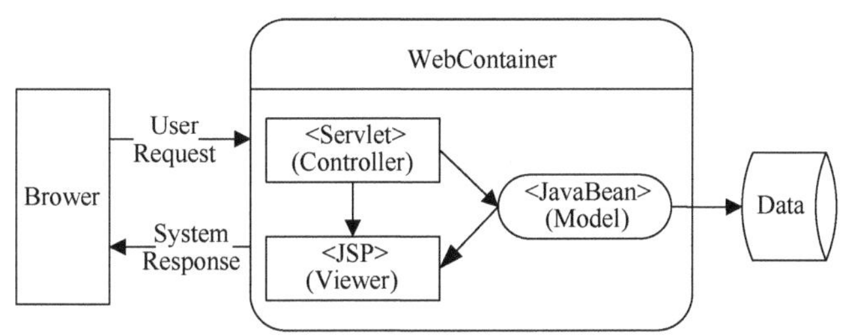

图 7-47　J2EE 三层架构模式

3. 系统设计

该系统可以实现快速诊断冬小麦叶部病害，为用户提供辅助决策，降低病害对冬小麦生产的影响，同时可以将图像内容扩展为多种植物，增强了系统的实用性。系统的主要功能是针对用户上传的图像进行识别处理，诊断出病害种类，给出决策信息，同时提供给用户一个标准图像数据库，方便用户查询相关病害种类的图像。

系统采用 B/S（浏览器/服务器）结构，即客户端计算机无须下载桌面应用程序，通过连接互联网，输入网址即可进入该系统，用户请求通过 HTTP 传递给服务器端，服务器端进行响应并处理事务，将结果通过 HTTP 返回给客户端并由浏览器显示给用户。在该系统的开发过程中，主要借助 Matlab 以实现数字图像的处理过程，提取病斑相关特征信息，对病斑所属种类进行分类；开发环境选用包括了完备的编码、调试、测试和发布功能的 MyEclipse 集成开发环境；数据库采用 MySQL；服务器为 Tomcat 6.x。为提高系统的普适性，给用户提供便捷服务，在设计过程中系统能够读取的图像主要有 jpg、gif、bmp、png 4 种格式。

（1）系统整体设计：对系统功能进行分析后，将系统分为若干层次，主要包括图像处理、病斑识别，以及标准病斑图像库，该系统层次模型如图 7-48 所示。

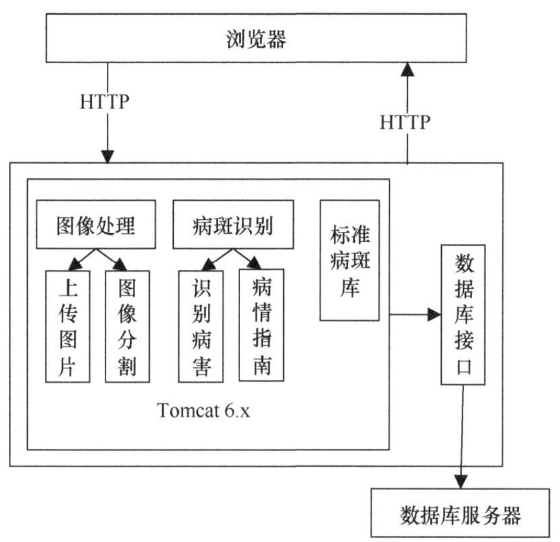

图 7-48　系统整体设计图

系统中各功能模块的作用分别是：①图像处理。用户可以上传个人获取到的病害图像，并进行初步的图像增强、图像分割等处理。②病斑识别。提取上传图像中的病斑信息，并与数据库中的病斑信息进行比较分类，得出上传图像的病害归属，同时可以查询该病害的相关病情及防治措施。③标准病斑库。系统后台建立的数据库包含大量标准病斑图像，用户也可以通过查看标准病斑库，经过对比得出病害种类。

（2）系统业务流程：系统用户分为注册用户和管理员用户两类，注册用户主要是针对注册该系统的用户来说，操作该系统可以完成相关的病斑图像识别功能、病情诊断、查询标准病斑库相关信息等；管理员用户则主要是一部分特定人员，需要对该系统进行更新和维护、管理图像数据库信息及注册用户信息。各类用户的工作流程见图 7-49。

（3）系统数据库设计：根据该系统所要实现的功能进行需求分析、E-R 图设计，确定数据库主要涉及用户表、病害信息表、特征值表和病害图像表 4 个数据库表，再借助 MySQL 实现数据库的物理设计，设计流程如图 7-50 所示。

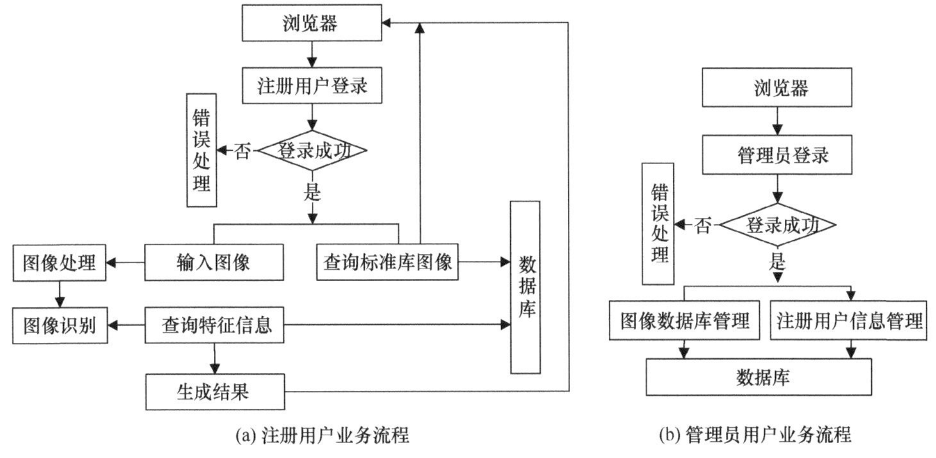

图 7-49 用户业务流程图

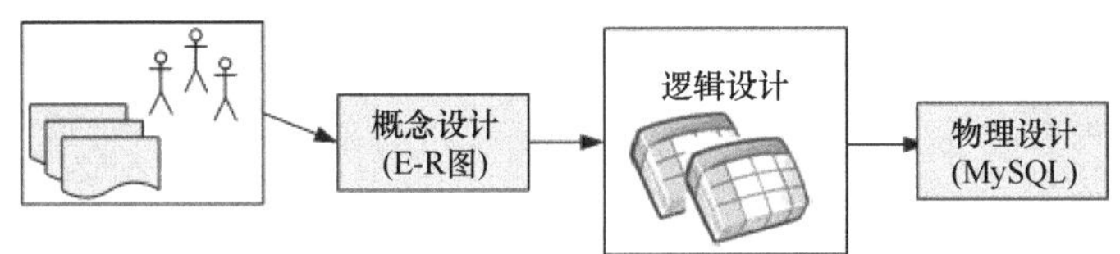

图 7-50 数据库设计流程图

用户表用于统计和分析使用该系统的用户类型、年龄段等，便于后期进行改进和完善系统功能；病害信息表是针对不同的病害种类和受害程度给出相应的诊断结果；特征值表是针对图像处理过程中提取的特征值与数据库中相应的值进行匹配，划定病害种类；病害图像表则是为标准病斑图像信息设置一个存储路径，便于查询和管理。

1）用户表（user_info）：主要存储注册用户和管理员的基本信息，包括姓名、性别、年龄、邮箱等，设置管理员和注册用户的字段分别为 0 和 1；用于统计和分析使用该系统的用户类型、年龄段等，便于后期进行改进和完善系统功能。

2）病害信息表（disease_info）：主要存储病害种类的基本信息，包括病害名称、病害特征、发病规律及防治措施。

3）特征值表（feature_info）：对图像处理过程中提取的颜色特征 I（R、G、B）值与数据库中相应的值进行匹配，划定病害种类；主要存储病害名称及特征值 R、G、B 的取值范围。

4）病害图像表（disease_image_info）：主要用于存储标准病害图像的类别、路径，以方便用户在页面上查询并显示相应的病害图像。

（4）病害诊断推理过程：当获取一张冬小麦病害图像后，对该图像进行处理，然后对提取到的特征值进行比较与推理，最终实现各种病害的正确识别诊断，并推算出病害的发病指数。对病害发病指数的计算，则需先统计出图像分割后所输出的图像中各像素信息不为 0 的像元个数，除以图像中总的像元数，根据计算出的百分比划定病害程度。

4. 系统实现

目前基于图像识别的冬小麦叶部主要病害诊断系统已经开发完成，设计过程中各模块功能也已实现，系统登录界面及各功能页面展示如下。

（1）系统登录：在浏览器上输入网址，注册用户可以直接输入自己的用户名和密码进行登录以进入主界面，而未注册的用户则可以根据登录界面下方的提示进行信息注册，即可成为注册用户（图 7-51）。

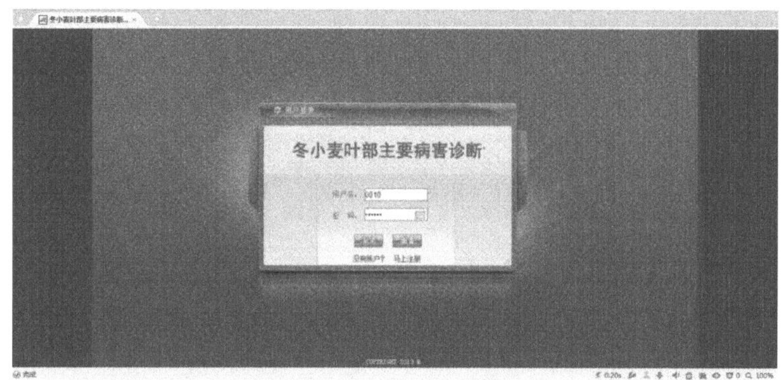

图 7-51 系统登录界面

（2）图像处理模块：该模块主要包含上传图像和图像分割两部分内容，在上传图像页面中，用户选择浏览上传文件夹，选中相关图像，点击提交即可在页面下方显示用户上传的图像；在图像分割页面中，用户根据提示进行操作，由于系统兼容了 Matlab 相关函数，因此添加了 MCR 控件，图像分割之后，可以查看分割后的图像效果（图 7-52）。

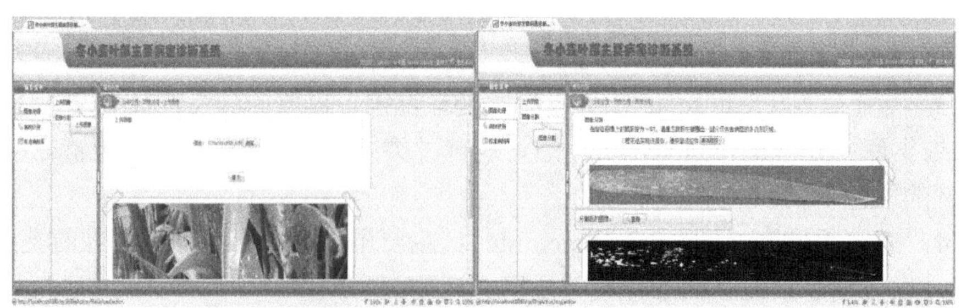

(a) 图像处理-上传图像　　(b) 图像处理-图像分割

图 7-52 图像处理模块界面

（3）病斑识别模块：该模块主要包含识别病害和病情指南两部分内容，在识别病害页面上主要显示上一步骤提取到的信息及病害种类和病情指数等信息；病情指南页面则是针对获取到的病害种类给出相应的病害特征、发病规律及部分防治措施（图 7-53）。

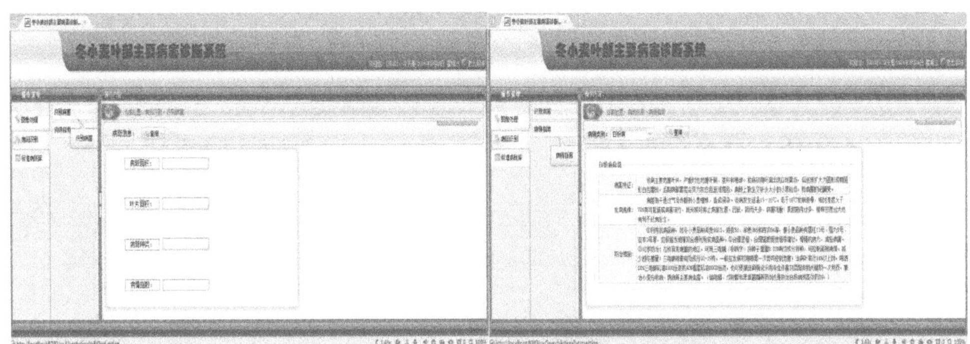

(a) 病斑识别-识别病害　　(b) 病斑识别-病情指南

图 7-53　病斑识别模块界面

（4）标准病斑库查询模块：用户可以根据选项框中的病害分类进行查询，得到不同病种、不同病位及不同受害程度的病害图像，将鼠标放在需查看的图像上时，会自动弹出该图像的相关介绍信息，可使用户更清晰地了解该病害，病斑库目前主要包含白粉病、叶枯病、锈病及全蚀病，后期还可以对系统该模块进行扩展，对病种范围、作物种类进行延伸，增加其适用范围（图 7-54）。

二、基于物联网的小麦生长环境异常检测系统

（一）系统平台

1. 服务端 Web 容器

该系统中 Web 容器选用目前 Java Web 开发中广泛流行的 Apache Tomcat，其具有占用的系统资源少、可扩展性强、支持负载平衡与邮件服务等优点。

Tomcat 是 Apache 软件基金会（Apache Software Foundation）的 Jakarta 项目中的一个核心项目，由 Apache、Sun 和其他一些公司及个人共同开发而成。由于有了 Sun 的参与和支持，最新的 Servlet 和 JSP 规范总是能在 Tomcat 中得到体现，因为 Tomcat 技术先进、性能稳定，得到了大量软件开发商的认可并成为目前比较流行的 Web 应用服务器。

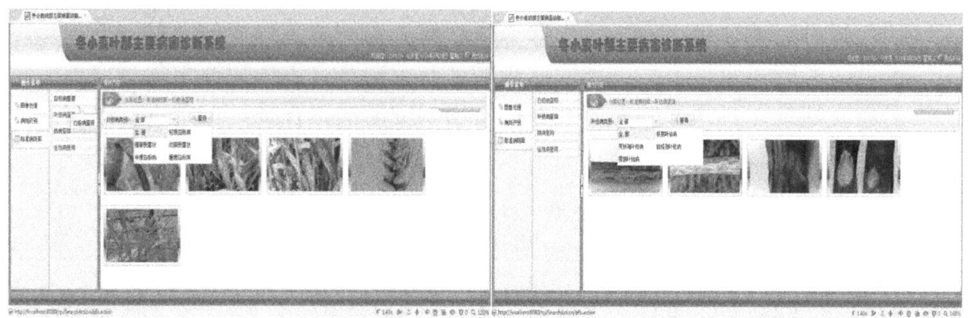

(a) 标准病斑库-白粉病查询　　(b) 标准病斑库-叶枯病查询

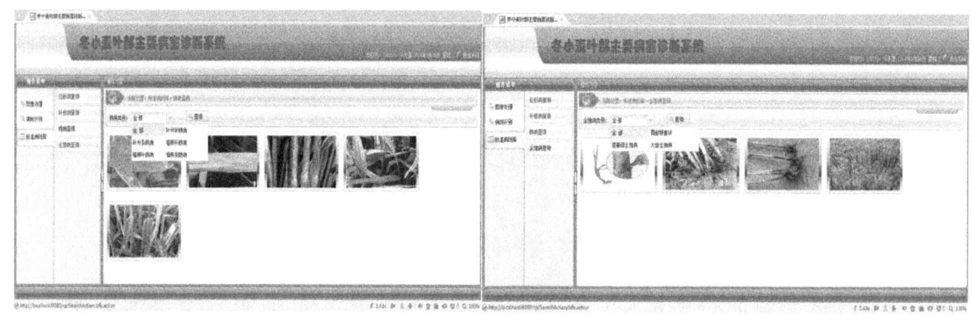

(c) 标准病斑库-锈病查询　　(d) 标准病斑库-全蚀病查询

图 7-54　标准病斑库查询模块界面

2. 关系数据库管理系统

针对本系统中需要管理的数据量不大的特点，选用当前最流行的开源数据库管理系统 MySQL 作为系统的数据库平台。对于整个系统而言，数据库是整个系统的核心，它是整个信息系统的最大负载体。

MySQL 由于性能高、成本低、可靠性好，已经成为最流行的开源数据库，因此被广泛地应用在 Internet 上的中小型网站中。随着 MySQL 的不断成熟，它也逐渐用于更多大规模的网站和应用。

3. 硬件平台

系统硬件平台设计主要包括数据库服务器、应用服务器、交换机、数据储存磁盘阵列、防火墙、防雷设备等关键设备的选择，中心机房的建设和网络接入方式的选择等。包括建设省级数据库及管理系统需要配置的硬件及网络设施，以及州市级单位配置的硬件及网络设施。

在设计方面遵循以下原则：

选用技术领先、质量可靠、性能价格比合理的硬件平台与互联网接入设备，并充分考虑到今后对未来技术的适应性、可扩展性。

选择适合的网络接入方式，保障连接安全、通畅，信息传递应高速、无拥塞。

保证在高访问量、高流量下网络及设备有足够的承受能力及适应力。尽可能地扩展网络容量，提高网络的可靠性及安全性，在建设方案中体现最新的技术。

采用客户机/服务器（C/S）和浏览器/服务器（B/S）混合模式，网络方案采用快速以太网或千兆以太网、局域网（LAN）与广域网（WAN）结合的综合网络体系，合理设计网络的总体拓扑结构，允许多种网络协议共存，满足用户的各种需求。

专业图形处理端采用高档图形工作站方式，一般业务终端采用普通微型计算机作为用户工作站，既可以提高系统的性能、速度，又可以节省投资，实现较高的性能价格比。

根据数据库及管理系统建设的需求，同时考虑到系统的安全性、可靠性和可扩展性，系统数据中心采用数据库服务器、应用服务器、磁盘阵列的构架。通过防火墙进行安全隔离，利用路由器连接外网提供系统服务。涉及的职能部门硬件网络设备配置则根据具体情况选择确定。

（1）服务器配置建议

数据库服务器主机系统要求性能能够满足数据存储与管理要求，利用现有 HP 7410 小型机系统。

（2）防火墙、交换机设备

防火墙：为保障系统安全，需要安装防火墙，防止来自外部网络的攻击，根据需要可以采用 CISCO Pix-506E-BUN-K9

设备类型：VPN 防火墙

并发连接：25 000

网络吞吐：100Mbps

安全过滤：16MB

用户数限：无用户数限制

适用环境：工作温度（0～4℃）

入侵检测：DoS、IDS

主交换机：作为整个信息系统的负载核心，交换机负载整个信息系统的流量，其性能直接关系到整个网络的性能。在交换设备领域，美国 Cisco 公司的技术是最为领先的，建议采用该公司的 CISCO WS-C3560G-24TS-S 系列千兆以太网交换机，传输速率（Mbps）：10Mbps/100Mbps/1000Mbps；端口数量：24；背板带宽（Gbps）：32。

（二）系统的应用

系统的操作主要分为用户操作及管理员操作。其中，用户操作主要包括系统登录、数据上传、数据管理、旱涝诊断、春季霜冻诊断、高温及干热风诊断及专家知识浏览等功能；管理员的操作主要包括系统登录、用户管理、系统数据管理、站点管理、作物生育期参数管理、专家知识管理等操作。

系统登录界面如图 7-55 所示。

图 7-55　系统登录页面

系统登录页面是进入系统的唯一入口，管理员和普通用户均通过该入口登录系统，系统根据用户的角色跳转到不同的界面（图 7-56）。

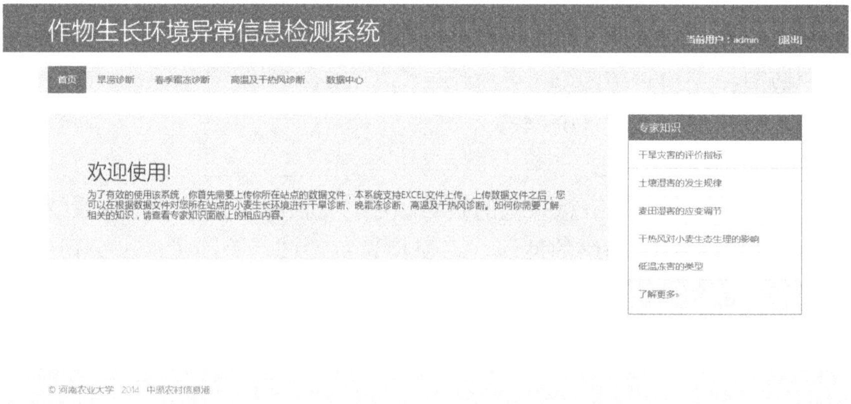

图 7-56　系统功能页面

用户登录系统后，可以看到系统的功能页面，通过选择不同的功能或通过导航链接到不同的功能页面（图 7-57）。

图 7-57　旱涝诊断页面

通过旱涝诊断功能，用户可以选择已上传的物联网监测数据，选择作物生长生育时期，并利用系统的异常检测功能进行旱涝异常诊断分析（图 7-58）。

图 7-58　旱涝诊断结果页面

通过旱涝诊断结果展示，用户可以及时看到已上传的物联网监测数据的旱涝异常诊断分析结果，并进一步采取综合分析和适宜农业管理的措施。

通过春季霜冻诊断功能，用户可以选择已上传的物联网监测数据（图 7-59），并利用系统的异常检测功能进行春季霜冻异常诊断分析，并及时查看分析结果、采取相应措施（图 7-60）。

图 7-59 春季霜冻诊断页面

图 7-60 春季霜冻诊断结果页面

通过高温及干热风诊断功能，用户可以选择已上传的物联网监测数据（图 7-61），利用系统的异常检测功能进行高温及干热风异常诊断分析，并及时查看分析结果、采取相应措施（图 7-62）。

图 7-61　高温及干热风诊断页面

图 7-62　高温及干热风诊断结果页面

通过数据管理页面，用户可以对当前用户的数据进行上传、查看、修改或者删除操作（图 7-63）。

图 7-63　数据管理页面

管理员登录系统后，可以通过系统用户管理功能对系统当前的用户进行管理（图 7-64）。

图 7-64　用户管理界面

管理员通过监测站点管理页面可以对所有用户的监测站点进行查看、新增、更改和删除操作（图 7-65）。

图 7-65　监测站点管理页面

管理员通过用户上传数据管理页面可以对所有用户的上传数据进行查看、更改和删除操作（图 7-66）。

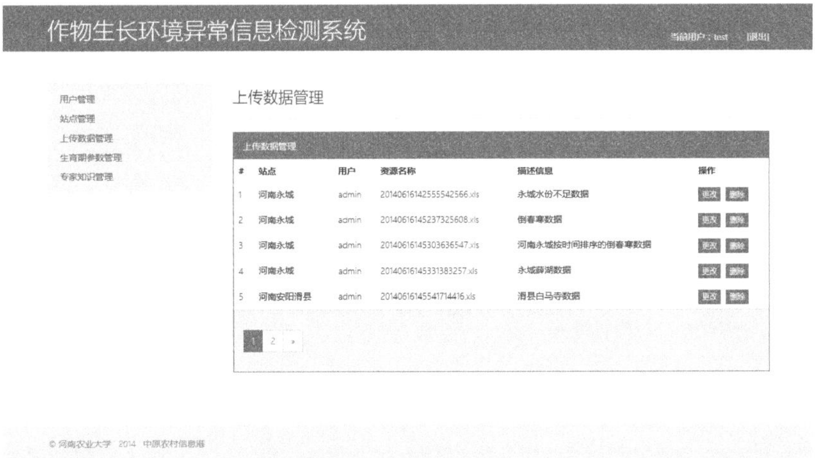

图 7-66　上传数据管理页面

管理员也可以进行下列操作：通过生育期参数管理功能，可以进行生育期参数的管理及新添参数操作（图 7-67）；通过专家知识管理，可以对系统的专家知识列表进行管理或者新增专家知识（图 7-68）。

作物生长环境异常信息检测系统

当前用户：test [退出]

用户管理
站点管理
上传数据管理
生育期参数管理
专家知识管理

生育期参数管理

生育期参数管理

#	生育期	最大值	最小值	操作
1	幼苗期	39.9	30.7	更改 删除
2	返青期	80.0	60.0	更改 删除
3	拔节期	70.0	55.0	更改 删除
4	灌浆期	75.0	60.0	更改 删除
5	成熟期	65.0	55.0	更改 删除

新增生育期参数

生育期

最大值

最小值

新增

图 7-67 生育期参数管理页面

作物生长环境异常信息检测系统

当前用户：test [退出]

用户管理
站点管理
上传数据管理
生育期参数管理
专家知识管理

专家知识管理

专家知识管理

#	标题	操作
1	干旱灾害的评价指标	更改 删除
2	干旱灾害对小麦形态生理及产量的影响	更改 删除
3	干旱灾害对小麦品质性状的影响	更改 删除
4	旱灾的应变调控技术	更改 删除
5	土壤湿害的发生规律	更改 删除

1 2 3 »

新增专家知识

标题

内容

图 7-68 专家知识管理页面

应用系统可以监测出小麦生长过程中旱涝及春季霜冻异常情况；应用系统可以监测出小麦生长过程中高温及干热风异常情况。系统推广及示范应用有待结合课题进度进一步实施。

参 考 文 献

陈兵旗, 高振江, 宋同珍, 等. 2010. 棉种图像精选方案与算法研究[J]. 农业机械学报, 41(1): 167-187.

陈兵旗, 郭学梅, 李晓华. 2009. 基于图像处理的小麦病害诊断算法[J]. 农业机械学报, 40(12): 190-195.

陈佳娟, 纪寿文, 李娟, 等. 2001. 采用计算机视觉进行棉花虫害程度的自动测定[J]. 农业工程学报, 17(2): 157-160.

陈进, 边疆, 李耀明, 等. 2009. 基于高速摄像系统的精密排种器性能检测试验[J]. 农业工程学报, 25(9): 90-95.

樊超, 夏旭, 石小风, 等. 2011. 基于图像处理的小麦品种分类研究[J]. 河南工业大学学报, 32(5): 74-78.

冯伟. 2007. 基于高光谱遥感的小麦氮素营养及生长指标监测研究[D]. 南京农业大学博士学位论文.

韩瑞珍, 何勇. 2013. 基于计算机视觉的大田害虫远程自动识别系统[J]. 农业工程学报, 29(3): 156-162.

黄宏华, 蔡健荣. 2003. 利用计算机视觉检测家蚕微粒子病的改进研究[J]. 江苏大学学报(自然科学版), 24(2): 43-46.

李长缨, 滕光辉, 赵春江, 等. 2003. 利用计算机视觉技术实现对温室植物生长的无损监测[J]. 农业工程学报, 19(3): 140-143.

李景彬, 陈兵旗, 刘阳. 2014. 棉花铺膜播种机导航路线图像检测方法[J]. 农业机械学报, 45(1): 40-45.

李明, 张长利, 房俊龙. 2010. 基于图像处理技术的小麦叶面积指数的提取[J]. 农业工程学报, 26(1): 205-209.

李小正, 谢瑞芝, 王克如, 等. 2007. 利用神经网络提取棉花叶片数字图像氮素含量的初步研究[J]. 作物学报, 10: 1662-1666.

林开颜, 吴军辉, 徐立鸿. 2005. 彩色图像分割方法综述[J]. 中国图象图形学报, 10(1): 1-10.

林开颜, 徐立鸿, 吴军辉. 2004. 计算机视觉技术在作物生长监测中的研究进展[J]. 农业工程学报, 3(2): 279-283.

毛罕平, 徐贵力, 李萍萍. 2003. 番茄缺素叶片的图像特征提取和优化选择研究[J]. 农业工程学报, 19(2): 133-136.

宋鹏, 吴科斌, 张俊雄, 等. 2012. 玉米单倍体籽粒特征提取及识别[J]. 农业机械学报, 43(3): 168-172.

宋振伟, 文新亚, 张志鹏, 等. 2010. 基于数字图像处理技术的冬小麦不同施氮和灌溉处理颜色特征分析[J]. 中国农学通报, 26(14): 350-355.

汪强, 席磊, 马新明, 等. 2012. 基于计算机视觉技术的烟叶成熟度判定方法[J]. 农业工程学报, 28(4): 175-179.

王方永, 李少昆, 王克如, 等. 2007. 基于机器视觉的棉花群体叶绿素监测[J]. 作物学报, 33(12): 2041-2046.

王方永, 王克如, 李少昆, 等. 2010. 利用数码相机和成像光谱仪估测棉花叶片叶绿素和氮素含量[J]. 作物学报, 36(11): 1981-1989.

王娟, 韩登武, 任岗, 等. 2006. SPAD 值与棉花叶绿素和含氮量关系的研究[J]. 新疆农业科学, 43(3): 167-170.

王克如, 李少昆, 王崇桃, 等. 2006. 用机器视觉技术获取棉花叶片叶绿素浓度[J]. 作物学报, 32(1): 34-40.

吴雪梅, 毛罕平. 2004. 计算机视觉描述缺素番茄叶片颜色变化的研究[J]. 农机化研究, 25(1): 9-12.

徐光辉, 虎晓红, 马新明, 等. 2007. 烤烟叶片叶绿素含量与颜色特征的关系[J]. 河南农业大学学报, 41(6): 600-604.

徐贵力, 毛罕平, 胡永光. 2002a. 基于计算机视觉技术参考物法测量叶片面积[J]. 农业工程学报, 18(1): 154-157.

徐贵力, 毛罕平, 李萍萍. 2002b. 缺素叶片彩色图像颜色特征提取的研究[J]. 农业工程学报, 18(4): 150-154.

张成涛, 谭彧, 吴刚, 等. 2012. 基于达芬奇平台的联合收获机视觉导航系统路径识别[J]. 农业机械学报, 43(增): 271-276.

张俊雄, 吴科斌, 宋鹏, 等. 2011. 基于 BP 神经网络的玉米单倍体种子图像分割[J]. 江苏大学学报(自然科学版), 32(6): 5.

张侃谕, 高建斌. 2007. 基于图像识别的温室自动灌溉水车系统[J]. 机电一体化, 2007(1): 24-27.

张立周, 侯晓宇, 张玉铭, 等. 2011. 数字图像诊断技术在冬小麦营养诊断中的应用[J]. 中国生态农业学报, 19(5): 1168-1174.

张立周, 王殿武, 张玉铭, 等. 2010. 数字图像技术在夏玉米氮素营养诊断中的应用[J]. 中国生态农业学报, 18(6): 1340-1344.

张彦娥, 李民赞. 2005. 基于计算机视觉技术的温室 w 黄瓜叶片营养信息检测[J]. 农业工程学报, 21(8): 102-105.

张作贵. 2005.自然光照条件下基于机器视觉的番茄缺素的智能诊断研究[D]. 苏州大学硕士学位论文.

Adamsen F J, Printer P J, Barnes E M, et al. 1999. Measuring wheat senescence with a digital camera[J]. Crop Science, 39: 719-724.

Ahmad I S, Reid J F. 1996. Evaluations of color representation for maize images[J].Journal of Agricultural Engineering Research, 63: 185-196.

Burgos-Artizzu X P, Ribeiro A, Guijarro M, et al. 2011. Real-time image processing for crop/weed discrimination in maize fields[J]. Computers and Electronics in Agriculture, 75(2): 337-346.

Casady W W, Singh N, CostelloT A. 1996. Machine vision for measurement of rice canopy dimensions[J]. Trans of the ASAE, 9(5): 1891-1898.

Jia L L, Cheng X P. 2004. Use of digital camera to assess nitrogen status of winter wheat in the northern China Plain[J]. Journal of Plant Nutrition, 27(3): 441-450.

Pagola M, Ortiz R, Irigoyen I, et al. 2009. New method to assess barley nitrogen nutrition status based on image colour analysis comparison with SPAD-502[J]. Computers and Electronics in Agriculture, 65: 213-218.

Shigeto K, Makoto N. 1998. An algorithm forestimating cholorophyll content in leaves using a video camera[J]. Ann Bot, 81: 49-54.

Shimizu H, Heins R D. 1995. Computer-vision-based system for plant growth analysis[J]. Transactions of the ASAE, 38(3): 959-964.

Tolias Y A, Panas S M. 1998. On applying spatial constraints in fuzzy image clustering using a fuzzy rule based system[J]. IEEE, Siganl Processing Letter, 5(10): 245-247.

UDDLING J, Gelang-Alfredsson J, Piikki K, et al. 2007. Evaluating the relationship between leaf chlorophyll concentration and SPAD 502 chlorophyll meter readings[J]. Photosynthesis Research, 91: 37-46.

第八章　农业物联网发展趋势和前景展望

农业物联网相关系统的部署与应用可实现对农业生产的全面感知、智能决策分析和预警，为农业生产提供精准化种植、可视化管理和智能化决策服务，有助于实现现代农业高产、高效、优质、环保、节能、安全的目标，对改造传统农业、加强农产品生产智能管理、促进农业绿色高质量发展产生重要的影响。因此，农业物联网正日益受到社会各方的关注。中国是农业大国，随着物联网、大数据等新一代信息技术加快与农业全面深入融合，信息化与农业现代化正在形成历史化交汇，以农业物联网为代表的农业信息化技术迎来了前所未有的发展机遇。

第一节　农业物联网发展面临的机遇与挑战

一、农业物联网发展机遇

1. 国家政策支撑

党中央、国务院在实施创新驱动发展战略、网络强国战略、国家大数据战略、“互联网+”行动等重大决策部署中，都把农业农村摆在突出位置，2005 年以来，国家在多项政策文件中均提出要发展农业信息化及相关技术，为农业信息化提供了强有力的政策支撑，具体政策文件如表 8-1。

表 8-1　国家鼓励农业物联网/农业信息化发展的相关政策

时间	相关政策文件	相关文件要求
2004 年 12 月 31 日	《中共中央 国务院关于进一步加强农村工作提高农业综合生产能力若干政策的意见》	加强农业信息化建设。
2005 年 12 月 31 日	《中共中央 国务院关于推进社会主义新农村建设的若干意见》	要积极推进农业信息化建设，充分利用和整合涉农信息资源。
2006 年 10 月 18 日	《农业部关于进一步加强农业信息化建设的意见》	推进农业信息资源开发与利用、强化农业信息化建设基础、通过多种方式推进农业信息化建设。
2006 年 11 月 27 日	农业部《“十一五”时期全国农业信息体系建设规划》	加快农业信息基础设施建设，开发整合信息资源，推广先进适用信息技术，建设完善应用服务系统，促进农业增效、农民增收、农产品竞争力增强。
2006 年 12 月 31 日	《中共中央 国务院关于积极发展现代农业扎实推进社会主义新农村建设的若干意见》	加快农业信息化建设。用信息技术装备农业。

续表

时间	相关政策文件	相关文件要求
2007 年 11 月 27 日	农业部《全国农业和农村信息化建设总体框架（2007—2015 ）》	以开发应用信息技术为支撑，以提升信息服务能力为重点，不断提高我国农业和农村信息化水平，充分发挥信息化在发展现代农业和建设社会主义新农村中的重要作用。
2008 年 12 月 31 日	《中共中央 国务院关于 2009 年促进农业稳定发展农民持续增收的若干意见》	坚定不移走中国特色农业现代化道路。
2009 年 12 月 31 日	《中共中央 国务院关于加大统筹城乡发展力度进一步夯实农业农村发展基础的若干意见》	协调推进工业化、城镇化和农业现代化；支持垦区率先发展现代化大农业。
2011 年 11 月 15 日	农业部《全国农业农村信息化发展“十二五”规划》	以全面推进农业生产经营信息化为主攻方向，以农业农村信息化重大示范工程建设为抓手，完善农业农村信息服务体系。
2011 年 12 月 31 日	《中共中央 国务院关于加快推进农业科技创新持续增强农产品供给保障能力的若干意见》	推进工业化、城镇化和农业现代化，围绕强科技保发展、强生产保供给、强民生保稳定，进一步加大强农惠农富农政策力度。
2012 年 12 月 31 日	《中共中央 国务院关于加快发展现代农业进一步增强农村发展活力的若干意见》	加快用信息化手段推进现代农业建设，启动金农工程二期，推动国家农村信息化试点省建设。
2014 年 1 月 2 日	《中共中央 国务院关于全面深化农村改革加快推进农业现代化的若干意见》	建设以农业物联网和精准装备为重点的农业全程信息化和机械化技术体系。
2015 年 1 月 1 日	《中共中央 国务院关于加大改革创新力度加快农业现代化建设的若干意见》	推动新型工业化、信息化、城镇化和农业现代化同步发展。
2015 年 7 月 4 日	《国务院关于积极推进“互联网＋”行动的指导意见》	推广成熟可复制的农业物联网应用模式。在基础较好的领域和地区，普及基于环境感知、实时监测、自动控制的网络化农业环境监测系统。在大宗农产品规模生产区域，构建天地一体的农业物联网测控体系，实施智能节水灌溉、测土配方施肥。 支持新型农业生产经营主体利用互联网技术，对生产经营过程进行精细化信息化管理，加快推动移动互联网、物联网、二维码、无线射频识别等信息技术在生产加工和流通销售各环节的推广应用，强化上下游追溯体系对接和信息互通共享，不断扩大追溯体系覆盖面，实现农副产品“从农田到餐桌”全过程可追溯，保障“舌尖上的安全”。
2015 年 12 月 31 日	《中共中央 国务院关于落实发展新理念加快农业现代化 实现全面小康目标的若干意见》	大力推进“互联网+”现代农业，应用物联网、云计算、大数据、移动互联等现代信息技术，推动农业全产业链改造升级。
2016 年 12 月 31 日	《中共中央 国务院关于深入推进农业供给侧结构性改革加快培育农业农村发展新动能的若干意见》	实施智慧农业工程，推进农业物联网试验示范和农业装备智能化。发展智慧气象，提高气象灾害监测预报预警水平。

续表

时间	相关政策文件	相关文件要求
2018年7月2日	农业农村部 《农业绿色发展技术导则（2018—2030年）》	重点研发天空地种养生产智能感知、智能分析与管控技术；农业传感器与智能终端设备及技术；集成示范基于地面传感网的农田环境智能监测技术、智能分析决策控制技术、农牧业环境物联网、天空地数字牧场管控应用等技术。
2018年1月2日	《中共中央国务院关于实施乡村振兴战略的意见》	优化农业从业者结构，加快建设知识型、技能型、创新型农业经营者队伍。大力发展数字农业，实施智慧农业林业水利工程，推进物联网试验示范和遥感技术应用。
2018年12月29日	《国务院关于加快推进农业机械化和农机装备产业转型升级的指导意见》	促进物联网、大数据、移动互联网、智能控制、卫星定位等信息技术在农机装备和农机作业上的应用。 建设大田作物精准耕作、智慧养殖、园艺作物智能化生产等数字农业示范基地，推进智能农机与智慧农业、云农场建设等融合发展。 推进“互联网+农机作业”，加快推广应用农机作业监测、维修诊断、远程调度等信息化服务平台，实现数据信息互联共享，提高农机作业质量与效率。
2018年12月29日	教育部《高等学校乡村振兴科技创新行动计划（2018—2022年）》	积极争取在主要农产品供给、农业绿色发展、农业生物制造、智慧农业、现代林业、现代海洋农业、宜居村镇等领域的国家重点研发计划中承担重点任务。加快现代生物技术、信息技术、工程技术及其他新兴科技与农业科技的深度融合，重点突破重要动植物高效育种、农业标准化、农业大数据与信息化、智能农机装备与制造、食品制造等关键技术与成套装备。
2019年1月3日	《中共中央 国务院关于坚持农业农村优先发展做好“三农”工作的若干意见》	大力推进“互联网+”现代农业,应用物联网、云计算、大数据、移动互联等现代信息技术，推动农业全产业链改造升级。大力发展智慧气象和农业遥感技术应用。
2019年1月14日	科技部 《创新驱动乡村振兴发展专项规划（2018—2022年）》	围绕现代畜牧业、农机装备、智慧农业、有机旱作农业、热带特色高效农业等主题培育建设国家农业高新技术产业示范区，推动国家农业科技园区、省级农业科技园区建设。 以国家农业高新技术产业示范区建设为龙头，用高新技术改造提升农业产业，壮大生物育种、智能农机、现代食品制造、智慧农业等高新技术产业。
2019年2月11日	农业农村部、国家发展改革委、科技部、财政部、商务部、国家市场监督管理总局、国家粮食和物资储备局《国家质量兴农战略规划（2018—2022年）》	大力推广绿色高效设施装备和技术，引入物联网、人工智能等现代信息技术，加快农机装备和农机作业智能化改造。 实施数字农业工程和“互联网+”现代农业行动，鼓励对农业生产进行数字化改造，加强农业遥感、大数据、物联网应用，提升农业精准化水平，推进生产标准化、特征标识化、产品身份化。
2019年12月25日	农业农村部和中央网络安全和信息化委员会办公室联合印发《数字农业农村发展规划（2019—2025年）》	到2025年，数字农业农村建设取得重要进展，有力支撑数字乡村战略实施。对符合条件的数字农业专用设备和农业物联网设备按照相关规定享受补贴。

续表

时间	相关政策文件	相关文件要求
2020 年 1 月 2 日	《中共中央 国务院关于抓好“三农”领域重点工作 确保如期实现全面小康的意见》	加快物联网、大数据、区块链、人工智能、第五代移动通信网络、智慧气象等现代信息技术在农业领域的应用。
2021 年 1 月 4 日	《中共中央 国务院关于全面推进乡村振兴加快农业农村现代化的意见》	实施数字乡村建设发展工程。推动农村千兆光网、第五代移动通信(5G)、移动物联网与城市同步规划建设。加快建设农业农村遥感卫星等天基设施。发展智慧农业，建立农业农村大数据体系，推动新一代信息技术与农业生产经营深度融合。

国家“十二五”“十三五”规划纲要中都明确提出物联网应用已成为国家新兴战略产业；连续十多年来，中央一号文件均涉及农业信息化的相关内容，如 2016 年中央一号文件提出大力推进“互联网+”现代农业，应用物联网、云计算、大数据、移动互联等现代信息技术，推动农业全产业链改造升级，2017 年中央一号文件则再次要求，实施智慧农业工程，推进农业物联网试验示范和农业装备智能化；党的十八大报告提出了“四化同步”的战略部署，将信息化和农业现代化建设提升到国家战略的高度，在 2019 年 12 月农业农村部和中央网络安全和信息化委员会办公室日前联合印发《数字农业农村发展规划（2019—2025 年）》文件中明确提出对符合条件的数字农业专用设备和农业物联网设备按照相关规定享受补贴。2020 年中央一号文件指出：强化科技支撑作用，提到加快物联网等现代信息技术在农业领域的应用；2021 年中央一号文件指出：全面推进乡村振兴，加快农业农村现代化，提到发展智慧农业，建立农业农村大数据体系，推动新一代信息技术与农业生产经营深度融合；2022 年中央一号文件指出：全面推进乡村振兴，提到大力推进数字乡村建设，推进智慧农业发展，促进信息技术与农机农艺融合应用。

农业物联网技术的发展及其进一步与大数据的深入融合将成为改变农业、农民、农村的新力量，发挥巨大作用，也将深刻影响现代农业的未来。

2. 发展前景广阔

《“十三五”全国农业农村信息化发展规划》中有一个重要指标，就是在未来五年内农业物联网、大数据等新兴信息技术在农业生产中应用的比例要达到 17%。充分利用物联网、大数据等信息技术改造传统农业，对农业生产要素进行数字化设计、智能化控制、精准化运行、科学化管理，是提高农业生产效率、提升产品品质、节约资源保护环境的有效措施，是加快建设智慧农业、推进农业现代化的必然选择。

我国是农业大国，而非农业强国。当前，我国农业正处于传统农业向现代农业的转型时期，近年来农业的持续高产高度依赖农药化肥的大量投入。然而，由于缺少精准的感测与调控，大部分化肥和水资源没有被有效利用而随地弃置，导致大量养分损失并造成环境污染，农业资源利用效率低，农田面源污染重，不仅浪费大量的人力物力，也对环境保护与水土保持构成严重威胁，给农业可持续发展带来严峻挑战。当前，在我国推行环境保护、节能减排政策的大环境下，利用实时、动态的农业物联网信息采集系统，实现快速、多维、多尺度的农业信息实时监测，并在结合测土配方施肥系统、智能节水灌溉系统等信息与种植专家知识系统的基础上实现农田的智能灌溉、智能施肥与智能喷药等自动控制，在保护环境的前提下有效提升农业生产效率和农产品品质，最终达成“绿水青山就是金山银山”的美好愿景。

3. 示范应用力度加大

自 2008 年以来，物联网技术得到了快速发展，智能感知、无线传感网、云计算与云服务等物联网技术逐渐渗透到农业生产、食品溯源、农产品供应链管理等领域，农业成为物联网技术发展和应用的重点与新方向。

2011 年，农业农村部结合国家物联网示范工程，在北京市、黑龙江省、江苏省开展了农业物联网智能农业项目应用示范。2012 年，科技部先后在山东、湖南、安徽、河南、湖北、广东、重庆 7 个省（直辖市）开展了国家农村信息化示范省（市）试点建设工作，并将实施农业物联网示范工程纳入建设范围，组织实施农业物联网重大技术专项。2013 年，农业农村部发布《农业物联网区域试验工程工作方案》，在天津市、上海市、安徽省率先实施农业物联网区域试验工程。经过一系列重大工程的实施，农业物联网涌现出一批较成熟的软硬件产品和应用模式，并取得明显成效。在此基础上，农业农村部于 2015 年推出了《节本增效农业物联网应用模式推介汇编 2015》，集中发布了大田种植、设施园艺、畜禽养殖、水产养殖和综合五大类共 116 项，可复制、可推广的节本增效农业物联网应用模式。

近年来我国农业农村部大力推进农业互联网、大数据等信息技术在生产经营中的示范应用，农业物联网技术正加快从实验室走进田间地头，走到圈舍鱼塘，走入农机设备。随着农业物联网示范实验深入推进，在全国范围内总结推广了 426 项节本增效物联网成果，有力推进了农业节本增效和生产智能化管理。在大田种植上，遥感监测、病虫害远程诊断、农机精准作业等领域开始大面积应用；在设施农业上，温室环境自动监测与控制、水肥药智能管理等领域加快推广利用；在水产养殖上水体监控、饵料自动投喂等领域快速集成应用。

二、物联网在农业领域面临的挑战

作为新的技术浪潮和战略新兴产业，农业物联网虽然得到了我国政府的高度重视，面临着前所未有的发展机遇，但同时我们也要认识到，我国农业物联网的发展仍然处于初级阶段，物联网在农业领域应用发展还存在较多问题，农业物联网技术、产品及运营模式等还不成熟，农业物联网的发展仍然处于探索和经验积累过程中。具体来说，我国农业物联网在各应用领域存在的问题可归纳如下。

1. 当前我国农业物联网缺乏统一的体系结构标准

尽管我国在国际物联网标准制定方面已经占有一席之地，但目前国内尚未建立完整的农业物联网技术产业发展的统一标准体系，存在各地区各行业标准不一致、标准与实际情况脱节等问题。

标准化是农业生产发展遵循的趋势，但农业应用对象复杂、信息量大、传感器尚未标准化，成为影响农业物联网应用成败的重要因素。由于农业物联网应用标准规范缺失，各相关应用系统的兼容性、互换性比较差，使得物联网技术在农业领域规范化应用发展受到制约，对农业物联网的投入造成很大浪费。相关农业物联网系统或产品的研发与应用无法做到技术领域的全覆盖，部分领域还存在技术空白。农业传感器标准化程度不够，可靠性难以保证，难以实现广泛的集成应用。例如，物联网在农业生产中应用时，采集相关数据需要大量的传感器，每种传感器有不同的接口，与之相对应的就有不同的接口要求。在数据传输层面，传感网建设缺乏统一的指导规范，多采用自定义传输协议，随意性较大；感知数据的融合应用和上层应用系统的开发也没有标准可循，无法互联共享，不利于产业化技术发展。各个示范园区甚至同一个园区内使用的无线传输和软件平台都不同，反映到应用层面就是相互之间的数据不能通用，整个物联网系统的兼容性差，造成这种局面的主要原因是缺乏统一的国家、地方和行业标准。

此外，标准规范缺失使得我国农业物联网广泛存在着异质性问题。农业物联网中的异质性问题涉及不同厂商的异构设备、不同格式的异构数据、不同输出格式的业务模型。设备的异构性阻碍了农业物联网的扩展，数据的异构性阻碍了模型对融合信息的利用。具体到相关物联网体系结构层次，由于各单位、各地区和各部门对物联网的界定缺少共识，建立物联网标准还停留在战略性层面，缺少系统详尽的数据和定义，在信息感知、传输和应用等层次都缺乏统一的技术标准和指导规范。具体来说，当前农业物联网各领域研究与应用存在两方面的问题，一方面是异构网络接入层硬件网关研究较多、嵌入式网关中间件研究应用相对较少的问题；另一方面是农业物联网数据共享层研究应用严重缺失，各应用系统一般直接将感知层获取的数据发送至农业物联网应用层，缺乏对感知数据的深度挖掘和分析，难以达到进一步指导农业生产的效果。然而，在农业物联网标准化方面，我国与国外处于同一起跑线，要抓住契机逐步建立起农业物联网标准体系，推动农业物联网产业的快速发展。

2. 相关农业物联网实施项目缺少有效的成本控制手段

农业属于低经济效益产业，而农业物联网技术采用的传感器等硬件设备和软件平台等其他设备的建设及后续维护，都需要投入大量资金，因此，成本高加大了农业物联网的市场化推进难度，其中，农业物联网的成本包括农业感知层、传输层硬件设备的安装费用及数据收集、分析硬件和软件的费用。当前，农业物联网设施的部署成本普遍较高，使其相关的应用局限在一些高价值作物或畜禽产品的生产管理领域，目前主要是以政府为主导的引导性示范和大型企业的前瞻性投入，难以普遍推广应用。特别是在大田生产环境中，农业物联网系统的成本甚至远远高出使用该技术所带来的效益。

以小麦生产为例，参照2017年的统计数据，小麦最低收购价为1.18元/斤[①]，在农业生产机械化的前提下，每亩小麦的生产成本为翻耕土地价格100元，种子60元，机播费20元，收割一亩地在50～100元，农家肥及使用化肥费用在200元左右，此外土地灌溉及农药使用合计费用在100元左右，总计费用在600元/亩左右。忽略农民种地的劳力成本和将近6个月的时间成本，按照1.18元收购，亩产600斤以上，才能基本保持收支平衡。在没有病虫害和自然灾害的理想条件下，小麦亩产1000斤，每亩地的利润仅在600元左右。如果采用大田物联网技术，构建小麦“苗情、墒情、病虫情、灾情”“四情”监测管理系统，能够取得的优势包括：首先是节约了劳动力成本，与一般种粮大户相比，每亩地节省的劳动力成本为120元左右。其次是减少了农资成本，由于传感设备能精确测定土壤中的肥力，化肥和有机肥的施用量减少20%～30%，农药的施用量也减少，平均每亩每年可节约农资成本70～80元。最后是提高产量，因为精准施肥用药，粮食产量比常规种植高8%～10%，还减少了农业面源污染。通过数据比对可以发现，假设构建了包括自动灌溉及测土配方施肥等功能完善的大田物联网系统，每亩地的物联网设备成本需8000元左右，预计可使用10～15年。如果以15年计算，每年每亩的成本为530多元，综合成本并不高。然而，对于农户而言，首次投入成本普遍超出其承受范围。当下，我国农村劳动力成本相对较低，大多数地区灌溉用水并不紧缺，大面积应用农业物联网技术种粮，实现精准化农业生产的需求并不突出。

快速、低成本、可靠、便捷地感知农业生产过程信息是物联网技术在农业生产中大规模应用的基础。如何在农业物联网应用领域，完成对农田、林地环境的检测、监控及机械设备的智能控制等成本的控制，使其低于人工成本，以发挥农业物联网的成本优势，是农业物联网能够商业化推广应用的必要前提。

---

① 1斤=500g。

3. 传感器技术发展存在瓶颈，传感器能耗问题缺乏解决方式

传感器属于物联网的“神经末梢”，是实现物联网全面感知的最核心元件，各类传感器的大规模部署和应用是构成物联网不可或缺的基本条件。现阶段我国企业所掌握的传感器技术都属于低端层次的技术研发，高端和新型传感器的核心技术仍然未完全掌握，农用传感器技术产品开发与国外发达国家相比，在稳定性、可靠性、低能耗性等性能参数方面还存在较大差距，高性能信息感知监测装备仍需要靠进口解决；农业应用传感器品种多、国产化率低、成本偏高、标准化研究少，成本较低的传感器生产还无法量化，尚未形成产业化规模，产品还缺乏市场规模效应；缺乏与农业、种植业有关的农业专用传感器，且传感器类型主要集中在对温湿度等的环境监测中，关于土壤地力动植物生命体系的监测传感器严重缺乏；各类农用传感器尚未形成具备自主知识产权的接口标准，电子标签制造环节的质量标准也比较低。依据2019年的统计数据，我国生产传感器的厂商中 90% 以上是中小企业，与发达国家相比，我国传感器产品的开发和研制落后 5～10 年，规模化生产落后 10～15 年，我国农用传感器的种类不到世界农用传感器种类的10%。国内生产的农用传感器和技术设备，经常因为日晒雨淋而出现故障。在我国一些偏远山区或丘陵地带，物联网部署艰难且落后，信息传输相对困难。目前的物联网设备主要应用于大棚或大田地块中，适宜山区复杂自然环境的装置设备还有待研制和开发。

在农业生产领域尤为突出的问题是农田无线传感器节点的节能问题，农用传感器通常都面临着使用条件多样化、工作环境恶劣、电源保障供给困难、使用寿命受限制等具体问题。现阶段国内还缺乏有效手段使整个数据传输网络体系的能耗降到最低，达到固定成本和维护成本的最低化。此外，农作物生产周期长、覆盖面积广，这就要求传感器节点数量多、分布全面、工作周期长。如何有效节省电能、延长网络的生命周期，是面向大规模农田种植的无线传感器网络需解决的重要问题。

4. 农业物联网信息服务欠缺，产业化体系不完善，专业人才缺乏

农业物联网技术是一门新兴交叉技术，要求技术人员既要有较为扎实的农业技术知识，又要对计算机、网络、电子、传感器技术等知识比较熟悉。据统计，截至 2022 年 3 月，全国开设物联网专业的高校共 382 所，占全国高等院校总数的12.3%，且并无专门的农业物联网专业，农业物联网专业人才急缺。江苏物联网研究发展中心农业分中心是我国成立的首个农业物联网研究机构，但仍有大量工作需要开展。此外，农业物联网技术普及得不够广泛。很多农业企业高层次管理人员、生产性技术人员和种植大户对农业物联网缺乏了解和认识，导致生产一线的需求难以激活，使农业物联网的应用失去驱动力。芯片设计制造、软件应用及开发等技术含量相对较高的环节相对薄弱，而且高端产品仍以国外产品为主导。由于农业产品的利润较低，而应用于物联网的传感器等感知设备及相应软件系统的投入较高，运转费用也很昂贵，一般农民很难负担。

当前我国高校、科研院所和企业虽然开展了大量物联网技术研究，但产学研合作不够紧密，甚至过多集中于概念的炒作，而缺乏具体实践的持续改进。以农为本，农户、企业、科研机构之间尚未建立利益紧密结合的产业化体系。具体表现在，当前我国农业物联网技术的应用大多数尚处于演示、形象、工程阶段，真正应用到农村农业生产实践中的很少，有的即使投入实际农业生产中，相对高昂的费用投入，产生的社会效益和经济效益也微乎其微，甚至入不敷出，因而在利益分配方面，各参与方对价值回报的期望就无法满足，难以调动各方面的积极性，推进产业发展。在设计研发初期一般都有较高的预期，对设备和人工使用成本、是否适合地域和作物的实际情况、能否产生效益等问题考虑较少。这类项目以基础建设为主，大部分投入用于设备采购，与农业行业知识紧密耦合的应用则很少考虑，是一种空洞的农业物联网应用。投资上千万元的项目，仅仅实现了温湿度的监测或病虫害的预警预测，这是典型的大系统小应用类项目。基于每年高达几十万元的数据传输线路租用费，再考虑到维护和折旧因素，每年的使用成本上百万元，是一种用户不堪重负的应用。

5. 网络安全与数据有效性问题

农业物联网是一种新型系统，它的数据存储和传输方式都是革命性的，需要虚拟的网络世界和现实的物质世界进行实时的交互，而且这种交互无处不在，数据的感知无时无刻不在进行，使得生产对象、外界环境乃至生产者都成为网络中的节点，相互沟通交流。因此，农业物联网带来了较多的安全问题和隐私问题、数据保护和资源控制问题及涉及多个社会层面的道德伦理问题。

在整个网络中，任何一个漏洞都可能会产生较大的影响和危害。因为在农业物联网中信息的传输、数据的存储和信息的处理通常是无线的，这种无线连接使农户经营过程的隐私数据保护及自有资源的控制成了问题。农业物联网的优势在于最大限度地提供农产品生产销售过程中的信息，但这种信息公开在技术上可能导致被攻击，以达到商业机密窃取和商业数据篡改的目的，不法分子可能使用盗取的合格农产品信息，窃用到不合格的农产品上，使其流入农产品市场。

此外，农业物联网基础数据的准确性也无法保障，一定程度上影响了农业物联网的安全性。农业物联网的部分数据仍然采用人工录入的方式，部分环节的数据录入仍然没有配套的传感器，因此这个流程的人工录入无法保障真实、有效和准确，使得农业物联网的信息提供难以确保全部真实准确，部分加工商可能利用该漏洞进行错假数据的录入，或者利用从网上获取的合格农产品的信息，使不合格的农产品流入市场。同时，农业物联网也拓宽了非法获取个人信息的渠道，给个人隐私的保密带来更大的困难。由于售出后的农产品的二维码仍然保持“工作”状态，将这些标签携带的数据搜集整合，建立生产商和客户资料数据库，就能全面了解生产者和消费者个人的资料信息，可用于农产品市场的营销和竞争。农产品生产商和销售商采用有差别的价格，将无差别的安全农产品卖给不同的顾客，甚至将不安全的农产品贴上安全标识后销售给不同价格期望的顾客。因此，农药使用等数据的真实性、农产品生产企业及农业从业人员数据信息的安全性和隐私性，将是农业物联网推进过程中需要重点解决的问题。

6. 农业业务模型实用性问题

农业业务模型的实用性需要加强。虽然农业物联网应用汇集了大量农业数据，但这些实时感知数据没有得到充分的挖掘利用。目前主要还是时序控制、单一指标控制，难以实现按需控制和多指标控制，应用系统的智能化程度需要提高。虽然目前在农业知识模型、农业模式识别、农业知识表示、农业业务模型的机器学习方面已有突破性进展，但部分模型、算法不足以反映客观现实，以致失去了指导农业精细生产的实际意义。

7. 环境问题

在物联网中，无论是信息采集设备还是无线数据传输设备，都会对周围环境产生电磁辐射。当电子器件被大量使用时，操作者就会陷入充满电磁辐射的危险空间中，如果功率过高，可能会严重损害身体健康。在农业物联网中，电子器件的电磁辐射还会对空气、水、植物、动物等产生影响，大大降低了农产品的品质，甚至生产出有毒的农产品，并最终对食用者造成伤害。这样人类就掉进了自己设计的高科技电子产品的陷阱之中。

同时，在大规模的农业物联网中，电子标签和相关电子器件应用后所带来的环境污染——“绿色环保”的问题也令人担忧。针对电气电子设备报废产生的环境问题，欧洲议会和欧洲理事会曾发布了电气电子设备报废指令，旨在将电气电子设备在其生命周期中和成为废品后对环境产生的影响最小化。它鼓励收集、处理、再循环、再利用电气电子设备报废品，以减少废物排放，规定制造商负责大部分此类活动的费用。此外，还寻求改善电气电子设备生命周期中所涉及的所有人员的生产生活环境条件。

第二节　农业物联网发展需求与趋势

物联网技术在大田种植、设施园艺、畜禽养殖及农产品安全溯源等主要现代农业领域应用，将有助于把握中国农业物联网发展趋势和内在需求，从而实现“全面感知、可靠传输及智能处理”，为推动中国农业物联网的发展提供技术支撑和理论依据。未来农业物联网的研究应紧密围绕发展现代农业的重大需求，在农业物联网体系结构基础上，加强基于 RFID 的识别技术与基于传感器的感知技术获取信息的无缝整合研究，实现农业生产、流通、加工、消费全产业链的信息深度融合与挖掘。面向不同应用对象，进一步精炼系统实现结构，利用大数据思维构建农业知识决策模型和阈值控制模型，开发成本低、易用性强的终端智能装备，在重点区域和典型产业进行应用示范，推动农业物联网持续快速健康发展。

一、农业物联网发展需求

我国农业物联网发展的关键在于结合中国国情和农业特点，实现关键核心技术和共性技术的突破创新，最终成为精细农业应用实践的重要驱动力。发达国家在农业物联网技术研发和产业化应用方面已经取得了较大的进展，相比我国存在以下优势：美国、日本、韩国和欧盟等发达国家和地区在物联网的发展中非常重视基础技术的研发，尤其是传感器技术的研发，并投入大量支持经费；农业生产规模大，为农业物联网技术提供了广阔的应用空间，农业物联网技术进一步提高了农业机械的生产效率，形成了以平台推技术、以技术提高平台优势的良性循环；政府支撑力强大，互联网基础网络环境完善、物流基础环境等各类硬件基础设施先进。以养殖大户、家庭农场为主的新型农村经营主体普遍具备扎实的互联网和电商知识。农业物联网技术标准化体系完善，具备国际影响力的标准体系，如 IEEE、EPC global、ETSI M2M、ITU-T 等，涵盖了 M2M 通信、标签数据、空中接口、无线传感网等农业物联网所需的关键数据与通信标准。

我国农业物联网的发展应重点对比发达国家农业物联网的优势，同时结合我国农业特点，在拉近与发达国家在农业物联网技术方面差距的同时，解决我国制约农业物联网发展的瓶颈问题。

（1）农业物联网应用重点改革各地农业小规模经营现状，应适当引导扩大农业种植规模，集中连片地大面积耕种，提高农业机械化程度和新技术采用率，增强种植的专业化水平和土地产出率，为农业物联网的实施提供适宜的环境。

（2）农业物联网标准化重点是攻克农业物联网相关标准的研究与修订，缩短行业达成共识的时间，统一农业物联网技术和接口标准，掌握物联网在农业市场的控制权，加强国际合作，积极参与国际标准建设工作，借鉴和引进国际先进标准。

（3）农业感知技术重点发展高灵敏度、高适应性、高可靠性传感器，并向嵌入式、微型化、模块化、智能化、集成化、网络化方向发展，攻克数字补偿技术、网络化技术、智能化技术、多功能复合技术，完善制造工艺，提高环境适应能力与精度，在新材料应用、生产制造工艺与产业化技术水平上，也要形成明显的竞争优势。

（4）农业信息传输技术重点发展无线传感器网络在精细农业中的应用，具体可概括为 4 个方面：空间数据采集、精准灌溉、变量作业、数据共享与推送，攻克低功耗无线传输技术。推进传输节点的集成化与小型化、网络的动态自组织、信息的分布式处理与管理的发展。

（5）农业智能信息处理技术重点发展大数据技术、人工智能技术在农业物联网中的具体实现，深入研究深度学习算法，以深度学习算法提高农业模式识别准确度、业务模型准确度、复杂农业变量间关系的知识表示准确度，重点攻克海量数据的分布式存储系统与业务模型在智能装备中的嵌入技术，发展流数据实时处理技术。

（6）基于主流农业物联网嵌入式平台以统一的接口连接异构设备，结合深度学习算法处理非常规类型数据（语音、自然语言、图像）的异构数据，实现非常规异构数据间、非常规类型与常规类型数据的融合。

此外，国内农业物联网技术的先驱平台要理解农业行业本身，理解物联网，依托资源优势，渗透农村和农业市场，进而提升平台与技术优势，形成以平台推广技术、以技术发展现代农业、以现代农业提升科研平台的良性循环。

二、农业物联网发展趋势

1. 传感器将向微型智能化发展，感知将更加透彻

农业物联网传感器的种类和数量将快速增长，应用日趋多样。近年来，微电子和计算机等新技术不断涌现并被采用，将进一步提高传感器的智能化程度和感知能力。

具体到相关应用领域，在农业标识技术方面，作为目前物联网规模化识别的主要技术，近年来，射频识别（RFID）在质量追溯、仓储管理、物流运输、产品唯一性标识等领域的应用已取得令人瞩目的表现。基于 RFID 进行标识的研究热点已延伸至精准位置标识、定位及自主导航上，主要通过位置信息融合从而实现物体位置标识、定位及自主导航。此外，针对 RFID 的链路及防碰撞协议、远距离通信、改进标签技术等方面的研究将进一步改进 RFID，使其适应更多的应

用场景。

在电化学传感器领域，电化学传感器的感知机理是指通过检测目标物质的电学及电化学性能，转换待测物的浓度为电流、电位或者电阻等特征信号进行定性或定量分析。当前，电化学传感器的主要特点是耗电小、操作简单、分析速度快、灵敏度高、选择性好、成本低廉、仪器可集成化、微型化。原电池法、极普法、荧光猝灭法是电化学感知的主要实现方法，大部分类型的电化学传感器的主要缺点是使用寿命较短。由于纳米材料与纳米技术的发展实现了单链 DNA 在电极表面的固定，各种类型的 DNA 电化学传感机理得以广泛研究。当前电化学传感器制备工艺的研究热点是纳米片修饰电极工艺、分子印迹工艺、丝网印刷工艺。

在光感传感器领域，相比于电化学传感器，光感传感器不需要与被检测物质发生化学反应的电极，不存在电极表面钝化、中毒及电极膜污染等问题，重复性与稳定性良好，能够实现长期在线监测。农业物联网所应用的光感传感器的光学感知机理主要包括荧光猝灭效应、分光光度法，另外光纤倏逝场效应已在氨气、湿度的检测上取得较大进展，且具有重量轻、灵敏度高、便于组网的优点，在农业领域具有极大的应用潜力。

在电感传感器领域，电感传感器电学感知机理在农业物联网中主要用于温度、湿度的测量。其中，空气温湿度的电学感知机理已经成熟，研究热点主要集中在土壤水分的检测上。由于土壤介电常数是土壤含水率的函数，同时介电法测量土壤水分具有响应速度快、安全性高、重复性好等优点，所以介电法是土壤水分定量检测的最佳方法。测量土壤含水率的方法主要包括时域反射法（TDR）和频域法（FD），基于 TDR 的土壤水分测量是国外的主流方法，也是国内亟须进行深入研究的热点。

2. 信息传输将更加便捷，网络互联将更加全面

信息传输技术是指通过运用不同类型通信信道的传输能力和传输效率，使数据信息能够面向各种类型的应用提供可靠的数据传输服务。信息传输技术可分为有线信息传输和无线信息传输，信息传输技术的宽带化、移动化、智能化、个性化、多功能化正在成为新一代信息产业革命的突破口。与之相对应，农业物联网也在信息传输技术方面取得了一定的进展。

农业现场总线技术主要应用于农业控制系统的分散化、网络化、智能化，实现了农业机械控制系统的高可靠性和实时性，是现代农业物联网中应用最广泛的一种有线传输技术，适用于现代农业复杂的生产和运行环境管理。与无线通信技术相比，有线通信的最大优点是数据传输稳定、速度快。目前，农业现场总线技术主要包括控制器局域网（CAN）总线和 RS485 总线。CAN 总线是农机自动化控制、农业物联网、精准农业应用最多的总线技术，基于 CAN 2.0B 协议，国际

标准化组织制定了农林业机械专用的串行通信总线标准 ISO11783 协议，广泛应用于农机数据采集传输、农机导航控制、分布式温室控制、农业环境监控、节水灌溉、水产养殖监控系统等领域。RS485 总线是串口通信的标准之一，采用平衡传输方式，当采用二线制时，可实现多点双向通信，抗干扰能力强，可实现传感器节点的局域网兼容组网。由于其灵活、易于维护，广泛应用于农业监控系统中。此外，对应于特定厂商的硬件产品，还有 LON 总线、Avalon 总线、1-wire 总线、Lonworks 总线。农业现场总线技术实现了农业控制系统的分散化、网络化、智能化，同时，由于其鲁棒性、抗干扰能力强、故障率低，是确保农业物联网关键节点信息传输的必备技术。

无线传输技术以其无须布线、组网灵活、综合成本低以及维护费用少等优点得到广泛应用。在农业物联网中主要应用的无线传输技术是无线传感器网络（WSN）技术。无线传感器网络是由大量具有片上处理能力的微型传感器节点组成的网络，其特点是易于布置、灵活通信、低功耗、低成本，广泛应用于农业信息的采集与传输。无线传感器网络技术是传感器技术、微机电系统技术、无线通信技术、嵌入式计算技术和分布式信息处理技术的集成，其研究范围主要集中于通信、节能和网络控制三个方面。构建无线传感器网络的传输技术根据通信距离、覆盖范围可以分为无线局域网技术、无线广域网技术。无线局域网技术主要包括 ZigBee、WiFi、Bluetooth，是主要频段为 2.4GHz 的短距离通信技术。无线局域网技术的网络扩展能力强，常用于短距离的设备组网，以满足多台设备的互联需求。无线广域网技术包括蜂窝移动通信网、LPWAN（低功耗广域网）；蜂窝移动通信技术目前经历了 5 代技术更新，以“万物互联”为目标的第 5 代移动通信技术（5G）在 2016 年公布，为农业物联网进一步升级农业数据传输效率带来新的动力。以 LoRa、窄带物联网（NB-IoT）、Weightless、Sigfox 为代表的低功耗广域网（LPWAN）技术是近年来物联网研究的热点方向之一。低功耗广域网技术按协议调制方式可以分为扩频技术、超窄带技术、窄带技术、RPMA。低功耗广域网技术具有传输距离远、功耗低、成本低、覆盖容量大及传输速率低、时延高的特性，适合应用于长距离发送小数据量的物联网终端设备间的数据传输，无线广域网技术必会随着通信技术的进步而获得新发展。

3. 物联网将与大数据深度融合，技术集成将更加优化

随着信息技术的不断普及，计算机存储技术快速发展，数据量跨入 ZB（1.024×10^{21}bit）时代，待处理的信息量超过了一般计算机在处理数据时所能使用的内存量，新的分布式系统架构 Hadoop 和计算模型 Map Reduce 应运而生。全新的技术条件使得对海量数据的整合、聚类、回归等变得可行。2012 年迈尔-舍恩伯格和库克耶在《大数据时代》一书中提出，大数据是人类学习新知识、创造新价值的源泉。大数据的主要特征可以概括为“4V”特征，即规模性（volume）、快速性（velocity）、多样性（variety）、真实性（veracity）。随着农业信息采集技术的不断推广普及，海量农业数据呈现出结构复杂、模态多变、实时性强、关联度高的特点，传统的农业数据统计方法已难以满足农业智能信息处理的需求。农业大数据是对多源异构的海量农业数据的抽象描述，通过挖掘农业数据价值，加快农业经济转型升级。农业大数据的主要处理技术是 Map Reduce 软件模型与 Hadoop 架构。主要包括 HDFS（hadoop distributed file system，分布式文件系统）与 Map Reduce 的并行计算框架：HDFS 的主要作用是整合不同地址的海量数据资源，为并行计算分配不同的数据资源并向用户共享可公开访问的数据；Map Reduce 框架包括 Mapper 主机、Reducer 主机、Worker 主机，Mapper 主机根据用户请求转化为对应的计算任务，根据 Worker 主机数量建立任务池，并下发给各 Worker 主机，Worker 主机依照任务从 HDFS 资源池获取资源、进行运算，运算结果将提交给 Reducer 主机进行进一步的整合、统计，获取从海量数据中挖掘出的价值信息，并将价值信息反馈给用户或进行存储。

利用大数据技术发现农业新知识、新规律，对实现精准农业具有重大意义。我国于 2003 年启动农业科学数据共享中心项目，经过多年发展，数据量的积累已初见规模，截至 2016 年年底，共积累 2.9TB 的农业数据，其中包括 1.2TB 的高分辨率影像数据。农业大数据的来源包括：农业生产环境数据；生命信息数据；农田变量信息；农业遥感数据；农产品市场经济数据；农业网络数据抓取。海量多源数据为农业大数据的研究奠定了基础，相关方面的研究主要集中在监测与预警、数据挖掘、信息服务等方面。农业数据体量大、结构复杂、模态多变、实时性强、关联度高，通过大数据技术从海量农业数据中获取价值关系，是解决农业变量高维、强耦合问题的主要途径。农业大数据的本质是针对特定农业问题，依托大体量农业数据与处理方法，分析数据变量间的关系，制定解决方案，农业大数据的规模性（volume）、多样性（variety）决定其复杂程度，农业大数据处理方法的快速性（velocity）、真实性（veracity）决定其质量。基于农业大数据技术，深入分析农业数据，发现潜在价值是农业物联网智能信息处理的研究重点，大数据的应用主要集中在精准农业可靠决策支持系统、国家农村综合信息服务系统、农业数据监测预警系统、天地网一体化农情监测系统、农业生产环境监测与控制系统。

4. 基于农业物联网大数据的人工智能技术将得到进一步的发展

人工智能（artificial intelligence，AI）是指基于计算机技术模拟或实现的智能，亦称为人造智能或机器智能，AI 的三个核心技术是：表示、运算、求解。农业人工智能是人工智能技术在农业生产、业务上的具体实现，农业人工智能的主要研究方向可概括为知识表现、模式识别、智能规划、信息搜索 4 个方面。农业知识表现的研究内容是农业知识的数字化及决策支持；农业模式识别的研究内容是农业对象的识别方法；农业智能规划的研究内容是农业机械的智能化作业；农业信息搜索的研究内容是农业主题信息的搜索。

近 5 年我国农业人工智能的重点研究方向是农业模式识别和农业智能规划，农业模式识别的研究热点趋向于与深度学习算法的结合，农业智能规划的研究热点侧重于建模与控制方法的研究；农业知识表现的最新研究热点是知识图谱，农业信息搜索的研究侧重点在于网络爬取技术及农业信息搜索引擎技术。在国际上，农业人工智能技术的研究始于 2000 年，农业发达国家已经出现商业化的耕作、播种、采摘等面向单一农业业务的智能机器人，也具备比较完善的智能土壤探测、病虫害识别、气候灾害预警的智能系统，用于畜禽养殖业的畜禽智能穿戴产品也已实现量产。农业人工智能技术在农业的产前、产中、产后、运维方面均有应用，产前业务的研究包括：土壤分析及土地景观规划、灌溉用水供求分析及河川日常径流量预报、种植品种鉴别；产中业务的研究包括：水质预测预警、水产养殖投喂管理、作物种植及牧业管理专家系统、插秧系统、田间杂草管理；产后阶段的研究包括：农产品收货，农产品检验、品种分类、染料提取及蒸馏冷点温度预测；运维业务包括：农业设施装备运行管控、农业设施装备故障诊断等。

随着大数据技术的成熟、海量基础数据的不断积累，深度学习算法迎来第 3 次科研成果暴发，深度学习算法是一种以人工神经网络数学原理为基础、以多层参数学习体系为结构、以海量数据训练参数的机器学习算法，其特点是可自动抽取数据中蕴含的特征，并可对高维复杂变量间的关系进行数学表示，理论上可以通过深度学习算法对现实世界的一切过程进行数学表达。深度学习算法有许多变种，从有无人工标注的参与可以分为监督学习、非监督学习；从算法输出可以分为判决式学习、生成式学习。深度学习算法已在数据预测回归、图像识别、语音识别等模式识别方面成熟应用，在自然语言处理、图像内容的语义表达（看图说话）、图像问答等非数值型数据的特征提取、建模方面不断取得进展，为异构数据的融合提供更加强大的解决方案。我国农业人工智能的研究侧重点在由以往单一的知识表现研究向复杂系统规划、模式识别、机器学习迁移，这也与国际农业人工智能领域的研究热点相符合，同时我国农业人工智能技术主要侧重于农业产中业务，基于农业机器人的综合业务研究正处于基础性研究阶段；我国农业人工智能技术在农产品物流方面的研究比较欠缺。深度学习的研究成果与未来研究方向将对农业人工智能技术的发展产生重大意义。

5. 云计算助力农业业务模型实现智慧农业

农业业务模型是农业大数据技术、农业人工智能技术的结合，是农业智能决策、农业智能控制的重要依据，涉及知识表示、模式识别、机器学习、图像处理等领域，在作物栽培、节水灌溉优化、农业灾害预测预警、养殖场智能管理、饲料配方优化设计、土壤信息与资源环境系统管理及农机信息化管理等方面进行了广泛应用。例如，通过挖掘特定农业业务的专业知识、变量间关系，整合农业专家多年积累的知识、经验和成果，对专家知识库建模，模型以农业问题为输入，输出等同于专家水平的结论。云平台是农业业务建模的广泛数据资源，也为建模算法提供了更为有效的运算途径。当前国外物联网云平台，均具备实时数据获取、抓取及数据可视化功能，绝大多数都具备数据分析功能，开发费用均较低，多数为开发者开放了足够的免费开发支持。

在具体的应用方面，刘双印等（2014）以南美对虾养殖为研究对象，融合养殖环境实时数据、对虾疾病图像数据和专家疾病诊治经验等多种信息，构建了基于物联网的南美对虾疾病远程智能诊断模型。在国外发达畜牧业国家，已有通过在牛身上安装运动颈圈和 GPS 传感器，观察和记录牛的觅食、反刍、走动、休息和其他活动的行为（包括与物体磨蹭、摇头、梳理皮毛），对牛的行为分类进行建模，实现了对动物个体行为的准确掌握，提升了养殖场的管理水平；在国外发达畜禽养殖业国家已广泛存在针对各类畜禽动物的健康诊断模型，基于该业务模型的 ZigBee 监控系统可根据温湿度指数分析畜禽的应激水平，并已广泛普及。精准的农业业务模型有助于农业业务摆脱对传统主观经验的过度崇拜而导致的盲目性、不确定性，使农业业务各具体环节的决策依赖于科学的数据统计结果与专业的业务知识，推进农业业务的智能化、集群化、跨媒体管理，提高自动化水平与精度，实现稳定的高产、高效、低成本。

6. 农业物联网嵌入式平台构建智能农业装备

农业智能机械是代替人力的直接农业劳动力来源，也是农业物联网底层控制网络的具体执行机构。国际各大嵌入式平台与芯片平台开发商早已有意识抢占物联网嵌入式开发平台高地，推出一系列适用于物联网应用的产品，如 Arduino、Uno、Arduino Yun、Intel 的伽利略创 2 等，这些物联网平台已实现农机参数共享、农机信息融合、农机远程通信。农业物联网嵌入式平台推动了农业智能装备的研发、升级，农业智能机械的研究内容包括农机作业导航自动驾驶技术、农机具远程监控与调度、农机作业质量监控、农业机器人等方面。

在国内，白晓平等（2017）在建立收获机群运动学模型的基础上，结合反馈线性化及滑模控制理论设计了渐进稳定的路径跟踪控制律和队形保持控制律，实现了联合收获机群协同导航作业；国家农业信息化工程技术研究中心研发了基于 GNSS、GIS 和 GPRS 等技术的农业作业机械远程监控指挥调度系统，有效地避免了农机盲目调度、极大地优化了农机资源的调配。在国外，针对传统的路径生成方法——Dubins 路径没有考虑最大转向速率的问题，已有学者提出了曲率和速率连续的平滑路径生成算法，使该算法平均计算时间为 0.36s，适合实时和模拟方式来使用。在双目视觉领域，已有学者研究通过一对前置的立体相机获取图像的颜色、纹理和三维结构描述符信息，利用支持向量机回归分析算法估计作物行的位置，并基于此进行农业机器人自动导航。农业物联网嵌入式平台将突破制造商不同而造成的设备数据共享屏障，为底层控制网络的组件、农业装备的智能化升级奠定了基础。

此外，政府部门是农业智能机械技术研究与推广的主力，2013 年农业部在粮食主产区启动了农业物联网区域试验工程，利用无线传感、定位导航与地理信息技术开发了农机作业质量监控终端与调度指挥系统，实现了农机资源管理、田间作业质量监控和跨区调度指挥，工程所取得的成功必然会推动各地农业主管部门对农业智能机械的推广，并采取因地制宜的应用。

7. 农业智能环境监控与决策平台实现农业物联网系统应用

农业智能环境监控是指利用传感器技术采集和获取农业生产环境各要素信息，通过对采集信息的分析决策来指导农业生产环境的调控，实现高产高效。目前国内外已经有许多针对农业场景的环境智能监控平台，可以实现农业物联网基本的自动化环境监控业务，如国外的 Edyn 平台，已经具备一定的用户量，通过架设太阳能供电的底层监控网络，用户便可以在 Edyn 平台上实时查看温室的土壤、供水、肥料、空气、光照信息，平台会根据这些信息向用户提出最佳的控制方案，用户也可以自行设定各执行器的工作时间与工作条件。同时，为确保饮用水的安全供应，国内外均已开发应用了低成本且技术成熟的实时水质监控物联网系统，监测参数包括水温、pH、浊度、导电率、溶解氧等，并通过核心控制系统对监测数据进行处理，监测数据可以通过互联网进行查看；此外，可再生、低成本、能量自给的土壤无线环境监控系统也已在国外初步实现，使用该项技术进行远程农田环境监控可以降低人工和传感器电池更换的成本。针对蔬菜温室的无线传感器网络架构，通过分析温室环境特点，国内外均已设计开发应用了基于无线传感器网络技术的低成本温室环境监控系统，结合专家系统指导，采取远程控制滴灌等适当的措施，实现科学栽培、降低管理成本。

农业环境信息的精度与实时性程度，决定了农业业务执行的精度与实时性，农业环境监控的精细化程度决定了农业资源利用效率的高低，有效且精细的农业环境监控可提高农业资源利用效率。通过上述分析可知，国外绝大多数农业智能环境监控平台能够实现农业物联网基本的智能环境监控业务，即做到农业环境数据的实时共享、农业环境控制方案的辅助决策、用户对农业环境的实时与定制化控制，且绝大多数平台同时具备移动客户端。在各大科研院所的推动下，我国也已具备相同水平的农业环境监控平台，然而平台的用户量、普及率远远低于国外平台。普及农业环境智能监控平台、推动平台智能决策机理的进一步研究，以及平台的标准化、组件化、云化是国内农业物联网发展的重要任务之一。

8. 农产品物流与安全溯源实现舌尖上的安全

农产品物流与安全溯源层面的集成与应用主要体现在农产品包装标识信息化及农产品物流配送控制技术，农产品物流配送信息化的主要技术包括条形码技术、电子数据交换技术、个体标识技术、射频技术等；农产品物流配送控制技术主要包括冷链技术、农产品配送机器人分拣与自主行走等技术。通过电子数据交换技术、条形码技术和 RFID 电子标签技术等实现物品的自动识别和出入库，利用无线传感器网络对农产品配送机器人的分拣与自主行走进行控制，并通过冷链技术保证配送过程中农产品的质量与鲜活度要求，实现配送过程农产品保质保量、来源可追溯、去向可追踪的目标。

国外对农产品可追溯系统进行了深入研究，如美国的农产品全程溯源系统、瑞典的农产品可追溯管理系统、澳大利亚的牲畜标识和追溯系统、日本的食品追溯系统和欧盟的牛肉可追溯系统等；RFID 技术在动物个体标号识别、农产品包装标识及农产品物流配送等方面得到非常广泛的应用，如加拿大肉牛已从 2001 年起使用的一维条形码耳标过渡到电子耳标；日本 2004 年构建了基于 RFID 技术的农产品追溯试验系统，利用 RFID 标签实现对农产品流通的管理和个体的识别；国外发达国家也已实现猪肉的可追溯系统，并通过实验证明了该系统的可行性。

我国在北京、上海、天津等地相继采用条码技术、RFID 技术、IC 卡技术等建立了以农产品流通体系监管为主的质量安全溯源系统，国内学者针对各类农产品可追溯系统进行了较为全面的研究：如已有将数据网格技术与 RFID 技术相结合，构建了基于数据网格的 RFID 农产品质量跟踪与追溯系统，实现农产品跟踪与信息共享的物联网系统应用；在以 RFID 电子标签为数据载体、结合 EPC 编码体系对猪肉进行唯一标识的基础上构建 RFID/EPC 物联网架构下的猪肉跟踪追溯系统，实现猪肉供应链各环节溯源信息数据的自动采集和猪肉生产全程的网络化管理；针对水产品冷链配送控制研究方面，汪庭满等（2011）基于 RFID 对每批次的冷链罗非鱼进行编码，实现了冷链配送过程中的实时温度监控及运输后罗非鱼的货架期预测；对于农资产品，我国已具备由农资溯源防伪、农资调度和农资知识服务 3 个子系统组成的农资溯源服务系统。

荷兰、比利时、美国等的农产品交易市场已经搭建好具备农产品物流自动配送、农产品质量追溯业务功能的农产品物联网：每个农产品均通过个体标识技术连接进入农产品交易网络，农产品信息会上报至交易平台供用户估价、交易，交易成功的农产品由配送机器人自动下单、筛选、搬运，质量追溯信息会随个体标识信息伴随农产品配送至每个消费者。我国目前还处于农产品物流与安全溯源相关物联网技术的关键研发期，虽然国内在个体标识技术、机器人室内定位与导航技术、质量追溯技术的研究已经比较完善，但并不适合应用在当前相对落后的农产品交易模式，政府也在积极搭建农产品质量追溯环境、培育民众的食品安全意识，让农产品物联网真正在国内落地。

第三节　农业物联网发展对策与建议

农业物联网技术的发展为现代农业的进步提供了前所未有的机遇。而与此同时，现代农业品种的多样性、农业生产的时空差异性、农业生态区域的不稳定性也在很大程度上限制了农业物联网的应用发展，极度缺乏可复制与易推广的应用模式。目前，我国农业物联网技术发展方面有较深入的探索，已将互联网技术、物联网技术融合应用于农业的生产、经营、管理、服务全过程。通过引导各方资本、创新要素向现代农业集聚，并利用物联网技术培育了一批电商农产品，创建了一批农业物联网示范基地，建设了农业物联网大数据综合服务平台，等等。但是，我国物联网技术核心基础薄弱，对农业物联网技术的发展也有相当的挑战，应采取一定措施，确保更好地应用物联网技术，促进农业产业转型升级，促进农业供给侧结构性改革，营造现代农业新型生态。

一、制定农业物联网标准

国家相关农业部门要起到一定的示范作用，加快制定物联网农业行业使用规范，重点囊括农业传感器及标识设施性能、接口规范、农业数据处理分析、使用服务标准等相关标准，以便引导农业物联网技术的运用发展。通过制定相关的信息产业政策、法规和标准，明确规定发展农业物联网的意义、目标和重点。同时，鼓励全国科研院所、管理部门、高等院校、企业、基地等参与物联网标准制定工作，优先发展和重点扶持农业物联网设备产业，调动农业物联网技术人员和推广人员的积极性和创造性，加快农业物联网的发展步伐，引导农业物联网规范建设运营。合理构建农业物联网标准体系具体内容包括：①要制定完善的信息感知标准，包括传感器制造、测试及使用过程中的规范与标准及传感器数据建模标准等。②要制定合理的信息服务标准，包括农业物联网中服务对象的分类、定义、标识和农资、农产品的数据格式、编码等。③要制定科学的信息应用标准，包括农业物联网中项目建设的相关规范、智能化系统的集成与应用标准等。

二、加快农业物联网核心技术研发

重视对农业物联网中农用传感器、信息智能处理、网络互联网等关键技术的研究，通过对国外先进技术的借鉴、利用，不断攻克其中的关键技术，改进现有技术，加快规模效益的形成速度，为我国农业物联网的建设与完善提供有力的支持。农业物联网的技术核心主要分三个层次，即感知层、传输层、应用层。其中重要的感知层方面技术薄弱，我国国产农用传感器虽然已取得了较大进展，但传感器核心元件仍依赖于进口。我国自主研发的相对较少，而且性能达不到应用要求。以种植业为例，我国目前仍然没有成熟的作物养分、病害传感器。对种植业来说，作物养分感知是实现所有农业智能化控制的基础。同样，土壤养分传感器也主要依赖进口，特别是养殖水体检测方面，专业传感器大量依赖进口产品。传感器基础薄弱制约了我国农业物联网产业的发展。因此，在推进农业物联网技术应用的同时，应该加快基础技术研发，深入研究传感机理与开展产品研发，加快研制适应我国农业现状的相关物联网产品，加强对农业专用传感器、微型化传感器、智能仪表等硬件技术的研发与应用，加强对作物本体信息（如植物营养、生长状态等）的感知设备的研发，着重微型传感器中能源自给与节能控制技术的开发，提升我国自主研发水平及能力，整体提升我国农业物联网产业的发展水平。在传输层要重点研究农业物联网中的体系结构与感知节点的部署管理。在应用层应积极引进大数据与云计算等数据存储、处理技术，结合我国农业发展现状建立符合我国国情的农业物联网服务平台，为农业物联网相关产品、系统的大规模应用提供支撑。

三、加强农村现代化人才培养

农业物联网作为一种新兴的信息科技力量，在农村、农业生产中扮演着越来越重要的角色，要使物联网在农业生产中发挥作用，必须要有相关的技术人才作保障。而目前农业从业人员文化素质普遍偏低，缺乏应用信息科技的能力，制约了物联网技术在农业生产中的推广。因此，必须提高农业从业人员素质，做好技术培训工作，通过人才培养、人才引进来适应信息科技对农业发展的需要。建立农业物联网技术人才的培养机制，培养农业物联网人才队伍，可通过高校培养或从现有农技推广部门选择培养具有农业基础的高层次农业物联网技术人才，注重加强对现有农业物联网技术工作人员的继续教育和岗位培训。联合科研院所与高等院校，在现有物联网的专业中增设农业领域的培养方向，探索出一条订单式的新型人才培养模式。同时，要善于利用高等院校的师资力量和学习条件，并加强与农业物联网应用单位的合作，通过校企合作的开展，进一步强化对农业生产、经营相关工作人员的培养，开展农民专业培训、新型职业农民教育、科技下乡活动，切实提高农民科学文化素质，使农民接受农业物联网这一新兴事物，使农业物联网技术能够更好地落实到具体的工作中，为农业物联网的可持续发展提供强大的人才支撑。建立科学合理的人才激励机制，吸引更多的人投入农业物联网技术的学习与应用中，不断扩大现有的农业物联网人才队伍。

四、加快促进技术转化为生产效益

农业物联网技术在农业中的应用不仅要投入相关传感设备、控制设备，还要改进农业生产设施，甚至需要专业人员维护。相比传统农业生产而言，成本有较大提高，农民收益风险增大，这是制约农业物联网技术在我国推广应用的核心问题。解决该问题应从三方面努力：物联网技术产品供应商方面，应该研究如何降低设备成本、降低设备性投入，尽量让科技适应当前的设施条件与发展水平。用户使用方面，应紧密结合农产品生产效益，在通过技术提高效益与投入成本之间进行较好的权衡。政府方面，应该努力发挥引导作用，充分利用好政府补贴资金做好相关的技术引导和示范。在加大投入力度的同时，不断创新其运行机制，探索出一种可持续发展的应用模式。除依靠政府的资金扶持外，要引导多元化资本进入农业物联网产业化应用。积极鼓励高等院校、科研单位及相关生产单位参与农业物联网的建设中，创建一种以政府为主导、以多方参与为形式、以市场运作为手段、以合作共赢为目的的农业物联网发展模式，通过可持续发展应用模式的建立，促进农业物联网的全面发展。同时，加速土地有序流转进程，推动农民权益入股，培育现代农业企业，通过规模效益不仅能有效降低物联网技术实施成本，还能提高农业经营水平，充分发挥土地规模化、集约化的生产效益。此外，要将农业物联网设备纳入农业补贴范围，降低农业物联网实施成本。在技术的保障下，坚持因地制宜的原则，加强对农业物联网中感知、应用技术相关资源的整合，建设有效的示范性项目，按照实际需要在各领域开展有针对性的规模化应用，进一步推动农业物联网技术的开发与推广。

五、强化农业物联网安全管理

强化在感知、传输、应用过程中的安全管理。严格应用数据加密验证机制，必要时可采用量子网络进行数据传输，保证数据的真实性和个人信息的保密性，培养相关人员的安全意识和保密素质，并通过立法对涉及信息安全和数据泄露的人员进行追究和严惩，完善信息安全法制制度和社会道德评价体系，建立社会科技发展与法制伦理协调的合作发展机制。

六、建立农业物联网绿色环保与废物回收机制

建立物联网相关电子设备的绿色环保和废物回收机制，严格按照国家电磁辐射的相关标准规定相关产品的频谱和信号功率，通过增缴电子器件垃圾的环保税，依据回收工作的质量标准进行设备商的资质评级，未达到资质评级的要强制退出政府采购供应等措施，提高生产商和使用者的绿色环保意识，使农业物联网的电子设备的电磁辐射和环境污染降至最低。

当前，物联网技术应用市场正在全球范围内快速增长，随着通信设备、管理软件等相关技术的深化，物联网技术相关产品成本的下降，物联网业务将逐渐走向全面应用，其中农业无疑是物联网应用的重要领域。通过发展农业物联网，能在农业现代化建设中实现全面感知、稳定传输、智能管理，进而减少农业投入品对人和环境的影响，不断提高农产品质量，从而促进农业现代化发展。

参 考 文 献

白晓平, 王卓, 胡静涛, 等. 2017. 基于领航-跟随结构的联合收获机群协同导航控制方法[J]. 农业机械学报, 48(7): 14-21.

李瑞, 敖雁, 孙启洵, 等. 2018. 大田农业物联网应用现状与展望[J]. 北方园艺, (14): 148-153.

刘双印, 徐龙琴, 李道亮, 等. 2014. 基于物联网的南美白对虾疾病远程智能诊断系统[J]. 中国农业大学学报, (2): 189-195.

孙连新, 陈栋, 张晓晖. 2013. 大田农业物联网系统研究[J]. 中外食品工业, (9): 45-46.

汪庭满, 张小栓, 陈炜, 等. 2011. 基于无线射频识别技术的罗非鱼冷链物流温度监控系统[J]. 农业工程学报, 27(9): 141-146.

维克托 • 迈尔-舍恩伯格, 肯尼思 • 库克耶. 2012. 大数据时代[M]. 杭州: 浙江人民出版社.